百校土木工程专业"十二五"规划教材

房屋建筑钢结构设计

Design of Building Steel Structure

王秀丽　主　编

梁亚雄　吴　长　陈　明　副主编

周绪红　主　审

U0353185

同济大学 出版社

TONGJI UNIVERSITY PRESS

内 容 提 要

本书按照土木工程专业本科生教学大纲要求,结合最新修订的钢结构设计常用的系列规范,从钢结构的基本形式出发,重点介绍钢结构的选择、构造特点、受力与破坏特性,突出结构合理设计的过程和技术要点,强调结构设计概念与应用,旨在全面培养学生的钢结构分析与设计水平,尤其是培养学生从基本理论到实际应用的能力。

本书在阐述各种基本设计方法的同时,结合工程实际设计中曾经出现的问题给出部分思考题,供学生在学习过程中思考和探讨。可作为课堂讨论题目,也可供读者在工程问题设计分析时参考。此外,在每章结束后增加一些相关工程和参考信息,便于在学习中关注相关知识的用途以及相应的复杂问题,以培养学生的学习兴趣和创新思维。

本书力求做到系统性、完整性和实用性,内容上重点强调基本概念和基本原理,并结合实际工程应用强调实用性,在文字叙述上力争简洁易懂,便于读者自学。

本书可作为土木工程专业本科教材或参考书,参考学时32~48,可以选择基础知识作为课堂讲授,部分内容作为自学和选修。本书也可作为结构工程设计、科研、施工和管理人员参考用书。

图书在版编目(CIP)数据

房屋建筑钢结构设计/王秀丽主编.—上海:同济大学出版社,2015.12

百校土木工程专业"十二五"规划教材

ISBN 978 - 7 - 5608 - 6099 - 2

Ⅰ.①房… Ⅱ.①王… Ⅲ.①房屋建筑学−钢结构−结构设计−高等学校−教材 Ⅳ.①TU391

中国版本图书馆 CIP 数据核字(2015)第 294661 号

百校土木工程专业"十二五"规划教材

房屋建筑钢结构设计

王秀丽　主编　梁亚雄　吴　长　陈　明　副主编　周绪红　主审
责任编辑　马继兰　　　责任校对　张德胜　　　封面设计　陈益平

出版发行　同济大学出版社　　www.tongjipress.com.cn
　　　　　(地址:上海市四平路1239号　邮编:200092　电话:021−65985622)

经　　销　全国各地新华书店
印　　刷　常熟市大宏印刷有限公司
开　　本　787 mm×1092 mm　1/16
印　　张　19.75
印　　数　1—3100
字　　数　493 000
版　　次　2016 年 1 月第 1 版　　2016 年 1 月第 1 次印刷
书　　号　ISBN 978 - 7 - 5608 - 6099 - 2

定　　价　42.00 元

前　　言

近年来,我国钢结构事业蓬勃发展,越来越多的工程采用钢结构体系,无论是以往必须采用的"大、高、重"结构(大跨度空间结构、超高层钢结构以及重型工业厂房),还是现在可以多方案选择的建筑体系,钢结构正以其独特的优势和可持续发展的潜力广泛应用于各种结构,包括大量的轻型厂房、多高层住宅、学校以及各种形式各异的结构,相关的内容十分丰富。日益发展的钢结构工程建设应用急需大量的既具有扎实理论基础又有实践能力的钢工程设计与施工专门人才。土木工程专业教学大纲按照国家的人才需求及时调整相关培养大纲和教学计划,提出实用新型工程师等培养计划。在此背景下,"房屋建筑钢结构设计"课程成为土木工程专业的必修专业课程之一。本课程学习目标是使学生将钢结构基本理论知识应用于实际,培养学生分析问题和解决问题的能力。因此,本书着重从实用的角度出发,重点阐述各种实用的结构体系的主要构成、分析原理、设计方法和构造措施,让学生理解各门课程之间的关系,尽可能做到学以致用。

全书共分为6章,第1章为绪论,重点介绍建筑工程钢结构的基本形式、设计方法、钢结构相关规范;第2章介绍大跨度空间钢结构的基本形式,重点介绍钢网格结构的设计与分析方法,对丰富的其他空间结构,简要介绍结构主要受力特点;第3章为应用较多的轻型门式刚架钢结构,重点学习结构组成特征、结构设计要点以及实用设计方法;第4章为单层厂房钢结构,重点突出在设计方法与荷载取值上的特殊性;第5章讲述多层建筑钢结构体系的组成与受力特征,强调结构抗震设计方法;第6章为高层钢结构的简要介绍,以便学生在有限的时间内了解钢结构的各种体系,扩展学生的知识面。

本书由王秀丽教授主编,周绪红院士主审,王秀丽负责编写第1、第2章,梁亚雄负责第3章、吴长负责第4章,陈明负责第5、第6章。本书在编写过程中参考了大量国内外钢结构相关教材、专著及论文,在此对相关作者表示衷心感谢。同时,本书编写过程中,研究生王昊、陈发有、孙宽、梅凤君、马润田、胡志明和高芳芳等参加了部分内容的文字处理工作,在此表示诚挚的感谢。尤其要说明的是本书由钢结构资深专家周绪红院士主审,周院士详细审查了本书,提出了很多富有建设性的宝贵意见和建议,作者一并采纳并修改完善,在此对周绪红院士表示衷心的感谢。

由于时间仓促,加之作者水平有限,书中难免有大量的不足和疏漏,恳请读者批评指正。

作　者

2015 年 12 月

目　　录

第1章 绪 论

1.1 钢结构的分类及应用

众所周知,钢结构具有很多优点,例如:钢材强度高,结构重量轻,抗震性能好,材性均匀,塑性、韧性好;同时钢结构具有良好的加工性能和焊接性能,工业化程度高,施工方便,工期短;此外钢材可重复使用。以上这些优点使得钢结构成为广泛意义上的"绿色建筑",具有可持续发展的优势,因而近年来钢结构得到广泛的应用。随着国民经济的稳定发展和钢铁工业跨越式发展,我国钢产量猛增,2012 年,全国钢产量约为 7.2 亿吨,2013 年突破 10 亿吨。钢结构行业因长期钢材匮乏提出限制和合理使用钢结构转变为推动钢结构发展的政策的导向,钢结构诸多优势得到广泛重视并迅速发展,从重大工程、标志性建筑到各种钢结构体系普遍使用,为我国经济的发展提供了强大的动力。在大量工程实践和科学研究的基础上,我国新的《钢结构设计规范》(GB 50017)和《冷弯薄壁型钢结构技术规范》(GB 50018)也已发布实施,这为钢结构在我国的快速发展创造了条件。

当然钢结构也有不少制约其发展的缺陷,主要有:钢材本身在高温下强度急剧下降,钢结构抗火性能差,而且常规钢材耐腐蚀性较差,因此钢结构防护要求高,防腐与防火材料本身与增加的施工程序等无疑都增加了工程造价。从结构性能来讲,钢材由于构件长细比相对较大,因而构件及结构的稳定性问题不容忽视,设计中尤为重要;此外特殊条件下例如低温、疲劳等情况钢结构会产生材料脆断。因此,合理选择钢结构材料和体系,充分利用材料和钢结构体系的优势,扬长避短,达到材料和结构的合理匹配则是钢结构设计的核心问题。

钢结构在各行各业都有广泛的应用,由于不同的行业对我国钢结构的设计要求不同,因此设计中既要考虑到行业要求,也要按照实际结构的受力需求。按照结构受力来讲结构分析本身是一样的,只是设计参数中有特殊的取值和规定。因此,钢结构设计中应该考虑到这些因素的影响,在设计统一规定的前提下,满足相关的设计要求。

通常钢结构按照行业分为房屋建筑钢结构、桥梁钢结构、工业设备钢结构和特种钢结构构筑物几大类,同时依据行业设计标准按照结构形式进行分类。近年来,由于轻钢结构的发展,又形成了普通钢结构和轻型钢结构的分类。而轻型钢结构是一个较为模糊的概念,没有严格的定义,一般认为采用轻型维护结构并且承担较轻型的荷载相应的钢结构都称为轻型钢结构,除此之外就是普通钢结构。通常以下结构可称为轻型钢结构:①由冷弯薄壁型钢组成的结构;②由热轧轻型型钢(工字型钢、槽钢、H 型钢、L 型钢、T 型钢等)组成的结构;③由焊接轻型型钢(工字型钢、槽钢、H 型钢、L 型钢、T 型钢等)组成的结构;④由圆管、方管、矩形管组成的结构;⑤由薄钢板焊成的构件组成的结构;⑥由以上各种构件组成的结构。

1.1.1 建筑钢结构

建筑钢结构按照结构形式分为大跨度空间结构、工业厂房、多层钢结构和高层建筑等形式。

1. 大跨度空间结构

结构跨度越大,自重在荷载中所占的比例就越大,减轻结构的自重会带来明显的经济效益。钢材强度高而结构重量轻的优势正好适合于大跨结构,因此钢结构在大跨空间结构和大跨桥梁结构中得到了广泛的应用。所采用的结构形式有空间桁架、网架、网壳、悬索(包括斜拉体系)、张弦梁、实腹或格构式拱架和框架等。例如国家体育场钢结构工程是其中技术难度最大、最关键的施工阶段(图1-1)。钢结构是由24榀钢桁架及次结构编织而成的形似鸟巢的构造,空间为双曲线马鞍形,东西轴长298 m,南北轴长333 m,最高点69 m,最低点40 m,结构用钢量达到42 000 t。作为屋盖结构的主要承重构件,桁架柱最大断面为25 m×20 m,高度达67 m,单榀最重达500 t。而主桁架高度12 m,双榀贯通最大跨度145.577 m+112.788 m,不贯通桁架最大跨度102.391 m,桁架柱与主桁架体型大、单体重量重。此外,还有国家大剧院等大量的工程(图1-2)。

图1-1　国家体育场(鸟巢)　　　　图1-2　国家大剧院

2. 工业厂房

当吊车起重量较大或者其工作较繁重的车间的主要承重骨架多采用钢结构。另外,有强烈辐射热的车间,也经常采用钢结构。结构形式多为由钢屋架和阶形柱组成的门式刚架或排架,屋面可以采用网架结构形式。

近年来,随着压型钢板等轻型屋面材料的发展,轻钢结构工业厂房得到了迅速的发展。其结构形式主要为实腹式变截面门式刚架(图1-3)。

图1-3　轻钢厂房门式刚架

3. 多层钢结构

多层建筑是指建筑高度大于10 m,小于24 m(10 m<多层建筑高度<24 m),且建筑层数大于3层,小于7层(3<层数<7)的建筑。但人们通常将2层以上的建筑都笼统地概括为多层建筑(图1-4)。

钢结构具有强度高、质量轻、构件截面小、有效空间大、施工速度快等特点,不但适宜于建造高层、大跨建筑,在多层民用房屋中也具有广泛的应用前景。与传统钢筋混凝土结构相比,

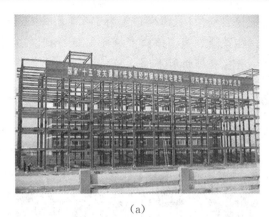

(a)　　　　　　　　　　　　　　　　(b)

图 1-4　多层钢结构房屋

它具有较好的延性、韧性和耗能能力,是地震区多层民用建筑优先考虑的结构形式之一,具有较好的综合效益。

4. 高层钢结构建筑

由于钢结构的综合效益指标优良,近年来在多、高层民用建筑中也得到了广泛的应用。其结构形式主要有多层框架、框架-支撑结构、框筒、悬挂、巨型框架,如上海中心大厦(图 1-5),就是集各种优异的结构体系综合运用。另外,对于非常复杂的混合结构体系例如央视大楼只能发挥钢结构的优势得以实现(图 1-6)。

图 1-5　上海中心大厦　　　　图 1-6　中央电视台大楼

1.1.2　桥梁钢结构

随着国家基础设施的建设,公路铁路桥梁发展尤为重要,而钢结构桥梁以它独特的优势被大量采用。钢板梁、钢箱梁、钢桁梁、钢管结构,钢塔、缆索、钢混凝土组合结构以及钢结构桥面系等都采用了钢结构。

世界单跨最长的桥是日本明石海峡大桥(图 1-7),主跨度为 1 991 m。两边孔各 990 m,桥宽 35.5 m。1998 年建成通车。国内跨度最大的润扬长江大桥项目主要由南汉悬索桥和北汉斜拉桥组成,南汉桥主桥是钢箱梁悬索桥,索塔高 209.9 m,两根主缆直径为 0.868 m,跨径布置为

470 m+1 490 m+470 m;北汊桥是主双塔双索面钢箱梁斜拉桥,跨径布置为 175.4 m+406 m+175.4 m,倒 Y 形索塔高 146.9 m,钢绞线斜拉索,钢箱梁桥面宽。该桥主跨径 1 385 m 比江阴长江大桥长 105 m。该工程于 2000 年 10 月开工,2005 年 10 月通车(图 1-8)。

图 1-7　日本明石海峡大桥

图 1-8　润扬大桥

此外在越来越多的大型桥梁建设中,钢结构发挥了优势,主要结构为悬索桥、斜拉桥、钢桁架桥、钢管混凝土拱桥等(图 1-9—图 1-12)。

图 1-9　钢结构悬索桥

图 1-10　钢斜拉桥

图 1-11　钢桁架桥

图 1-12　钢管混凝土拱桥

1.1.3　设备钢结构(冶金、石油化工、电力行业)

冶金、煤炭、石油化工及电力等行业通常具有大型设备或者其他特殊要求,钢结构发挥了重要的作用,例如重型设备支架,电力塔架,传输廊桥等,此外还有大型设备钢结构,例如架桥机的塔架钢结构、起重机的起重大梁、起重机车身等都属于对精密性、材质、连接等要求较高的精密钢结构之一(图1-13—图1-17)。

图1-13 变电站构架

图1-14 设备储罐

图1-15 高压输电塔

图1-16 多层钢结构车间

图1-17 石化公司振动设备塔架

1.1.4　特种钢结构

如图 1-18—图 1-20 所示,主要是塔桅结构或构筑物等采用特种钢结构,这类结构充分发挥了钢结构造型灵活及便于安装的优势。

图 1-18　广州电视塔　　　　图 1-19　东方明珠塔　　　　图 1-20　嘉峪关气象塔

1.1.5　可拆卸的结构

钢结构不仅重量轻,还可以用螺栓或其他便于拆装的手段来连接,因此非常适用于需要搬迁的结构,如建筑工地、油田和需野外作业的生产和生活用房的骨架,钢筋混凝土结构施工用的模板和支架,建筑施工用的脚手架,应急救灾的活动式钢桥等也大量采用钢材制作(图 1-21、图 1-22)。

图 1-21　建筑工地脚手架　　　　　图 1-22　灾后重建活动桥

1.1.6　轻型钢结构

钢结构由于材料高强而得到综合重量轻的优势不仅可用于大跨度结构,对屋面活荷载特别轻的中小跨度结构也有优越性。因为当屋面活荷载特别轻时,小跨结构的自重也成为一个重要因素。冷弯薄壁型钢的发展应用,使得轻钢结构体系得到了极大地发展应用,而且综合造价明显降低。例如钢屋架在一定条件下的用钢量可比钢筋混凝土屋架的用钢量还少。轻钢结构的结构形式有实腹变截面门式刚架、冷弯薄壁型钢结构(包括金属拱形波纹屋盖)以及薄壁钢管结构等(图 1-23、图 1-24)。

图 1-23　金属拱形波纹屋盖

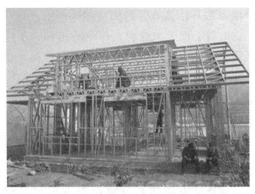
图 1-24　冷弯薄壁型钢别墅

1.2　钢结构的设计方法

1.2.1　设计原则

所有钢结构设计首先要依据现行的国家标准与规程。我国《钢结构设计规范》(GB 50017)的设计原则是根据现行国家标准《建筑结构可靠度设计统一标准》(GB 50068)制订的。按照钢结构规范设计时,取用的荷载及其组合值应符合现行国家标准《建筑结构荷载规范》(GB 50009)的规定;在地震区的建筑物和构筑物,尚应符合现行国家标准《建筑抗震设计规范》(GB 50011)、《中国地震动参数区划图》(GB 18306)和《构筑物抗震设计规范》(GB 50191)的规定。对有特殊设计要求和在特殊情况下的钢结构设计,尚应符合现行有关国家标准的要求,特殊行业钢结构也应符合行业设计标准。

当设计钢结构时,应从工程实际情况出发,合理选用材料、结构方案和构造措施,满足结构构件在运输、安装和使用过程中的强度、稳定性和刚度要求并符合防火、防腐蚀要求。宜优先采用通用的和标准化的结构和构件,减少制作、安装工作量。

1.2.2　设计方法

《钢结构设计规范》规定,钢结构除疲劳计算外,采用以概率理论为基础的极限状态设计方法,用分项系数设计表达式进行计算。

承重结构应按下列承载能力极限状态和正常使用极限状态进行设计:

(1) 承载能力极限状态包括:构件和连接的强度破坏、疲劳破坏和因过度变形而不适于继续承载,结构和构件丧失稳定,结构转变为机动体系和结构倾覆。

(2) 正常使用极限状态包括:影响结构、构件和非结构构件正常使用或外观的变形,影响正常使用的振动,影响正常使用或耐久性能的局部损坏(包括混凝土裂缝)。

设计钢结构,应根据结构破坏可能产生的后果采用不同的安全等级。对于一般工业与民用建筑钢结构的安全等级应取为二级,其他特殊建筑钢结构的安全等级应根据具体情况另行确定。对于常用的情况下的组合方式可根据规范按下列要求执行:

(1) 按承载能力极限状态设计钢结构时,应考虑荷载效应的基本组合,必要时尚应考虑荷载效应的偶然组合。

(2) 按正常使用极限状态设计钢结构时,应考虑荷载效应的标准组合,对钢与混凝土组合梁,尚应考虑准永久组合。

(3) 计算结构或构件的强度、稳定性以及连接的强度时用荷载设计值(荷载标准值乘以荷载分项系数）；计算疲劳时用荷载标准值。

（4）对于直接承受动力荷载的结构：在计算强度和稳定性时，动力荷载设计值应乘以动力系数；在计算疲劳和变形时，动力荷载标准值不乘以动力系数。

（5）计算吊车梁或吊车桁架及其制动结构的疲劳和挠度时荷载应按作用在跨间内荷载效应最大的一台吊车确定。

1.2.3　荷载和荷载效应计算

设计钢结构时，荷载的标准值、荷载分项系数、荷载组合值系数、动力荷载的动力系数等，应按照国家标准《建筑结构荷载规范》（GB 50009）的规定采用。

结构域的重要性系数应按照国家标准《建筑结构可靠度设计统一标准》（GB 50068—2001）规定采用，其中对设计年限为 25 年的结构构件，结构构件，分项系数 γ_0 不应小于 0.95。

支承轻屋面的构件或结构（檩条、屋架、框架），当仅有一个可变荷载且受荷水平投影面积超过 60 mm^2 时，屋面均布活荷载标准值应取为 0.3 kN/mm^2。

吊车荷载等具体取值参见荷载规范及钢结构规范确定。

结构的计算模型和基本假定应尽量与构件连接的实际性质相符合。结构计算一般按照静力学方法进行弹性分析。符合塑性设计要求的超静定结构可采用塑性分析。采用弹塑性分析的结构中，构件截面允许有塑性变形的发展。

1.2.4　设计表达式

极限状态设计表达式，应根据各种极限状态的设计要求，采用有关的荷载代表值、材料性能标准值、几何参数标准值以及各种分项系数等表达。

荷载分项系数 γ_S（包括永久荷载、可变荷载分项系数 γ_G，γ_Q）和结构构件抗力分项系数 γ_R 应根据结构功能函数中基本变量的统计参数和概率分布类型，相应的的结构构件可靠指标，通过计算分析，并考虑工程经验确定。

考虑到施加在结构上的可变荷载往往不止一种，这些荷载不可能同时达到各自的最大值，因此，还要根据组合荷载效应分布来确定荷载的组合系数 Ψ_{ci} 和 Ψ。结构重要性系数 γ_0 应按结构构件的安全等级、设计使用年限并考虑工程经验确定。

根据结构的功能要求，进行承载能力极限状态设计时，应考虑作用效应的基本组合，必要时尚应考虑作用效应的偶然组合（考虑如火灾、爆炸、撞击等偶然事件的组合）。

1. 基本组合

在荷载作用效应的基本组合条件下，荷载效应的基本组合按下列设计表达式中的最不利值确定：

（1）可变荷载效应控制的组合：

$$\gamma_0 \left(\gamma_G \sigma_{G_k} + \gamma_{Q_1} \sigma_{Q1k} + \sum_{i=2}^{n} \gamma_{Q_i} \Psi_{ci} \sigma_{Q_{ik}} \right) \leqslant f \tag{1-1}$$

（2）永久荷载效应控制的组合：

$$\gamma_0 \left(\gamma_G \sigma_{G_k} + \sum_{i=1}^{n} \gamma_{Q_i} \Psi_{ci} \sigma_{Q_{ik}} \right) \leqslant f \tag{1-2}$$

式中　γ_0——结构重要性系数，对安全等级为一级或设计使用年限为 100 年及以上的结构构件，不应小于 1.1；对安全等级为二级或设计使用年限为 50 年的结构构件，不应

小于 1.0;对安全等级为三级或设计使用年限为 5 年的结构构件,不应小于 0.9;
对使用年限为 25 年的结构构件,不应小于 0.95;

σ_{G_k}——永久荷载标准值在结构构件截面或连接中产生的应力;

$\sigma_{Q_{1k}}$——起控制作用的第 1 个可变荷载标准值在结构构件截面或连接中产生的应力
(该值使计算结果为最大);

$\sigma_{Q_{ik}}$——其他第 i 个可变荷载标准值在结构构件截面或连接中产生的应力;

γ_G——永久荷载分项系数,当永久荷载效应对结构构件的承载能力不利时取 1.2;当永
久荷载效应对结构构件的承载能力有利时,取为 1.0;验算结构倾覆、滑移或漂
浮时取 0.9;

γ_{Q_1},γ_{Q_i}——第 1 个和其他第 i 个可变荷载分项系数,当可变荷载效应对结构构件的承
载能力不利时取 1.4(当楼面活荷载大于 $4.0\ \mathrm{kN/m^2}$ 时,取 1.3),有利时取
为 0;

Ψ_{ci}——第 i 个可变荷载的组合系数,可按荷载规范的规定采用;

Ψ——简化式中采用的荷载组合值系数,一般情况下可采用 0.9;当只有一个可变荷载
时,取为 1.0;

f——钢材或连接的强度设计值,对钢材为屈服点 f_y 除以抗力分项系数 γ_R 的商。如
Q235 钢抗拉强度设计值 $f=f_y/1.087$;对于端面承压和连接则为极限强度 f_u 除
以抗力分项系数 γ_{Ru},即 $f=f_u/\gamma_{Ru}$。

2. 偶然组合

对于偶然组合,极限状态设计表达式宜按下列原则确定:偶然作用的代表值不乘分项系
数;与偶然作用同时出现的可变荷载,应根据观测资料和工程经验采用适当的代表值,具体的
设计表达式及各种系数,应符合专门规范的规定。

1) 正常使用极限状态表达式

对于正常使用极限状态,按《建筑结构可靠度设计统一标准》GB 50068—2001 的规定要求
分别采用荷载的标准组合、频遇组合和准永久组合进行设计,并使变形等设计值不超过相应的
规定限值。

钢结构只考虑荷载的标准组合,其设计式为:

$$\nu_{G_k} + \nu_{Q_{1k}} + \sum_{i=2}^{n} \Psi_{ci}\nu_{Q_{ik}} \leqslant [\nu] \tag{1-3}$$

式中　ν_{G_k}——永久荷载的标准值在结构或结构构件中产生的变形值;

$\nu_{Q_{1k}}$——起控制作用的第 Ⅰ 个可变荷载的标准值在结构或结构构件中产生的变形值
(该值使计算结果为最大);

$\nu_{Q_{ik}}$——其他第 i 个可变荷载的标准值在结构或结构构件中产生的变形值;

$[\nu]$——结构或结构构件的变形容许值。GB 50017 规范规定的变形容许值参见本规范。

1.3　钢结构设计课程特点及学习建议

随着钢结构产业的发展,钢结构将成为 21 世纪建筑的主流结构。钢结构设计课程是一门
理论性和实践性都很强的课程,相关内容极其丰富。面对大量的新概念,初学者难免感到比较
抽象,觉得很难,再加上钢结构的构造比较复杂,使得学生一开始对学习钢结构存在"畏难"心

理。钢结构教学需要从教学方法、教学内容等方面进行教学改革,提高学习的积极性,取得更好的学习效果。建议学生们在学习的过程中掌握基本方法,再加上自己的不断总结,就一定能学好这门课程。

本书就常用的建筑钢结构内容进行介绍,考虑到实用性,主要包括大跨度空间钢结构、门式刚架轻钢厂房、普通的钢结构厂房、多层及高层钢结构。鉴于授课学时的因素,对每章的基本内容进行介绍,相关的细节可以通过课程设计和毕业设计环节进一步加深。因此,学习过程中一定要注意基本体系的理解,即使公式多也不会觉得很难学,必要的时候可以查资料,达到举一反三和融会贯通的效果。具体建议如下几点:

1. 培养学习热情,关注国内外和身边的工程

钢结构工程应用越来越多,不论大型公建还是广场小品,随处可以见到钢结构工程。为了培养自己对课程的理解与思考的习惯,凡是见到钢结构工程都习惯性地进行分析,例如想想这个工程的结构体系是什么,有什么主要特点,基本尺寸如何确定。在这个过程中,一开始也许很多内容都不知道,通过学习过程不断完善,渐渐知道了一些基本知识,就会尝试设计这种结构。这样学习热情会增加,自信心也提高了。

对于钢结构课程而言,基本目标是让学生掌握基本概念、基本原理、计算和设计方法。在这个过程中,首先必须准确掌握概念,而且要在理解的基础上牢记,因此对概念的理解是第一位的,通过理论知识的阐述和基本构件例题的讲解验算,让学生熟悉设计过程,避免死记硬背,注重理解问题和解决问题的方法。整个教学过程中让学生理解概念是至关重要的,可以采取各种方式教学,都会收到比较好的效果。这样学生就可以把整本书的知识点串在一起,对于各种类型加以区分,就可以灵活应用了。

2. 善于总结,理顺思路,化繁为简

钢结构的内容丰富,但是逻辑性很强。学习中首先要协调理解各门课程之间的关系。例如,钢材本身是单一的理想材料,基本计算方法和力学计算是相似的,关键是部分特点不同,只要重点掌握钢结构的特点,如先掌握钢结构的稳定分析,其他的内容就变得比较简单了。这样就可以化繁为简。

3. 加强实践环节,培养动手能力,自觉培养创新意识

实践教学环节使学生的分析问题能力得到很大的提高,并将理论知识与实际应用结合起来。钢结构课程是实践性很强的课程,需要将理论教学和实验教学有机地结合起来。通常,钢结构的构造较复杂,初学者很难凭空想象,应主动参与各类实践教学活动,例如认识实习、现场教学、课外开放性试验课程等,这样有助于增加对钢结构的感性认识,提高了空间想象力,这对今后构造设计也是十分必要的。学习中强调钢结构应用创新的想法与可行性。如果和设计大赛等活动结合起来,设立多种问题,然后带着问题学习,或者与科研活动相结合,就会获得更大的收益。

4. 注重课程之间的联系,使相关知识系统化

所有结构设计的方法基本是一致的,只是不同的材料对应不同的特征,再加上相应的计算方法,这样构成了不同的课程。因此学习中要充分考虑课程之间的相关性,既便于理解,又能简化学习的内容。因此钢结构设计的课程与力学课程和其他设计过程有着相互的关系。例如结构的基本力学分析方法无论是对钢筋混凝土还是钢结构都是一样的,设计过程首先需要力学分析,考虑到基本的受力之后,下一步就是如何利用材料的特征,扬长避短。例如轴心受压构件计算,无论钢结构构件,还是钢筋混凝土构件,基本内容都是一样的,包括强度、刚度、稳定性,所不同的就是计算公式的差异,表达方式的不同。这样理解之后各门课程之间的关系也就明确了。总之,钢结构学习的过程要避免死记硬背,注重课程本身的理解和工程应用是行之有效的。

1.4　常用钢结构设计规范

由于钢结构设计内容丰富,涉及的相关规范很多,学习中要掌握主要规范,这样可使得学习简化。对诸多规范,建议分类使用。例如,钢结构设计仍然属于普通结构设计规范范畴,因此相关规范都是必须遵守的,参见以下常用规范清单。同时,由于钢结构按照行业和结构体系分类很多,所以相应的规范要一并遵守,通常,《钢结构设计规范》GB 50017 是必须保证的,若关于特殊情况,如符合门式刚架结构的适用条件就可以采用《门式刚架轻型房屋钢结构技术规程》CECS 102：2002 的专门规定。由于我国规范较多,因此设计中遇到相关问题可同时考虑重要性,合理选用。为了学习方便列出常用的设计规范如下:

1. 主要相关规范

《建筑结构设计统一标准》GBJ 68

《建筑结构荷载规范》GB 50009—2012

《建筑抗震设计规范》GB 50011—2010

2. 设计直接采用的规范

《钢结构设计规范》GB 50017—2016

《门式刚架轻型房屋钢结构技术规程》CECS 102：2002(2012 年版)

《冷弯薄壁型钢结构技术规范》GB 50018—2002

《空间网格结构技术规程》JGJ 7—2010

《高层民用建筑钢结构技术规程》JGJ 99—98

3. 相关技术规范

《建筑钢结构防火技术规程》DG/TJ 08—008—2000

《钢结构焊接规程》GB 50661—2011

《钢结构加固技术规程》CECS 77：96,中国工程建设标准化协会

《钢结构高强度螺栓连接技术规程》JGJ 82—2011

《钢结构防火涂料应用技术规范》CECS 24：90

《高耸结构设计规范》GBJ 135—90

《钢混凝土组合结构设计规程》DL/T 5085—1999

《钢管混凝土结构设计与施工规程》CECS 2890,中国工程建设标准化协会

《钢结构工程施工质量验收规范》GB 50205—2012

《钢结构工程质量检验评定标准》GB 50221—95

值得说明的是,所有规范若有更新,应该按相应新规范执行。

思考题

1-1　比较钢结构与钢筋混凝土结构材料的优缺点有何异同?

1-2　实际工程中是否选用钢结构体系应主要考虑哪些因素?

1-3　你认为钢结构未来在哪些方面会更有发展空间?

1-4　列举钢结构应用实例,给出结构基本参数以及使用钢结构体系的必要性,列出设计思路及存在的问题。

1-5　钢结构体系在应用中最大的缺点有哪些?

第2章 大跨度空间钢结构

2.1 概 述

2.1.1 空间结构的概念

"空间结构"(Space Structure 或 Spatial structure)按照建筑师的定义是"创造宏大的内部空间的产物",按照结构工程师的观点则是利用空间形态即合理组合体系抵抗外力。从结构受力分析与空间构成的角度出发,对于无法简化为平面结构的结构均称为空间结构。

空间结构是既考虑构成了建筑的内部空间,也顾及结构外型,并且遵循最佳的力学与结构理念,即空间结构集建筑功能、材料、形态、体系和结构于一体,充分展示了建筑艺术与合理结构的高度和谐。(图2-1、图2-2),使得建筑师和结构工程师不可或缺,同时空间结构的施工技术也得到相应地发展,因此空间结构是建筑艺术与科学技术工程的协调统一的杰作。

图2-1 大连友谊广场   图2-2 斯图加特观光塔

2.1.2 空间结构的分类与应用

空间结构属于结构按照受力分类的一种结构形式,只是因为内容极其丰富,而且富于特色而成为一门独立发展的方向。空间结构按照材料进行分类的方式也适用,如钢筋混凝土结构,金属结构(钢、铝合金、不锈钢等)、膜结构、木(竹)结构和其他特殊材料。考虑到空间结构主要是以突出结构受力特征为主的体系,因此,空间结构的分类考虑材料特征并按照结构特征进行分类。常见的空间结构分类有以下几种。

1. 薄壳结构(Shell Structure)

薄壳结构是一种极富魅力的结构形式,以其强烈的轻质特性,使人感觉其如同打破了重力定律的框架,漂浮于空中,充分表达了工程艺术的理想,以高效的承重实现了其结构的轻盈,实现了形式与承重的高度统一,其基本原理在于薄壳结构具有良好的空间受力关系。遗憾的是,随着经济的发展,原材料越来越低廉而人工越来越贵,相应的模板造价昂贵,使得这种轻盈而令人兴奋的薄壳结构的使用越来越少。

典型的工程有法国巴黎国家工业与技术展览中心大厅(图2-3),混凝土薄壳结构,是当前世界上跨度最大的公共建筑。折算壳面总厚度只有180 mm,厚跨比为1:1 200,比鸡蛋蛋壳的厚长比1:100还小12倍。建筑造型新颖,充分说明混凝土壳体结构的优越性。

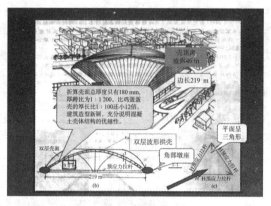

图2-3　巴黎国家工业与技术展览中心大厅

闻名中外的澳大利亚悉尼歌剧院(图2-4)堪称是世界上最具特色建筑之一。该工程外形由十个巨型壳片组成,三角形壳瓣是以Y形、T形的钢筋混凝土肋骨拼结而成,各种房间隐藏在它的内部,这些壳片如同花瓣似的指向天空,构成奇异的造型,给人以美的联想。意大利罗马小体育宫(图2-5)屋盖是混凝土网格型薄壳结构。该工程以精巧的圆形屋顶著称于世,屋顶直径60 m,由1 620个钢筋混凝土预制棱形构件拼合而成,建筑的外观和平面俯视或仰视都像一个盛开的向日葵,这些构件最薄的地方只有25 mm厚,它们不但在力学上十分合理,而且组成了一个非常完整秀美的天顶图案。

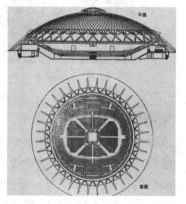

图2-4　澳大利亚悉尼歌剧院　　　　　图2-5　意大利罗马小体育宫

2. 空间网格结构(Latticed Space Structures or Space Frames)

空间网格结构包括平板网架(Plate-like Space Truss)和网壳结构(Reticular Shell),这种结构是空间结构发展最快的体系。这类结构由空间杆系结构组成,可以标准化生产,施工安装方便,布置灵活,结构刚度大,抗震性能好,经济指标好等诸多优点,因而广泛用于各类建筑、构筑物以及桥梁等工程。工程实例数不胜数。典型结构示例如图 2-6、图 2-7、图 2-8 所示。

图 2-6　国家游泳中心外形内部空间结构

图 2-7　国家体育场外形与内部空间结构

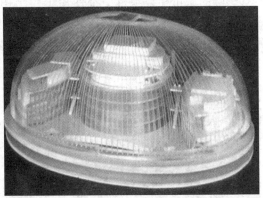

图 2-8　国家大剧院外形与内部空间结构

3. 张力结构(Tensile Structures)

张力结构是指以受拉力的索为承重结构的体系。主要包括悬索结构 Cable-Suspended Structures,膜结构和索膜结构(Membrane/Cable Structures)以及"索穹顶"(Cable Dome)结构。这种结构充分发挥了材料的抗拉性能而达到结构最轻的目的。美国建筑、结构大师富勒

(Fuller)提出结构哲理：少(费)多(用)——以最少的结构提供最大的承载力(Doing the Most with the Least)。因此发明了索穹顶结构。世界最先进的大跨度屋盖钢结构——美国佐治亚索穹顶(Georgia Dome)，1996 年第 26 届奥运会主场馆(图 2-9)，椭圆平面 240.79 m×192.02 m，屋顶用钢量 30 kg/m²。世界第一个索网结构是美国雷里竞技场(Raleigh Arena)，用钢量为 30 kg/m²(图 2-10)。

图 2-9　美国佐治亚索穹顶结构

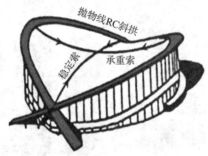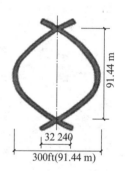

图 2-10　美国雷里竞技场索网结构

　　索膜结构发展极为迅速，著名的伦敦千禧穹顶(图 2-11)就是索膜结构，国内外目前很多有影响的城市建设项目中都使用了膜结构，广泛应用于体育场看台、车站、机场候机厅、露天剧场等，例如日本东京"后乐园"棒球馆(图 2-12)，上海八万人体育场(图 2-13)、青岛颐中体育场(图 2-14)等。随着国内建筑技术不断提高，膜结构建筑将会得到大量的推广应用。

图 2-11　伦敦千禧穹顶　　　　　　　　图 2-12　日本东京"后乐园"棒球馆

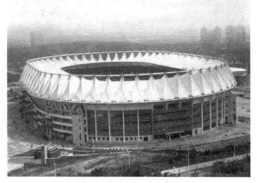

图 2-13　上海八万人体育场　　　　　图 2-14　青岛颐中体育场

4. 混合结构(Hybrid Structures)

空间结构体系按照结构总体刚度总是有刚柔之分,结构刚度大小与构件承载力之间存在着相互辩证统一的关系。例如刚性结构刚度大,结构整体稳定性好,但是一般结构自重比较大;而柔性结构非常轻质,但是抗风能力较弱,为了整体平衡也需要配合相应的附加构件。刚柔结构各有利弊,如何充分利用材料与结构的特性进行组合,达到更好的综合应用效果是空间结构的发展方向之一。例如,拱是人类最早尝试营造大跨度的重要结构形式,当拱的形式符合其合理轴线时,或者通过适当的方法提高强度及抗弯刚度,或者通过与应力拉索来抵抗不均匀荷载的方法,同时拱的曲线造型也符合人们的审美观点。图 2-15 就是采用典型的拱形结构,实现了其轻巧优美的造型,使得结构本身向轻量化的方向发展。但是拱结构会产生较大的水平推力,若坐落在屋顶上势必会造成下部结构需要抵抗很大的水平力,因此增设拉索与撑杆解决了这一技术问题,参见图 2-16。拱与拉索的组合就可以营造多种结构形式。这类结构实质是刚性构件与柔性索的组合结构体系。

图 2-15　典型的拱形结构　　　　　图 2-16　带拉索的拱结构

悬索结构是非常合理的结构体系,但是它也存在着整体刚度较小的弱点,采用悬索结构与其他刚性结构组合的混合结构体系无疑是非常合理的结构设计。在桥梁结构设计中广泛采用悬索桥。在空间结构中,由于大跨度的需要也大量应用索结构。例如,华盛顿杜勒斯机场(图 2-17)和日本代代木体育馆(图 2-18)都是索结构的优秀作品。

采用多种结构混合也是常用的组合方法。例如,黑龙江国道收费站工程(图 2-19)采用混合结构体系。结构设计采用四肢格构式拱,曲面网架结构再加吊索结构。其中格构式拱有

图 2-17　华盛顿杜勒斯机场

图 2-18　日本代代木体育馆

两组,跨度 96 m、高度 20.5 m,通过横向支撑连接成一体,形成主要承重结构,该主拱为钢管混凝土构件。拱顶部设 2 道 K 形风撑,其余 7 道风撑为一字形。主拱通长钢管与腹杆采用管管相贯而成,外观十分简洁。14 根吊索及 4 个支座将网架与钢拱连接。

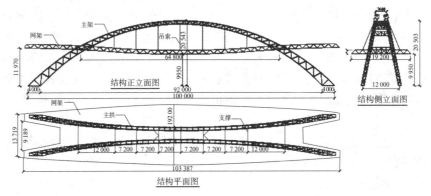

图 2-19　黑龙江国道收费站

随着建筑物跨度的增加,相应的拱梁截面就会增加较多,这时实现大跨度的结构形式可以由杆件组成的桁架结构代替钢梁,这种结构避免了单个杆件上的弯矩,最大限度地发挥了结构的材料性能,而桁架内部的三角形体系使得结构整体非常坚固,并且由于它单元化的结构形式和优良的预制化程度,使得这种结构非常经济实用。近年来得到了越来越多的使用。张弦立体桁架结构就是基于这种概念发展起来的新型结构体系,图 2-20 为广州会展中心的大跨度张弦立体桁架结构。

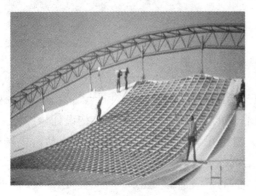

图 2-20　广州会展中心大跨度张弦梁结构

2.1.3　空间结构应用范围的拓展

随着现代世界工业化的发展,对大跨度结构的功能要求也越来越强烈,空间结构由于其造型丰富多样,构成灵活机动性强,成为建筑师和结构工程师共同寻求结构整体空间问题的同一途径,因此合理协调建筑空间效果与寻求最佳受力的结构体系是空间结构的发展方向,也使结构向超大跨度方向发展成为可能。

世界上许多著名设计师认为网壳结构是空间结构中可以覆盖最大跨度和空间的结构形式。凯威特从理论上分析认为联方形网壳的跨度可以达到 427 m,1959 年,富勒曾提出建造一个直径达 3.22 km 的短程线球面网壳,覆盖纽约市第 23—59 号街区,该网壳重约 80 000 t,每个单元重 5 t,利用直升飞机可以在 3 个月安装完毕。日本的巴组铁工所认为 21 世纪将是人类创造舒适、清洁、节能的新型城市的时代,因此曾经提出 500 m 的全天候多功能体育、娱乐场所和跨度 1 000 m 的理想未来城市的穹顶空间。对于如此大的空间结构的可行性和实用性的研究是一个值得探讨的问题。

作为空间结构的造型是由理性的思考而来的,如结构体系的确认,相关条件的选择都具有多样性与创造性。世界著名空间结构专家,国际 IASS 学会主席,结构设计大师,德国斯图加特大学教授约格·施莱希在他的著作 *Light Structure* 中谈道:"对于每一个任务,无论怎样仔细地加以定义,都会有无数个主观的概念设计,因此你总有机会发展自己的构思,仍然可以构造一个有个性的区别于其他任何东西的作品。"这就表明空间结构的形成与发展无不具有创造性,在这个创造的过程中,概念设计则是每一个作品的指导方针及原动力,它既是建筑形态是否能够实现的基本保证,又是作品是否具有独特风格的思维构成。

国内外大量兴建的各类体育场馆均选择了空间结构作为主要承重体系,造型上日渐丰富。

此外,其他各类结构均可采用空间结构的设计理念进行分析与设计,使其工程应用的范围日益增加,如高度 46 m 的南海大佛雕塑骨架(图 2-21)、各种塔桅结构(图 2-22)、深圳世界之窗入口金字塔网架(图 2-23)、贵州人行天桥网架(图 2-24)等。

图 2-21　南海大佛雕塑骨架　　　　图 2-22　塔桅结构

图 2-23　深圳世界之窗入口　　　　　　　图 2-24　贵州人行天桥网架

2.1.4　大跨空间钢结构的应用与发展趋势

2.1.4.1　大跨空间钢结构的应用

　　大跨度空间结构是国家建筑科学技术发展水平的重要标志之一。世界各国对空间结构的研究和发展都极为重视,例如国际性的博览会、奥运会、亚运会等,各国都以新型的空间结构来展示本国的建筑科学技术水平,空间结构已经成为衡量一个国家建筑技术水平高低的标志之一。

　　近年来,我国大跨度空间结构发展迅速,特别是北京奥运会大型体育场馆的建设规模和技术水平在世界上都是领先的,将成为我国空间结构发展的里程碑。空间结构以其优美的建筑造型和良好的力学性能而广泛应用于大跨度空间结构中,成为空间结构的主要形式之一。据不完全资料,世界著名空间结构工程参见表 2-1,国内著名大型空间结构工程参见表 2-2。

表 2-1　　　　　　　　　　　世界著名空间结构

建 筑 名 称	建成时间	跨 度	结构体系
罗马万神殿	125 年	直径 43.3 m	无梁圆拱
美国加利福尼亚大学体育馆	20 世纪 60 年代	91 m×122 m	网架
休斯敦宇宙穹顶	20 世纪 70 年代	直径 196 m	双层网壳
美国新奥尔良超级穹顶	1975 年	直径 207 m	双层网壳
日本名古屋体育馆	20 世纪 90 年代	结构直径 188 m	单层网壳
日本福岗体育馆	1993 年	直径 222 m	球壳
加拿大卡尔加里体育馆	1983 年	圆形平面直径 135 m	双曲抛物面索网
日本东京后乐园"棒球馆"	1988 年	近似圆形直径 204 m	气承式索膜结构
亚特兰大"佐治亚穹顶"	1992 年	椭圆 192 m×241 m	索-膜结构
法国国家工业与技术陈列中心	1959 年	三角形边长 218 mm	装配整体式薄壳
英国千年穹顶	1999 年	直径 320 m	张力膜结构
罗马小体育馆	1957 年	直径 59.13 m	网格穹窿形薄壳
华盛顿杜勒斯国际机场候机厅	1962 年	45.6 m×182.5 m	悬索结构
世界博览会法国巴黎机械馆	1867 年	115 m×420 m	三角拱
美国密歇根州庞蒂亚光城体育场	1985 年	234.9 m×183 m	空气薄膜结构
日本出云木结构圆顶	1992 年	直径 140.7 m	木结构
美国西雅图金郡圆球顶	1989 年	直径 202 m	圆顶

续　表

建 筑 名 称	建成时间	跨　度	结构体系
美国波士顿机场	1976 年	跨度 70.6 m	混凝土折壳
美国新奥尔良市体育馆	1976 年	圆形直径 207.3 m	网架

表 2-2　　　　　　　　　　　国内著名大型空间结构工程

工 程 名 称	建造年代	结构平面尺寸	结 构 体 系
世博文化中心	2010	165 m×205 m	大跨度空间钢桁架结构
上海世博会世博轴	2010	长度 1 000 m,宽度 80 m	膜结构
国家体育场(鸟巢)	2007	长轴 340 m,短轴 292 m	空间门式刚架
北京国家游泳中心	2007	矩形 170 m×170 m	空间网格结构
北京国家体育馆	2007	矩形 250 m×140 m	双向张弦梁
天津奥林匹克中心	2005	椭圆 471 m×370 m	钢桁架带悬挑
北京老山奥运自行车馆	2007	圆形 130 m	双层球面网壳
北京奥运会篮球馆	2007	圆形 120 m	双向正交正放网架
北京奥运会羽毛球馆	2007	圆形 105 m	弦支穹顶
北京奥运会摔跤馆	2007	圆形 90 m	巨型门式刚架
北京奥运会乒乓球馆	2007	圆形 80 m	预应力空间桁架壳
沈阳奥体中心体育场	2007	最大跨度 360 m	钢结构桁架拱
山东济南奥体中心	2006	椭圆 360m×310 m	钢结构悬挑
郑州国际会展中心	2006	152 m×180 m	张弦桁架
浙江宁波国际会展中心	2005	短跨 72 m	正交正放三角管桁架
成都新世纪国际会议中心	2004	跨度 78 m	空间管桁架
上海火车南站	2006	跨度 276 m	预应力肋环形网壳
广东南海市文化中心	2002	椭圆 153 m×109 m	空间立体钢桁架
安徽大学体育馆	2000	跨度 87.757 m	弦支穹顶
深圳市民中心	2003	矩形 270 m×120 m	桁架及网架组合
湖南省游泳跳水馆	2003	185.7 m×126.2 m	马鞍型网壳
山东荣成体育馆	2006	跨度 98.11m	空间管桁架
北京昌平体育馆	2007	跨度 98 m	预应力拉索钢桁架
吉林长春体育馆	1998	142 m×194 m	钢桁架
山西大同大学体育馆	2006	跨度 115 m	空间网架＋支撑体系
福建省体育馆	2002	跨度 91.9 m	双层球面网壳结构
复旦大学正大体育馆	2006	最大 100 m	钢桁架及索膜结构
黄山体育馆	2000	跨度 78 m	双层三角锥网壳
黑龙江齐齐哈尔体育馆	2000	三角形边长 105.7 m	双曲抛物面网壳
山西晋中体育中心体育馆	2003	长轴 89 m,短轴 72 m	正放四角锥网壳
四川大学体育馆	2000	长向 101.6 m,短向 96 m	旋转曲面组合网壳
上海八万人体育场	1997	最长悬挑 73.5 m	大悬挑钢骨架膜结构
常州体育馆	2008	长轴 120 m,短轴 80 m	椭球形张弦网壳

2.1.4.2　大跨空间结构理论分析与进展

随着科技水平的提高,我国空间结构理论分析近年来得到了长足的发展,无论工程应用还是理论分析与研究都得到了长足发展。2008 年北京奥运会场馆设施建设,2010 年上海世博会场馆设施建设再次展示了空间结构强大的结构作用。随着国民经济的持续飞速发展,西部大开发战略和振兴东北战略的实施,空间结构一定会得到更广泛的应用。相应的计算理论也会得到更大的提高,计算方法由连续化分析到离散化分析,由近似计算到精确计算,由等效静力分析到直接动力分析,由线性分析到非线性分析。研究方法向理论,试验、大量计算分析相结合发展。主要在以下几个方面:

1. 研究手段的进展

结合具体工程进行大量的试验研究,其中包括悬索、网架、网壳、组合结构和张拉整体等各类空间结构。编制了大量的各种程序对各类空间结构体系进行计算机分析,揭示了各新型结构动力特性与地震反应特点及随参数变化的规律。给出了各类空间结构响应规律,试验结果与计算分析值基本得到相互验证,新的研究成果使得新结构、新体系层出不穷,极大地丰富了空间结构领域,进一步展示了我国建筑科技水平的不断提高。

2. 计算理论的进展

空间结构的计算理论由弹性分析到弹塑性地震响应分析,在多遇地震作用下按弹性阶段进行计算的同时,还要防止结构在罕遇地震作用下倒塌并考虑到设计的经济性对结构弹塑性分析。利用圆杆截面空间梁系弹塑性本构关系,结合有限分割有限元法、Newmark 逐步积分法和 Euler 一次 Newton-Raphson 迭代法,编制了空间网壳结构弹塑性地震响应时程分析程序,给出了单层球面与单层柱面网壳弹塑性响应规律和斜拉网格结构弹塑性响应规律,推导出了单元弹塑性刚度矩阵,研究了双层与单层柱面网壳弹塑性反应随参数变化的情况。对柔性结构全面考虑了几何非线性的影响,使得计算精度得到极大提高,计算理论不断完善。

此外,空间结构与支承体系协同工作性能得到进一步明确。在最初进行这类结构分析时,大多数采用离散分析。考虑到计算机容量及计算时间问题,常把支承体系用三向固定铰支承代替,将空间结构与支承拆开,单独进行计算。但由于实际支承体系往往不是三向刚度无限大,周边简支模型与实际出入较大,后进展到采用弹性支承的空间结构计算模型。有关共同工作问题,空间结构界不断进行研究,提出各种钢网格结构与混凝土支承不同材料组合体系的阻尼简化公式,给出修正的弹性支承计算模型。现有的分析软件也逐渐可以实现整体分析。

3. 结构抗震分析理论的进展

大跨度空间结构抗震分析从单维地震反应分析发展到多维地震反应分析。由于地震时地面运动是多维的,同时各方向地震动引起的地震响应一般为同数量级的,因此为了更真实地掌握结构地震反应,进行多维地震反应分析是很必要的。地震动有六维分量,由于结构设计形式尽量保证了均匀对称,同时计算转动分量将带来过大的计算工作量,目前以研究震动的三个平动分量输入为主,为考虑三维地震输入,空间网壳结构曾用时程法进行确定分析;近年来,北工大引用了林家浩等人提出的单维虚拟激励法推导出网格结构多维地震输入的虚拟激励随机分析方法,编制了相应程序,并提出了随机参数取法,用此程序对单层、双层柱面网壳、球面网壳进行系统的多维地震反应分析,得到了一些有益的理论。

4. 空间结构隔震、控震分析

结构震动控制包括基础隔震、被动控制、主动和半主动控制及近年来提出的智能控制。有关土建结构振动控制研究与应用约有 30 年的历史。我国空间结构中采用橡胶支座隔震已相当普及,但在空间结构振动控制方面尚处于起步研究阶段,现已有可喜的科研成果。在基础隔震方面,同济大学、浙江大学等单位给出了各种支座的隔震性能、设计计算方法,浙江大学提出了适合于网格结构的黏弹性阻尼材料代替橡胶支座,北京交通大学研制出万向支承万向转动抗震减震支座,获得了专利。在网壳结构控制方面,哈尔滨工业大学提出了多个 TMD 调频质量阻尼器的 MTMD 系统,建立了随机振动计算模型,采用传递函数算法和非线性数学规划方法确定其最优控制参数,并针对各类单层网壳进行了振动控制分析;设计了黏滞阻尼器,安装在网壳上进行地震模拟震动台试验,得出有关结论。北京工业大学对网壳结构进行了半主动控制研究,提出将半主动控制器做成变刚度变阻尼杆件以替代网壳杆件的方法,并给出了控制杆件的最优布置准则。兰州理工大学提出采用约束屈曲支撑(BRB)代替部分网壳结构杆件的做法,利用通用有限元软件 ANSYS 对这种新型结构体系的各种形式进行分析,寻找约束屈曲支撑在整体结构中的最优布置和影响规律,在参数分析的基础上,探索网壳结构减震体系的减震机理与变化规律,分析结构减震控制的关键因素。

5. 研究展望

未来的空间结构将会在很多方面得到突破,其中新材料、新结构、新技术、新节点、新工艺、新的制作、安装与控制技术都会有较大的发展,结构形式在各类可开启式、可展开式空间钢结构体系会有更多的研究。结构抗风、抗震计算理论;针对各类新体系的不同特殊问题、实用的设计方法;施工过程模拟计算理论与技术以及重要空间结构的健康监测及相应的安全性评定方法;火灾、风灾及地震作用下的灾害控制等方面都会有更大的发展空间。

2.1.5　空间结构设计的主要步骤与学习建议

空间结构越来越丰富,因此需要现代工程师具有空间结构的设计基本能力。设计中要正确理解结构的概念,在正确的结构设计体系上进行合理的结构设计,取得良好的技术经济效益。因此要求设计过程中灵活运用所学的知识和相关的概念,还要不断积累丰富的实践经验,注重理论联系实际,使得结构设计逐步趋于完善。

空间结构的主要任务是选择合理的结构方案,在此基础上选取合理的计算模型,进行正确计算分析,最后根据合理的构造实现结构设计的要求。其基本过程主要包括以下几个方面:

(1)根据建筑功能、结构平面尺寸及空间造型综合考虑可能的方案并做出初步分析,确定结构类型。通常这个过程要进行多方案比选,才可以有较好的对比。

(2)确定结构的基本参数,确定结构模型及材料选用。

(3)确定下部支承结构及其相关设计因素。

(4)进行结构分析,包括:结构弹塑性性能、几何非线性和材料非线性。

(5)整体结构稳定性及抗倒塌能力设计与控制分析。

(5)特殊结构构件的设计,包括合理的构件及节点处理。

(6)其他提高结构抗震性能的细部构造措施。

(7)绘制施工图。尤其对特殊结构设计与施工以及验收要求要明确。

由于空间结构构造复杂,目前都是采用计算机计算,而且很多软件也便于操作,但是初学者有时不注意计算结果是否正确,以为计算机计算不会有错,实际上很多参数理解不到位,计算结果有误的事情频繁发生。这一点学习过程中一定要特别注意。总之,空间结构设计关键的几步就是明确结构体系,合理确定结构基本参数,准确建立计算模型,完善计算分析,最后合理构造。为了准确计算,一定对结构有深刻的理解。为了便于建立有限元计算模型,董石麟院士给出了各种常用结构的单元分类(图2-25),供在学习中参考。

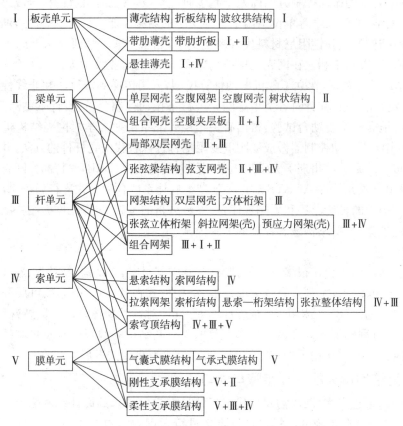

图2-25 空间结构体系在有限元分析单元选取

2.2 网架结构分析

2.2.1 网架结构形式及选择

网架结构按弦杆层数不同可分为双层网架和三层网架。双层网架是由上弦层、下弦层和腹杆层组成的空间结构(图2-26),是最常用的一种网架结构。

三层网架是由上弦层、中弦层、下弦层、上腹杆层和下腹杆层组成的空间结构(图2-27)。其特点是:提高网架高度,减小网格尺寸,减少弦杆内力。

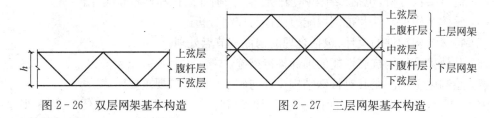

图2-26 双层网架基本构造　　　　图2-27 三层网架基本构造

2.2.1.1 双层网架结构的形式

双层网架结构的形式很多,目前常用有三大类13种形式,如表2-3所示。以下简述各类网架的基本组成形式。

表 2 - 3　　　　　　　　　　　双层网架结构的形式及选用

双层网架的类别	双层网架的形式	选型参考要点
平面桁架体系网架	两向正交正放网架	中小跨度,矩形或方形平面
	两向正交斜放网架	中小跨度,矩形平面长宽比较大时
	两向斜交斜放网架	特殊建筑要求
	三向网架	圆形平面,多边形平面,跨度较大
四角锥体系网架	正放四角锥网架	各类结构,各类支承
	正放抽空四角锥网架	中小跨度,矩形平面
	单向折线形网架	跨度较小,长宽比较大
	斜放四角锥网架	中小跨度,矩形平面
	棋盘形四角锥网架	中小跨度,矩形平面,周边支承
	星形四角锥网架	中小跨度,矩形平面,周边支承
三角锥体系网架	三角锥网架	圆形,多边形平面,跨度较大
	抽空三角锥网架	圆形,多边形平面,中小跨度
	蜂窝形三角锥网架	圆形,多边形平面,中小跨度

1. 平面桁架体系网架

平面桁架体系网架是由平面桁架交叉组成,组成的基本单元如图 2 - 28 所示。这类网架上、下弦杆长度相等,而且其上、下弦杆和腹杆位于同一垂直平面内。一般可设计为斜腹杆受拉,竖杆受压,斜腹杆与弦杆夹角宜在 40°～60° 之间。这类网架共有四种形式,即:两向正交正放,两向正交斜放,两向斜交斜放,三向网架。

图 2 - 28　平面桁架体系基本单元

1) 两向正交正放网架

两向正交正方网架(图 2 - 29)是由两个方向的平面桁架垂直交叉而成。其受力类似于两向等刚度交叉梁,随平面尺寸及支承情况而变化。对于周边支承,平面尺寸越接近正方形,两个方向桁架杆件内力越接近,空间作用越显著。但随着边长比的增大,单向传力作用明显增大。对于点支承网架,支承附近的杆件及主桁架杆件内力较大,其他部位杆件内力较小,两者差别较大。

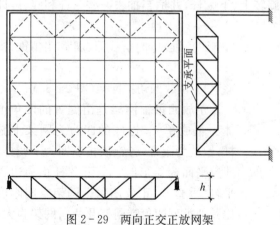

图 2 - 29　两向正交正放网架

2) 两向正交斜放网架(图 2 - 30)

两向正交斜放网架是由两个方向的平面桁架垂直交叉而成,在矩形建筑平面中应时,两向桁架与边界夹角为 45°(-45°)。它可理解为面向正交正放网架在建筑平面上放置时转动 45°。

两向正交斜放网架的两个方向桁架的跨度长短不一,节间数有多有少,靠近角部的桁架刚度较大,对与其垂直的长桁架起支承作用,减少长桁架跨中弦杆受力,对网架受力有利。对于矩形平面,周边支承时,可处理成长桁架通过角柱(图 2 - 30(a))和长桁架不通过角柱(图 2 - 30(b)),前者将使四个角柱产生较大的拉力。后者可避免角柱产生过大拉力,但需在长桁架支座处设两个边角柱。

3）两向斜交斜放网架（图 2-31）

两向斜交斜放网架是由两个方向桁架相交 α 角交叉而成，形成棱形网格。适用于两个方向网格尺寸不同，而要求弦杆长度相等。这类网架节点构造较复杂，受力性能欠佳，因此只在建筑上有特殊要求时才选用。

4）三向网架（图 2-32）

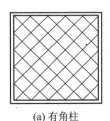 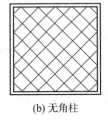 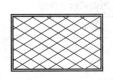 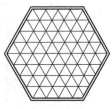

(a) 有角柱　　　(b) 无角柱

图 2-30　两向正交斜放网架　　图 2-31　两向斜交斜放网架　　图 2-32　三向网架

三向网架是由三个方向桁架按 60°角相互交叉组成。这类网架的上、下弦平面的网格呈正三角形，为几何不变体，空间刚度大，受力性能好，支座受力较均匀，但汇交于一个节点的杆件可多达 13 根，节点构造比较复杂，宜采用焊接空心球节点。三向网架适用于较大跨度（$l > 60$ m），且建筑平面为三角形、六边形、多边形和圆形，当用于圆形平面时，周边将出现一些非正三角形网格。

2. 四角锥体系网架

四角锥体系网架是由四角锥按一定规律组成，基本单元为倒置四角锥。这类网架上、下平面均为方形网格，下弦节点均在上弦网格形心的投影线上，与上弦网格的四个节点用斜腹杆相连。若改变上、下弦错开的平移值，或相对地旋转上、下弦杆，并适当抽去一些弦杆和腹杆，即可获得各种形式的四角锥网架。

这类网架共有六种形式，即：正放四角锥，正放抽空四角锥，单向折线形，斜放四角锥，棋盘形四角锥，星形四角锥网架。

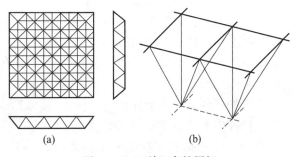

图 2-33　正放四角锥网架

1）正放四角锥网架（图 2-33）

正放四角锥网架是由倒置的四角锥体为组成单元，锥底的四边为网架上弦杆，锥棱为腹杆，各锥顶相连即为下弦杆。建筑平面为矩形时，上、下弦杆均与边界平行（垂直）。正放四角锥网架空间刚度比其他类型四角锥网架及两向网架为大，用钢量可能略高些。这种网架因杆件标准化，节点统一化，便于工厂化生产，在国内外得到广泛应用。

2）正放抽空四角锥网架（图 2-34）

正放抽空四角锥网架是在正放四角锥网架基础上，适当抽掉一些四角锥单元中的腹杆和下弦杆，使下弦网格尺寸比上弦网格尺寸大 1 倍。这种网架的杆件数量少，腹杆总数为正放四角锥网架腹杆总数的 3/4 左右，下弦杆减少 1/2 左右，故构造简单，经济效果较好。由于周边网格不宜抽杆,两个方向网格数宜取奇数。这种网架受力与正交正放交叉梁系相似,刚度较正放四角锥网架弱一些。

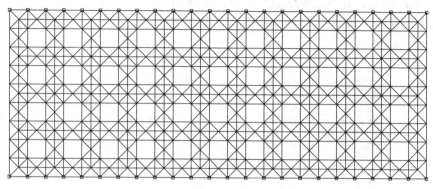

图 2-34　正放抽空四角锥网架

3) 单向折线形网架(图 2-35)

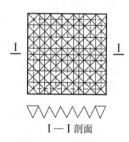

图 2-35　单向折线形网架

正放四角锥网架,在周边支承情况下,当长宽比大于 3 时,沿长方向上、下弦杆内力很小,而沿短方向上、下弦杆内力很大,处于明显单向受力状态,故可取消纵向上、下弦杆,形成单向折线形网架。周边一圈四角锥是为加强其整体刚度,构成一个较完美的空间结构。单向折线形网架是将正放四角锥网架取消纵向的上、下弦杆,保留周边一围纵向上弦杆而组成的网架,适用于周边支承。单向折线形网架是处于单向受力状态,由交成 V 形的桁架传力,它比单纯的平面桁架刚度大,不需设置支撑体系,所有杆件均为受力杆。这种网架适用于周边支承且长宽比大于 3 或两边支承的情况,可以降低工程造价。

4) 斜放四角锥网架(图 2-36)

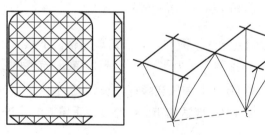

图 2-36　斜放四角锥网架

斜放四角锥网架是由倒置四角锥组成,上弦网格呈正交斜放,下弦网格呈正交正放;也就是下弦杆与边界垂直(或平行),上弦杆与边界成 45°夹角。这种网架的上弦杆长度等于下弦杆长度的 $\sqrt{2}/2$ 倍。在周边支承情况下,上弦杆受压,下弦杆受拉,该网架体现了长杆受拉,短杆受压,因而杆件受力合理。这种网架适合于周边支承的情况,节点构造简单,杆件受力合理,用钢量较省、也是国内工程中应用较多的一种形式。

5) 棋盘形四角锥网架(图 2-37)

棋盘形四角锥网架是由于其形状与国际象棋的棋盘相似而得名。在正放四角锥基础上,除周边四角锥不变外,中间四角锥间格抽空。下弦杆呈正交斜放,上弦杆呈正交正放,下弦杆与边界呈 45°夹角,上弦杆与边界垂直(或平行)。这种网架也具有上弦短、下弦长的优点,且节点上汇交杆件少,用钢量省,屋面板规格单一,空间刚度比斜放四角锥好,适用于周边支承的情况。

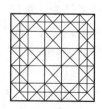

图 2-37　棋盘形四角锥网架

6）星形四角锥网架（图 2-38）

星形四角锥网架是由两个倒置的三角形小桁架相互交叉而成。两个小桁架的底边构成网架上弦,上弦正交斜放,各单元顶点相连即为下弦,下弦正交正放,在两个小桁架交汇处设有竖杆,斜腹杆与上弦杆在同一平面内。这种网架具有上弦短、下弦长的特点,杆件受力合理,适用于周边支承的情况。

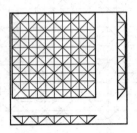 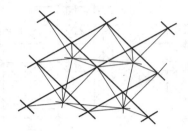

图 2-38　星形四角锥网架

3. 三角锥体系网架

三角锥网架体系是由倒置三角锥组成。组成基本单元为三角锥,见图 2-39。锥底的三条边,即网架的上弦杆,组成正三角形,棱边即为网架腹杆,锥顶用杆件相连,即为网架下弦杆。三角锥体是组成空间结构几何不变的最小单元。随三角锥体布置不同。可获得各类三角锥网架。这类网架共有三种,即三角锥网架,抽空三角锥网架和蜂窝形三角锥网架。

（1）三角锥网架（图 2-40）

 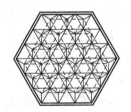

图 2-39　三角锥体系基本单元　　　图 2-40　三角锥网架

三角锥网架是由倒置的三角锥体组合而成。上、下弦平面均为正三角形网格。下弦三角形的顶点在上弦三角形网格的形心投影线上。三角锥网架受力比较均匀,整体抗扭、抗弯刚度好,如果取网架高度为网格尺寸的 $\sqrt{2/3}$ 倍,则网架的上、下弦杆和腹杆等长。上、下弦节点处汇交杆件数均为9根,节点构造类型统一。三角锥网架一般适用于大中跨度及重屋盖的建筑,当建筑平面为三角形、六边形或圆形时最为适宜。

（2）抽空三角锥网架（图 2-41—图 2-43）

抽空三角锥网架是在三角锥网架基础上,适当抽去一些三角锥中的腹杆和下弦杆,使上弦网格仍为三角形,下弦网格为三角形及六边形组合或均为六边形组合,前者抽锥规律是：沿网架周边一圈的网格均不抽锥,内部从第二圈开始沿三个方向间隔一个网格抽掉一个三角锥,图 2-41 中有影线部分为抽掉锥体的网格。后者即从周边网格就开始抽锥,沿三个方向间隔两个锥抽一个,图 2-42 中有影线部分为抽掉锥体的网格。抽空三角锥网架抽掉杆件较多,整体刚度不如三角锥网架,适用于中小跨度的三角形、六边形和圆形的建筑平面。

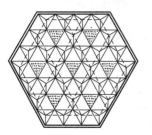
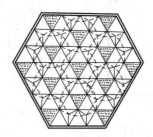
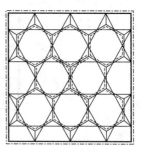

图 2-41　抽空三角锥形式一　　　图 2-42　抽空三角锥形式二　　　图 2-43　蜂窝形三角锥

（3）蜂窝形三角锥网架（图 2-43）

蜂窝形三角锥网架是倒置三角锥按一定规律排列组成，上弦网格为三角形和六边形，下弦网格为六边形。这种网架的上弦杆较短，下弦较长，受力合理。每个节点均只汇交 6 根杆件，节点构造统一，用钢量省。蜂窝形三角锥网架从本身来讲是几何可变的，它需借助于支座水平约束来保证其几何不变，在施工安装时应引起注意。

分析表明，这种网架的下弦杆和腹杆内力以及支座的竖向反力均可由静力平衡条件求得，根据支座水平约束情况决定上弦杆的内力。这种网架适用于周边支承的中小跨度屋盖。

2.2.1.2　三层网架结构的形式

三层网架根据组成网架的基本单元体可分成三大类，见表 2-4。

表 2-4　　　　　　　　　　　　　三层网架结构的形式及选用

三层网架的类别	三层网架的形式	选型参考要点
平面桁架体系三层网架	两向正交正放	矩形或方形平面
	两向正交斜放	矩形平面长宽比较大时
四角锥体系三层网架	正放四角锥	荷载较大，局部柱帽
	正放抽空四角锥	荷载较小的情况，网格数为奇数
	斜放四角锥	必须设置边桁架
	上正放四角锥下正放抽空四角锥	矩形平面，周边支承
	上斜放四角锥下正放四角锥	荷载较大，矩形平面，周边支承
	正放四角锥	荷载较大，矩形平面，周边支承
	正放抽空四角锥	荷载较大，矩形平面，周边支承
混合型三层网架	上正放四角锥下正交正放四角锥	荷载较大时，矩形平面
	上棋盘形四角锥下正交斜放四角锥	矩形平面长宽比较大时

1. 平面桁架体系三层网架

平面桁架体系是由平面网片单元按一定规律组成的空间三层网架。这类网架共有两种类型。

（1）两向正交正放三层网架。两向正交正放三层网架是由两个方向三层平面桁架呈直角交叉而成，见图 2-44。网架支座可以下层支承（图 2-44(b)），也可以中层支承（图 2-44(c)）或上层支承（图 2-44(d)）。下层支承时需设边桁架。

（2）两向正交斜放网架。两向正交斜放网架是由两个方向三层网架交叉成 90°而成，它可理解为将两向正交正放三层网架（图 2-44(a)）绕垂直轴转动 45°。其网架支承形式与图 2-44(b)(c)(d)一样。

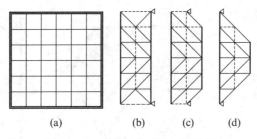

图 2-44　两向正交正放三层网架

2. 四角锥体系三层网架

四角锥体系三层网架是由四角锥体单元按一定规律组成的空间三层网架,其上层为倒置四角锥,下层为正置四角锥,根据锥体的布置方法不同有如下几种类型:

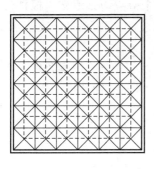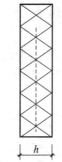

（1）正放四角锥三层网架。正放四角锥三层网架是由上、下层均为四角锥组成,如图 2-45 所示。上下层网架的组成相似。

（2）正放抽空四角锥三层网架。正放抽空四角锥三层网架是有正方四角锥网架按一定规律抽掉锥体而形成,见图 2-46。为了抽锥方便,网格数宜采用奇数。

（3）斜放四角锥三层网架。斜放四角锥三层网架是由上、下二层斜放四角锥网架组成,见图 2-47。这种网架必须设置边桁架。以保证网架的几何不变性。

图 2-45　正放四角锥三层网架

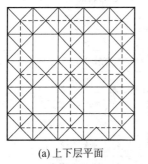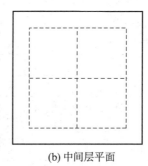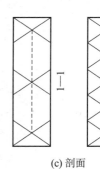

(a) 上下层平面　　　　　　(b) 中间层平面　　　　　　(c) 剖面

图 2-46　正放抽空四角锥三层网架

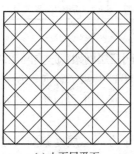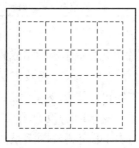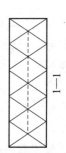

(a) 上下层平面　　　　　　(b) 中间层平面　　　　　　(c) 剖面

图 2-47　斜放四角锥三层网架

(4)上层正放四角锥下层正放抽空四角锥三层网架。这种网架由两种不同四角锥的网架组合而成。上层为正放四角锥网架形式,下层为正放抽空四角锥网架形式。

(5)上斜放四角锥下正放四角锥三层网架。这种网架由两种不同四角锥的网架组合而成。上层为斜放四角锥网架形式,下层为正放四角锥网架形式,中层弦杆既是上层斜放四角锥网架下弦杆,又是下层正放四角锥网架的上弦杆。

3. 混合型三层网架

混合型三层网架是出平面桁架体系和四角锥体系组成,它有如下几种类型:

(1)上正放四角锥下正交正放三层网架。这种网架由两种不同类型网架组成,上层为正放四角锥网架,下层为两向正交正放网架,见图 2-48。

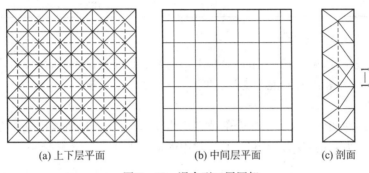

(a) 上下层平面　　　　　　　(b) 中间层平面　　　　(c) 剖面

图 2-48 混合型三层网架

(2)上棋盘形四角锥下正交斜放三层网架。这种网架由两种不同类型的网架组成,上层为棋盘形四角锥网架,下层为正交斜放网架。以上仅介绍几种常用的三层网架形式,它们都是由双层网架延伸而成。在组成新的三层网架过程中,一定要注意中层弦杆走向,它既是上层双层网架下弦杆走向,也是下层双层网架上弦杆走向。按这种原则,将双层网架 11 种形式(除蜂窝形三角锥网架和单向折线形网架外)均可组成各式各样的三层网架。

2.2.1.3 网架结构的选型要点

网架的选型应根据建筑平面形状和跨度大小、网架的支承方式、荷载大小、屋面构造和材料、制作安装方法等,结合实用与经济的原则综合分析确定。在优化设计中,不能单纯考虑耗钢量,应考虑杆件与节点间的造价差别,屋面材料与围护结构费用,安装费用等综合经济指标。

(1)对于周边支承情况的矩形平面,当其边长比小于或等于 1.5 时,宜选用斜放四角锥网架、棋盘形四角锥网架、正放抽空四角锥网架,也可考虑选用两向正交斜放网架、两向正交正放网架。正放四角锥网架耗钢量较其他网架高,但杆件标准化程度比其他网架好,结构的整体刚度及网架的外观效果好,是目前采用很多的一种网架形式。对于中小跨度,也可选用星形四角锥网架和蜂窝形三角锥网架。当边长比大于 1.5 时,可采用两向正交正放网架、正放四角锥网架和正放抽空四角锥网架。当平面狭长时,可采用单向折线形网架。表 2-5 给出了正方形周边支承的各类网架的用钢量和挠度对比。

(2)对于点支承情况矩形平面,宜采用两向正交正放网架、正放四角锥网架、正放抽空四角锥网架。

(3)对于平面形状为圆形、多边形等,宜选用三向网架、三角锥网架、抽空三角锥网架。由于三角锥网架的整体刚度及网架的外观效果好,也是目前采用较多的一种网架形式。

(4)对于大跨度建筑,尤其是当跨度近百米时,实际工程经验证明,三角锥网架和三向网架其耗钢量比其他网架少。因此,对于大跨度的屋盖,宜选择三角锥网架和三向网架。

表 2-5　　　　　　　　　　正方形周边支承网架的用钢量和挠度对比

网架类型	24 m 跨		48 m 跨		72 m 跨	
	用钢量/(kg/m²)	挠度/mm	用钢量/(kg/m²)	挠度/mm	用钢量/(kg/m²)	挠度/mm
两向正交正放	9.3	7	16.1	21	21.4	32
两向正交斜放	10.8	5	16.1	19	21.4	32
正放四角锥	11.1	5	17.7	18	23.4	30
斜放四角锥	9	5	14.8	16	19.3	29
棋盘形四角锥	9.2	7	15.0	22	21.0	33
星形四角锥	9.9	5	15.5	16	21.1	30

2.2.1.4　网架结构的支承

网架结构搁置在柱、梁、桁架等下部结构上。通常根据位置的不同,可分为周边支承、点支承、周边支承与点支承相结合的混合支承、两边和三边支承等情况。

1. 周边支承

周边支承是指网架四周边界上的全部节点均为支座节点,支座节点可支承在柱顶,也可支承在这系梁上。传力直接,受力均匀,它是最常用的支承方式(图 2-49(a))。

2. 点支承

点支承是指网架的支座支承在四个或多个支承柱上,前者称为四点支承;后者称为多点支承(图 2-49(c))。点支承的网架与无梁楼盖受力有相似之处,应尽可能设计成带有一定长度的悬挑网格,这样可使跨中正弯矩和挠度减少,并使整个网架的内力趋于均匀。点支承主要适用于体育馆、展览厅等大跨度公共建筑,也用于大柱网工业厂房。

3. 三边支承或两边支承

在矩形建筑平面中,由于考虑扩建或因工艺及建筑功能要求,在网架的一边或两边不允许设置柱子时,则需将网架设计成三边支承一边自由或两边支承两边自由的形式。自由边的存在对网架内力分布和挠度都不利,故应对自由边进行适当处理,以改变网架的受力状态(图 2-49(d),(e))。

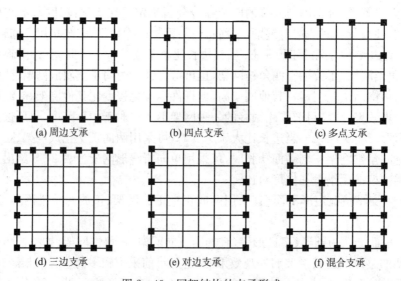

(a) 周边支承　　　　　(b) 四点支承　　　　　(c) 多点支承

(d) 三边支承　　　　　(e) 对边支承　　　　　(f) 混合支承

图 2-49　网架结构的支承形式

这种支承在飞机库、影剧院、工业厂房、干煤棚等建筑中使用。

4. 周边支承与点支承相结合——混合支承

周边支承与点支承相结合的网架是在周边支承的基础上,在建筑物内部增设中间支承点,这样可以有效地减少网架杆件的内力峰值和挠度(图 2-49(f))。这种支承的网架适用于大柱网工业厂房、仓库、展览馆等建筑。

2.2.2　网架结构基本尺寸的确定

2.2.2.1　网格尺寸的确定

随着电子计算机与运筹学的发展,可采用优化设计方法来确定网格尺寸和网架高度。优化目的是在同一类型网架中,选用最优网格尺寸和网架高度,以达到网架总造价最省。网架结构的优化数学模型是以造价 F_C 作为目标函数,目标函数表达式如下:

$$F_C = C_1 W_m + C_2 W_j + C_3 L_1 L_2 W_r + C_4 L_1 L_2 W_c + 2C_5 (L_1 + L_2) h \qquad (2-1)$$

式中　C_1, C_2, C_3, C_4, C_5——分别为杆件、节点、檩条(或屋面板钢筋)、屋面板的混凝土与围护墙的单位造价;

　　　　W_m, W_j——杆件与节点的重量;

　　　　W_r, W_c——网架的长向与短向跨度,它是 G(网格数)的函数;

　　　　h——网架高度。

按上式共计算 7 种类型网架,跨度从 24~72m,边长比为 1,1.5,2 等,经回归分析,提出网架上弦网格数和跨高比,列于表 2-6。

表 2-6　　　　　　　　　　　　　　　网架上弦网格数和跨高比

网架形式	钢筋混凝土屋面体系		钢檩条体系	
	网格数	跨高比	网格数	跨高比
两向正交正放网架,正放四角锥网架,正方抽空四角锥网架	$(2\sim4)+0.2L_2$	10~14	$(6\sim8)+0.07L_2$	$(13\sim17)-0.03L_2$
两向正交斜放网架,棋盘形四角锥网架,斜放四角锥网架,星形四角锥网架	$(6\sim8)+0.08L_2$			

注:1. L_2 为网架短向跨度,单位:m。

　　2. 当跨度在 18 m 以下时,网格数可适当减小。

　　3. 表中仅列出 7 种网架形式,对于其他形式网架也可参考使用。表中仅适用于周边支承情况。对于点支承的网架结构可以适当提高网架高度。

2.2.2.2　网架高度的确定

网架的高度是影响网架结构的强度、刚度、造价的重要因素,因此必须充分考虑网架高度的合理选择。根据优化设计研究的结果,除满足表 2-6 的跨高比之外,网架的高度选择尚应参考以下方面:

1. 屋面荷载大小和设备

当屋面荷载较大时,网架应选择的较厚,反之可薄些。当网架中必须穿行通风管道时,网架高必须满足此高度。但当跨度较大时,除能穿通风管道外,就决定了相对挠度的要求了。一般来说,跨度较大时,网架高跨比可选用小些。

2. 平面形状的影响

当平面形状为圆形、正方形或接近正方形的矩形时,网架高度可取小些。狭长平面时,单向作用越加明显,网架应选高些。

3. 支承条件的影响

点支承比周边支承的网架高度要大。例如,点支承厂房,建议参考下列数据:

当柱距为 12 m 时,网架高跨比取 1/7;18 m 时取 1/10;24 m 时取 1/11.3。

2.2.2.3　网架的屋面构造

1. 网架屋面排水构造

通常,网架屋面排水有下述几种方式:

(1) 整个网架起坡。采用整个网架起坡形成屋面排水坡的做法,就是使网架的上下弦杆仍保持平行,只将整个网架在跨中抬高,如图 2-50(a)所示。这种形式类似桁架起拱的做法,但起拱高度是根据屋面排水坡度决定的。

(2) 网架变高度。为了形成屋面排水坡度,可采用网架变高的方法,如图 2-50(b)所示。这种做法不但节省找坡小立柱的用钢量,而且由于网架跨度中间高度增加,还可以降低网架上下弦杆内力的峰值,使网架内力趋于均匀。但是,由于网架变高度,腹杆及上弦杆种类增多,给网架制作与安装带来一定困难。

(3) 上弦节点上加小立柱找坡。在上弦节点上加小立柱形成排水坡的方法(图 2-50(c))比较灵活,改变小立柱的高度即可形成双坡、四坡或其他复杂的多坡排水屋面。小立柱的构造也比较简单,尤其是用于空心球节点或螺栓球节点上,只要按设计的要求将小立柱(钢管)焊接或用螺栓拧接在球体上即可。因此,国内已建成的网架多数采用这种方法找坡。应当指出,对大跨度网架,当中间屋脊处小立柱较高时,应当验算其自身的稳定性,必要时应采取加固措施。通常,当屋面找坡立柱高度超过 900 mm 时,应考虑增加斜撑,以形成几何不变体系,保证屋面的刚度。

此外,也可采用网架变高和加小立柱相结合的方法,以解决屋面排水问题。这在大跨度网架上采用更为有利;它一方面可降低小立柱高度,增加其稳定性,另一方面又可使网架的高度变化不大。

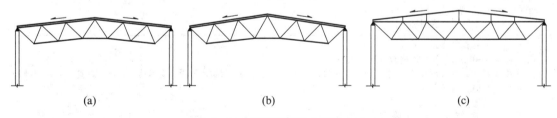

|(a)|(b)|(c)|

图 2-50　网架屋面排水找坡方式

2. 网架起拱度与容许挠度

网架起拱主要是为了消除人们在视觉或心理上对建成的网架具有下垂的感觉。然而起拱将给网架制造增加麻烦,故一般网架可不起拱。当要求起拱时,拱度可取小于或等于网架短向跨度的 1/300。此时,网架杆件内力变化一般不超过 5%～10%,设计时可按不起拱计算。综合近年来国内外的设计与使用经验,网架结构的容许挠度,用作屋盖时不得超过网架短向跨度的 1/250。一般情况下,按强度控制而选用的网架杆件不会因为这样的刚度要求而加大截面。当网架用作楼层时参考混凝土结构设计规范,容许挠度取网架跨度的 1/300。

2.2.3　网架结构的内力分析方法

2.2.3.1　荷载和作用

1. 荷载和作用的类型

网架结构的荷载和作用主要是永久荷载、可变荷载和作用。

1）永久荷载。

永久荷载是指在结构使用期间,其值不随时间变化,或其变化值与平均值相比可忽略的荷载。作用在网架结构上的永久荷载有:

(1) 网架自重和节点自重。网架杆件采用钢材,自重可通过计算机自动形成,钢材容重取 $\gamma = 7\,800\ \text{kN/m}^3$。双层网架自重可按下式估算:

$$g_{ok} = \xi\,\sqrt{q_w}\,L_2/200 \qquad (2-2)$$

式中　g_{ok}——网架自重,kN/m^2;

　　　　q_w——除网架自重外的屋面荷载或楼面荷载的标准值;

　　　　L_2——网架的短向跨度,m;

　　　　ξ——系数。对于杆件采用钢管时,取 $\xi=1.0$;采用型钢时,取 $\xi=1.2$。

网架的节点自重一般占网架杆件总重的 $20\%\sim25\%$,如网架节点的连接形式已定,可计算它的节点自重。

(2) 楼面或屋面覆盖材料自重。据实际使用材料查《建筑结构荷载规范》(GB 50009—2012)取用。

(3) 吊顶材料自重。

(4) 设备管道自重。

上述荷载中,(1)和(2)两项必须考虑,(3)和(4)两项根据实际工程情况而定。荷载分项系数取 1.2。

2）可变荷载。

可变荷载是指在结构使用期间,其值随时间变化,且其变化值与平均值相比不可忽略的荷载。设计中依据《建筑结构荷载规范》(GB 50009—2012)取用,注意特殊性即可。作用在网架结构上可变荷载有:

(1) 屋面或楼面活荷载。网架的屋面,一般不上人,屋面活荷载标准值为 $0.5\ \text{kN/m}^2$。楼面活荷载根据工程性质查荷载规范取用。

(2) 雪荷载。根据荷载规范,雪荷载标准值按屋面水平投影面计算,其计算表达式为

$$S_k = \mu_s S_0 \qquad (2-3)$$

式中　S_k——雪荷载标准值,kN/m^2;

　　　　μ_s——屋面积雪分布系数,网架的屋面多为平屋面,故取 $\mu_s=1.0$;

　　　　S_0——基本雪压,kN/m^2,根据地区不同查荷载规范。

雪荷载与屋面活荷载不必同时考虑,取二者的大值。

(3) 风荷载。对于周边支承,且支座节点在上弦的网架,风载由四周墙面承受,计算时可不考虑风荷载。其他支承情况,应根据实际工程情况考虑水平风荷载作用。由于网架刚度较好,自振周期较小,计算风荷载时,可不考虑风振系数的影响。

风荷载标准值,按下式计算:

$$w_k = \mu_z \mu_s w_0 \tag{2-4}$$

式中　w_0——基本风压，kN/m^2，取值查《建筑结构荷载规范》(GB 50009—2012)；

　　　μ_s——风荷载体型系数，取值查《建筑结构荷载规范》(GB 50009—2012)；

　　　μ_z——风压高度变化系数，取值查《建筑结构荷载规范》(GB 50009—2012)。

（4）积灰荷载。工业厂房中采用网架时，应根据厂房性质考虑积灰荷载，积灰荷载大小可由工艺提出，也可参考《建筑结构荷载规范》(GB 50009—2012)有关规定采用。

（5）吊车荷载。网架广泛应用于工业厂房建筑中，工业厂房中如设有吊车应考虑吊车荷载。吊车荷载计算参照荷载规范执行。

3）作用。

作用有两种，一种是温度作用，另一种是地震作用。温度作用是指由于温度变化，使网架杆件产生附加温度应力，必须在计算和构造措施中加以考虑。

我国是地震多发地区，地震作用不能忽视。根据我国《空间网格结构设计规程》(JGJ 7—2010)规定，周边支承的网架，当拟建建筑在设计烈度为 8 度或 8 度以上地区时，应考虑竖向地震作用；当拟建建筑在设计烈度为 9 度地区时应考虑水平地震作用。网架的地震作用取决于地面运动的加速度和网架自身固有的动力特性，可采用振型分解反应谱法和时程法进行计算。

2. 荷载组合

作用在网架上的荷载类型很多，应根据使用过程和施工过程中可能出现的最不利荷载进行组合。荷载组合的一般表达式为：

$$q = \gamma_0 \left(q_G + q_{Q_1} + \Psi_c \sum_{i=2}^{n} q_{Q_i} \right) \tag{2-5}$$

式中　q——作用在网架上的组合荷载设计值，kN/m^2；

　　　q_G——永久荷载的设计值，$q_G = \gamma_G q_k$；

　　　q_k——永久荷载的标准值；

　　　γ_G——永久荷载分项系数，计算内力时取 $\gamma_G = 1.2$，计算挠度时取 $\gamma_G = 1.0$；

　　　q_{Q_1}, q_{Q_i}——第 1 个可变荷载和第 i 个可变荷载的设计值；

$$q_{Q_1} = \gamma_Q q_{k_1}$$
$$q_{Q_i} = \gamma_Q q_{k_i}$$

　　　q_{k_1}, q_{k_i}——第 1 个可变荷载和第 i 个可变荷载的标准值；

　　　γ_Q——可变荷载分项系数，算内力时取 $\gamma_Q = 1.4$，计算挠度时取 $\gamma_Q = 1.0$；

　　　γ_0——结构重要性分项系数，分别取 1.1，1.0，0.9；

　　　Ψ_c——可变荷载的组合值系数，当有风荷载参与组合时，取 0.6；当没有风荷载参与组合时，取 1.0。

当无吊车荷载和风荷载、地震作用时，网架应考虑以下几种荷载组合：

（1）永久荷载＋可变荷载；

（2）永久荷载＋半跨可变荷载；

（3）网架自重＋半跨屋面板重＋施工荷载

后两种荷载组合主要考虑斜腹杆的变号。当采用轻屋面（如压型钢板）或屋面板对称铺设时,可不计算。当考虑风荷载和地震作用时,其组合形式可按式(2-5)计算。

当考虑吊车荷载时,考虑多台吊车竖向荷载组合时,对一层吊车的单跨厂房的网架,参与组合的吊车台数不应多于两台;对于一层吊车多跨厂房的网架,不多于4台。考虑多台吊车的水平荷载组合时,参与组合的吊车的台数不应多于两台。

吊车荷载是移动荷载,其作用位置不断变动,网架又是高次超静定结构,使考虑吊车荷载时的最不利荷载组合复杂化。目前采用的组合方法是由设计人员根据经验人为地选定几种吊车组合及位置,作为单独的荷载工况进行计算,在此基础上选出杆件的最大内力,作为吊车荷载的员不利组合值,再与其他工况的内力进行组合。

2.2.3.2 网架的静力计算方法

网架结构是高次超静定结构,要完全精确地分析它的内力和变形是相当复杂和困难的,常需采用一些计算假定,忽略某些次要因素的影响,使计算工作得以简化。网架计算基本假定为:

(1) 节点为铰接,杆件只承受轴力;

(2) 按小挠度理论计算;

(3) 按弹性方法分析。

网架的计算方法,大致分为精确计算法和简化计算法。精确计算法采用铰接杆件计算模型,即把网架看成为铰接杆件的集合,未引入其他任何假定,具有较高的计算精度。

简化计算法可采用部分设计手册查表进行。常用的方法主要有梁系模型和平板模型。梁系模型通过折算方法把网架简化为交叉梁,以梁段作为分析基本单位,求出梁的内力后,再回代求杆的内力。平板模型把网架折算为平板,解出板的内力后回代求杆的内力。随着计算机的广泛应用,大多数工程均采用精确计算方法,简化方法已很少采用。

下面介绍空间杆系有限元法的思路和求解步骤。

空间杆系有限元法又称空间桁架位移法,是目前杆系空间结构中计算精度最高的一种方法。它适用于分析各种类型的网架,可考虑不同平面形状、不同边界条件和支承方式、承受任意荷载和作用,还可考虑网架与下部支承结构共同工作。

1. 基本假定

(1) 网架的节点设为空间铰接节点,每一节点有三个自由度,即 u, v, w。

(2) 杆件只承受轴力。

(3) 假定结构处于弹性阶段工作,在荷载作用下网架变形很小。

2. 单元刚度矩阵

(1) 杆件局部坐标系单刚矩阵为

$$[\overline{K}] = \frac{EA}{l_{ij}} \begin{pmatrix} 1 & -1 \\ -1 & 1 \end{pmatrix} \tag{2-6}$$

式中　$[\overline{K}]$——杆件局部坐标系单刚矩阵;

　　　l_{ij}——杆件 ij 的长度;

　　　E——材料的弹性模量;

　　　A——杆件 ij 的截面面积。

(2) 杆件整体坐标系的单刚矩阵

$$[K]_{ij} = [T][\bar{K}][T]^{\mathrm{T}} = \frac{EA}{l_{ij}} \begin{bmatrix} l^2 & & & & \text{对} & \\ lm & m^2 & & & & \text{称} \\ ln & mn & n^2 & & & \\ -l^2 & -lm & -ln & l^2 & & \\ -lm & -m^2 & -mn & lm & m^2 & \\ -ln & -mn & -n^2 & ln & mn & n^2 \end{bmatrix} \qquad (2-7)$$

式中　　$[K]_{ij}$——杆件 ij 在整体坐标系中的单刚矩阵,是一个 6×6 阶的矩阵;

$\qquad [T]$——坐标转换矩阵,$[T] = \begin{bmatrix} l & m & n & 0 & 0 & 0 \\ 0 & 0 & 0 & l & m & n \end{bmatrix}^{\mathrm{T}}$

l,m,n 分别为杆与坐标轴夹角的方向余弦:

$$\begin{cases} l = \cos\alpha = \dfrac{x_j - x_i}{l_{ij}} \\[2mm] m = \cos\beta = \dfrac{y_j - y_i}{l_{ij}} \\[2mm] n = \cos\gamma = \dfrac{z_j - z_i}{l_{ij}} \end{cases} \qquad (2-8)$$

$$l_{ij} = \sqrt{(x_j - x_i)^2 + (y_j - y_i)^2 + (z_j - z_i)^2} \qquad (2-9)$$

式中　　α, β, γ——分别为 ij 杆轴 $\bar{x}$ 与结构总体坐标正向的夹角。

3. 结构总刚度矩阵

建立总刚矩阵时,应满足两个条件,即(1)变形协调条件;(2)节点内外力平衡条件。

根据这两个条件,总刚矩阵的建立可将单刚矩阵子矩阵的行列编号,然后对号入座形成总刚矩阵。对网架中的所有节点,逐点列出内外力平衡方程,联合起来就形成了结构刚度方程,其表达式为,结构总刚度方程是高阶的线性方程组,一般借助计算机求解。

$$[K]\{\delta\} = [P] \qquad (2-10)$$

式中　　$[K]$——结构总刚度矩阵,它是 $3n\times3n$ 方阵;

$\qquad \{\delta\}$——节点位移列矩阵,$\{\delta\} = [u_1 \quad v_1 \quad w_1 \cdots u_i \quad v_i \quad w_i \cdots u_n \quad v_n \quad w_n]$;

$\qquad [P]$——荷载列矩阵,$[P] = [P_{x1} \quad P_{y1} \quad P_{z1} \cdots P_{xi} \quad P_{yi} \quad P_{zi} \cdots P_{xn} \quad P_{yn} \quad P_{zn}]$;

$\qquad n$——网架节点数。

4. 边界条件

实际工程中,由于网架的约束条件不同,会直接影响网架结构的内力,因此应结合实际工程情况合理选用具体的约束条件。通常有以下几种情况:

(1)周边支承。周边支承网架的边界条件为:

$$\begin{cases} \text{径向} & \delta_{ay}, \delta_{cr} & \text{弹性约束} \\ \text{切向} & \delta_{ax} \quad \delta_{cy} & \text{自由} \\ \text{竖向} & w = 0 & \text{固定} \end{cases}$$

必须指出,采用整个网架进行内力分析时,四个角点支座(图 2-51 中的 A,B,C,D 点)水平方向边界条件应采用两向弹性约束或固定,否则会发生刚体移动。周边支承网架支座的边界条件与支座节点构造有关,应根据实际构造情况酌情处理。

（2）点支承。点支承网架的边界条件应考虑下部结构的约束,即

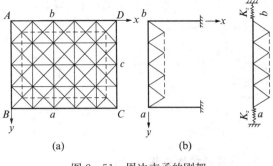

图 2-51　周边支承的刚架

$$\begin{cases} u = & \text{弹性约束 } K_{zx} \\ v = & \text{弹性约束 } K_{zy} \\ w = 0 & \text{固定} \end{cases}$$

$$K_{zx} = \frac{3E_z I_{zx}}{H_y^3}$$

$$K_{zy} = \frac{3E_z I_{zx}}{H_x^3} \tag{2-11}$$

式中　E_z——支承柱的材料弹性模量;

　　　I_{zx}, I_{zy}——支承柱绕 x,y 方向的截面惯性矩;

　　　H_x, H_y——支承柱的长度。

5. 对称性利用

根据结构力学的基本原理可知对称结构在对称荷载下,结构的内力、反力及位移对称。以往受计算机容量的限制,网架分析的对称性利用非常重要,这样可以大大减少计算工作量,随着计算机技术的发展,现在的网架结构分析通常是按照整体结构分析的,但从概念设计的角度出发,对称结构的内力分布规律特性值得注意,可以作为结构分析和设计的参考。

6. 杆件内力

边界条件处理后,通过对总刚度矩阵的求解,可得各节点的位移值,再由单元分析求得杆件内力。

7. 计算步骤

空间杆有限元法的计算步骤:

（1）根据网架结构的构成情况,选取计算单元;

（2）对网架节点和杆件进行编号;

（3）计算杆件长度和杆件与整体坐标系夹角的余弦;

（4）建立整体坐标系的单刚度矩阵;

（5）建立总刚度矩阵,将单刚度矩阵对号入座进入总刚度矩阵的有关位置上;

（6）输入荷载,建立总刚矩阵方程和荷载列矩阵,形成结构总刚度方程;

（7）根据边界条件,对总刚度方程进行边界处理;

（8）求解总刚度矩阵方程,得到各节点位移;

（9）根据各节点位移求杆件内力。

2.2.4　网架结构构造设计

2.2.4.1　网架的杆件设计与构造

1. 杆件材料和截面形式

网架杆件的材料采用钢材,钢材品种主要为 Q235 钢和 16M$_n$ 钢。网架杆件的截面形式有

圆管、由两个等肢角钢组成 T 形截面、两个不等边角钢长肢相并组成 T 形截面型钢、单角钢、
H 型钢和方管等,见图 2-52。

(a) 圆管　　　(b) 等肢角钢　　　(c) 不等肢角钢　　　(d) 单角钢　　　(e) H型钢　　　(f) 方钢管

图 2-52　网架杆件截面形式

2. 杆件的规格与截面尺寸

每个网架所选截面规格不宜太多,一般较小跨度网架以 2～3 种规格为宜,较大跨度网架
也不宜超过 6～7 种。从概念设计的角度看,宜选用厚度较薄的截面,使杆件在同样截面条件
下,可获得较大回转半径,对杆件受压有利。

另外,杆件截面过小易产生初弯曲,对受力不利,因此,根据《网架结构设计与施工规定》
(JGJ 7—91)规定,网架杆件的最小截面尺寸为:普通角钢∟50×3;钢管 Φ48×2。对于跨度较
大的网架 Φ60×3。

3. 杆件设计

网架的杆件主要受轴力作用,按轴心受压或轴心受拉计算。设计包括刚度、强度、稳定性
三个方面。计算公式如下:

(1) 轴心受拉公式

$$\sigma = \frac{N}{A} \leqslant f \tag{2-12}$$

$$\lambda = \frac{\mu l_0}{r_{\min}} < [\lambda] \tag{2-13}$$

(2) 轴心压杆公式

$$\sigma = \frac{N}{\varphi A} \leqslant f \tag{2-14}$$

$$\lambda = \frac{\mu l_0}{r_{\min}} < [\lambda] \tag{2-15}$$

式中　N——杆件轴力;

　　　A——杆件截面面积;

　　　λ——杆件最大长细比;

　　　l_0——杆件几何长度;

　　　$r_{\min}$——杆件最小回转半径;

　　　μ——计算长度系数,查表 2-7;

　　　φ——压杆稳定系数,由钢结构规范查得;

　　　f——钢材强度设计值。

目前国内《空间网格结构技术规程》对杆件的容许长细比规定如下:

(1) 受压杆件 $[\lambda] \leqslant 180$;

(2) 受拉杆件;

一般杆件[λ]≤400；

支座附近杆件[λ]≤300；

直接承受动力荷载[λ]≤250；

网架杆件的计算长度 l 可按下式计算：

$$l = \mu l_0 \tag{2-16}$$

式中　l_0——杆件几何长度（节点中心间距离）；

　　　μ——计算长度系数，由表 2-7 查得。

表 2-7　　　　　　　　　　计算长度系数 μ

链 接 形 式	弦杆	腹杆	
		支座腹杆	其他腹杆
螺栓球节点	1	1	1
焊接空心球节点	0.9	0.9	0.75
板节点	1	1	0.8

2.2.4.2　网架结构的节点设计与构造

1. 网架节点的类型

在网架结构中，节点起着连接汇交杆件、传送屋面荷载和吊车荷载的作用。网架又属于空间杆件体系，汇交于一个节点上的杆件至少有 6 根，多的可达 13 根。节点设计是网架设计中重要的环节之一。网架结构的节点应满足下列要求：

(1) 受力合理，传力明确，使节点构造与计算假定尽量相符。

(2) 保证汇交杆件交于一点，不产生附加弯矩。

(3) 力求构造简单，制作安装方便。

(4) 耗钢量少，造价低廉。

网架的节点形式很多，常用的主要形式有：

(1) 焊接空心球节点。焊接空心球节点是我国采用最早也是目前应用较广的一种节点。这种节点适用于圆钢管连接，构造简单，传力明确，连接方便。由于球体无方向性，可与任意方向的杆件相连，当汇交杆件较多时，其优点更为突出。因此它的适应性强，可用于各种形式的网架结构，也可用于网壳结构。图 2-53(a)、(b)分别表示四角锥和三向网架的焊接空心球节点构造。

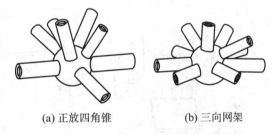

(a) 正放四角锥　　　　(b) 三向网架

图 2-53　焊接空心球节点大样图

焊接空心球节点网架结构受力特点好，整体刚度大，而且材料用量较少。但这种节点加工时钢板切割成圆形，钢材利用率较低，节点用钢量占总用钢量的 20%～25%。另外，制作网架时，杆件与球体连接需现场进行，且是全方位焊接，焊接工作量大，焊接质量要求高。特别在现场施焊时，会因焊接变形而引起尺寸偏差，焊接时需留焊接变形余量。

(2) 螺栓球节点。螺栓球节点是国内常用节点形式之一。它由钢球、销子、套筒和锥头或封板、螺栓等零件组成，如图 2-54 所示。螺栓球节点除具有焊接空心球节点所具有的对汇交空间杆件适用性强,杆件对中方便和连接不产生偏心等优点外,可避免大量的现场焊接工作量;零配件工厂加工,使产品工厂化,保证工程质量;运输和安装方便,可以根据工地施工情况,采用散装、分条拼装等安装方法。可用于任何形式的网架,目前常用于四角锥体系的网架。

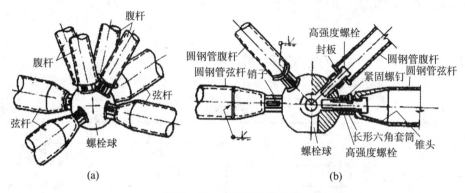

图 2-54　螺栓球连接节点

(3) 焊接钢板节点。焊接钢板节点是在平面桁架节点的基础上发展起来的一种节点形式。适用于弦杆呈两向布置的各类网架,如两向正交正放网架、两向正交斜放网架以及各类四角锥体系组成的网架,这些网架上、下弦杆均呈两向正交布置,腹杆与弦杆位于同一平面内或与弦杆平面呈 45°夹角,如图 2-55 所示。这种节点沿受力方向设节点板,节点板间则以焊缝连成整体,从而形成焊接钢板节点。各杆件连接在相应节点板上,即可形成各种形式的网架。有时为增加节点的强度和刚度,也可在节点中心加设一段圆钢管,将十字节点板直接焊于中心钢管,从而形成一个由中心钢管加强的焊接钢板节点(图 2-55(c))。

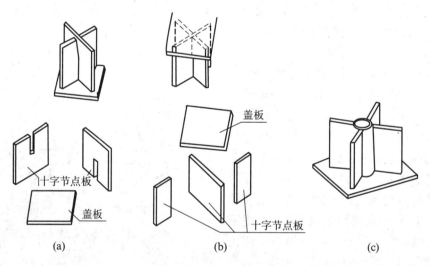

图 2-55　焊接钢板节点的组成

这种节点具有刚度大、用钢量较少、造价较低等优点,但不便工厂化、标准化生产,工地焊接工作量大,目前使用较少。对于由角钢杆件组成的网架,采用这种节点尤为相宜,对于由钢管杆件组成的网架,这种节点具有一定的适应性。

2. 网架节点的设计要点

一般情况下,焊接球节点和螺栓球节点经合理设计均可满足要求。通常,对于加工能力强,加工精度高,采用螺栓球节点,这样现场安全也比较方便,对于网架跨度较大,或者当地具有特殊地基条件,如不均匀沉降时,建议采用焊接球网架,这样充分利用了焊接球网架结构刚度大的优势,以抵抗结构的特殊受力。此外,对于网架结构采用抽空系列网架时,建议最好采用焊接球节点。

1) 空心球节点的设计

网架空心球节点的设计是通过构造要求和承载力计算确定空心球的外径及壁厚。

(1) 空心球外径 D。空心球体直径 D 主要根据构造要求确定,为便于施焊,在构造上要求连接于同一球节点,球节点上各杆件之间的空隙不小于 10 mm(图 2-56),按此要求可近似取球径为:

$$\begin{cases} \dfrac{D}{2} \cdot \theta \approx \dfrac{d_1}{2} + \dfrac{d_2}{2} + a \\ D \geqslant \dfrac{d_1 + d_2 + 2a}{\theta} \end{cases} \tag{2-17}$$

式中　d_1, d_2——相邻两根杆件的外径,mm;

　　　θ——相邻两根杆件间的夹角,一个节点有多根杆件相交,相邻两根杆件的夹角也有多个,应取其中最小夹角,以弧度为单位;

　　　a——相邻两根杆件之间的空隙,取 $a \geqslant 10$ mm,见图 2-56。

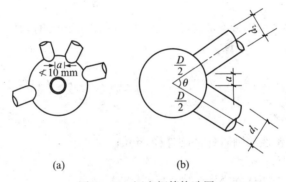

图 2-56　汇交钢管构造图

空心球外径等于或大于 300 mm 且杆件内力较大需要提高承载力时,球内可加设肋板,其厚度不应小于球壁厚,内力较大的杆件位于肋板平面内。

设计中为提高压杆的承载力,常选用管径大、管壁薄的杆件,而管径的加大也势必要引起空心球外径的增大,一般空心球的造价是钢管造价的 2~3 倍,管径加大也就加大球径,因而使网架总造价提高。反之,管径减少,球径减少,但钢管用钢量增大,网架总造价不一定经济。经研究表明,钢管直径 d 与球径 D 有合理匹配问题,它反映在压杆长度 l 与空心球外径的合理比值。即

$$\frac{l}{D} = k \tag{2-18}$$

式中　l——压杆计算长度;

　　　D——空心球外径;

　　　k——合理系数,列表 2-8。

表 2 - 8　　　　　　　　　　　　　　　**合理的 l/D 值**

N/t L/m	10	20	30	40	50	60	70	80	90
2.0	10.29	8.44	8.32	8.33	8.16	8.16			
2.5	12.32	9.02	8.46	8.29	8.30	8.33	8.15		
3.0	12.89	10.75	9.00	8.43	8.29	8.20	8.23	8.14	
3.5	13.56	11.86	10.08	9.04	8.87	8.60	8.32	8.16	8.19
4.0	14.30	12.70	11.38	9.90	9.03	9.07	8.90	8.33	8.18
4.5	14.83	13.74	12.44	11.17	9.98	9.69	9.41	8.74	8.15
5.0	15.44	13.86	12.60	12.28	10.94	9.97	9.60	9.60	8.89
5.5	15.57	14.29	13.16	12.44	11.88	10.73	10.03	9.71	9.43
6.0	16.14	14.86	13.73	12.99	12.44	11.87	11.00	10.28	10.19

从式(2-18)可确定合理得空心球外径后,再根据构造要求或下式确定钢管外径:

$$d = \frac{D}{2.7} \tag{2-19}$$

(2)空心球的壁厚。空心球的壁厚根据杆件内力由计算确定。空心球外径 D 与其壁厚 δ 的比值,一般可取 25~45。空心球壁厚与钢管最大壁厚的比值一般取 1.2~2.0,空心球壁厚一般不宜小于 4 mm。

(3)容许承载力验算。焊接空心球当直径为 120~900 mm 时,其受压和受拉承载力设计值 N_R 可统一按公式(2-20)计算:

$$N_R = \left(0.29 + 0.54 \frac{d}{D}\right) \cdot \eta_0 \cdot \pi \cdot t \cdot d \cdot f \tag{2-20}$$

式中　D——空心球的外径,mm;

　　　　d——与空心球相连的圆管杆件的外径,mm;

　　　　t——空心球壁厚,mm;

　　　　f——钢材抗拉设计强度,N/mm²;

　　　　η_0——大直径空心球承载力调整系数。当空心球直径≤500 mm 时,$\eta_0 = 1.0$;当空心球直径≥500 mm 时,$\eta_0 = 0.9$。

对于加肋空心球,其承载力可乘以加肋空心球承载力提高系数 η_d,受压空心球加肋采用 $\eta_d = 1.4$,受拉球取 $\eta_d = 1.1$。

(4)圆钢管与空心球的连接要求。钢管与空心球用焊缝连接,此焊缝要求等强,当钢管壁厚大于 4 mm 时,必须做成坡口,要求钢管与空心球离开 4~5 mm 并加衬管,或管球间不离开,用单面焊接双面成型工艺进行焊接。对于大、中跨度网架,受拉的杆件必须抽样进行无损检测(如超声波探伤等),抽样数至少取拉杆总数的 20%,质量应符合网架结构二级焊缝的要求。

2)螺栓球节点设计

螺栓球节点由于其特殊的结构构造,设计包含的内容主要是高强螺栓选取及验算,钢球的直径的确定,套筒、销钉或螺钉,封板与锥头的设计。

(1)高强螺栓设计。高强螺栓在整个节点中是最关键的传力部分,螺栓应达到 8.8 级或

10.9 级的要求,螺栓头部为圆柱形,便于在锥头或封板内转动。螺栓外形见图 2-57。

每个高强螺栓的受拉承载力设计值应按下式计算

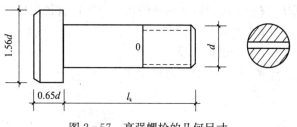

图 2-57 高强螺栓的几何尺寸

$$N_t^b \leqslant \Psi A_{eff} f_t^b \qquad (2-21)$$

式中 N_t^b——高强螺栓拉应力设计值;

Ψ——螺栓直径对强度影响系数,当 $d<30$ mm 时,$\Psi=1.0$;当 $d\geqslant30$ mm 时,$\Psi=0.93$;

f_t^b——高强螺栓经热处理后的抗拉强度设计值,对 40Cr 钢,40B 钢,20MnTiB 钢为 $430 \dfrac{N}{mm^2}$;对 45 号钢为 $365 \dfrac{N}{mm^2}$;

d——螺栓直径;

A_{eff}——螺栓的有效截面面积:

$$A_{eff} = \frac{\pi}{4}(d-0.938\,2P)^2 \qquad (2-22)$$

P——螺距,随直径变化而变化,查表 2-8。

A_{eff} 也可查表 2-9 得到。当螺栓上钻有销孔或键槽时,A_{eff} 应取螺纹处或销孔键槽处两者中的较小值。即

销孔处面积 $$A_{np} = \frac{\pi d^2}{4} - d d_p \qquad (2-23)$$

钉孔处面积 $$A_{ns} = \frac{\pi d^2}{4} - d_{se} \cdot h_{se} \qquad (2-24)$$

螺纹处面积 $$A_e = \frac{\pi}{4}(d-0.938\,2P)^2 \qquad (2-25)$$

式中 d_p——销子孔的直径;

d_{se}——开槽圆柱端的孔径直径;

h_{se}——开槽圆柱端的孔径深度。

采用销孔时 $\qquad A_{eff} = \min|A_{np}, A_e|$;

采用钉孔时 $\qquad A_{eff} = \min|A_{ns}, A_e|$。

表 2-9   常用螺栓在螺纹处的有效面积

d/mm	M12	M14	M16	M18	M20	M22	M24	M27	M28
A_e/mm^2	84.3	115	157	192	245	303	353	459	561
P/mm	1.75	2.0	2.0	2.5	2.5	2.5	3.0	3.0	3.5
d/mm	M33	M36	M39	M42	M45	M48	M52	M56	M60
A_e/mm^2	694	817	976	1 121	1 306	1 473	1 758	2 032	2 362
P/mm	3.5	4.0	4.0	4.5	4.5	5.0	5.0	5.5	5.5

螺栓长度 l_b 由构造决定,其值为

$$l_b = \xi d + S + \delta \qquad (2-26)$$

式中　ξ——螺栓伸入钢球的长度与螺栓直径之比，$\xi=1.1$；

　　　d——螺栓直径；

　　　S——套筒长度；

　　　δ——锥头板或封板厚度。

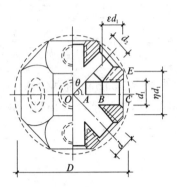

图 2-58　钢球的有关参数

对于受压杆件的连接螺栓，可按其内力所求得螺栓直径适当减少。

（2）钢球的设计。钢球按其加工成型方法可分为锻压球和铸造球两种。铸造球质量不宜保证，故多用锻制的钢球，其受力状态属多向受力，试验表明，不存在钢球破损问题。

钢球的大小取决于螺栓的直径、相邻杆件的夹角和螺栓伸入球体的长度等因素，同时要求伸入球体的相邻两个螺栓不相碰。通常情况下两相邻螺栓直径不一定相同，如图 2-58 所示。

如使螺栓不相碰最小钢球直径 D 为

$$D \geqslant \sqrt{\left(\frac{d_1}{2}\cot\theta + \frac{d_2}{2}\frac{1}{\sin\theta} + \xi d_1\right)^2 + \left(\frac{nd_1}{2}\right)^2} \qquad (2-27)$$

另外，还应保证相邻两根杆件的套筒不相碰，如图 2-59 所示。

$$D \geqslant \sqrt{\left(\eta d_1\cot\theta + \frac{\eta d_2}{2\sin\theta}\right)^2 + (\eta d_1)^2} \qquad (2-28)$$

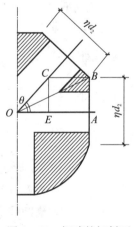

图 2-59　钢球的切削面

式中　D——钢球直径；

　　　d_1,d_2——相邻两个螺栓直径，$d_1 > d_2$；

　　　θ——相邻两个螺栓之间的夹角；

　　　ξ——螺栓拧入钢球的长度与螺栓直径之比，一般取 $\xi=1.1$；

　　　η——套筒外接圆直径与螺栓直径之比，一般取 $\eta=1.8$。

钢球外径 D 由式（2-27）和式（2-28）中取较大值。当相邻两杆夹角 $\theta < 30°$ 时，由式（2-28）求出钢球外径虽然能保证相邻两个套筒不相碰，但不能保证相邻两个杆件（采用圆钢管和封板）不相碰，故当 $\theta < 30°$ 时，还需满足下式要求：

$$D \geqslant \sqrt{\left(\frac{D_2}{\sin\theta} + D_1\cot\theta\right)^2 + (D_1)^2} - \sqrt{(S)^2 + \left(\frac{D_1 - \eta d_1}{2}\right)^2} \qquad (2-29)$$

式中　D_1,D_2——相邻两根杆件的圆钢管外径 $D_1 > D_2$；

　　　θ——相邻两个螺栓之间的夹角；

　　　d_1——相应与 D_1 圆钢管所配螺栓直径；

　　　η——套筒外接圆直径与螺栓直径之比；

　　　S——套筒的长度。

（3）套筒的设计。套筒是六角形的无纹螺母，主要用以拧紧螺栓和传递杆件轴向压力。设计时其外形尺寸应符合扳手开口尺寸系列，端部应保持平整。套筒内孔径一般比螺栓直径大 1 mm。

套筒形式有两种，一种沿套筒长度方向设滑槽，见图 2-60(a)；另一种在套筒侧面设螺钉孔,见图 2-60(b)。滑槽宽度一般比销钉直径大 1.5～2 mm。套筒端到开槽端(或钉孔端)距离应不小于 1.5 倍开槽宽度或 6 mm。

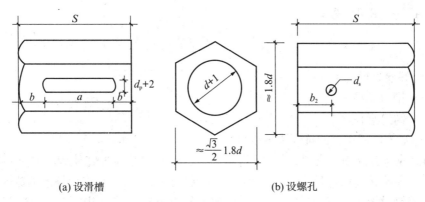

(a) 设滑槽　　　　　　　　　　　　　　(b) 设螺孔

图 2-60　套筒的几何尺寸

套筒长度可按下式计算:

① 当采用滑槽时

$$S = a + 2b \tag{2-30}$$

式中　a——套筒上的滑槽长度,$a = \xi d - c + d_p + 4$

　　　d——螺栓直径;

　　　c——螺栓露出套管的长度,c 可取 4～5 mm,但不应小于 2 个丝扣(螺距);

　　　d_p——销钉直径;

　　　b——套筒端部到滑槽端部距离。

② 当采用螺钉时

$$S = a + b_1 + b_2 \tag{2-31}$$

$$a = \xi d - c + d_s + 4$$

式中　a——套筒上的滑槽长度;

　　　b_1——套筒右端至螺栓杆上最近端距离,通常取 $b_1 = 4$ mm;

　　　b_2——套筒左端至螺栓孔钉距离,通常取 $b_2 = 6$ mm;

　　　d_s——紧固螺钉直径。

采用螺栓上开槽方法使螺栓在开槽处受附加偏心弯矩,对螺栓受力不利。

套筒作用是将杆件轴向压力传给钢球,套筒应进行承压验算,其经验公式为

$$\sigma_c = \frac{N_c}{A_n} < f \tag{2-32}$$

式中　N_c——被连接杆件的轴心压力;

　　　A_n——套筒在开槽处或螺钉处的净截面面积,对于套筒开槽时,其值为

$$A_n = \left[\frac{3\sqrt{3}}{8} (1.8d)^2 - \frac{\pi (d+1)^2}{4} \right] - A_1$$

对于套筒开螺孔时其值为

$$A_n = \left[\frac{3\sqrt{3}}{8}(1.8d)^2 - \frac{\pi(d+1)^2}{4} \right] - A_2$$

式中　A_1, A_2——开孔面积,

$$A_1 = (d_p + 2)\left(\frac{\sqrt{3}}{4} \times 1.8d - \frac{d+1}{2} \right); A_2 = d_s \times \left(1.8d - \frac{d+1}{2} \right)$$

　　　　d——螺栓直径;

　　　　d_p——销钉直径;

　　　　d_s——销钉直径;

　　　　f——套筒所用钢材的抗压强度设计值。

（4）销钉或螺钉。销子或螺钉是套筒和螺栓联系的媒介,通过它使旋转套筒时推动螺栓伸入钢球内。在旋转套筒过程中,销子和螺钉承受剪力,剪力大小与螺栓伸入钢球的摩擦力有关。为减少销钉对螺栓有效面积的削弱,销子或螺钉直径尽可能小些,宜采用高强钢制作,其销子直径一般取螺栓直径的 $\frac{1}{7} \sim \frac{1}{8}$ 倍,不宜小于 3 mm,也不宜大于 8 mm。采用螺钉的直径为螺栓直径的 $\frac{1}{5} \sim \frac{1}{3}$ 倍,不宜小于 4 mm,也不宜大于 10 mm。

（5）封板与锥头。封板和锥头主要起连接钢管和螺栓的作用,承受杆件传来的拉力和压力。

当杆件管径大于或等于 76 mm 时,宜采用锥头连接,当杆件管径小于 76 mm 时,采用封板连接。锥头任何截面上的强度应与连接钢管等强。封板或锥头与杆件连接焊缝,应满足图2-61 构造要求。其焊缝宽度 b 可根据连接钢管壁厚取 2～5 mm。

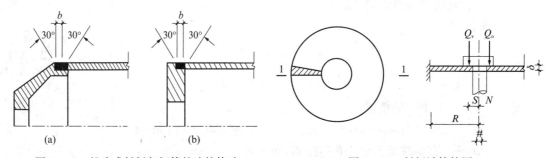

图 2-61　锥头或封板与钢管的连接构造　　　　图 2-62　封板计算简图

封板计算假定是周边固定,如图 2-62 所示,按塑性理论进行设计。封板厚度 δ 按照式（2-33）确定,同时《网架规程》规定封板厚度不宜小于钢管外径 1/5。

$$\delta = \sqrt{\frac{2N(R-S)}{\pi R f}} \tag{2-33}$$

式中　R——封板的半径;

　　　　S——螺头中心至板的中心距离;

　　　　N——钢管的拉力;

　　　　f——钢板强度设计值。

锥头主要是承受来自螺栓的拉力或来自套筒的压力,是杆件与螺栓（或套筒）之间过渡零

配件,也是螺栓球节点的重要组成部分。由于锥头构造不尽合理,使锥顶与锥壁处产生严重应力集中现象,使锥头过早进入塑性。

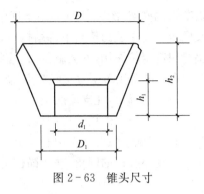

图 2-63　锥头尺寸

　　锥头是一个轴对称旋转壳体,采用非线性有限元法可求出锥头的极限承载力。经理论分析表明:锥头的承载力主要是与锥顶厚度、连接杆件外径、锥头斜率等有关,经用回归分析方法,提出当钢管直径为 75～219 mm时,锥头材料采用 Q235,锥头受拉承载力设计值可按下式验算(图 2-63):

$$N_t \leqslant 0.33 \left(\frac{k}{D}\right)^{0.22} \cdot h_1^{0.56} \cdot d_1^{1.35} \cdot D_1^{0.67} \cdot f \qquad (2-34)$$

式中　N_t——锥头受拉承载力设计值(kN);

　　　　D——钢管外径(mm);

　　　　D_1——锥顶外径(mm);

　　　　h_1——锥顶厚度(mm);

　　　　h_2——锥顶高度(mm);

　　　　d_1——锥头顶板孔径(mm);$d_1 = d + 1$ mm;

　　　　d——螺栓直径(mm);

　　　　f——钢材强度设计值(kN/mm^2);

　　　　k——锥头斜率,$k = \dfrac{D - D_1}{2h_2}$;

上式必须满足 $D > D_1$,且 $5 \geqslant r \geqslant 2 \left(r = \dfrac{1}{k}\right)$,$\dfrac{h_2}{D_1} \geqslant \dfrac{1}{5}$。

2.2.4.3　网架的支座节点

　　网架支座节点是指支承结构上的网架节点,它是网架与支承结构之间联系的纽带,也是整个结构的重要部位。支座节点应做到受力明确,传力路径简捷,连接构造简单,安装方便,安全可靠,经济合理。网架一般都搁置在柱顶、圈梁等下部支承结构上。设计中首先要保证在相应的位置上设置预埋件,以保证网架与下部结构连接可靠,不少工程事故就是由于支座设计或施工不合理造成连接不可靠而酿造成工程事故。因此,对网架的支座设计应给予充分的重视。注意受力特性,做好概念设计,根据网架的类型、跨度的大小、作用荷载情况、杆件截面形状和节点形式等情况,合理选择支座节点形式。

　　大多数支座节点一般采用铰支座,在构造上能允许转动,同时尽可能与计算理论相吻合。此外,根据工程设计需要,还应考虑由于温度、荷载变化而产生水平方向线位移和水平反力的影响。

　　网架在竖向荷载作用下,支座节点一般都受压,但有些支座也有可能要承受拉力。根据受力状态,支座节点一般分为压力支座节点和拉力支座节点两大类。

1. 压力支座节点

这类支座节点均以支座能承受向下反力为主,常用形式有:

(1) 平板压力支座节点,如图 2-64 所示,适用于较小跨度网架。图 2-64(a)用于焊接钢板节点的网架,图2-64(b)用于球节点(焊接空心球或螺栓球)的网架。它们通过十字节点板及底板将支座反力传给下部结构。这种节点构造简单,加工方便,用钢量省。这种节点的预埋锚栓仅起定位作用,安装就位后,应将底板与下部支撑面板焊牢。

(2) 单面弧形压力支座节点,如图2-65所示,适用于中小跨度网架。它是在平板压力支座节点的基础上,在支座底板下设一弧形垫块而成。使沿弧形方向可以转动。

弧形垫块一般用铸钢制成,也可用原钢板加工而成。底板反力比较均匀,一般设两个锚栓,而且安置于弧形垫块中心线上。当支座反力较大,支座节点体量较大,而需设4个锚栓,它们置于支座底板的四角,并在锚柱上部加设弹簧,如图2-65(b)所示。

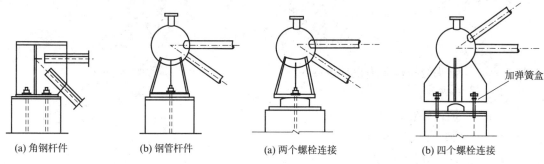

(a) 角钢杆件　　　　(b) 钢管杆件　　　　(a) 两个螺栓连接　　　　(b) 四个螺栓连接

图2-64　平板压力支座　　　　　　　图2-65　单面弧形压力支座

这种节点比较符合不动圆柱铰支承的约束条件。

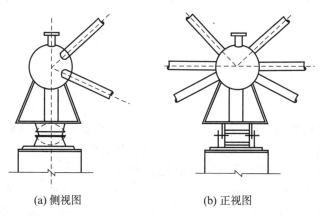

(a) 侧视图　　　　　　(b) 正视图

图2-66　双面弧形压力支座

(3) 双面弧形压力支座节点,如图2-66所示,这种节点又称摇摆支座节点,适用于大跨度网架。它是在支座底板与柱顶板之间设一块上下均为弧形的铸钢块,在它两侧设有从支座底板与支承面顶板上分别焊两块带椭圆孔的梯形钢板,然后用螺栓将它们连成整体。

这种节点既可沿弧形转动,又可产生水平移动。但其构造较复杂,加工麻烦,造价较高,对下部结构抗震不利,因此,用于下部支承结构刚度较大的结构。

(4) 球铰压力支座节点,如图2-67所示,适用于多支点的大跨度网架。它是由一个置于支承面上半圆球与一个连于节点底板上凹形半球相互嵌合,用四个螺栓相连而成,并在螺帽下设弹簧。这种节点可沿两个方向转动,不产生线位移,比较符合球铰支承的约束条件。但构造复杂,有利于抗震。

(5) 板式橡胶支座节点,如图2-68所示,适用于大、中跨度网架。它是在支座底板与支承面之间设置一块橡胶垫板。橡胶

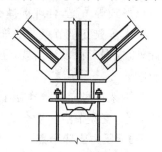

图2-67　球铰压力支座

垫板是由多层橡胶片与薄钢板粘合、压制而成。在底板与支撑之间用锚栓相连。橡胶垫板具有良好的弹性,也可产生较大剪切变形,因而既可适用网架支座节点的转动要求又可在外界水平力作用下产生一定的变位。这种节点具有构造简单、安装方便、节省钢材、造价较低等优点,目前使用较广泛。这种节点存在橡胶老化和下部支承结构抗震计算等问题有待进一步研究解决。

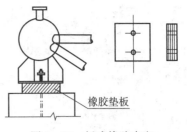

图 2-68　板式橡胶支座

图 2-69　拉力支座

2. 拉力支座节点

常用的拉力支座有下列两种形式。

（1）平板拉力支座节点。当支座拉力不大,可采用图 2-64 形式,此时锚栓承受拉力,适用于较小跨度网架。

（2）单面弧形拉力支座节点。如图 2-69 所示,适用于较大跨度的网架。这种支座节点构造与单面弧形压力支座一样。为了更好地将拉力传递到支座上,在承受拉力的锚栓附近应加肋以增强节点刚度。

2.3　网壳结构分析与设计要点

2.3.1　网壳结构工程应用及特点

网壳结构是一种曲面网格结构,兼有杆系结构构造简单和薄壳结构受力合理的特点,因而具有跨越能力大,刚度好、材料省、杆件单一、制作安装方便等特点,是大跨空间结构中一种举足轻重的结构形式,也是近半个世纪以来发展最快、应用最广的一种空间结构。

第二次世界大战以后,特别是近 40 年来,网壳结构得到重视及飞速发展,跨度不断增大,从几十米到几百米,造型也有基本形式向各种形式变化,功能单一向可开启形式发展,理论研究也进行了承载力、结构稳定性及抗震性能分析各个方面的深入研究,这些都标志着网壳结构的研究、设计和制造水平的不断提高,同时新的材料、新的施工工艺以及新的使用功能都进行了很大的改进。

因此,越来越多的大跨度结构都采用了网壳结构。国内外网壳工程建造的数量很多,国外很早就采用各种材料建造网壳结构如美国建造美国塔科马市体育馆的胶合木网壳结构,直径达 160 m,参见图 2-70。图 2-71 为日本的名古屋体育馆单层网壳工程,圆形平面,直径为 187.2 m,1996 年建成,是目前世界上跨度最大的单层网壳结构。该工程采用边长约 10 m 的三向网格布置,杆件采用 Φ650 的钢管,壁厚由中心的 19 mm 至边界逐步增至 28 mm,受拉环采用 Φ900×50 钢管,网壳节点采用 Φ1450 开口鼓形铸钢节点,内有三向加劲板。

图 2-70　美国塔科马市体育馆

图 2-72 为日本的福冈穹顶(Fukuoka Dome)球面网壳工程。该工程于 1993 年建成,直径为 222 m,是目前世界上最大的球面网壳结构。球形屋盖由三片扇形网壳组成,根据需要进行旋转开启,可以全开、半开和全闭合状态。整个过程大约需要 20 min 的时间。

图 2-71　日本名古屋体育馆

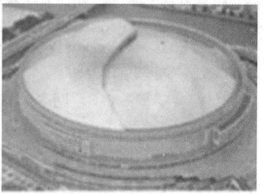

图 2-72　日本福冈穹顶

　　我国的网壳结构在 20 世纪 50 年代初就有所应用,近年来我国的网壳结构得到了突飞猛进的发展,并以每年递增的事态发展。图 2-73 为国家大剧院网壳工程。该工程屋顶呈椭圆大穹体,东西轴跨度 212 m、南北轴跨度 144 m,周长达 6 000 多米,是国内建筑之最。

　　图 2-74 为天津市体育馆,1994 年建成,采用放射向布置的正方四角锥双层球面网壳,平面直径 108 m,矢高 15.4 m,挑檐 13.5 m,总跨度达 135 m,用钢指标为 55 kg/m²,这是我国跨度突破 100 m 大关的首例球面网壳结构。

图 2-73　中国国家大剧院　　　　　　　图 2-74　天津体育馆

在 2014 年世界建筑节中,新加坡新建的国家运动体育馆声称是世界最大的大跨度穹顶建筑,跨度达 310 m,屋顶可以打开或关闭,以适应热带气候(图 2-75)。该建筑是由 Arup,DP Architects 和 AECOM 的工程师和设计师联合设计的,位于新加坡加冷的滨水区,用地面积为 35 hm²。

图 2-75　新加坡国家运动体育馆

网壳结构的发展和大量的工程实践证明,网壳结构为建筑结构提供了一种新颖合理的结构形式,主要是网壳结构具有以下优点:

(1) 网壳结构兼有杆件结构和薄壳结构的主要特性,受力合理,可以跨越较大的跨度。网壳结构是典型的空间结构,合理的曲面可以使结构力流均匀,结构具有较大的刚度,变形小,稳定性高,节省钢材。

(2) 具有优美的建筑造型,无论是建筑平面、外形和形体都能给设计师以充分的创作自由。薄壳结构与网架结构不能实现的形态,网壳结构几乎都可以实现。既能表现静态美,又能通过平面和立面的切割以及网格、支撑与杆件的变化表现动态美。

(3) 应用范围广泛,即可用于中、小跨度的民用和工业建筑,也可用于大跨度的各种建筑,特别是超大跨度的建筑。在建筑平面上可以适应多种形状,如圆形、矩形、多边形、扇形以及各种不规则的平面。在建筑外形上可以形成多种曲面。

(4) 可以用细小的构件组成很大的空间,而且杆件单一,这些构件可以在工厂预制实现工业化生产,安装简便快速,速度快,综合经济指标较好。

(5) 计算方便。目前我国已有许多适用于多种计算机类型的各种语言的计算机软件,为网壳结构的计算、设计和应用创造了有利条件。

(6) 由于网壳结构呈曲面形状,形成了自然排水功能,不需像网架结构那样用小立柱找坡。

诚然,网壳结构也存在不足之处,例如:杆件和节点几何尺寸的偏差以及曲面的偏离对网壳的内力、整体稳定性和施工精度影响较大,另外网壳结构对初始缺陷敏感,对于杆件和节点的加工精度应提出更高要求,这些缺点在大跨度网壳中显得更加突出。此外,当矢高很大时,网壳结构曲面外形增加了屋面面积和不必要的建筑空间,并增加建筑材料和能源消耗,某些形体的网壳若建筑上不加妥善处理,则会影响其音响效果。

由于网壳结构具有很大的优越性,使得网壳结构具有更大的发展空间。

1. 利用网壳结构的优点实现独特造型

当代建筑师的设计思想日益开阔、不断创新,对于大跨度网壳结构不拘泥于某种特定的形体,而是根据使用要求,因地制宜选择出最佳的方案,即在体形上出现多样化,在处理手法上具有灵活性。例如甘肃省嘉峪关气象塔工程建筑设计基于独特的设计理念,造型上采用了立体海豚的空间造型,参见图 2-76,整个结构高度近百米,外立面设计成为钢管形式的网壳结构,节点管管相贯,该结构体系既有单层网壳的受力特征,又具有空间框架结构的刚度,整个结构与核心混凝土筒体相连接,形成了钢-混凝土共同作用的混合结构体系,分析中综合考虑结构的实际受力特点,进行合理的简化分析,确保工程安全。

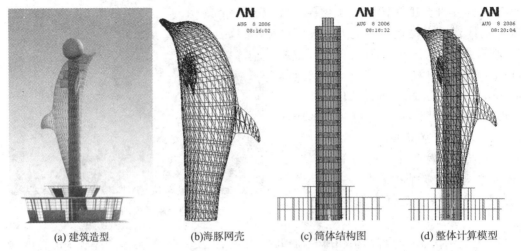

(a) 建筑造型　　　　(b) 海豚网壳　　　　(c) 筒体结构图　　　　(d) 整体计算模型

图 2-76　嘉峪关气象塔结构分析模型

2. 网壳结构的跨度越来越大

世界上许多著名设计师认为网壳结构是空间结构中可以覆盖最大跨度和空间的结构形式。凯威特从理论上分析认为联方形网壳的跨度可以达到 427 m，1959 年，富勒曾提出建造一个直径达 3.22 km 的短程线球面网壳，覆盖纽约市第 23—59 号街区，该网壳重约 80 000 t，每个单元重 5 t，利用直升飞机可以用三个月安装完毕。未来将是人类创造舒适、清洁、节能的新型城市的时代，对超大跨度的空间结构可行性和实用性的研究是值得探讨的问题。

3. 可移动或可开启的网壳结构

近年来越来越多的体育建筑及造船厂为了适合体育比赛和生产的需要，风雨无阻，节约能源降低建的造价，采用了可移动或可开启的网壳结构。

4. 新型空间网壳结构减震体系

越来越多的体育建筑的跨度越来越大，结构的安全性要求也越来越高，而大跨度结构的动力响应随着跨度的增加也越来越明显，因此无论从安全的角度，还是从设计理念上，各类新型网壳减震体系应运而生，例如在网壳结构的内部或者相关的下部结构合适的位置设置耗能支撑，即可增加结构的刚度，又能减少结构罕遇地震下的动力响应，提高了网壳结构的抗震安全度。此外还有采用 TMD 减震体系，设置摩擦摆支座，以及智能材料等。

5. 新型屋面材料的发展

大跨度空间结构的安全性包括结构安全性及使用安全性，大跨度结构的耐久性及适用性的要求也越来越高，因此维护结构配套技术措施直接影响到整个结构长期使用。研究和生产轻质高强和防火性能好的屋面维护结构，以及效能高的保温隔热材料和防水材料非常重要，新材料和新工艺的发展将极大地促进空间结构快速发展。

2.3.2　网壳结构形式、分类及其选型

2.3.2.1　网壳结构的形式与分类

由于网壳结构内容非常丰富，因此按照不同的方式有很多种分类方法，通常有按照高斯曲率、曲面外形、网壳的层数、网格形式以及网壳的材料分类。

1. 按高斯曲率分类

网壳的高斯曲率的定义如下：

设通过网壳曲面 S 上的任意点 P（图 2-77），作垂直于切平面的法线 Pn。通过法线可以作无穷多个法平面，法平面与曲面 S 相交可获得许多曲线，这些曲线在 P 点处的曲率称为法曲率，用 k_n 表示。在点处所有法曲率中，有两个取极值的曲率（即最大与最小的曲率）称为 P 点主曲率，用 k_1,k_2 表示，两个主曲率是正交的。对应于主曲率的曲率半径用 R_1,R_2 表示，它们之间关系为

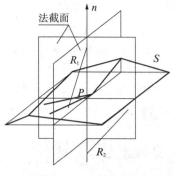

图 2-77　曲线坐标

$$\begin{cases} k_1 = \dfrac{1}{R_1} \\ k_2 = \dfrac{1}{R_2} \end{cases}$$
(2-35)

曲面的两个主曲率之积称为曲面在该点的高斯曲率，用 K 表示，

$$K = k_1 \cdot k_2 = \frac{1}{R_1} \cdot \frac{1}{R_2}$$
(2-36)

网壳按高斯曲率分为：零高斯曲率，正高斯曲率，负高斯曲率。

（1）零高斯曲率的网壳。零高斯曲率是指曲面一个方向的主曲率半径 $R_1 = \infty$，即 $k_1 = 0$；而另一个主曲率半径 $R_2 = \pm a$（a 为某一数值），即 $k_2 \neq 0$，故又称为单曲网壳，如图 2-78(a) 所示，零高斯曲率的网壳有柱面网壳、圆锥形网壳等。

（2）正高斯曲率的网壳。正高斯曲率是指曲面的两个方向主曲率同号，均为正或均为负，即，如图 2-78(b) 所示。正高斯曲率的网壳有球面网壳、双曲扁网壳、椭圆抛物面网壳等。

（3）负高斯曲率的网壳。负高斯曲率是指曲面两个主曲率符号相反，即 $k_1 \cdot k_2 < 0$，这类曲面一个方向是凸的，一个方向是凹面，如图 2-78(c) 所示负高斯曲率的网壳有双曲抛物面网壳、单块扭网壳等。

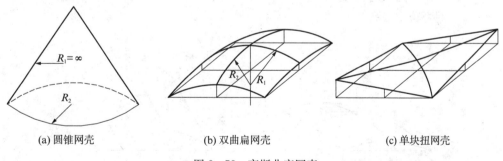

(a) 圆锥网壳　　　　　　　(b) 双曲扁网壳　　　　　　　(c) 单块扭网壳

图 2-78　高斯曲率网壳

2. 按曲面外形分类

网壳结构按曲面外形分类，主要有球面网壳、双曲扁网壳、柱面网壳、圆锥面网壳、扭曲面网壳、单块扭网壳、双曲抛物面网壳以及切割或组合形成曲面网壳等。以下简单说明其主要构成及概念设计。

（1）球面网壳。球面网壳的曲面方程为

$$x^2 + y^2 + (z + R - f) = R^2$$
(2-37)

式中　R——曲率半径；

　　　f——球面网壳的矢高。

球冠型网壳空间利用率高,相应地工程造价合理,同时在环境设计(包括采暖、通风、电气以及声音控制等多项内容)中较容易处理。因此广泛用于实际工程。但是这种网架也存在一定的问题,例如建筑造型效果相对较单一,同时,由于网壳在支座处的斜向受力,因此会产生很大的支座推力,设计中要增设支腿或设置很大的基础,参见图 2-79。

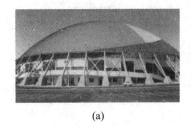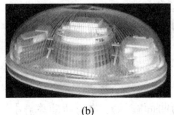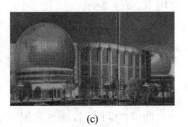

(a)　　　　　　　　　　(b)　　　　　　　　　　(c)

图 2-79　网壳高度与内部空间示意

(2) 双曲扁网壳。双曲扁网壳的矢高较小,如图 2-80 所示. $a>b,\dfrac{a}{b}\leqslant 2$,且 $\dfrac{f}{b}\leqslant\dfrac{1}{5}$,高斯曲率 >0。这类网壳适用矩形平面。扁网壳的曲面可由球面、椭圆抛物面或双曲抛物面等组成。

双曲扁网壳的矢高较小,因此工程造价合理,室内环境设计容易处理。但这种网壳空间坐标准确定位较繁琐,边界上的支承梁也需要制作成弧形,给施工带来了一定的难度。

当 $f=f_a+f_b$ 时,双曲扁网壳的曲面方程为

$$z=f-\left[f_b\left(\frac{2x}{a}\right)^2+f_a\left(\frac{2y}{b}\right)^2\right] \tag{2-38}$$

式中　a,b——网壳投影面的长边、短边尺寸；

　　　f_a,f_b——网壳长边、短边处的矢高；

　　　f——网壳跨中矢高。

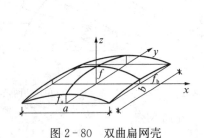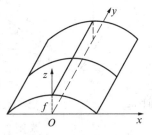

图 2-80　双曲扁网壳　　　　　　　图 2-81　柱面网壳

(3) 柱面网壳。如图 2-81 所示,圆柱面的曲面方程为

$$x^2+(z+R-f)^2=R^2 \tag{2-39}$$

式中　R——曲率半径；

　　　f——柱面网壳的矢高。

柱面网壳适用于矩形平面,构造简单,施工方便,在国内得到了广泛的应用。值得注意的

是,柱面网壳结构具有典型的拱结构受力特征,会产生较大的水平推理,因此对支座或下部结构有较大的影响。

(4) 圆锥面网壳。圆锥面网壳是由一根直线与转动轴呈一夹角经旋转而成,如图 2-82 所示,其曲面方程为

$$\sqrt{x^2 + y^2} = \left(1 - \frac{z}{h}\right)R \tag{2-40}$$

式中 R——圆锥面网壳锥底半径;

  f——圆锥面网壳的锥高。

圆锥面网壳适用于圆形平面,高斯曲率等于零,工程中有时采用圆台形式构成空间体系,具有平面与曲面的空间组合。

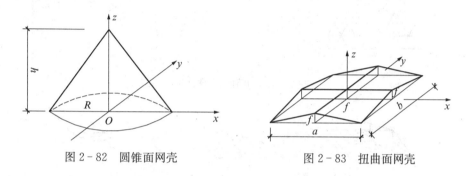

图 2-82 圆锥面网壳   图 2-83 扭曲面网壳

(5) 扭曲面网壳。如图 2-83 所示。高斯曲率<0,适用于矩形平面。它的曲面方程为

$$z = f - \frac{4f}{ab}xy \quad (x, y \geqslant 0) \tag{2-41}$$

$$z = f + \frac{4f}{ab}xy \quad (x, y < 0) \tag{2-42}$$

式中 f——网壳的矢高;

  a, b——网壳的边长。

(6) 单块扭网壳。如图 2-84 所示,高斯曲率<0。运用于矩形平面。它的特点是与 xz,yz 平面平行的面与网壳曲面的交线是直线。

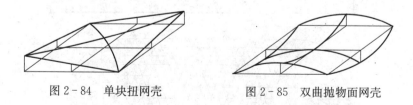

图 2-84 单块扭网壳   图 2-85 双曲抛物面网壳

(7) 双曲抛物面网壳。如图 2-85 所示,矩形平面的双曲抛物面网壳的曲面方程为

$$z = \frac{y^2}{R_2^2} - \frac{x^2}{R_1^2} \tag{2-43}$$

式中,R_1,R_2 为双曲抛物面两个主曲率的曲率半径。

（8）切割或组合形成曲面网壳。球面网壳用于三角、六边形和多边形平面时,采用切割方法组成新的网壳形式,如图 2-86 所示。由单块扭面组成各种网壳列于图 2-87(a)。由球面网壳和柱面网壳组成的网壳,见图 2-87(b)。还有其他形式的组合和切割,这里不赘述。

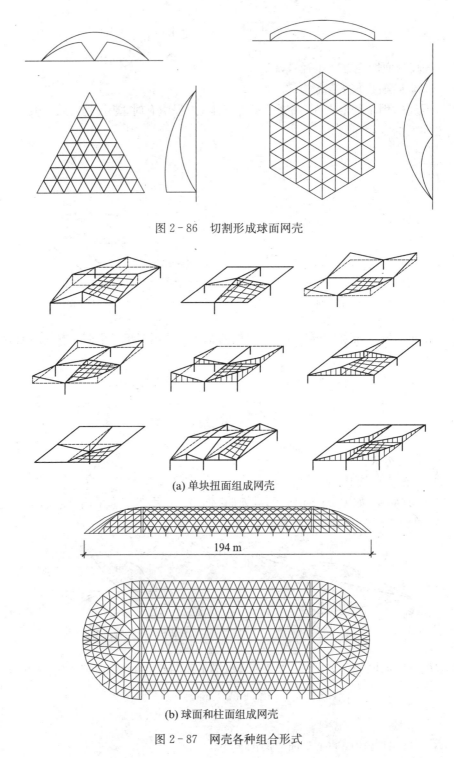

图 2-86　切割形成球面网壳

(a) 单块扭面组成网壳

194 m

(b) 球面和柱面组成网壳

图 2-87　网壳各种组合形式

3. 按网壳的层数分类

网壳按层数划分有单层网壳和双层网壳两种,见图 2-88。近年来又出现了局部双层网壳结构体系。其中双层网壳上弦的网格形式可以按照单层网壳的网格形式布置,而下弦和腹杆可按相应的平面桁架体系,四角锥系或三角锥系组成的网格形式布置。

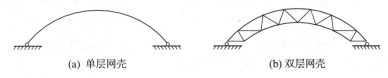

(a) 单层网壳　　　　　　　　　　(b) 双层网壳

图 2-88　单层或双层网壳

4. 按网壳的材料分类

网壳按材料分类主要有钢网壳、木网壳、钢筋混凝土网壳以及钢网壳与钢筋混凝土板共同作用的组合网壳。

2.3.2.2　网壳结构的形式

1. 柱面网壳的形式

柱面网壳是目前常用的形式,通常分为单层网壳和双层网壳。

1) 单层柱面网壳

单层柱面网壳按照网格的形式划分为:

(1) 单斜杆柱面网壳如图 2-89(a)所示。首先沿曲线划分等弧长,通过曲线等分点作平行纵向直线,再将直线等分,作平行于曲面的横线,形成方格,对每个方格加斜杆,即形成单斜杆型柱面网壳。

(2) 费谱尔型柱面网壳如图 2-89(b)。与单斜杆型不同之处在于斜杆布置成人字形,亦称人字形柱面网壳。

(3) 双斜杆型柱面网壳如图 2-89(c)。它是将方格内设置交叉斜杆,以提高网壳的刚度。

(4) 联方网格型柱面网壳如图 2-89(d)。其杆件组成菱形网格,杆件夹角在 30°～50° 之间。

(5) 三向网格型柱面网壳,图 2-89(e)。三向网格可理解为联方网格上加纵向杆件,使菱形变为三角形。

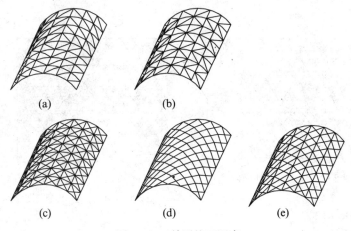

(a)　　　　　　　　　　(b)

(c)　　　　　　(d)　　　　　　(e)

图 2-89　单层柱面网壳

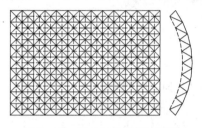

图 2-90　交叉桁架体系
基本单元

2）双层柱面网壳

双层柱面网壳的形式主要有交叉桁架体系和四角锥、三角锥体系。

（1）交叉桁架体系。单层柱面网壳形式都可以成为交叉桁架体系的双层柱面网壳，每个网片形式如图 2-90 所示。这里不再重复。

（2）四角锥体系。四角锥体系组成双层柱面网壳主要有：

① 正放四角锥柱面网壳，如图 2-91 所示。它由正放四角锥体，按一定规律组合而成。杆件种类少，节点构造简单，刚度大，是目前常用的形式之一。

② 正放抽空四角锥柱面网壳，如图 2-92 所示。这类网壳是正放四角锥柱面网壳基础上，适当抽掉一些四角锥单元中的腹杆和下层杆而形成。适用于小跨度、轻屋面荷载。网格数应为奇数。

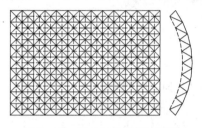
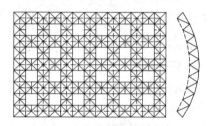

图 2-91　正放四角锥柱面网壳　　　　图 2-92　正放抽空四角锥柱面网壳

③ 斜置正放四角锥柱面网壳，如图 2-93 所示。

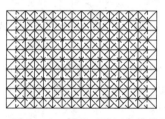

图 2-93　斜置正放四角锥柱面网壳

（3）三角锥体系。三角锥柱面网壳，如图 2-94 所示。抽空三角锥柱面网壳，如图 2-95 所示。

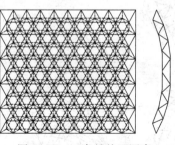
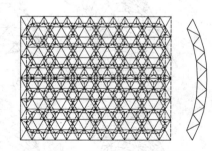

图 2-94　三角锥柱面网壳　　　　图 2-95　抽空三角锥柱面网壳

2. 球面网壳的形式

球面网壳又称穹顶，是目前常用的形式之一。它可分单层和双层两大类。现按网格划分方法分述它们的形式：

（1）单层球面网壳的形式，按网格划分主要有：

① 肋环型球面网壳。肋环型球面网壳是由径肋和环杆组成。如图 2-96 所示。径肋汇交于球顶，使节点构造复杂。环杆如能与檩条共同工作，可降低网壳整体用钢量。

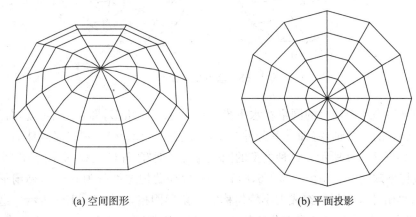

（a）空间图形　　　　　　　　　　　　　　（b）平面投影

图 2-96　肋环型球面网壳

② 施威德勒（Schwedler）型球面网壳是在肋环型基础上加斜杆而成，大大提高了网壳的刚度和抵抗非对称荷载的能力。根据斜杆布置不同有：单斜杆（图 2-97(a)、(b)），交叉斜杆（图 2-97(c)）和无环杆的交叉斜杆（图 2-97(d)）等，网格为三角形，刚度好，适用于大、中跨度。

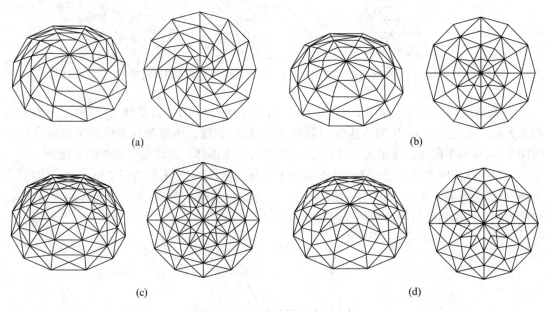

（a）　　　　　　　　　　　　　　　　　（b）

（c）　　　　　　　　　　　　　　　　　（d）

图 2-97　施威德勒型球面网壳

③ 联方型球面网壳由人字形斜杆组成菱形网格，两斜杆夹角在 30°～50° 之间，如图 2-98(a)所示，其构造美观。为了增强网壳的刚度和稳定性，在环向加设杆件，使网格成为三角形，如图 2-98(b)所示。适用于大、中跨度。

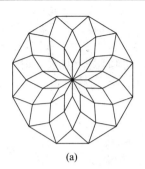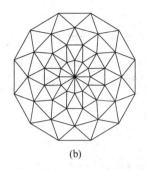

(a)　　　　　　　　　　　(b)

图 2-98　联方型球面网壳

④ 三向网格型球面网壳的网格在水平投影面上呈正三角形，即在水平投影面上，通过圆心作夹角为 ±60° 的三个轴，将轴 n 等分并连线，形成正三角形网格，再投影到球面上形成三向网格型网壳，如图 2-99 所示。这种类型的网壳受力性能好，外形美观，适用于中、小跨度。

⑤ 凯威特型球面网壳是由 $n(n=6,8,12,\cdots)$ 根径肋把球面分为 n 个对称扇形曲面。每个扇形面内，再由环杆和斜杆组成大小较匀称的三角形网格，如图 2-100 所示。这种网壳综合了旋转式划分法与均分三角形划分法的优点，因此，不但网格大小匀称，而且内力分布均匀，适用于大、中跨度。

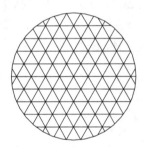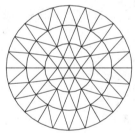

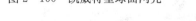

图 2-99　三向网格型球面网壳　　　　图 2-100　凯威特型球面网壳

⑥ 短程线球面网壳。如图 2-101(a) 所示，用过球心 O 的平面截球，在球面上所得截线称为大圆。在大圆上 A、B 两点连线为最短路线，称短程线。由短程线组成的平面组合成空间闭合体，称为多面体。如果短程线长度一样，称为正多面体。球面是多面体的外接圆。

短程线球面网壳是由正二十面体在球面上划分网格，每一个平面为正三角形，把球面划分为 20 个等边球面三角形，如图 2-101(b)，(c) 所示。在实际工程中，正二十面体的边长太大，需要再划分。再划分后杆件的长度都有微小差异。

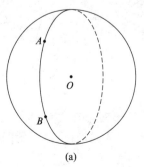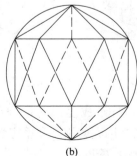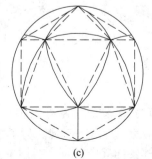

(a)　　　　　　　　(b)　　　　　　　　(c)

图 2-101　短程线球面网壳

（2）双层球面网壳的形式。双层球面网壳可由交叉桁架体系和角锥体系组成，主要形式有：

① 交叉桁架体系。单层网壳的各种网格划分形式都可用于交叉桁架体系，只要将单层网壳中每个杆件用平面网片（图 2-102）来代替，即可形成双层球面网壳，网片竖杆是各杆共用，方向通过球心。

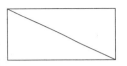

图 2-102　基本单元

② 角锥体系。由四角锥和三角锥组成的双层球面网壳主要有：肋环型四角锥球面网壳，如图 2-103 所示；联方型四角锥球面网壳，如图 2-104 所示；联方型三角锥球面网壳，如图 2-105 所示；平板组合示球面网壳，如图 2-106 所示。将球面变为多面体，每一面为一平板网架。

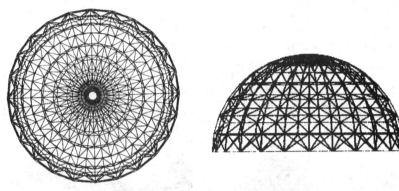

图 2-103　肋环型四角锥球面网壳

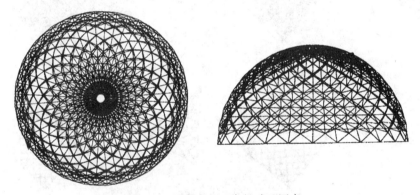

图 2-104　联方型四角锥球面网壳

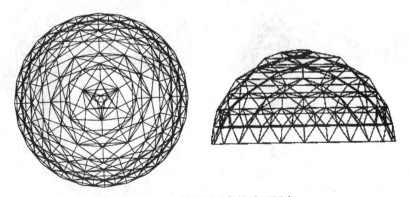

图 2-105　联方型三角锥球面网壳

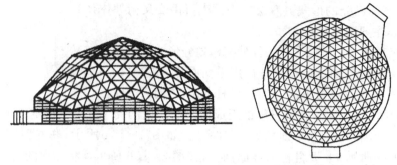

图 2-106　平板组合式球面网壳

3. 双曲抛物面网壳

双曲抛物面网壳沿直纹两个方向可以设置直线杆件,主要形式有:

(1) 正交正放类,如图 2-107(a),(b)所示。组成网格为正方形,采用单层形式时,在方格内设斜杆;采用双层形式时可组成四角锥体。

(2) 正交斜放类,如图 2-107(c)所示。杆件沿曲面最大曲率方向设置,抗剪刚度较弱。如在第三方向全部或局部设置杆件,如图 2-107(d),(e),(f)所示,可提高它的抗剪刚度。

(a)　　　　　　　　　　　　　　　　　(b)

(c)　　　　　　　　　　　　　　　　　(d)

(e)　　　　　　　　　　　　　　　　　(f)

图 2-107　双曲抛物面网壳

2.3.2.3　网壳结构的选型

网壳结构的种类和形式很多,在设计中选择的范围较广,选型影响因素很多,既要考虑使用功能、美学、空间的特点，又要考虑结构跨度大小、刚度要求、平面形状、支承条件、制作安装和技术经济指标等因素，因此，应根据工程的实际情况，通过技术经济比较，合理确定网壳的结构形式。

（1）网壳设计特别是高、大跨网壳设计，应与建筑师密切配合，在满足建筑使用功能的前提下，使网壳与周围环境相协调，整体比例适当。

（2）网壳适用于各种形状的建筑平面。如为圆形平面，可选用球面网壳、组合柱面或组合双曲抛物面网壳等。如平面为方形或矩形，可选用柱面、双曲抛物面和双曲扁网壳。

（3）单层网壳构造简单，重量轻，但由于稳定性差，适用于中小跨度的屋盖。对于跨度较大（一般 40 m 以上）时，往往采用双层网壳。

（4）为使网壳结构的刚度选取恰当，受力比较合理，网壳的平面尺寸、矢高大小、双层网壳的厚度及单层网壳的跨度，根据国内外的工程实际经验，给出网壳结构几何尺寸选用范围，以供工程设计中参照应用，见表 2 - 10。

表 2 - 10　　　　　　　　　　网壳结构几何尺寸选用范围

壳型	示意图	平面尺寸	矢高 f	双层壳厚度 h	单层壳跨度
圆柱面网壳		$\dfrac{B}{L}<1$	$\dfrac{f}{B}=\dfrac{1}{3}\sim\dfrac{1}{6}$ 纵边落地时可取 $\dfrac{f}{B}=\dfrac{1}{2}\sim\dfrac{1}{5}$	$\dfrac{h}{B}=\dfrac{1}{20}\sim\dfrac{1}{50}$	$L\not<30$ m 纵边落地时 $B\not<25$ m
球面网壳			$\dfrac{f}{D}=\dfrac{1}{3}\sim\dfrac{1}{7}$ 周边落地时 $\dfrac{f}{D}<\dfrac{3}{4}$	$\dfrac{h}{D}=\dfrac{1}{30}\sim\dfrac{1}{60}$	$D\not<60$ m
双曲面网壳		$\dfrac{L_1}{L_2}<1.5$	$\dfrac{f_1}{L_1},\dfrac{f_2}{L_2}=\dfrac{1}{6}\sim\dfrac{1}{9}$	$\dfrac{h}{L_2}=\dfrac{1}{20}\sim\dfrac{1}{50}$	$L_2\not<40$ m
单块扭网壳		$\dfrac{L_1}{L_2}<1.5$ 常用 $L_1=L_2=L$	$\dfrac{f}{L_1},\dfrac{f}{L_2}=\dfrac{1}{2}\sim\dfrac{1}{4}$	$\dfrac{h}{L_2}=\dfrac{1}{20}\sim\dfrac{1}{50}$	$L_2\not<50$ m
四块组合型扭网壳		$\dfrac{L_1}{L_2}<1.5$ 常用 $L_1=L_2=L$	$\dfrac{f_2}{L_2},\dfrac{f_2}{L_2}=\dfrac{1}{4}\sim\dfrac{1}{8}$	$\dfrac{h}{L_2}=\dfrac{1}{20}\sim\dfrac{1}{50}$	$L_2\not<50$ m

（5）网壳结构除竖向反力外，通常有较大的水平反力，应在网壳边界设置边缘构件来承受这些反力。

（6）小跨度的球面网壳的网格布置可采用肋环型，大跨度的球面网壳宜采用能形成三角形网格的各种网格类型。小跨度圆柱面网壳的网格布置可采用联方网格型，大中跨度圆柱面网壳采用能形成三角形网格的各种网格类型。双曲扁网壳和扭网壳的网格选型可参照圆柱面网壳的网格选型。

2.3.3 网壳结构设计一般原则

2.3.3.1 荷载和作用的类型

网壳结构的荷载和作用与网架结构一样，主要有永久荷载、可变荷载和其他作用。

1. 永久荷载

（1）网壳自重和节点自重。网壳自重可通过计算机自动形成。节点自重可按杆件总重的20%～25%估算。

（2）屋面和吊顶自重可根据构造按《建筑结构荷载规范》(GB 50009—2012)采用。

（3）设备管道等自重按实际情况采用。

2. 可变荷载

（1）屋面活荷载。网壳的屋面活荷载应按《荷载规范》(GB 50009—2012)采用，一般可取 $0.5\ kN/m^2$。

（2）雪荷载。雪荷载是网壳的重要荷载之一，雪荷载应按水平投影面计算，其雪荷载标准值按式（2-44）计算，即

$$S_k = \mu_r \cdot S_0 \tag{2-44}$$

式中的 S_k 为雪荷载标准值(kN/m^2)，S_0 为基本雪压(kN/m^2)和 μ_r 为屋面积雪分布系数，可按《建筑结构荷载规范》的规定采用。

（3）风荷载。风荷载也是网壳的重要荷载之一，常是设计的控制荷载，因此对于跨度较大的网壳，设计时应特别重视。

我国荷载规范规定，垂直于建筑物表面上的风荷载标准值应按下式计算：

$$w_k = \beta_z \cdot \mu_s \cdot \mu_z \cdot w_0 \tag{2-45}$$

式中 w_k——风荷载标准值，kN/m^2；

       β_z——高度 z 处的风振系数；

       μ_s——风荷载体型系数；

       μ_z——风压高度变化系数；

       w_0——基本风压，kN/m^2。

对于网壳，β_z、μ_z 和 w_0 的计算，与其他结构一样，可按荷载规范的规定采用。

（4）温度作用。网壳所处环境如有较大的温度差异将有可能在网壳中产生不可忽视的温度内力，在设计中应予考虑。

双层网壳如符合下列条件之一者，可不考虑气温变化的影响：①支座节点的构造允许网壳侧移（如橡胶支座）且侧移值等于或大于式（2-46）的计算值；②周边支承于独立柱，且网壳在验算方向小于 40m；③支承网壳的柱，在单位水平力作用于柱顶时，柱顶位移大于或等于式（2-46）的计算值。

$$u \geqslant \frac{L}{2\xi EA_{\mathrm{m}}} \left(\frac{\Delta tE\alpha}{0.038f} - 1 \right) \qquad (2-46)$$

式中　f——钢材的强度设计值；

　　　L——网壳在验算方向的跨度；

　　　A_{m}——支撑平面弦杆截面面积的算术平均值；

　　　E——钢材的弹性模量；

　　　α——钢材线膨胀系数。

当不符合上述条件时，网壳应考虑温度差的影响。温度差值应根据网壳所处的地区和网壳使用情况确定。

(5) 地震作用。建设在地震区的网壳需要考虑水平地震和竖直地震的作用。一般可采用反应谱法计算网壳在地震作用下的反应。根据我国《建筑抗震设计规范》(GB 50011—2010)和《网架结构设计与施工规程》(JGJ 7—91)的规定，当采用振型分解反应谱法计算地震效应时，地震影响系数的取用如下：

(1) 水平地震影响系数 α_{h} 按式(2-47)取用：

$$\alpha_j = \begin{cases} (5.5T_j + 0.45)\alpha_{\max} & (0 \leqslant T_j \leqslant 0.1) \\ \alpha_{\max} & (0.1 \leqslant T_j \leqslant T_{\mathrm{g}}) \\ \left(\dfrac{T_{\mathrm{g}}}{T_j} \right)^{0.9} \alpha_{\max} & (T_{\mathrm{g}} \leqslant T_j \leqslant 3.0) \end{cases} \qquad (2-47)$$

(2) 竖向地震影响系数 $\alpha_{\mathrm{v}} = 0.65\alpha_{\mathrm{h}}$。

3. 荷载效应组合

网壳应根据最不利的荷载效应组合进行设计。

对于非抗震设计，荷载效应组合应按《建筑结构荷载规范》(GB 50009—2012)进行计算，即在杆件及节点设计中，应采用荷载效应的基本组合，计算公式为：

$$\gamma_G C_G G_{\mathrm{k}} + \gamma_{Q_1} C_{Q_1} Q_{1\mathrm{k}} + \sum_{i=2}^{n} \gamma_{Q_i} C_{Q_i} \Psi_{c_i} Q_{i\mathrm{k}} \qquad (2-48)$$

式中　γ_G——永久荷载的分项系数。当其效应对结构不利时，取 1.2，当其效应对结构有利时，取 1.0；

　　　$\gamma_{Q_1}, \gamma_{Q_i}$——分别为第 1 个和第 i 个可变荷载的分项系数，一般情况下取 1.4；

　　　G_{k}——永久荷载的标准值；

　　　$Q_{1\mathrm{k}}$——第 1 个可变荷载的标其准值，该荷载效应应大于其他任意一个可变荷载的效应；

　　　$Q_{i\mathrm{k}}$——其他第 i 个可变荷载的标准值；

　　　C_G, C_{Q_1}, C_{Q_i}——分别为永久荷载，第 1 个可变荷载和其他第 i 个可变荷载的荷载效应系数；

　　　Ψ_{c_i}——第 i 个可变荷载的组合值系数，在一般情况下，当有风荷载参与组合时，取 0.6，当没有风荷载参与组合时，取 1.0。

在验算挠度时，按荷载的短期效应组合计算，即

$$C_G G_{\mathrm{k}} + C_{Q_1} Q_{1\mathrm{k}} + \sum_{i=2}^{n} C_{Q_i} \varphi_{c_i} Q_{i\mathrm{k}} \qquad (2-49)$$

式中符号见式(2-48)。

对于抗震设计,荷载效应组合应按我国《建筑抗震设计规范》(GB 50011—2010)计算,即在杆件和节点设计中,地震作用效应和其他荷载效应的基本组合的计算为

$$\gamma_G C_G G_E + \gamma_{Eh} C_{Eh} E_{hk} + \gamma_{Ev} C_{Ev} E_{vk} \qquad (2-50)$$

式中　γ_{Eh},γ_{Ev}——分别为水平、竖向地震作用分项系数,按表 2-11 采用。

$\quad\quad\quad$ E_{hk},E_{vk}——分别为水平、竖向地震作用标准值;

$\quad\quad\quad$ C_{Eh},C_{Ev}——分别为水平、竖向地震作用的效应系数。

在组合风荷载效应时,应计算多个风荷载方向,以便得到各杆件和节点的最不利效应组合。

$\quad\quad\quad$ G_E——重力荷载代表值,取结构和构件自重标准值和可变荷载组合值之和,各可变荷载的组合值系数按表 2-12 取用:

表 2-11		地震作用分项系数
地 震 作 用	γ_{Eh}	γ_{Ev}
仅考虑水平地震作用	1.3	不考虑
仅考虑竖向地震作用	不考虑	1.3
同时考虑水平、竖向地震作用	1.3	0.5

表 2-12	组合系数值
可变荷载种类	组合系数值
雪荷载	0.5
屋面积灰荷载	0.5
屋面活荷载	不考虑

2.3.3.2　一般设计原则

1. 设计基本规定

网壳结构的设计应根据建筑物的功能与形状,综合考虑材料供应和施工条件以及制作安装方法,选择合理的网壳屋盖形式、边缘构件及支承结构,以取得良好的技术经济效果。

网壳结构可采用单层或双层网壳,对于单层网壳应采用刚接节点,而双层网壳可采用铰接节点。

网壳的支承构造除保证能传递竖向荷载反力外,尚应满足不同网壳结构形式必需的边缘约束条件。圆柱面网壳可采用以下支承方式:通过端部横隔支承于两端;沿两纵边支承;沿四边支承。端部支承横隔应具有足够的平面内刚度。沿两纵边支承的支承点应保证抵抗侧向水平位移的约束条件。

网壳结构的最大位移计算值不应超过短向跨度的 1/400。悬挑网壳的最大位移计算值不应超过悬挑长度的 1/200。

2. 一般计算原则

网壳结构主要应对使用阶段的外荷载(包括竖向和水平向)进行内力和位移计算,对单层网壳通常要进行稳定性计算,并据此进行杆件设计。此外,对地震、温度变化、支座沉降及施工安装荷载,应根据具体情况进行内力、位移计算。

1) 强度、刚度分析

网壳结构的内力和位移可按弹性阶段进行计算。网壳结构根据网壳类型、节点构造,设计阶段可分别选用不同的方法进行内力、位移计算:

(1) 双层网壳宜采用空间杆系有限元法进行计算。

(2) 单层网壳宜采用空间梁系有限元法进行计算。

(3) 对单、双层网壳在进行方案选择和初步设计时可采用拟壳分析法进行估算。

网壳结构的外荷载可按静力等效的原则将节点所辖区域内的荷载集中作用在该节点上。

分析双层网壳时可假定节点为铰接,杆件只承受轴向力;分析单层网壳时假定节点为刚接,杆件除承受轴向力外,还承受弯矩、剪力等。

2) 稳定性分析

网壳的稳定性可按考虑几何非线性的有限元分析方法(荷载—位移全过程分析)进行计算,分析中可假定材料保持为线弹性。用非线性理论分析网壳稳定性时,一般采用空间杆系非线性有限元法,关键是临界荷载的确定。单层网壳宜采用空间梁系有限元法进行计算。

进行网壳结构全过程分析求得的第一个临界点处的荷载值,可作为该网壳的极限承载力。将极限承载力除以系数 K 后,即为按网壳稳定性确定的容许承载力(标准值)。

3) 抗震分析

在设防烈度为 7 度的地区,网壳结构可不进行竖向抗震计算,但必须进行水平抗震计算。在设防烈度为 8 度、9 度地区必须进行网壳结构水平与竖向抗震计算。

对网壳结构进行地震效应计算时可采用振型分解反应谱法,按此法分析宜取前 20 阶振型进行网壳地震效应计算;对于体型复杂或重大的大跨度网壳结构,应采用时程分析法进行补充计算。

2.3.4　网壳结构的内力分析方法简述

1. 概述

网壳的受力性能与一般结构相比,具有许多特点,因而它的计算也有许多特殊性。

(1) 在计算和设计之间存在紧密的内在联系,往往需要经历设计—计算—再设计直至满足为止。

(2) 网壳设计中优或劣的评定准则,除用料经济指标外,还必须考虑其他多种因素,如网壳是否对某种因素敏感,达到极限承载力安全储备的大小,网壳的延性指标,网壳是否便于施工安装等。

网壳杆件之间的连接,从计算图式的角度,可分为铰接连接和刚接连接两大类。在一般情况下,双层网壳多采用铰接连接,单层网壳应采用刚接连接。对于铰接连接网壳,采用空间铰支杆单元有限元法;对于刚接连接网壳,宜采用空间梁-柱有限单元法。

空间铰支杆单元非线性有限单元法考虑与不考虑非线性的差别主要在于:前者(几何非线性)考虑网壳变形对网壳内力的影响,网壳的平衡方程建立在变形以后的基础上,而前者(线性)则忽略网壳变形对网壳内力的影响,网壳的平衡方程始终建立在初始不受力状态的位置上。因此,在推导空间铰支杆单元几何非线性有限单元法时,空间铰支杆单元的单元刚度矩阵就应在变形以后的位置上建立。

刚接连接网壳采用非线性有限单元法计算时,最常用的有两种,即空间梁单元和空间梁-柱单元。许多研究表明,空间梁-柱单元能够较精确地考虑轴向力对结构变形和刚度的影响,而这对于网壳一类以受轴向力为主的结构是十分重要的,因此以选用空间梁-柱单元为宜。

2. 网壳结构计算的步骤

(1) 确定网壳的计算单元。

(2) 对计算单元的节点和杆件进行编号。

(3) 建立各杆的单元切线刚度矩阵。

(4) 建立网壳总刚矩阵。

(5) 输入荷载,建立整体平衡方程的右端项。

(6) 根据边界条件。对整体平衡方程进行边界处理。

（7）求解非线性平衡方程。

（8）计算网壳各杆件内力。

以上计算过程中与网架结构不同之处主要在于建立单元刚度矩阵，此外，建立的总刚度矩阵为非线性方程组，要采用非线性方程的解法。

2.3.5　网壳结构的抗震设计要点

对网壳这种复杂空间结构，当地震发生时由于强烈的地面运动而迫使结构产生振动，引起地震内力和位移，就有可能造成结构破坏和倒塌，因此在地震设防区必须对网壳结构进行抗震设计。网壳分析的基本假定为：

（1）网壳的节点均为完全刚接的空间节点，每一个节点具有六个自由度。

（2）质量集中在各节点上，只考虑线性位移加速度引起的惯性力，不考虑角加速度引起的惯性力。

（3）作用在质点上的阻尼力与对地面的相对速度成正比，但不考虑由角速度引起的阻尼力。

（4）支承网壳的基础按地面的地震动波运动。

对网壳抗震分析时，当采用振型分解反应谱法计算网壳结构地震效应时，宜取前 20 阶振型进行网壳地震效应计算；对于体型复杂或重要的大跨度网壳结构，应采用时程分析法进行补充验算。采用时程分析法时，应按建筑场类别和设计地震分组选用不小于两组实际强震记录和一组人工模拟的加速度时程曲线。加速度曲线幅值应根据与抗震设防烈度相应的多遇地震的加速度幅值进行调整，加速度时程的最大值可按表 2 - 13 采用。

表 2 - 13　　　　　　　时程分析所用的地震加速度时程曲线最大值（cm/s²）

地震影响	6 度	7 度	8 度	9 度
多遇地震	18	35(55)	70(110)	140

注：括号内的数值分别用于设计基本地震加速度为 0.15 g 和 0.3 g 的地区。

2.3.6　网壳结构的稳定性概念

网壳结构由于特殊性结构的稳定性分析非常重要，加上缺陷敏感型结构，因此，《空间网格技术规程》（JGJ 7—2010）明确规定单层网壳以及厚度小于跨度 1/50 的双层网壳均应进行稳定性计算。网壳结构的稳定分析不仅包括临界荷载的确定，还应对其屈曲后性能进行考察，因为网壳的稳定承载能力与其后屈曲行为密切相关。

1. 屈曲类型

结构的失稳或屈曲类型主要有两类，即极值点屈曲和分枝点屈曲。图 2 - 108（a）所示为极值点屈曲的荷载—位移曲线，位移随着荷载的增加而增加（此时称为稳定的基本平衡路径），直至到达平衡路径上的顶点，即临界点，越过临界点之后结构具有唯一的平衡路径，且曲线呈下降趋势，即平衡路径是不稳定的。这一临界点就是极值点，结构发生的这类屈曲称为极值点屈曲，也称为极限屈曲。在极值点处，对应屈曲模态的结构的刚度为零。

对于分枝点屈曲的情形（图 2 - 108（b）），位移仍随荷载的增加而增加，直至到达平衡路径上的一个拐点，即临界点，随后出现与平衡路径相交的第二平衡路径。该临界点即分枝点，在该点结构失稳即为分枝点屈曲。分枝点以前结构沿初始位移形态变化的平衡路径称基本平衡路径，越过分枝点以后路径称第二平衡路径，也称分枝路径。与极值点屈曲的情形不同，分枝路径可能出现两条或两条以上。结构到达分枝以后，若继续沿基本平衡路径运动则平衡是不稳定的,将转移至分枝路径。分枝路径上,若荷载继续上升,称稳定的分枝屈曲;若荷载呈下降形式,则为不稳定的分枝屈曲。

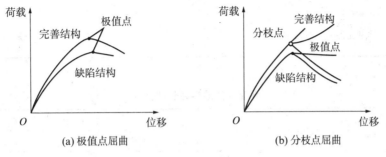

(a) 极值点屈曲 (b) 分枝点屈曲

图 2 - 108 屈曲的类型

2. 失稳模态

网壳结构失稳后因产生大变形而形成的新的几何形状称为失稳模态。网壳结构的失稳模态与许多因素有关,如网壳类型、几何形状、荷载条件、边界条件、节点刚度等。常见的网壳失稳模态包括杆件失稳(图 2 - 109(a))、点失稳(图 2 - 109(b))、条状失稳(图 2 - 109(c))和整体失稳(图 2 - 109(d)),其中前两者属局部失稳,而也有文献认为条状失稳属整体失稳的一种。

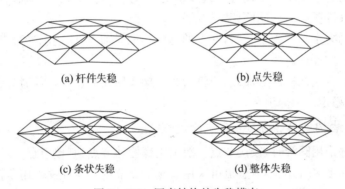

(a) 杆件失稳 (b) 点失稳

(c) 条状失稳 (d) 整体失稳

图 2 - 109 网壳结构的失稳模态

2.3.7 网壳结构的杆件设计与节点构造特点

2.3.7.1 网壳结构的杆件设计

1. 杆件的截面形式、计算长度和容许长细比

网壳杆件的材料和截面形式与网架一样,主要有 Q235 钢和 Q345 钢,截面为圆管、由两个等肢角钢组成的 T 形、两个不等肢角钢组成的 T 型钢、单角钢、H 型钢,方管和矩形管等。网壳杆件的计算长度和容许长细比可按表 2 - 14~2 - 16 取用。

表 2 - 14	双层网壳杆件的计算长度 l_0		
杆 件	节 点		
	螺栓球	焊接空心球	板节点
弦杆及支座腹杆	l	$0.9l$	l
	l	$0.9l$	$0.9l$

注:l 为杆件的几何长度(节点中心间距离)。

表 2 - 15 单层网壳杆件的计算长度 l_0

弯曲方向	节点	
	焊接空心球	毂节点
壳体平面内壳体平面外	0.9l	l
	1.6l	1.9l

注：l 为杆件的几何长度(节点中心间距离)。

表 2 - 16 网壳杆件的容许长细比[λ]

网壳类别	受压杆件和压弯构件	受拉杆件和拉弯杆件	
		承受静力荷载	承受动力荷载
双层网壳	180	300	250
单层网壳	150	300	—

2. 杆件设计

网壳的内力分析以后,可以根据杆件所受的最不利内力进行杆件截面设计。网壳杆件的受力一般有两种状态:一种为轴心受力;另一种为拉弯或压弯。

当网壳节点的力学模型为铰接且荷载都作用于节点时,杆件只承受轴向拉力或轴向压力。此时网壳结构的杆件截面设计同网架结构的杆件设计。

当网壳节点的力学模型为刚接时,网壳的杆件除承受轴力外,还承受弯矩作用。此时应按拉弯杆件或压弯杆件设计。

网壳一般不宜直接在杆件上加载,应将荷载直接作用在节点上,否则将使结构受力状态变的复杂,对网壳的稳定性十分不利。

2.3.7.2 网壳结构的节点构造与设计

当网壳的杆件采用圆管时,铰接节点一般采用螺栓球节点,刚接节点一般采用焊接空心球节点。当相交杆件不多时,刚接节点也可采用直接汇交节点。当杆件采用角钢组成的截面时,一般采用钢板节点。网壳节点承载力计算公式同网架结构。

对于单层网壳结构,空心球承受压弯或拉弯的承载力设计值 N_m 可按式(2-53)计算:

$$N_m = \eta_m N_R \qquad (2-53)$$

式中,η_m 为考虑空心球受压弯或拉弯作用的影响系数,可按照《空间网格技术规程》(JGJ 7—2010)计算。

网壳结构的支座节点设计应保证传力可靠、连接简单,并应符合计算假定。通常支座节点的形式有固定铰支座、弹性支座、刚性支座以及可沿指定方向产生线位移的滚轴铰支座等。固定铰支座如图 2-110 所示,适用于仅要求传递轴向力与剪力的单层或双层网壳的支座节点。对于大跨度或点支承网壳可采用球铰支座(图 2-110(b));对于较大跨度、落地的网壳结构可采用双向弧形铰支座(图 2-110(c))或双向板式橡胶支座(图 2-110(d))。

弹性支座如图 2-111 所示,可用于节点需在水平方向产生一定弹性变位且能转动的网壳支座节点。刚性支座如图 2-112 所示,可用于既能传递轴向力又要求传递弯矩和剪力的网壳支座节点。滚轴支座如图 2-113 所示,可用于能产生一定水平线位移的网壳支座节点。网壳支座节点的节点板、支承垫板和锚栓的设计计算和构造等可以参考网架结构的支座节点。

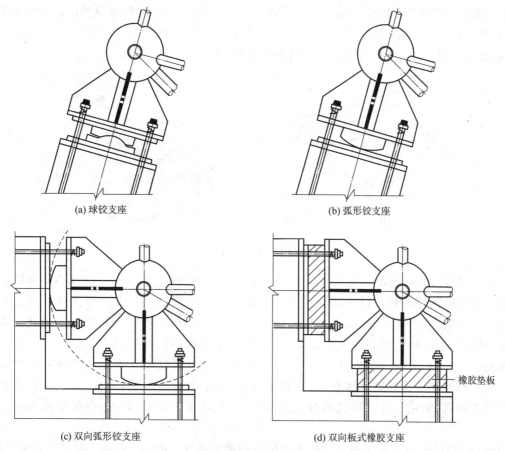

(a) 球铰支座　　　　　　　　　　　　　　(b) 弧形铰支座

(c) 双向弧形铰支座　　　　　　　　　　(d) 双向板式橡胶支座

橡胶垫板

图 2-110　固定铰支座

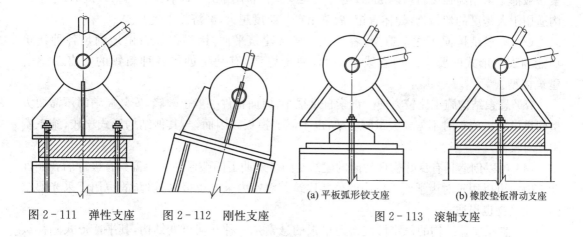

图 2-111　弹性支座　　　图 2-112　刚性支座

(a) 平板弧形铰支座　　　(b) 橡胶垫板滑动支座

图 2-113　滚轴支座

2.4　索膜结构简介

2.4.1　悬索结构

2.4.1.1　悬索结构的概念

悬索结构由受拉索、边缘构件和下部支承构件所组成,如图 2-114 所示。拉索按一定的规律布置可形成各种不同的体系,边缘构件和下部支承构件的布置则必须与拉索的形式相协调,有效地承受或传递拉索的拉力。拉索一般采用由高强钢丝组成的钢绞线、钢丝绳或钢丝束,边缘构件和下部支承构件则常常为钢筋混凝土结构。

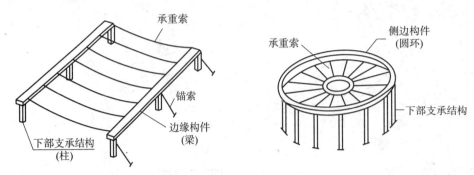

图 2-114　悬索结构的组成

悬索结构有着悠久的历史。它最早应用于桥梁工程中,我国人民早在 1 000 年以前已经用竹索或铁链建造悬索桥。近代的悬索桥采用钢丝作缆索,如 1937 年美国加利福尼亚州的金门大桥,主跨达 1 280 m。现代大跨度悬索屋盖结构的应用广泛,第一个现代悬索屋盖是美国于 1953 年建成的雷里竞技馆,采用以两个斜置的抛物线拱为边缘构件的鞍形正交索网。目前,在美国、欧洲、日本、俄罗斯等国家和地区已建造了不少有代表性的悬索屋盖。我国相继建成成都城北体育馆、吉林滑冰场、安徽省体育馆、丹东体育馆、亚运会朝阳体育馆等建筑,采用了各种形式的悬索屋盖结构,积累了一定的经验。悬索结构具有以下特点:

(1)悬索结构通过索的轴向受拉来抵抗外荷载的作用,可以最充分地利用钢材的强度。索一般都是采用高强度材料制成的,更可大大减少材料用量并可减轻结构自重。因而,悬索结构适用于大跨度的建筑物,如体育馆、展览馆等。跨度越大,经济效果越好。

(2)悬索结构便于建筑造型,容易适应各种建筑平面,因而能较自由地满足各种建筑功能和表达形式的要求。钢索线条柔和,便于协调,有利于创作各种新颖的富有动感的建筑体型。

(3)悬索结构施工比较方便。钢索自重很小,屋面构件一般也较轻,安装屋盖时不需要大型起重设备。施工时不需要大量脚手架,也不需要模板。因而,与其他结构形式比较,施工费用相对较低。

(4)可以创造具有良好物理性能的建筑空间。双曲下凹碟形悬索屋盖具有极好的音响性能。因而可以用于对声学要求较高的公共建筑。对室内采光也极易处理,故也用于采光要求高的建筑物也很适宜。

(5)悬索屋盖结构的稳定性较差。单根的悬索是一种几何可变结构,其平衡形式随荷载分布方式而变,特别是当荷载作用方向与垂度方向相反时,悬索就丧失了承载能力。因此,常常需要附加布置一些索系或结构来提高屋盖结构的稳定性。

(6)悬索结构的边缘构件和下部支承必须具有一定的刚度和合理的形式,以承受索端巨大的水平拉力。因此悬索体系的支承结构往往需要耗费较多的材料,无论是设计成钢筋混凝土结构或钢结构,其用钢量均超过钢索部分。当跨度小时,由于钢索锚固构造和支座结构的处理与跨度大时一样复杂,往往并不经济。

2.4.1.2　悬索结构的形式

悬索屋盖结构按屋面几何形式的不同,可分为单曲面和双曲面两类;根据拉索布置方式的不同,可分为单层悬索体系、双层悬索体系和交叉索网体系三类。

1. 单层悬索体系

单层悬索体系的优点是传力明确,构造简单;缺点是屋面稳定性差,抗风(上吸力)能力小。为此常采用重屋面,适用于中小跨度建筑的屋盖。单层悬索体系有单曲面单层拉索体系和双曲面单层拉索体系,如图 2-115、图 2-116 所示。

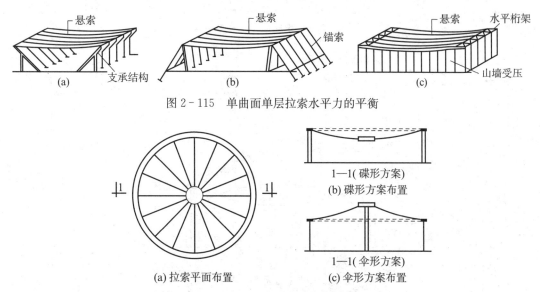

图 2-115　单曲面单层拉索水平力的平衡

图 2-116　双曲面单层拉索体系

2. 双层悬索体系

如图 2-117 所示,双层悬索体系是由一系列承重索和相反曲率的稳定索组成。每对承重索和稳定索一般位于同一竖向平面内,二者之间通过受拉钢索或受压撑杆连系,连系杆可以斜向布置,构成犹如屋架的结构体系,故常称为索桁架;连杆也可以布置成竖腹杆的形式,这时常称为索梁。根据承重索与稳定索位置关系的不同,连系腹杆可能受拉,也可能受压。当为圆形建筑平面时,常设中心内环梁。

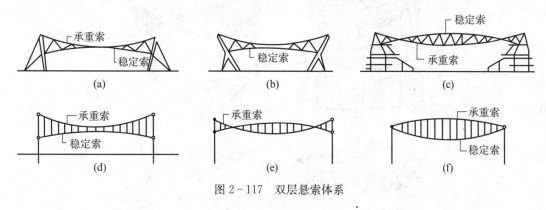

图 2-117　双层悬索体系

双层悬索体系的特点是稳定性好,整体刚度大,反向曲率的索系可以承受不向方向的荷载作用,通过调整承重索、稳定索或腹杆的长度,可以对整个屋盖体系施加顶应力,增强了屋盖的整体性。因此,双层悬索体系适宜于采用轻屋面,如铁皮、铝板等屋面材料和轻质高效的保温材料,以减轻屋盖自重、节约材料、降低造价。

双层悬索体系按屋面几何形状分为单曲面双层拉索体系和双曲面双层拉索体系两类,如图 2-118,图 2-119 所示。

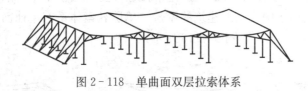

图 2-118　单曲面双层拉索体系

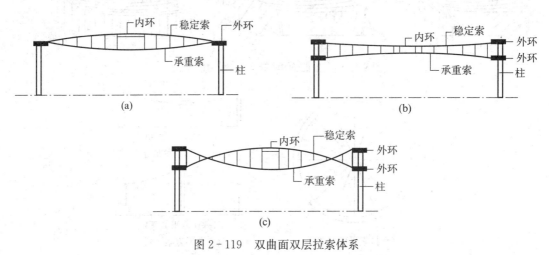

图 2-119　双曲面双层拉索体系

3. 交叉索网体系

交叉索网体系也称为鞍形索网,由两组相互正交的、曲率相反的拉索直接交叠组成,形成负高斯曲率的双曲抛物面,如图 2-120 所示。两组拉索中,下凹者为承重索,上凸者为稳定索,稳定索应在承重索之上。交叉索网体系边缘构件需要有强大的截面,常需耗费较多的材料。边缘构件的形式很多,根据建筑造型的要求一般有以下几种布置方式(图 2-120)。

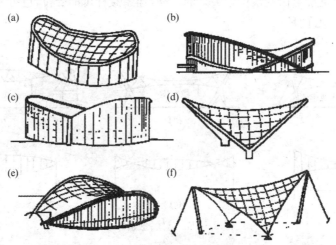

图 2-120　交叉索网体系及其边缘构件

2.4.2 膜结构

随着建筑材料的不断发展,开发有一定强度可传递荷载作用的轻型覆盖材料,必将对降低结构自重做出很大贡献。20 世纪中期开发的建筑膜材正好适应了这种需求。1960 年,德国斯图加特大学的井赖-奥托先生(Frei Otto)先后于 1962 年和 1965 年发表了研究膜结构的成果,并同帐篷制造厂商合作,做了一些帐篷式膜结构和钢索结构,其中最受人注目的是 1967 年在蒙特利尔博览会的西德馆,其后在欧洲,尤其是德国,可以说是开了膜结构商业化的先河。膜结构的第一次集中展示并引起社会广泛重视的是在 1970 年日本大阪万国博览会上的美国馆和日本富士馆(图 2 - 121)。

(a) 美国馆

(b) 日本富士馆

图 2 - 121 膜结构(一)

膜结构的突出特点就是它形状的多样性,曲面存在着无限的可能性。以索或骨架支承的膜结构,其曲面就可以随着建筑师的想象力而任意变化。在我国膜结构的开发与研究还刚刚起步,经国内外专家大力推广,目前已在上海、武汉、义乌、青岛、广州等体育场及深圳高交会等有影响的城市建设项目中使用了膜结构建筑,如图 2 - 122 所示上海八万人体育场和深圳欢乐谷张拉膜结构。

(a) 上海八万人体育场

(b) 深圳欢乐谷

图 2 - 122 膜结构(二)

2.4.2.1 膜结构分类及优缺点

膜结构建筑造型丰富多彩,千变万化,按照支承方式分为充气式膜结构、张拉膜结构和骨架支承膜结构。

1. 充气式膜结构

充气式膜结构是利用薄膜内外空气压差来稳定薄膜以承受外载的一种结构。充气式膜结构按照膜结构内外压差大小分为低压体系和高压体系两类。低压体系膜内外空气压差为10~100 mm 水柱。正常情况下一般用 20~30 mm 水柱,强风时 50~60 mm 水柱,积雪时可达 80 mm 水柱。高压体系通常是气肋式薄膜充气结构,薄膜压差为 2 000~7 000 mm 水柱,这种体系一般由管状构件组成,所以也称管状结构,特殊情况也制成球形。

2. 张拉式膜结构

张拉式膜结构(也称帐篷结构)又称预应力薄膜结构,其受力与索网结构很相似.由于薄膜很轻,为了保证结构的稳定,必须在薄膜内引进较大的预应力。因此,薄膜曲面总有负高斯曲率。如图 2-123 所示为张拉膜结构示意图。其边界可用刚性边缘构件(图 2-123(a));也可以是柔性索(图 2-123(b)),这时由于拉力作用,边索曲线总是向薄膜内部弯曲。

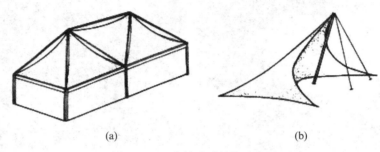

(a)　　　　　　　　　　　　(b)

图 2-123　张拉式膜结构示意图

3. 骨架支承膜结构

图 2-124　骨架支承膜结构示意图

骨架支承膜结构是指以刚性结构(通常为钢结构)为承重骨架、并在骨架上敷设张紧的膜材的结构形式。常见的骨架结构包括桁架、网架、网壳、拱等。在这种结构体系的计算分析中通常不考虑膜材对支承结构的影响,因此,骨架支承膜结构与常规结构比较接近,工程造价相对较低。便于被工程界采用,参见图 2-124。但这类结构中,膜材料的本身承载作用没有得到发挥,跨度主要受到支承骨架的限制。

1) 膜结构的优点

与传统结构相比膜结构具有如下优点:

(1) 自重轻,跨度大。例如充气结构仅及其他屋盖结构重量的 1/10,因而容易构成大跨度结构,且单位面积的自重不会随着跨度的增加而明显增加。

(2) 建筑造型自由、丰富,富有时代气息,不仅可以用于大型公共建筑,也可以用于景观小品,为建筑师提供更多的创作空间。

(3) 透光性好,阳光透过薄面可在室内形成漫射光,白天大部分时间无须人工采光,节约了照明费用及电力,而晚上的室内灯光透过膜面给夜空增添梦幻般的夜景。

(4) 易于施工。膜材的裁剪、粘合等工作主要在工厂完成,现场主要是将膜成品张拉就位的过程,装配方便,施工速度快。

(5) 安全性好。膜结构属柔性结构,自重轻,具有优良的抗震性能,同时,膜材料通常是阻燃材料或不可燃材料,因此具有较高的安全度。

（6）自洁性好。膜材料表面涂层，特别是聚四氟乙烯（PTFE）涂层，具有良好的非粘着性，大气中灰尘不易附着渗透，而且表面的灰尘会被雨水冲刷干净，使得建筑保持洁净与美观。

2）膜结构存在的缺点和问题

（1）耐久性差。一般的膜材使用寿命为 15～25 年，与传统的混凝土及钢材相比有较大的差距，与"百年大计"的设计理念不同。

（2）隔热性差。如果强调透光性，只能用单层膜，隔热性就差，因而冬天冷、夏天热，需要空调。

（3）隔音效果较差。单层膜结构只能用于隔音要求不高的建筑。

（4）抵抗局部荷载能力差。屋面会在局部荷载作用下形成局部凹陷，造成雨水或雪的淤积，使屋盖在淤积处的荷载增加，可能导致屋盖撕裂（帐蓬结构）或翻转（充气结构）。

（5）充气结构还需要不停地送风，因此维护和管理特别重要。另外，气承式充气结构必须是密闭的空间，不宜开窗。

（6）环保问题。目前使用的膜材都是不可再生的，一旦达到使用年限，拆除的膜材便成为城市垃圾而无法处置，目前正在研制开发膜材的可回收利用，并已取得了一定的进展。

2.4.2.2　膜结构的材料

1. 膜材的种类

在薄膜结构中，薄膜既是结构材料，又是建筑材料。作为结构材料，薄膜必须具有足够的强度，以承受由于自重、内压或预应力、风、雪等作用产生的拉力；作为建筑材料，它又必须具有防水、隔热、透光或阻光等建筑功能。膜材料作为膜结构的灵魂，它的发展与膜结构的技术密切相关、互相促进的。

膜的材料分为织物膜材和箔片两类。高强度箔片近几年才开始应用于结构。织物是由纤维平织或曲织生成的，织物膜材已有较长的应用历史。结构工程中的箔片都是由氟塑料制造的，它的优点在于有很高的透光性和出色的防老化性。工程中广泛应用的织物膜材的构造及基材结构如图 2 - 125 所示。

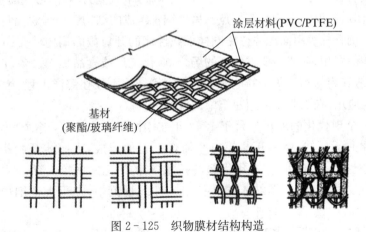

图 2 - 125　织物膜材结构构造

2. 膜材的性能指标和设计取值

膜材的主要指标为极限强度、破坏时延伸率、抗撕裂性、阻燃性和透光性等。根据不同的强度可以将膜材分为以下类型（表 2 - 17、表 2 - 18）：

表 2 - 17			聚酯织物膜材的指标		
PVC涂层聚酯织物膜材的指标					
质量/类型	Ⅰ	Ⅱ	Ⅲ	Ⅳ	Ⅴ
总重/(g·m⁻²)	700~800	900	1 050	1 300	1 450
抗拉强度(弯曲/张满)/(N/5 cm)	3 000/2 900	4 200/4 000	5 700/5 200	7 300/6 300	9 800/8 300
抗撕裂力(弯曲/张满)/N	300/310	520/510	880/900	1 150/1 300	1 600/1 800
破坏时延伸率	15%~20%	15%~20%	15%~25%	15%~25%	15%~25%
550 nm 的半透明性,白色	13	9.5	8	5	3.5

表 2 - 18		玻璃织物膜材的指标		
PTFE涂层玻璃织物玻璃/PTFE				
质量/类型	Ⅰ	Ⅱ	Ⅲ	Ⅳ
总重/(g·m⁻²)	800	1 050	1 250	1 500
抗拉强度(N/5 cm)弯曲/张满	3 500/3 000	5 000/4 400	6 900/5 900	7 300/6 500
抗撕裂力(弯曲/张满)(N)	300/300	300/300	400/400	500/500
破坏时延伸率	3%~12%	3%~12%	3%~12%	3%~12%
550 nm 的半透明性,白色	15.3	15.3	13.3	7.2

2.5 其他空间结构简介

2.5.1 管桁架结构

管桁结构是指由钢管制成的桁架结构体系,因此又称为管桁架或管结构。主要是利用钢管的优越的受力性能和美观的外部造型形成了独特的结构体系。

钢管截面具有各向等强,抗扭刚度大;受弯无弱轴,承载能力高;圆形截面绕流条件和视觉效果好;端头封闭后抗腐蚀性能好等特点。另外钢管组成的结构轻巧美观,而且用钢量比型钢组成的结构省。钢管外表面面积往往比同样承载性能的开口截面钢构件要小,这样可以减少涂漆与防火保护的费用,在清洁要求较高的场合,像化工厂或食品加工设备,钢管结构较容易除尘,且没有突缘和容易积聚灰尘的地方。因此钢管结构不仅在海洋工程、桥梁工程、塔桅工程得到了广泛的应用,在工业及民用建筑中的应用也日益广泛。

世界上第一个现代化的海洋平台于1947年在墨西哥海湾建成,当时工程师对焊接钢管节点的性能几乎一无所知,然而正是第一个海洋平台的建成,人们才开始认识到钢管作为结构构件的优越性。从20世纪70年代起,钢管结构的研究发展较快,很多研究成果已经成功用于指导工程实践中,并相继纳入国际技术文件或规范中,在更大范围内推广了钢管结构的应用。

近年来,钢管结构在我国建筑结构中的应用越来越多,如宝钢三期工程中采用的方钢管桁架、吉林滑冰练习场、哈尔滨冰雪展览馆、上海"东方明珠"电视塔(图 2 - 126)和长春南岭万人体育馆(图 2 - 127)均采用了方钢管和圆钢管,上海虹口足球场采用圆钢管作为屋面承力体系,成都双流机场、广州国际会展中心(图 2 - 128)采用圆钢管作为主要受力构件。

图 2-126　"东方明珠"电视塔

图 2-127　长春南岭万人体育馆

图 2-128　广州国际会展中心

图 2-129　三亚美丽之冠

　　图 2-129 为三亚美丽之冠管桁架与钢框架体系。该工程结构总重量为 916 t(仅含杆件自重,长度按轴线考虑),屋盖部分 439 t,框架部分 477 t。屋盖体系所有弦杆贯通刚接,所有腹杆采用铰接框架,梁柱节点刚接,次梁铰接,半椭圆部分幕墙柱的联系梁与幕墙柱铰接。随着管结构的应用与发展,各类钢管结构不断发展,近年国内兴建的大型体育场馆,很多都采用了管结构,使得其利用与发展的空间更加广泛。2008 北京奥运工程中的"鸟巢"工程——国家体育场结构,其杆件采用的就是矩形钢管结构(图 2-130),只是其构成是复杂的空间体系,相应的节点构造(图 2-131)也极为复杂。

图 2-130　国家体育场局部

图 2-131　节点构造照片

管桁结构的设计主要包括
(1) 合理的结构形式的选择。

（2）结构基本尺寸的确定,包括网格数和桁架高度。

（3）内力分析方法。

（4）合理的节点构造。

2.5.2 斜拉结构

对于水平跨度结构,随着跨度的增加,弯矩也随着跨度呈平方关系增加。从吊桥中得到启发,1962 年著名建筑工程师纳维(P. L. Nervi, Imly)将此结构在 Mantra 造纸厂的屋顶设计中应用,富莱·奥托(FreiOttGermany)在 Breme 港货棚中有类似的 Chit(图 2 - 132)。目前,斜拉空间结构在国外工程较多,这是因为一般工程跨度在 120 m 以下,用斜拉方法处理可以取得较好的经济效果。斜拉的结构有网架、网壳、折板、薄壳、格梁、立体桁架等。

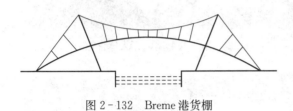

图 2 - 132　Breme 港货棚

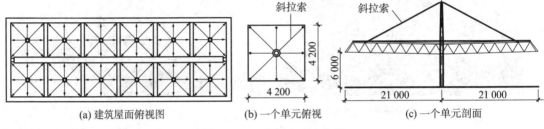

(a) 建筑屋面俯视图　　(b) 一个单元俯视　　(c) 一个单元剖面

图 2 - 133　船桥市中央市场

斜拉网架结构的形式按布索形式可分为放射式、竖琴式、扇式、星式等数种(图 2 - 133、图 2 - 134)。

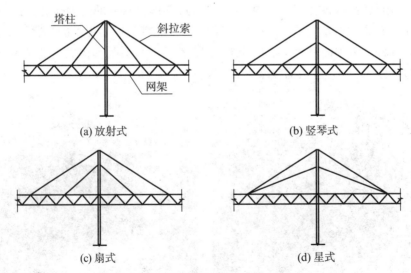

(a) 放射式　　　　　　　　　(b) 竖琴式

(c) 扇式　　　　　　　　　(d) 星式

图 2 - 134　斜拉网架斜拉索张拉方式

如图 2 - 135 所示为典型斜拉网架结构示意图。

斜拉网架结构具有下列特点:

（1）节约钢材、降低造价。经测算斜拉网架适用于 60 m 以上的大中型网架,因为中小型

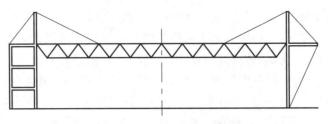

图 2 - 135　斜拉网架结构形式

网架省下的钢材价格往往还抵不过造价变化较少的斜拉索、锚具、塔柱等增加的费用。

（2）改善了网架内力，使杆件受力均匀。研究表明斜拉网架减少了跨中上下弦杆内力，虽然吊点附近的杆有"内力集中"现象（不严重），但整个杆件受力趋于均匀，且有较大幅度的下降。

2.5.3　张弦结构

张弦结构是张拉式组合的空间结构，主要有张弦网架结构和张弦梁结构。如图 2 - 136 所示为几种张弦网架方案。张弦网架结构是由斜拉网架结构变化而来，目的是取消伸出屋面的塔柱，构造上将索置于室内。张弦网架如果拉紧弦索，则产生与屋面荷载方向相反的垂直分力以抵消屋面荷载向下的力，如果在设计上采取措施，不使网架自平衡掉这些水平分力，而由下部结构来平衡，则弦索拉力可增大至抵消掉大部分屋面荷载的程度，这时的张弦网架将达到最经济的效果。经分析表明图 2 - 136(c)方案与普通网架相比可省钢 25% 以上。

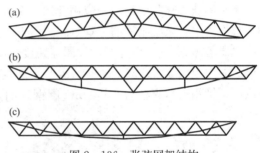

图 2 - 136　张弦网架结构

张弦梁结构是近十余年发展起来的一种大跨预应力空间结构体系。张弦梁结构最早的得名来自于该结构体系的受力特点是"弦通过撑杆对梁进行张拉"。但是随着张弦梁结构的不断发展，其结构形式多样化，20 世纪，日本大学的 M.Saitoh 教授将张弦梁结构定义为"用撑杆连接抗弯受压构件和抗拉构件而形成的自平衡体系"。

如果不考虑拉索超张拉在结构产生预应力的话，平面张弦梁结构的受力特性实际上相当简支梁的受力特性（图 2 - 137）。从截面内力情况来看，张弦梁结构与简支梁一样需要承受整体弯矩和剪力效应。根据截面内力平衡关系易知，张弦梁结构在竖向荷载作用下的整体弯矩由上弦构件的压力和下弦拉索的拉力所形成的等效力矩来承担。由于张弦梁结构中通常只布置竖向撑杆，从两根竖向撑杆之间截面内力平衡关系来看，其整体剪力基本由上弦构件承受。因此上弦构件除了承受整体弯矩效应产生的压力外，还承受剪力以及由剪力产生的局部弯矩效应。

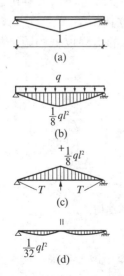

图 2 - 137　简支梁和平面张弦梁结构受力性能比较

张弦梁结构的基本受力特性是通过张拉下弦高强度拉索使得撑杆产生向上的分力，导致上弦构件产生与外荷载作用下相反的内力和变形,从而降低上弦构件的内力,减小结构的变形。但是,对张弦梁结构受力特点也存在不同的理解,一种理解是认为张弦梁结构是在双层悬索体系中的索桁架(图 2-138)基础上,将上弦索替换成刚性构件而产生。这样处理的好处是由于上弦刚性构件可以承受弯矩和压力,一方面可以提高桁架的刚度,另外结构中构件内力可以在其内部平衡(自相平衡体系),而不再需要支撑系统的反力来维持。另一种理解是将张弦梁结构看作拉索替换常规平面桁架结构的受拉下弦而产生的结构体系,这种替换的优点是桁架的下弦拉力不仅可以由高强度拉索来承担,更为重要的是可以通过张拉拉索在结构中产生预应力,从而达到改善结构受力性能的目的。还有一种理解是将张弦梁结构看作体外布索的预应力梁或桁架,通过预应力来改善结构的受力性能。

图 2-138 张弦梁结构受力特点

张弦梁结构在我国的工程应用开始于 20 世纪 90 年代后期。上海浦东国际机场航站楼是国内首次采用张弦梁结构的工程,而且其进厅、办票大厅、商场和登机廊 4 个单体建筑均采用张弦梁屋盖体系,其中以办票大厅屋盖跨度最大(图 2-139),水平投影跨度达 82.6 m,每榀张弦梁纵向间距为 9 m。该张弦梁结构上下弦均为圆弧形,上弦构件由 3 根方钢管组成(其中主弦以短钢管相连),腹杆为 Φ350 mm 圆钢管,下弦拉索采用 241Φ5 平行钢丝束。

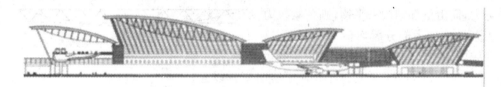

图 2-139 上海浦东国际机场张弦梁屋盖结构

第二个代表性工程为 2002 年建成的广州国际会展中心的屋盖结构(图 2-140)。该屋盖张弦梁结构的一个重要特点是其上弦采用倒三角断面的钢管立体桁架,跨度为 126.6 m,纵向间距为 15 m。撑杆截面为 Φ325 mm,下弦拉索采用 337Φ7 的高强度低松弛冷拔镀锌钢丝。

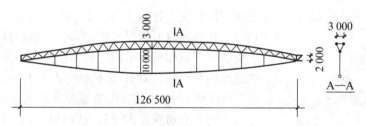

图 2-140 广州国际会议展览中心张弦梁桁架屋盖结构

黑龙江国际会议展览体育中心主馆屋盖结构采用了张弦梁结构(图 2-141),该建筑中部由相同的 35 榀 128 m 跨的预应力张弦桁架覆盖,桁架间距为 15 m。该工程张弦梁结构与广州国际会议展览中心的区别是拉索固定在桁架上弦节点。张弦梁的低端支座支撑在钢筋混凝土剪力墙上,高端支座下为人字形摇摆柱。

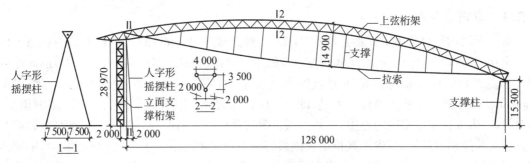

图 2-141　黑龙江国际会展体育中心张弦梁桁架结构

张弦梁结构由于其结构形式简洁,赋予建筑表现力,因此是建筑师乐于采用的一种大跨度结构体系。从结构受力特点来看,由于张弦梁结构的下弦采用高强度拉索,其不仅可以承受结构在荷载作用下的拉力,而且可以适当地对结构施加预应力以致改善结构的受力性能,从而提高结构的跨越能力。空间张弦梁结构是以平面张弦梁结构为基本组成单元,通过不同形式的空间布置所形成的以空间受力为主的张弦梁结构。空间张弦梁结构可以分为以下几种形式:

(1) 单向张弦梁结构(图 2-142)。是在平行布置的单榀平面张弦梁结构之间设置纵向支撑索。纵向支撑索一方面可以提高整体结构的纵向稳定性,保证每榀平面张弦梁的平面外稳定,同时通过对纵向支撑索进行张拉,为平面张弦梁提供弹性支承,因此此类张弦梁结构属于空间受力体系。该结构形式适用于矩形平面的屋盖。

(2) 双向张弦梁结构(图 2-142(b))。是由单榀平面张弦梁结构沿着纵横向交叉布置而成。两个方向的交叉平面张弦梁相互提供弹性支承,因此该体系属于纵横向受力的空间受力体系。该结构形式适用于矩形、圆形及椭圆形等多种平面的屋盖。

(3) 多向张弦梁结构(图 2-142(c))。是将平面张弦梁结构沿着多个方向交叉布置而成,适用于圆形平面和多边形平面的屋盖。

(4) 辐射式张弦梁结构(图 2-142(d))。由中央按辐射状放置上弦梁(拱),梁下设置撑杆,撑杆用环向索或斜索连接。该结构形式适用于圆形平面或椭圆形平面的屋盖。

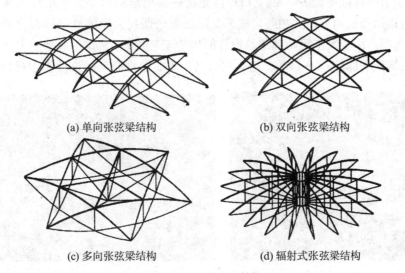

(a) 单向张弦梁结构　　　　　　　(b) 双向张弦梁结构

(c) 多向张弦梁结构　　　　　　　(d) 辐射式张弦梁结构

图 2-142　张弦梁结构

2.5.4　索穹顶结构

索穹顶结构是由美国工程师盖格尔(Gelger)根据富勒(Fuller)的张拉整体结构思想开发的。早在 20 世纪 40 年代,Fuller 就认为宇宙的运行时按照张拉整体的原理进行的,由此他设想真正高效的结构体系应该是压力与拉力的自平衡体系。1948 年,他的学生——雕塑家 Snelson 完成了第一个张拉整体艺术品,即由一些弦固紧的 3 根相互独立杆组成的结构(图 2-143),这一事件证实了富勒的设想,并被公认为现代张拉整体结构发展的一个起点。富勒由此受到更大的鼓励与启发,发表了张拉集成体系的概念和初步理论。他在 1962 年的专利中较详细地描述了他的结构思想:即在结构中尽可能地减少受压状态而使结构处于连续的张拉状态,从而实现"压杆的孤岛存在于拉杆的海洋中"的设想并第一次提出了 Tensegrity(Tensional Integrity)这一概念。继富勒的"张拉整体结构"专利后,法国的 Emmerich 于 1963 年提出了"构造的自应力索网格"专利,美国的 Snelson 于 1965 年提出了"连续拉、间断压"的专利。这些研究进一步推动了张拉整体结构的发展

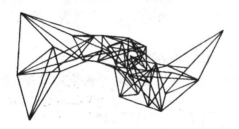

图 2-143　Snelson 的张拉整体模型

自从张拉整体概念提出以来,各国学者(Emmerich, Vilnay, Pugh, Motro, Hanaor 等)对各种形式的张拉整体结构进行了研究,但很长时间这种结构除了艺术雕塑方面的应用和模型实验研究外,没有功能性建筑出现。1986 年,美国著名工程师盖格尔首次根据富勒的张拉整体结构思想发明了支承于周边受压环梁上的一种索杆预应力张拉整体穹顶,即索穹顶结构,并成功地应用于汉城奥运会的体操馆(Gymnastic Arena 圆平面 $D=119.8$ m,图 2-144)和击剑馆(Fencing Arena 圆平面 $D=89.9$ m),自此这一新型结构形式终于出现在建筑历史的舞台。之后,盖格尔和他的公司又相继建成了美国依利诺斯州大学的红鸟体育馆和佛罗里达州的太阳海岸穹顶。由美国工程师列维等设计的佐治亚穹顶是 1996 年亚特兰大奥运会主赛馆的屋盖结构(椭圆平面,图 2-145)。这个被命名为双曲抛物面型张拉整体索穹顶的耗钢量还

图 2-144　汉城奥运会综合馆(第一个索穹顶结构)

图 2-145　亚特兰大佐治亚穹顶

不到 30 kg/m²。继佐治亚穹顶之后,他们还成功设计了圣彼得堡雷声穹顶和沙特阿拉伯利亚德大学体育馆可开启穹顶等多项大跨度屋盖结构。这些工程进一步展示了索穹顶结构的开发应用前景。

思考题

2-1　简述网架结构的分类并分别绘制单元草图。结合实际工程,理解网架结构的优缺点。

2-2　如何确定网架的基本参数? 自行设计一网架结构,全面完成设计过程。

2-3　如何评价一个网架工程是否合理? 如何评价结构是否优越?

2-4　网架计算如何检查计算结果的正确性?

2-5　简述网壳结构的类型。如何理解网壳结构的结构计算与网架结构的区别。

2-6　全面查找资料,撰写报告,理解空间结构的发展在哪些方面更有优势。

第3章 轻型门式刚架钢结构设计

3.1 概 述

3.1.1 单层门式刚架结构的组成

门式刚架结构是近些年在工程广为应用的一种结构形式。如图3-1所示，当采用焊接H型钢、热轧H型钢或冷弯薄壁型钢作为门式刚架主要承重构架；用冷弯薄壁型钢如槽钢、C形、Z形钢等作为屋面和墙面檩条系统；以压型金属板作为屋面及墙面维护系统；采用聚苯乙烯泡沫塑料、硬质聚氨酯泡沫塑料、岩棉、矿棉、玻璃棉等作为保温隔热材料并适当设置支撑的一种轻型房屋结构体系，这种结构形式又称之为轻型门式刚架结构。轻型门式刚架厂房可根据厂房使用的要求制作成保温型厂房和不保温型厂房，从仓储到精密车间，其应用的范围广泛。由于这种结构形式具有显著的优点，因此成为近些年来发展、应用最为迅速的建筑结构形式之一。

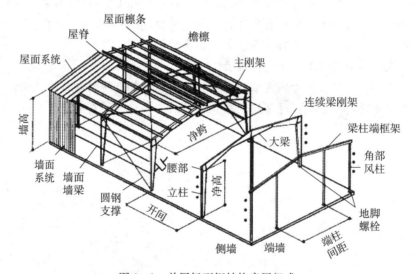

图3-1 单层轻型钢结构房屋组成

轻型门式刚架的结构体系包括以下组成部分：

(1) 主结构：横向刚架(包括中部和端部刚架)、楼面梁、托梁、支撑体系等；

(2) 次结构：屋面檩条和墙面墙梁等；

(3) 围护结构：屋面板和墙板；

(4) 辅助结构：楼梯、平台、扶栏等；

(5) 基础。

在目前的工程实践中，门式刚架的梁、柱构件多采用焊接变截面的H形截面，单跨刚架的梁-柱节点采用刚接，多跨者大多刚接和铰接并用。柱脚可与基础刚接和铰接。围护结构采用压型钢板的居多，玻璃棉则由于其具有自重轻、保温隔热性能好及安装方便等特点，用作保温隔热材料最为普通。

3.1.2　单层门式刚架结构的特点

单层门式刚架结构和钢筋混凝土结构相比具有以下特点：

1. 重量轻，强度高

轻型门式刚架维护系统是压型金属板和薄壁型钢等材料构成，自重轻，对支承其的骨架作用荷载较小；作为主要骨架构架的刚架梁、柱截面形式通常为焊接工字形，截面承受内力的能力更多的是利用截面的几何特性（内力臂），组成工字形截面翼缘、腹板的板件厚度可相对较小。因此，轻型门式刚架结构的用钢量可以控制在较低值。根据国内的工程实例统计，单层门式刚架房屋承重结构的用钢量一般为 $15\sim30\ kg/m^2$，在相同的跨度和荷载条件下自重仅为钢筋混凝土结构的 $1/30\sim1/20$。

2. 工业化程度高，施工周期短

门式刚架结构的主要构件和配件均为工厂制作，质量易于保证，工地安装方便。除基础施工外，基本没有湿作业，现场施工人员的需要量也很少。构件之间的连接多采用高强度螺栓连接，是安装迅速的一个重要方面，但必须注意设计为刚性连接的节点，应具有足够的转动刚度。

3. 结构布置灵活，综合经济效益高

传统的结构形式由于受屋面板、墙板尺寸的限制，柱距多为 6 m。当采用 12 m 柱距时，需设置托架及墙架柱。而门式刚架结构的围护体系采用金属压板型板，所以柱网布置不受模数限制，柱距主要根据使用要求和用钢量最省的原则来确定。因此虽然由于钢材价格的原因使其造价略高于钢筋混凝土结构等其他结构形式，但由于其施工不受天气的影响，工程周期短，资金回报快，结构布置灵活，具有较高的综合经济效益。

4. 可回收、再利用，符合可持续发展的要求

由于装配化施工，现场湿作业少，不用模板，所占的施工现场、建筑垃圾、建筑施工噪音等都减少到最低程度，所以现场资源消耗和各项现场费用也相应地减少，改建和拆迁容易，材料的回收和再利用率高，对环境污染小，其节能指标可达到 50%。

此外，较轻的自体重量使用地基的处理费用相对较低，基础可以做得比较小；并且还使得体系相同地震烈度下的地震反应小，地震作用参与的内力组合对刚架梁、柱杆件的设计一般不起控制作用。体系整体性可以依靠檩条、墙梁及隅撑来保证，从而减少支撑系统的数量，在形式上可以张紧的圆钢作为支撑构件取代传统钢结构厂房支撑系统常见的型钢。

3.1.3　门式刚架结构的应用情况

门式刚架轻型房屋结构在我国的应用大约始于 20 世纪 80 年代初期。近十多年来特别是中国工程建筑标准化协会编制的《门式刚架轻型房屋钢结构技术规程》（CECS 102：2002）（以下简称为《规程》）颁布施行后，其应用得到迅速发展，主要用于轻型的厂房、仓库、建材等交易市场、大型超市、体育馆、展览厅及活动房屋、加层建筑等。目前，国内大约每年有上千万平方米的轻钢建筑竣工、国外也有大量钢结构制造商进入中国，加上国内几百家的轻钢结构专业公司和制造厂，市场竞争也日益激烈。

3.2　结构形式和结构布置

3.2.1　门式刚架的结构形式

门式刚架又称山形门式刚架。其结构形式可分为单跨（图 3-2(a)）、双跨（图 3-2(b)）、多跨（图 3-2(c)）刚架以及带挑檐的（图 3-2(d)）和带毗屋的（图 3-2(e)）刚架等形式。多跨刚架中间柱与斜梁的连接可采用铰接。多跨刚架宜采用双坡或单坡屋盖(图3-2(f)),必要时也可采用由多个双坡屋盖组成的多跨刚架形式。

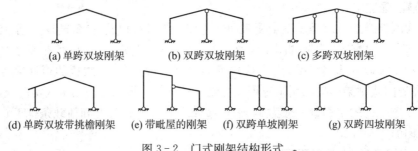

(a) 单跨双坡刚架　　　(b) 双跨双坡刚架　　　(c) 多跨双坡刚架

(d) 单跨双坡带挑檐刚架　(e) 带毗屋的刚架　(f) 双跨单坡刚架　(g) 双跨四坡刚架

图3-2　门式刚架结构形式

门式刚架的结构形式是多种多样的。按构件体系分,有实腹式和格构式;按截面形式分,有等截面和变截面;按结构选材分,有普通型钢、薄壁型钢和钢管等。根据跨度、高度和荷载不同,门式刚架的梁、柱可采用等截面或变截面的实腹焊接工字形截面或轧制H形截面。设有桥式起重机时,柱宜采用等截面构件。变截面构件通常改变腹板的高度做成楔形,必要时也可以改变腹板厚度。结构构件在安装单元内一般不改变翼缘截面,当必要时,可改变翼缘厚度;邻接的安装单元可采用不同的翼缘截面,两单元相邻截面高度宜相等。

根据跨度、高度和荷载不同,门式刚架的梁、柱可采用变截面或等截面实腹焊接工字形截面或轧制H形截面。设有桥式吊车时,柱宜采用等截面构件。变截面构件通常改变腹板的高度做成楔形;必要时也可改变腹板厚度。结构构件在安装单元内一般不改变翼缘截面,当必要时,可改变翼缘厚度;邻接的安装单元可采用不同的翼缘截面,两单元相邻截面高度宜相等。

门式钢架的柱脚多按铰接支承设计,通常为平板支座,设一对或两对地脚螺栓。当用于工业厂房且有5t以上桥式吊车时,宜将柱脚设计成刚接。

3.2.2　门式刚架尺寸

(1) 门式刚架的跨度,应取横向刚架柱轴线间的距离。

(2) 门式刚架的高度,应取地坪至柱轴线与斜梁轴线交点的高度。高度应根据使用要求的室内净高确定,设有吊车的厂房应根据轨顶标高和吊车净空要求确定。

(3) 柱的轴线可取通过柱下端(较小端)中心的竖向轴线。工业建筑边柱的定位轴线宜取柱外皮。斜梁的轴线可取通过变截面梁段最小端中心与斜梁上表面平行的轴线。

(4) 门式刚架轻型房屋的檐口高度,应取地坪至房屋外侧檩条上缘的高度;门式刚架轻型房屋的最大高度,应取地坪至屋盖顶部檩条上缘的高度。

(5) 当门式刚架边柱柱宽不等时,其外侧应对齐。当山墙墙架或双跨结构中部分刚架的中间柱被抽掉时,常出现边柱较宽不等的情况。

(6) 门式刚架的跨度宜为9~36 m,以3 m为模数。一般经济跨度为21~30 m。门式刚架的平均高度宜为4.5~9.0 m;当有桥式吊车时门式刚架的平均高度不宜大于12 m。门式刚架的间距,即柱网轴线间的纵向距离宜采用6~9 m,亦可采用7.5 m,最大可采用12 m,最小也可采用4.5 m。通常情况下,门式刚架的跨度越大,其间距也越大,对有起重量10 t以上的吊车或较大的悬挂荷载的单层门式刚架轻型房屋,刚架的间距以6 m为宜。

(7) 悬挑长度可根据使用要求确定,宜采用0.5~1.2 m。其上翼缘坡度宜与斜梁坡度相同。

（8）根据跨度、高度及荷载不同，门式刚架的梁柱可采用变截面或等截面实腹式焊接工字形截面或轧制 H 形截面。等截面梁的截面高度一般取跨度的 $1/40\sim1/30$，变截面端高不宜小于跨度的 $1/40\sim1/35$，中段高度则不小于跨度的 $1/60$。当设有桥式吊车时，柱宜采用等截面构件。截面高度不小于柱高度的 $1/20$。变截面柱在铰接柱脚处的截面高度不宜小于 $200\sim250$ mm。

3.2.3　门式刚架的结构布置

门式刚架轻型房屋钢结构的温度区段（伸缩缝间距）应满足：纵向温度区段长度不大于 300 m，横向温度区段长度不大于 150 m。当房屋的宽度超过 150 m，而在使用上又不宜设置纵向伸缩缝时，应计算温度应力对刚架的影响。当建筑尺寸超过时，应设置温度伸缩缝。温度伸缩缝可通过设置双柱或设置次结构及檩条的可调节构造来实现。可采用两种做法：在搭接檩条的螺栓连接处采用长圆孔，并使该处屋面板在构造上允许胀缩或设置双柱。吊车梁与柱的连接处宜采用长圆孔。山墙可设置由斜梁、抗风柱、墙梁及其支撑组成的山墙墙架，或仍采用门式刚架。屋面檩条的形式和布置，应考虑天窗、通风屋脊、采光带、屋面材料、檩条的供货规格等因素的影响。屋面压型钢板厚度和檩条间距应按计算确定。门式刚架轻型房屋钢结构侧墙墙梁的布置，应考虑设置门窗、挑檐、雨篷等构件和围护材料的要求。门式刚架轻型房屋钢结构的侧墙，当采用压型钢板作围护面时，墙梁宜布置在刚架外侧，其间距随墙板板型和规格确定，且不应大于计算要求。

门式刚架属于平面结构，建筑物在长度方向的纵向结构刚度较弱，需要沿建筑物的纵向设置支撑以保证其纵向稳定性。支撑系统的主要目的是把施加在建筑物纵向上的风荷载、起重机荷载、地震作用等从其作用点传到柱基础，最后传到地基。门式刚架在支撑、纵向构件和围护结构的联系下组成空间的稳定整体。支撑虽不是主要承重构件，但在结构中却是不可或缺的。所以，支撑和刚性系杆的布置应符合下列要求：

（1）在每个温度区段或分期建设的区段中，应分别设置能独立构成空间稳定结构的支撑体系。

（2）在设置柱间支撑的开间，宜同时设置屋盖横向支撑体系。若不能设置在同一开间，则应加设刚性系杆来传力。

（3）屋盖横向支撑宜设在温度区段端部的第一开间或第二开间，设在第二开间时，在第一开间的相应位置宜设置刚性系杆，以组成几何不变体。

（4）在设有驾驶室且起重量大于 15 t 桥式吊车的跨间，应在屋盖边缘设置纵向支撑桁架。当柱距较大，边柱列采用加墙架柱的方案时，应设置纵向水平支撑。

（5）柱间支撑的间距根据纵向柱距、受力情况和安装条件确定。当厂房内无吊车时，一般取 $30\sim45$ m；当有吊车时宜设在温度区段中部，或当温度区段较长时宜设在三分点处，且间距不宜大于 60 m。当房屋高度相对柱距较大时，柱间支撑宜分层设置。当有高低跨时，宜在高低跨处分层设置柱间上柱支撑和下柱支撑。有吊车时，应以起重机梁兼作纵向系杆设置上、下两层柱间支撑。当设有起重量不小于 5 t 的桥式吊车时，柱间支撑宜采用型钢支撑。在温度区段端部起重机梁以下不宜设置柱间刚性支撑，以减小起重机梁的温度应力。当出现不允许设置交叉柱间支撑的情况时，可设置其他形式的支撑；当出现不允许设置任何支撑的情况时，可设置纵向刚架。

（6）刚架转折处（如单跨房屋边柱柱顶和屋脊，多跨房屋某些中间柱柱顶和屋脊）应沿房屋全长设置刚性系杆。由支撑斜杆等组成的水平桁架，其直腹杆宜按刚性系杆考虑。刚性系杆可由檩条兼作，此时檩条应满足对压弯杆件的刚度和承载力要求；当不满足时，可在刚架斜梁间设置钢管、H 型钢或其他截面的杆件。

(7) 门式刚架轻型房屋钢结构的支撑,可采用带张紧装置(图 3 - 3)的十字交叉圆钢支撑。圆钢与构件的夹角应在 30°~60°范围内,宜接近 45°。

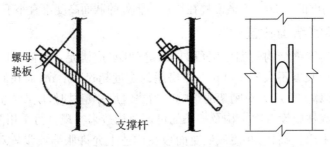

图 3 - 3 张紧装置圆钢支撑

3.3 门式刚架的荷载、内力分析和构件设计

3.3.1 荷载及荷载组合

门式刚架轻型房屋钢结构设计应采用以概率理论为基础的极限状态设计法,按分项系数设计表达式进行计算。结构设计的极限状态分为承载能力极限状态和正常使用极限状态两类。其中,结构构件的强度、整体稳定、局部稳定验算属于承载能力极限状态的范畴;结构及其构件的位移和刚度验算属于正常使用极限状态的范畴。一般设计时,首先选择截面使结构满足承载能力极限状态的要求,然后校核其是否满足正常使用极限状态。

1. 荷载

作用在轻型钢结构上的荷载包括以下类型:

(1) 恒载 G:结构自重和设备重。按现行《建筑结构荷载规范》的规定采用。

(2) 活载:包括屋面均布活载、检修集中荷载 M、积灰荷载 D、雪荷载等。其中,《规程》规定当采用压型钢板轻型屋面时,屋面竖向均布活载的标准值(按水平投影面积计算)取 0.5 kN/m^2,对受荷水平投影面积大于 60 m^2 的刚架构件,屋面竖向均布活载的标准值可取不小于 0.3 kN/m^2;检修集中荷载标准值取 1.0 kN 或实际值;积灰荷载与雪荷载按现行《建筑结构荷载规范》(GB 50009—2012)的规定采用。屋面均布活荷载与雪荷载不同时考虑,取其中较大值(记为 L)计算;积灰荷载与雪荷载和均布活载中的较大值同时考虑;施工或检修集中荷载不与屋面材料或檩条自重以外的其他荷载同时考虑。

(3) 风载 W:对于垂直于建筑物表面的风荷载标准值,应按现行《规程》附录 A 的规定计算。

(4) 温度 T:按实际环境温差考虑。

(5) 吊车 C:多台吊车的组合应符合现行国家标准《建筑结构荷载规范》的规定取用,但吊车的组合一般不超过两台。

(6) 地震作用 E:按现行国家标准《建筑抗震设计规范》(GB 50011—2010)的规定取用,不与风荷载作用同时考虑。

2. 荷载组合

1) 承载能力极限状态。

计算承载能力极限状态时,对于轻型钢结构可取下述荷载组合:

(1) $1.2G + 1.4L$;

(2) $1.2G+1.4M$；

(3) $1.2G+1.4C$；

(4) $1.2G+1.4W$；

(5) $1.2G+0.9(1.4L+1.4D)$；

(6) $1.2G+0.9(1.4L+1.4W)$；

(7) $1.2G+0.9(1.4C+1.4W)$；

(8) $1.2G+0.9(1.4L+1.4T)$；

(9) $1.2G+0.9(1.4W+1.4T)$；

(10) $1.2G+1.4L+1.4E$。

G,L,D,M,W 等表示荷载的标准值。

2) 正常使用承载能力。

计算正常使用承载能力时，对于轻型钢结构可取下述荷载组合：

(1) $G+L$；

(2) $G+M$；

(3) $G+C$；

(4) $G+W$；

(5) $G+L+0.9D$；

(6) $G+L+0.6W$；

(7) $G+W+0.7L$；

(8) $G+C+0.6W$；

(9) $G+W+0.7C$；

(10) $G+L+0.6T$；

(11) $G+W+0.6T$；

(12) $G+L+E$。

3.3.2　刚架的内力和侧移计算

轻钢结构内力和位移的计算采用一阶弹性理论，即线性的结构力学方法。一阶弹性理论的基本假定是结构处于弹性状态、结构产生的较小位移引起的二阶效应可以忽略不计。一阶弹性理论具有线性的可叠加特性，即：荷载效应的组合结果与荷载组合后的效应分析结果是一致的。荷载效应的组合结果是指：首先进行各单个荷载工况下的内力和位移效应分析，然后进行效应组合叠加所得的结果；荷载组合后的效应分析结果是指：首先进行荷载的组合叠加，然后进行各组合荷载下的内力和位移效应分析结果。按照我国现行建筑结构的设计规范规定，内力和位移的计算结果应该是荷载效应的组合结果。事实上，轻钢结构的分析可以取荷载效应的组合值，也可以取荷载组合下的效应分析值，这两者是一致的。事实上，一阶弹性理论是近似的。结构的节点位移会产生杆端内力的 $P\text{-}\Delta$ 效应，而杆件本身的变形也会产生杆身内力的 $P\text{-}\delta$ 效应，如图 3-4 所示。$P\text{-}\Delta$ 和 $P\text{-}\delta$ 效应反过来又会引起结构位移的变化。这样的相互耦联和相互影响的效应称为结构的二阶效应。如果结构的二阶效应较大而不可忽略，必须采用二阶弹性理论分析其内力和位移，相应的这类结构也被称为非线性弹性结构。

二阶弹性理论不具有线性的叠加性质，即：荷载效应的组合结果不再等于荷载组合后的效应分析结果。非线性结构的内力和位移是指组合荷载作用下的效应。所以，必须首先对各

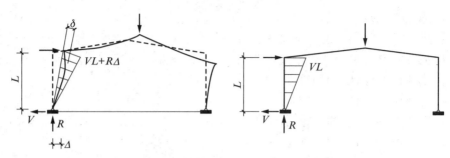

图 3-4　结构的 $P-\Delta$ 和 $P-\delta$ 效应

荷载工况进行组合,然后进行组合荷载作用下的结构二阶弹性分析。

一阶弹性理论适用于线弹性结构,其内力和位移计算值可以取荷载效应组合值或荷载组合下的效应计算值;二阶弹性理论适用于非线性弹性结构,其内力和位移计算值必须取荷载组合下的效应计算值。

3.3.2.1　内力计算

对于变截面门式刚架,应采用弹性分析办法确定各种内力,只有当刚架的梁柱全部为等截面时才允许采用塑性分析方法,但后一种情况在实际工程中已很少采用。当进行内力分析时,通常把刚架当作平面结构对待,一般不考虑蒙皮效应,只是把它当作安全储备。当有必要且有条件时,可考虑屋面板的应力蒙皮效应。蒙皮效应是将屋面视为沿屋面全长伸展的深梁,可用来承受平面内的荷载。面板视为承受平面横向剪力的腹板,其边缘构件视为翼缘,承受轴向拉力和压力。与此类似,矩形墙板也可按平面内受剪的支撑系统处理。考虑应力蒙皮效应可以提高刚架结构的整体刚度和承载力,但对压型钢板的连接有较高的要求。

变截面门式刚架的内力通常采用杆系单元的有限元法(直接刚度法)编制程序上机计算。计算时将构件分为若干段,每段可视为等截面,也可采用楔形单元。地震作用的效应可采用底部剪力法分析确定。当需要手算校核时,可采用一般结构力学方法(如力法、位移法、弯矩分配法等)或利用静力计算的公式、图表进行。

根据不同荷载组合下的内力分析结果,找出控制截面的内力组合,控制截面的位置一般在柱底、柱顶、柱牛腿连接处及梁端、梁跨中等截面,控制截面的内力组合主要有:

(1) 最大轴压力 $N_{\max}$ 和同时出现的 M 及 V 的较大值。

(2) 最大弯矩 $M_{\max}$ 和同时出现的 V 及 N 的较大值。

这两种情况有可能是重合的。以上是针对截面双轴对称的构件而言的。如果是单轴对称截面,则需要区分正、负弯矩。

(3) 最小轴压力 $N_{\min}$ 和相应的 M 及 V,出现在永久荷载和风荷载共同作用下,当柱脚铰接时,$M=0$。本组合验算主要是鉴于轻型门式刚架自重较轻,锚栓在强风作用下可能受到拔起的力。

3.3.2.2　侧移计算

变截面门式刚架的柱顶侧移应采用弹性分析方法确定。计算时荷载取标准值,不考虑荷载分项系数。《规程》给出柱顶侧移的简化公式,可以再初选构件截面时估算侧移刚度,以免因刚度不足而需要重新调整构件截面。

变截面门式刚架在柱顶水平力作用下的侧移估算参见《规程》的有关内容。

如果验算时刚架的侧移不满足要求，即需要采用下列措施之一进行调整：放大柱或（和）梁截面尺寸，改铰接柱脚为刚接柱脚；把多跨框架中的个别摇摆柱改为上端和梁刚接。

3.3.3 刚架的梁、柱设计

3.3.3.1 梁、柱板件的宽厚比限值和腹板屈曲后强度利用

1. 梁、柱板件的宽厚比限值（截面尺寸见图 3-5）

工字形截面构件受压翼缘板的宽厚比：

$$\frac{b_1}{t} \leqslant 15\sqrt{\frac{235}{f_y}} \tag{3-1}$$

工字形截面梁、柱构件腹板的宽厚比：

$$\frac{h_w}{t_w} \leqslant 250\sqrt{\frac{235}{f_y}} \tag{3-2}$$

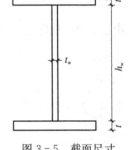

图 3-5 截面尺寸

式中　b_1, t——受压翼缘的外伸宽度与厚度；

　　　h_w, t_w——腹板的高度与厚度。

2. 腹板屈曲后强度利用

在进行刚架梁、柱截面设计时，为了节省钢材，允许腹板发生局部构件的屈曲，并利用其屈曲后强度。

工字形截面构件腹板的受剪板幅，当腹板高度变化不超过 60 mm/m 时，其抗剪承载力设计值可按下列公式计算：

$$V_d = h_w t_w f'_v \tag{3-3}$$

当 $\lambda_w \leqslant 0.8$ 时，$f'_v = f_v$ (3-4a)

当 $0.8 < \lambda_w \leqslant 1.4$ 时， $f'_v = [1 - 0.64(\lambda_w - 0.8)]f_v$ (3-4b)

当 $\lambda_w \geqslant 1.4$ 时， $f'_v = (1 - 0.275\lambda_w)f_v$ (3-4c)

式中　f'_v——腹板屈曲后抗剪强度设计值；

　　　f_v——钢材的抗剪强度设计值；

　　　h_w——腹板板幅的平均高度；

　　　λ_w——与板件受剪有关的参数.

$$\lambda_w = \frac{h_w/t_w}{37\sqrt{k_\tau}\sqrt{235/f_y}} \tag{3-5}$$

当 $a/h_w < 1$ 时， $k_\tau = 4 + 5.34/(a/h_w)^2$ (3-6a)

当 $a/h_w \geqslant 1$ 时， $k_\tau = 5.34 + 4/(a/h_w)^2$ (3-6b)

式中　k_τ——受剪板件的凸曲系数，当不设横向加劲肋时 $k_\tau = 5.34$；

　　　a——加劲肋的间距。

3. 腹板的有效宽度

当工字形截面构件腹板受弯及受压板幅利用屈曲后强度时，应按有效宽度计算其截面几何特性。有效宽度取值：

当截面全部受压时， $h_e = \rho h_w$ (3-7a)

当截面部分受拉,受拉部分全部有效,受压区的有效宽度为

$$h_e = \rho h_c \tag{3-7b}$$

式中　h_c——腹板受压区宽度;

　　　ρ——有效宽度系数。

当 $\lambda_\rho \leqslant 0.8$ 时　　　　　　　　　　$\rho = 1$ $\tag{3-8a}$

当 $0.8 < \lambda_\rho \leqslant 1.2$ 时　　　　$\rho = 1 - 0.9(\lambda_\rho - 0.8)$ $\tag{3-8b}$

当 $\lambda_\rho > 1.2$ 时　　　　$\rho = 0.64 - 0.24(\lambda_\rho - 1.2)$ $\tag{3-8c}$

式中,λ_ρ 为与板件受弯、受压有关的参数。

$$\lambda_\rho = \frac{h_w / t_w}{28.1 \sqrt{k_\sigma} \sqrt{235/f_y}} \tag{3-9}$$

式中,k_σ 为杆件在正应力作用下的凸曲系数。

$$k_\sigma = \frac{16}{[(1+\beta)^2 + 0.112(1-\beta)^2] + (1+\beta)} \tag{3-10}$$

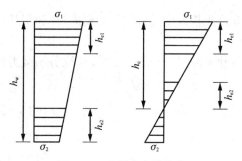

图 3-6　有效宽度的分布

而 β 为截面边缘正应力比值(图 3-6),$\beta = \sigma_2/\sigma_1$,以压为正,拉为负,$1 \geqslant \beta \geqslant -1$;当腹板边缘最大应力 $\sigma_1 < f$ 时,计算 λ_ρ 时可用 $\gamma_R \sigma_1$ 代替式 (3-9)中的 f_y;γ_R 为抗力分项系数,对 Q235 钢材,$\gamma_R = 1.087$;对 Q345 钢材,$\gamma_R = 1.111$。为简单起见,可统一取 $\gamma_R = 1.1$。

根据公式算的腹板有效高度,沿腹板高度按下列规则分布:

图 3-6 中左侧图表示全截面受压,即 $\beta > 0$,这时,

$$h_{e1} = 2h_e / (5 - \beta) \tag{3-11}$$

$$h_{e2} = h_e - h_{e1} \tag{3-12}$$

右侧图表示部分截面受拉,即 $\beta < 0$,这时,

$$h_{e1} = 0.4h_e \tag{3-13}$$

$$h_{e2} = 0.6h_e \tag{3-14}$$

3.3.3.2　刚架梁、柱构件的强度计算

(1)工字形截面受弯构件在剪力 V 和弯矩 M 共同作用下的强度,应符合下列要求:

当 $V \leqslant 0.5V_d$ 时,　　　　　　$M \leqslant M_e$ $\tag{3-15a}$

当 $0.5V_d < V \leqslant V_d$ 时,　$M \leqslant M_f + (M_e - M_f)\left[1 - \left(\frac{V}{0.5V_d} - 1\right)^2\right]$ $\tag{3-15b}$

当截面为双轴对称时,

$$M_f = A_f(h_w + t)f \tag{3-16}$$

式中　　M_f——两翼缘所承担的弯矩；

W_e——构件有效截面最大受压纤维的截面模量；W_e 应根据有效宽度 h_e 的大小及其截面分布计算得到；

M_e——构件有效截面所承担的弯矩，$M_e = W_e f$；

A_f——构件翼缘截面面积；

V_d——腹板抗剪承载力设计值，按式（3-3）计算。

（2）工字形截面在剪力 V、弯矩 M、轴压力 N 共同作用下的强度，应满足下列要求：

当 $V \leqslant 0.5V_d$ 时，

$$M \leqslant M_e^N = M_e - NW_e/A_e \tag{3-17}$$

当 $0.5V_d < V \leqslant V_d$ 时，

$$M \leqslant M_f^N + (M_e^N - M_f^N)\left[1 - \left(\frac{V}{0.5V_d} - 1\right)^2\right] \tag{3-18}$$

当截面为双轴对称时，

$$M_f^N = A_f(h_w + t)(f - N/A) \tag{3-19}$$

式中　　A_e——有效截面面积，A_e 根据有效宽度 h_e 的大小计算得到；

A——构件截面面积；

M_e^N——兼承压力 N 时构件有效截面所承担的弯矩；

M_f^N——兼承压力 N 时两翼缘所能承受的弯矩。

3.3.3.3　梁腹板加劲肋的配置

梁腹板应在与中柱连接处、较大集中荷载作用处和翼缘转折处设置横向加劲肋。其他部位是否设置加劲肋，要根据计算来定。当利用腹板屈曲后强度时，此时须注意横向加劲肋的取值问题，横向加劲肋间距 a 宜取 $h_w \sim 2h_w$。

腹板抗剪承载力 V_u 取决于腹板两侧翼缘及横向加劲肋之间形成的四面支承矩形区域的剪切屈曲应力 τ_{cr}，如图 3-7 所示，τ_{cr} 可以由腹板的剪切屈曲模型得到。梁腹板利用屈后强度时，其中间加劲肋除承受集中荷载和翼缘转折产生的压力外，还应承受拉力场产生的压力。构件腹板的主应力场分布如图 3-8 所示，在这个模型中横向加劲肋相当于桁架中的受压腹杆，适当增加横向加劲肋的数量可以改变腹板应力场的分布情况，提高区隔的临界应力 τ_{cr} 从而提高腹板的抗剪承载力 V_u。

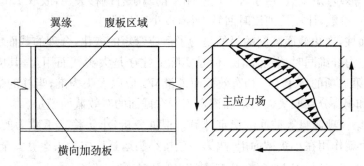

图 3-7　腹板支承条件及主应力分布

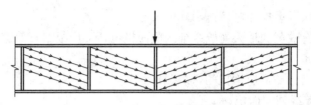

图 3-8　腹板剪切屈曲的分析模型

拉力场产生的压力可按下列公式计算：

$$N_{s} = V - 0.9 h_{w} t_{w} \tau_{cr} \qquad (3-20)$$

当 $0.8 < \lambda_{w} \leqslant 1.25$ 时

$$\tau_{cr} = [1 - 0.8(\lambda_{w} - 0.8)] f_{v} \qquad (3-21a)$$

当 $\lambda_{w} > 1.25$ 时 $\qquad \tau_{cr} = f_{v} / \lambda_{w}^{2} \qquad (3-21b)$

式中　N_{s}——拉力场产生的压力；

　　　τ_{cr}——利用拉力场时腹板的屈曲剪应力；

　　　λ_{w}——参数，按式(3-5)计算。

当验算加劲肋稳定性时，其截面应包括每侧各 $15 t_{w} \sqrt{235/f_{y}}$ 宽度范围内的腹板面积，计算长度取 h_{w}，按两端铰接轴心受压构件计算。

3.3.3.4　变截面柱在刚架平面内的整体稳定计算

变截面柱在刚架平面内的稳定应按下列公式计算：

$$\frac{N_{0}}{\varphi_{x\gamma} A_{e0}} + \frac{\beta_{mx} M_{1}}{\left(1 - \dfrac{N_{0}}{N'_{EX0}} \varphi_{x\gamma}\right) W_{e1}} \leqslant f \qquad (3-22)$$

$$N'_{EX0} = \pi^{2} E A_{e0} / 1.1 \lambda^{2} \qquad (3-23)$$

式中　N_{0}——小头的轴向压力设计值；

　　　M_{1}——大头的弯矩设计值；

　　　A_{e0}——小头的有效截面积；

　　　W_{e1}——大头的有效截面最大受压纤维的截面模量；

　　　$\varphi_{x\gamma}$——杆件轴心受压稳定系数，楔形截面构件在计算长细比时取小头的回转半径；

　　　β_{mx}——等效弯矩系数，由于轻型门式刚架都属于有侧移失稳，故取 1.0；

　　　N'_{EX0}——参数，计算长细比时回转半径，以小头为准。

对于变截面柱，变化截面高度的目的是为了适应弯矩的变化，合理的截面变化方式应使两端截面的最大应力纤维同时达到限值。但是实际上往往是大头截面用足，其应力大于小头截面，故公式左端第二项的弯矩 M_{1} 和有效截面模量 W_{e1} 应以大头为准，当柱的最大弯矩不出现在大头时，M_{1} 和 W_{e1} 分别取最大弯矩和该弯矩所在截面的有效截面模量。

式(3-22)第一项源自等截面的稳定计算。根据分析，小头稳定承载力的小于大头，且刚架柱的最大轴力就作用在小头截面上，故第一项按小头运算比按大头运算安全。

3.3.3.5　变截面柱在刚架平面外的整体稳定计算

变截面柱在刚架平面外的稳定计算，应按下列公式计算：

$$\frac{N_0}{\varphi_y A_{e0}} + \frac{\beta_t M_1}{\varphi_{by} W_{e1}} \leqslant f \tag{3-24}$$

对一段弯矩为零的区段，

$$\beta_t = 1 - N/N'_{EX0} + 0.75 \,(N/N'_{EX0})^2 \tag{3-25}$$

对两端弯曲应力基本相等的区段

$$\beta_t = 1.0 \tag{3-26}$$

式中　N_0——小头的轴向压力设计值；

　　　M_1——大头的弯矩设计值；

　　　β_t——等效弯矩系数；

　　　φ_y——轴心受压构件弯矩作用在平面外的稳定系数，以小头为准，计算长度取侧向支承点的距离。若各段线刚度差别较大，确定计算长度时可考虑各段间的相互约束；

　　　φ_{by}——均匀弯曲楔形受弯构件的整体稳定系数，双轴对称的工字形截面杆件按下式计算：

$$\varphi_{by} = \frac{4\,320}{\lambda_{y0}^2} \cdot \frac{A_0 h_0}{W_{\chi0}} \sqrt{\left(\frac{\mu_s}{\mu_w}\right)^4 + \left(\frac{\lambda_{y0} t_0}{4.4 h_0}\right)^2} \left(\frac{235}{f_y}\right) \tag{3-27}$$

$$\lambda_{y0} = \mu_s l / i_{y0} \tag{3-28}$$

$$\mu_s = 1 + 0.023\gamma \sqrt{l h_0 / A_f} \tag{3-29}$$

$$\mu_w = 1 + 0.003\,85\gamma \sqrt{l / i_{y0}} \tag{3-30}$$

式中　$A_0, h_0, W_{\chi0}, t_0$——分别为构件小头的截面面积、截面高度、截面模量、受压翼缘厚度；

　　　A_f——受压翼缘的截面面积；

　　　i_{y0}——受压翼缘与受压区腹板 1/3 高度组成的截面绕 y 轴的回转半径；

　　　l——楔形构件计算区段的平面外计算长度，取支撑点间的距离。

　　变截面柱平面外稳定的式(3-24)与规范中压弯构件在平面外的稳定计算公式之不同在于按规范以有效截面特性为准，不过对弯矩项增加了等效弯矩系数 β_t；轴力和弯矩结合了楔形柱的受力特点为不同截面取值。当两翼缘截面不相等时，应参照现行《钢结构设计规范》的相关内容，在式(3-27)中加上截面不对称影响系数 η_b 项。当算得的 φ_{by} 值大于 0.6 时，应按现行国家规范的规定查出相应的 φ'_b 代替 φ_{by} 值。

　　需要注意的是当变截面柱下端铰接时，应验算柱段的受剪承载力。当不满足承载力要求时，应对该处腹板进行加强。

3.3.3.6　变截面柱在刚架平面内的计算长度

　　截面高度呈线形变化的柱，在刚架平面内的计算长度应取为 $h_0 = \mu_\gamma h$，式中 h 为柱的几何高度，μ_γ 为计算长度系数。μ_γ 可由下列三种方法之一确定，第 1 种方法适合于手算，主要用于柱脚铰接的刚架；第 2 种方法普遍适用于各种情况并且适合上机计算；第 3 种方法则要求有二阶分析的计算程序。

1. 查表法

（1）柱脚铰接单跨刚架楔形柱的 μ_y 可由表 3-1 查得。

表 3-1 　　　　　　　　柱脚铰接楔形柱的计算长度系数 μ_y

K_2/K_1		0.1	0.2	0.3	0.5	0.75	1.0	2.0	≥10.0
$\dfrac{I_{c0}}{I_{c1}}$	0.01	0.428	0.368	0.349	0.331	0.320	0.318	0.315	0.310
	0.02	0.600	0.502	0.470	0.440	0.428	0.420	0.411	0.404
	0.03	0.729	0.599	0.558	0.520	0.501	0.492	0.483	0.473
	0.05	0.931	0.756	0.694	0.644	0.618	0.606	0.589	0.580
	0.07	1.075	0.873	0.801	0.742	0.711	0.697	0.672	0.650
	0.10	1.252	1.027	0.935	0.857	0.817	0.801	0.790	0.739
	0.15	1.518	1.235	1.109	1.021	0.965	0.938	0.895	0.872
	0.20	1.745	1.395	1.254	1.140	1.080	1.045	1.000	0.969

柱的线刚度 K_1 和梁的线刚度 K_2 分别按下列公式计算：

$$K_1 = I_{c1}/h \tag{3-31}$$

$$K_2 = I_{b0}/(2\Psi s) \tag{3-32}$$

表中和式中，I_{c0}，I_{c1}——分别为柱小头和大头的截面惯性矩；

　　　　　　I_{b0}——梁最小截面的惯性矩；

　　　　　　s——半跨斜梁长度；

　　　　　　Ψ——斜梁换算长度系数，由《规程》附录 D 图 D.0.2(a)—(e)的曲线查得。为方便使用，曲线图见本书附录 C。当梁为等截面时，$\Psi=1$。

（2）多跨刚架的中间柱为摇摆柱时，边柱的计算长度应取为

$$h_0 = \eta \mu_r h \tag{3-33}$$

$$\eta = \sqrt{1 + \frac{\sum (P_{1i}/h_{1i})}{\sum (P_{fi}/h_{fi})}} \tag{3-34}$$

式中　μ_r——计算长度系数，由表 3-1 查得，但式（3-32）中的 s 取与边柱相连的一跨横梁的坡面长度 l_b，如图 3-9 所示；

　　　　η——放大系数；

　　　　P_{1i}——摇摆柱承受的荷载；

　　　　P_{fi}——边柱承受的荷载；

　　　　h_{1i}——摇摆柱高度；

　　　　h_{fi}——刚架边柱高度。

引进放大系数的原因是：当框架趋于侧移或有初始侧倾时，不仅框架柱上的荷载 P_{1i} 对框架起倾覆作用，摇摆柱上的荷载 P_{fi} 也同样起倾覆作用。这就是说，图 3-9 框架边柱除承受自身荷载的不稳定效应外，还要加上中间摇摆柱荷载效应。因此需要根据比值 $\dfrac{\sum (P_{1i}/h_{1i})}{\sum (P_{fi}/h_{fi})}$ 对边柱计算长度做出调整。

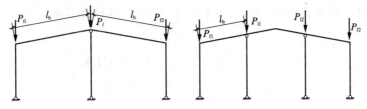

图 3-9 计算边柱时的斜梁长度

摇摆柱的计算长度系数取 1.0。

对于屋面坡度大于 1:5 的情况,在确定刚架柱的计算长度时应考虑横梁轴向力对柱刚度的不利影响。此时应按刚架的整体弹性稳定分析通过电算来确定变截面刚架柱的计算长度。

2. 一阶分析法

当刚架利用一阶分析计算程序得出柱顶水平荷载作用下的侧移刚度 $K = H/u$ 时,柱计算长度系数可由下列公式计算:

(1) 对单跨对称刚架(图 3-10(a))

当柱脚铰接时
$$\mu_\gamma = 4.14\sqrt{EI_{c0}/Kh^3} \tag{3-35a}$$

当柱脚刚接时
$$\mu_\gamma = 5.85\sqrt{EI_{c0}/Kh^3} \tag{3-35b}$$

式中,h 为柱的高度。

式(3-35a)和式(3-35b)也可用于如图 3-9 所示屋面坡度不大于 1:5 的、有摇摆柱的多跨对称刚架的边柱,但算得的系数 μ_γ 还应乘以放大系数:$\eta' = \sqrt{1 + \dfrac{\sum (P_{1i}/h_{1i})}{1.2\sum (P_{fi}/h_{fi})}}$。摇摆柱的计算长度系数仍取 1.0。

(2) 对中间柱为非摇摆柱的多跨刚架(图 3-10(b)),可按下列公式计算

当柱脚铰接时
$$\mu_r = 0.85\sqrt{\frac{1.2}{K}\frac{P'_{E0i}}{P_i}\sum \frac{P_i}{h_i}} \tag{3-36a}$$

当柱脚刚接时
$$\mu_r = 1.20\sqrt{\frac{1.2}{K}\frac{P'_{E0i}}{P_i}\sum \frac{P_i}{h_i}} \tag{3-36b}$$

$$P'_{E0i} = \frac{\pi^2 EI_{0i}}{h_i^2} \tag{3-37}$$

式中 h_i,P_i,P'_{E0i}——分别为第 i 根柱的高度、竖向荷载和以小头为准的参数。

式(3-36)也可用于单跨非对称刚架。

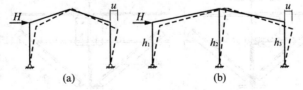

图 3-10 一阶分析时的柱顶位移

3. 二阶分析法

当采用计入竖向荷载-侧移效应(即 $P-u$ 效应)的二阶分析程序计算内力时,如果是等截

面柱,取 $\mu=1$,即计算长度等于几何长度。对于楔形柱,其计算长度系数 μ_r 可由下列公式计算:

$$\mu_r=1-0.375\gamma+0.08\gamma^2(1-0.0775\gamma) \tag{3-38}$$

$$\gamma=\frac{d_1}{d_0}-1 \tag{3-39}$$

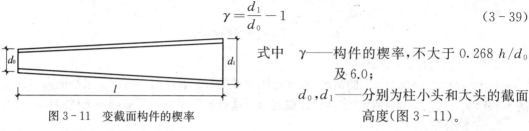

图 3-11 变截面构件的楔率

式中 γ ——构件的楔率,不大于 $0.268\,h/d_0$ 及 6.0;

d_0,d_1 ——分别为柱小头和大头的截面高度(图 3-11)。

3.3.3.7 斜梁和隔撑的设计

1. 斜梁的设计

实腹式刚架斜梁在平面内可按压弯构件计算强度,在平面外应按压弯构件计算稳定。

实腹式刚架斜梁的出平面外计算长度,取侧向支承点的间距。当斜梁两翼缘侧向支承点间的距离不等时,应取最大受压翼缘侧向支承点间的距离。斜梁不需要计算整体稳定性的侧向支承点间最大长度,可取斜梁下翼缘宽度的 $16\sqrt{235/f_y}$ 倍。

当斜梁上翼缘承受集中荷载处不设横向加劲肋时,除应按《钢结构设计规范》规定验算腹板上边缘正应力、剪应力和局部压应力共同作用时的折算应力外,尚应满足下列公式的要求:

$$F\leqslant 15\alpha_m t_w^2 f\sqrt{\frac{t_f}{t_w}\cdot\frac{235}{f_y}} \tag{3-40}$$

$$\alpha_m=1.5-M/(W_e f) \tag{3-41}$$

式中 F ——上翼缘所受的集中荷载;

t_f,t_w ——分别为斜梁翼缘和腹板的厚度;

α_m ——弯曲压应力影响系数,$\alpha_m\leqslant 1.0$,在斜梁负弯矩区取零;

M ——集中荷载作用处的弯矩;

W_e ——有效截面最大受压纤维的截面模量。

2. 隔撑设计

当实腹式刚架斜梁的下翼缘受压时,必须在受压翼缘两侧布置隔撑(山墙处刚架仅布置在一侧)作为斜梁的侧向支承,隔撑的另一端连接在檩条上,如图 3-12 所示。

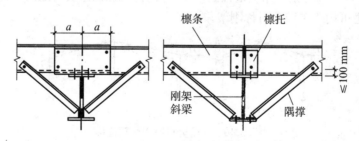

图 3-12 隔撑的连接

隔撑应根据《钢结构设计规范》的规定按轴心受压构件来设计。轴向压力按下式计算:

$$N = \frac{Af}{60\cos\theta}\sqrt{\frac{f_y}{235}} \qquad (3-42)$$

式中　A——实腹斜梁被支撑翼缘的截面面积；

　　　　f——实腹斜梁钢材的强度设计值；

　　　　f_y——实腹斜梁钢材的屈服强度；

　　　　θ——隔撑与檩条轴线的夹角。

当隔撑成对布置时，每根隔撑的计算轴压力可取式(3-42)计算值的一半。

需要注意的是，单面连接的单角钢压杆在计算其稳定性时，不用换算长细比，而是对 f 值乘以相应的折减系数。

3.3.4　刚架的刚度计算

计算钢结构变形时，可不考虑螺栓孔引起的截面削弱。

《规程》规定单层门式刚架柱顶的位移设计值，不应大于表 3-2 规定的限值。受弯构件的挠度与其跨度的比值，不应大于表 3-3 规定的限值。

由于柱顶位移和构件挠度产生屋面坡度改变值，不应大于坡度设计值的 1/3。

表 3-2　　　　　　　　　　　　**刚架柱顶位移设计值的限值**

吊车情况	其他情况	柱顶位移限值
不设吊车	当采用轻型钢墙板时 当采用砌体墙时	$h/60$ $h/100$
设有桥式吊车	当吊车有驾驶室时 当吊车由地面操作时	$h/400$ $h/180$

注：h 表示刚架柱高度。

表 3-3　　　　　　　　　　　　**受弯构件的挠度与跨度比限值**

	构件类别	构件挠度限值
竖向挠度	门式刚架斜梁 　仅支承压型钢板屋面和冷弯型钢檩条 　有吊顶 　有悬挂起重机	$L/180$ $L/240$ $L/400$
	檩条 　仅支承压型钢板屋面 　有吊顶	$L/150$ $L/240$
	压型钢板屋面板	$L/150$
水平挠度和位移	墙板	$L/100$
	墙梁 　仅支承压型钢板墙 　支承砌体墙	$L/100$ $L/180$ 且 <50 mm

注：1. 表中 L 为构件跨度；

　　2. 对悬臂梁，按悬臂长度的 2 倍计算受弯构件的跨度。

《规程》中对构件长细比作了如下规定：

受压构件的长细比，不宜大于表 3-4 规定的限值。受拉构件的长细比，不宜大于表 3-5 规定的限值。

表 3 - 4	受压构件的容许长细比限值
构件类型	长细比限值
主要构件	180
其他构件,支撑及隔撑	220

表 3 - 5	受拉构件的容许长细比限值	
构件类型	承受静态荷载或间接承受动态荷载的结构	直接承受动态荷载的结构
桁架构件	350	250
吊车梁或吊车桁架以下的柱间支撑	300	—
其他支撑(张紧的圆钢或钢绞线支撑除外)	400	—

注：1. 对承受静态荷载的结构,可仅计算受拉构件在竖向平面内的长细比;
　　2. 对直接或间接承受动荷载的结构,计算单角钢受拉构件的长细比时,应采用角钢的最小回转半径;在计算单角钢交叉受拉杆件平面外长细比时,应采用与角钢肢边平行轴的回转半径;
　　3. 在永久荷载与风荷载组合作用下受压的构件,其长细比不宜大于 250。

3.4 节点设计

轻型门式刚架结构节点设计主要有：梁与柱连接节点、梁与梁拼接节点、柱脚节点以及柱上牛腿节点。

3.4.1 梁柱拼接节点设计

刚架的主要构件运输到现场后通过高强度螺栓节点相连。门式刚架斜梁与柱的连接,可采用端板竖放、端板横放和端板斜放形式三种形式。斜梁拼接时宜使端板与构件外边缘垂直。

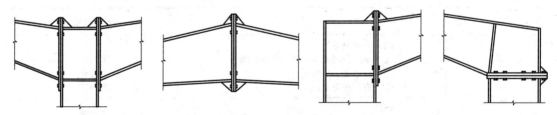

图 3 - 13　刚架斜梁与柱的连接及斜梁间拼接

端板连接应按所受最大内力设计。当内力较小时,端板连接应按能够承受不小于较小被连接截面承载力的一半设计。主刚架构件的连接应采用高强度螺栓,可采用承压型或摩擦型连接。当为端板连接且只受轴向力和弯矩,或剪力于其抗滑移承载力(按抗滑移系数为 0.3 计算)时,端板表面可不作专门处理。吊车梁与制动梁的连接可采用高强度摩擦型螺栓连接或焊接。吊车梁与刚架的连接处宜设长圆孔。高强度螺栓直径可根据需要选用,通常采用 M16~M24 螺栓。檩条和墙梁与刚架斜梁和柱的连接通常采用 M12 普通螺栓。

端板连接的螺栓应成对且对称布置。在斜梁的拼接处,应采用将端板两端伸出截面高度范围以外的外伸式连接。在斜梁与刚架柱连接处的受拉区,宜采用端板外伸式连接。当采用端板外伸式连接时,宜使翼缘内外的螺栓群中心与翼缘的中心重合或接近。

螺栓中心至翼缘板表面的距离,应满足拧紧螺栓时的施工要求,不宜小于 35 mm。螺栓端距不应小于 2 倍螺栓孔径。在门式刚架中,受压翼缘的螺栓不宜少于两排。当受拉翼缘两侧各设一排螺栓尚不能满足承载力要求时,可在翼缘内侧增设螺栓,其间距可取 75 mm,且不小于 3 倍螺栓孔径。

与斜梁端板连接的柱翼缘部分应与端板等厚度。当端板上两对螺栓间的最大距离大于 400 mm 时,应在端板的中部增设一对螺栓。对同时受拉和受剪的螺栓,应验算螺栓在拉、剪共同作用下的强度。

3.4.1.1　螺栓群设计

螺栓群设计的内容包括抗弯设计和抗剪设计两部分。

抗弯设计中计算出螺栓群中最大受拉螺栓的拉力值,并使该值控制在该螺栓的抗拉承载力设计值内。螺栓承受的最大拉力值公式如下:

$$N_1 = \frac{My_1}{\sum y_i^2} \qquad N_1 \leqslant [N_t] \qquad\qquad (3-43)$$

式中　y_1——受拉螺栓距离中和轴的最远距离;

　　　y_i——每个螺栓距离中和轴的距离;

　　　M——作用在连接板处的弯矩值;

　　　$[N_t]$——螺栓的抗拉承载力,$[N_t]=0.8P$,P 表示高强螺栓预紧力。

抗剪设计中先计算出螺栓群的平均剪力值,并使该值控制在该螺栓的抗剪承载力设计值内。螺栓群承受的平均剪力值公式如下:

$$V_1 = \frac{V}{n} \qquad V_1 \leqslant [V] \qquad\qquad (3-44)$$

式中　n——螺栓总数;

　　　V——作用在连接板处的剪力值;

　　　$[V]$——螺栓的抗剪承载力。

　　　摩擦型高强螺栓的 $[V]=0.9\times\mu\times(P-1.25N_i^t)$,

　　　μ——摩擦面的抗滑移系数;

　　　P——高强螺栓预紧力;

　　　N_i^t——螺栓受的拉力。

　　　承压型高强螺栓的 $[V]=\min(Af_v^b,df_c^b\sum t)$,

　　　A——螺栓横断面净面积;

　　　f_v^b——螺栓抗剪强度;

　　　d——螺栓直径;

　　　$\sum t$——螺栓承压区厚度;

　　　f_c^b——螺栓承压强度。

3.4.1.2　连接端板厚度 t 的设计

端板的实际应力分布情况由高强螺栓位置和周边支承方式决定。螺栓位置可以根据螺栓设计结果得到,而支承方式由构件翼缘和腹板提供,必要时通过增加加劲板改进支承条件。

连接端板中按照支承情况可以分为伸臂端板区域、无加劲肋端板区域、两边支承端板区域、三边支承端板区域四大类,如图 3-14 所示,每种区域《规程》中列出了如下不同的板厚设计公式。在连接端板设计过程中,要求对每个区域都进行板厚设计,最后取最大的板厚作为最终结果。

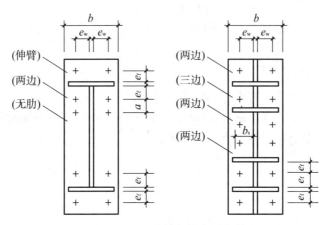

图 3-14　连接端板按支承条件

(1) 悬臂类端板区域

$$t \geqslant \sqrt{\frac{6e_f N_t}{bf}} \tag{3-45}$$

(2) 无加劲肋端板区域

$$t \geqslant \sqrt{\frac{3e_w N_t}{(0.5a + e_w)f}} \tag{3-46}$$

(3) 两边支承端板

当端板外伸时

$$t \geqslant \sqrt{\frac{6e_f e_w N_t}{[e_w b + 2e_f(e_w + e_f)]f}} \tag{3-47}$$

当端板平齐时

$$t \geqslant \sqrt{\frac{12e_f e_w N_t}{[e_w b + 4e_f(e_w + e_f)]f}} \tag{3-48}$$

(4) 三边支承类端板

$$t \geqslant \sqrt{\frac{6e_f e_w N_t}{[e_w(b + 2b_s) + 4e_f^2]f}} \tag{3-49}$$

式中　N_t——单个高强螺栓受拉承载力设计值;

e_w, e_f——分别为螺栓中心至腹板和翼缘板表面的距离;

b, b_s——分别为端板和加劲板的宽度;

　　a——螺栓的间距；

　　f——端板钢材的抗拉强度设计值。

3.4.1.3　节点域设计

　　节点域是指弯剪共同作用的应力情况比较复杂的节点区域。节点域板件的过度变形会影响节点刚度，从而降低计算模型的准确性，对构件强度和结构变形造成不利影响；未经加强的节点域板件在复杂应力下甚至会发生破坏。一般通过增加节点域加劲板或额外增加该区域板件厚度来加强节点域承载能力，《规程》推荐下列公式对节点域进行验算：

$$\tau \leqslant f_{\mathrm{v}} \tag{3-50}$$

$$\tau = \frac{M}{d_{\mathrm{b}} d_{\mathrm{c}} t_{\mathrm{c}}} \tag{3-51}$$

式中　$d_{\mathrm{c}}, t_{\mathrm{c}}$——分别为节点域的宽度和厚度；

　　　　d_{b}——斜梁端部高度或节点域高度；

　　　　M——节点承受的弯矩，对多跨刚架中间柱处，应取两侧斜梁端弯矩的代数和或柱端弯矩；

　　　　f_{v}——节点域钢材的抗剪强度设计值。

　　当不满足公式(3-50)的要求时，应加厚腹板或设置斜加劲肋。斜加劲肋可采用如图 3-15 所示的形式或其他合理形式。

　　刚架构件的翼缘与端板的连接应采用全熔透对接焊缝，腹板与端板的连接应采用角对接组合焊缝或与腹板等强的角焊缝。在端板设置螺栓处，应按下列公式验算构件腹板的强度：

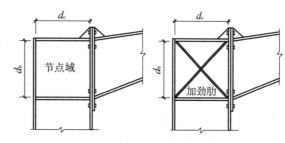

图 3-15　节点域

　　当 $N_{t2} \leqslant 0.4P$ 时，　　　　$\dfrac{0.4P}{e_{\mathrm{w}} t_{\mathrm{w}}} \leqslant f$ 　　　　　(3-52a)

　　当 $N_{t2} > 0.4P$ 时，　　　　$\dfrac{N_{t2}}{e_{\mathrm{w}} t_{\mathrm{w}}} \leqslant f$ 　　　　　(3-52b)

式中　N_{t2}——翼缘内第二排一个螺栓的轴向拉力设计值；

　　　　P——高强度螺栓的预拉力；

　　　　e_{w}——螺栓中心至腹板表面的距离；

　　　　t_{w}——腹板厚度；

　　　　f——腹板钢材的抗拉强度设计值。

　　当不满足公式(3-52a)和公式(3-52b)的要求时，可设置腹板加劲肋或局部加厚腹板。

3.4.2　柱脚设计

　　门式刚架轻型房屋钢结构的柱脚，宜采用平板式铰接柱脚(图 3-16(a)，(b))。当有必要时，也可采用刚接柱脚(图 3-16(c)，(d))。

　　变截面柱下端的宽度应视具体情况确定，但不宜小于 200 mm。

　　柱脚的计算步骤如下：

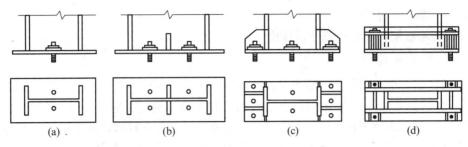

图 3-16　门式刚架柱脚形式

首先进行底板的计算,底板的计算包括底板平面尺寸的确定和底板的厚度计算。

1. 底板的平面尺寸

底板面积:

$$A = \frac{N}{f_{cc}} + A_0 \tag{3-53}$$

式中　N——柱轴心压力设计值;

　　　f_{cc}——基础混凝土轴心抗压强度设计值;

　　　A_0——锚栓孔面积。

按构造要求确定底板宽度:

$$B = b_0 + 2t_b + 2c \tag{3-54}$$

式中　b_0——柱截面宽度或高度;

　　　t_b——靴梁厚度;

　　　c——底板悬臂长度。

再根据底板面积确定底板长度。

2. 底板的厚度

底板的厚度取决于板的抗弯强度:

$$t = \sqrt{\frac{6M_{max}}{f}} \tag{3-55}$$

式中,M_{max} 为底板承受的最大弯矩值。

柱脚锚栓应采用 Q235 或 Q345 钢材制作。锚栓的锚固长度应符合现行国家标准《建筑地基基础设计规范》(GB 50007—2011)的规定,锚栓端部按规定设置弯钩或锚板。锚栓的直径不宜小于 24 mm,且应采用双螺帽。计算风荷载作用下柱脚锚栓的上拔力时,应计入柱间支撑的最大竖向分力,且不考虑活荷载(或雪荷载)、积灰荷载和附加荷载的影响,永久荷载的分项系数为 1.0。

柱脚锚栓不宜用于承受柱脚底部的水平剪力。此水平剪力可由底板与混凝土基础间的摩擦力(摩擦系数可取 0.4)或设置抗剪键承受。计算柱脚锚栓的受拉承载力时,应采用螺纹处的有效截面面积。

3.4.3　牛腿设计

当有桥式吊车时,需在刚架柱上设置牛腿,牛腿与柱焊接连接,其构造见图 3-17。

牛腿根部所受剪力 V、弯矩 M 根据下式确定:

$$V = 1.2P_{\text{D}} + 1.4D_{\text{max}} \qquad (3-56)$$

$$M = V_e \qquad (3-57)$$

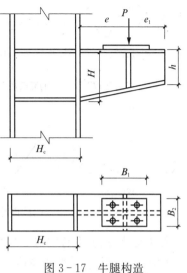

式中　P_{D}——吊车梁及轨道在牛腿上产生的反力；

　　　D_{max}——吊车最大轮压在牛腿上产生的最大反力。

牛腿截面一般采用焊接工字形截面，根部截面尺寸根据 V 和 M 确定，做成变截面牛腿时，端部截面高度 h 不宜小于 $H/2$。应在吊车梁下对应位置设置支承加劲肋。吊车梁与牛腿的连接宜设置长圆孔。高强度螺栓的直径可根据需要选用，通常采用 M16～M24 螺栓。牛腿上翼缘及下翼缘与柱的连接焊缝均采用焊透的对接焊缝。牛腿腹板与柱的连接采用角焊缝，焊脚尺寸由剪力 V 确定。

图 3 - 17　牛腿构造

3.4.4　摇摆柱与斜梁的连接构造

摇摆柱与斜梁的连接比较简单，构造图如图 3 - 18 所示：

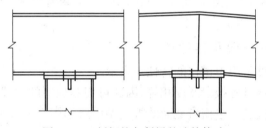

图 3 - 18　摇摆柱与斜梁的连接构造

3.5　其他构件设计

3.5.1　压型钢板设计

3.5.1.1　压型钢板的材料

压型钢板的原板按表面处理方法分为镀锌钢板、彩色镀锌钢板和彩色镀铝锌钢板。其中镀锌钢板仅适用于组合楼板，彩色镀锌钢板和彩色镀铝锌钢板则多用于屋面和墙面上。彩色镀锌钢板是目前工程实践中采用最多的一种原板。彩色镀铝锌钢板则是由澳大利亚、韩国等国的生产厂商新近推出的一种原板，它结合了锌的抗腐蚀性好和铝的延展性好的综合优点，抗锈蚀能力更强，但价格稍贵，目前在国内尚处于推广应用阶段。

压型钢板原板材料的选择可根据建筑功能、使用条件、使用年限和结构形式等因素考虑。原板的钢板基厚度通常为 0.4～1.6 mm，原板的长度不限，应优先选用卷板。原板宽度应符合压型钢板的展开宽度。

压型钢板基板的材料有 Q215 钢和 Q235 钢，工程中多用 Q235 - A 钢。

3.5.1.2　压型钢板的截面形式

压型钢板的截面形式（板型）较多，国内生产的轧机已能生产几十种板型，但真正在工程中

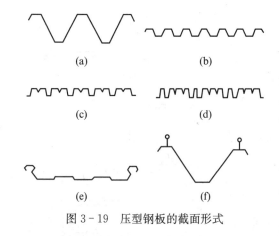

图 3-19 压型钢板的截面形式

应用较多的板型也就十几种。图 3-19 给出了几种压型钢板的截面形式。图 3-19(a)、(b) 是早期的压型钢板板型，截面形式较为简单，板和檩条、墙梁的固定采用钩头螺栓和自攻螺钉、拉铆钉。当作屋面板时，因板需开孔，所以防水问题难以解决，目前已不在屋面上采用。图 3-19(c)、(d) 是属于带加劲的板型，增加了压型钢板的截面刚度，用作墙板时加劲产生的竖向线条还可增加墙板的美感。图 3-19(e)、(f) 是近年来用在屋面上的板型，其特点是板和板、板与檩条的连接通过支架咬合在一起，板

上无需开孔，屋面上没有明钉。从而有效地解决了防水、渗漏问题。压型钢板板型的表示方法为 YX 波高-波距-有效覆盖宽度，如 YX35-125-750 即表示波高 35 mm，波距为 125 mm，板的有效覆盖宽度为 750 mm 的板型。压型钢板的厚度需另外注明。

压型钢板根据波高的不同，一般分为低波板(波高<30 mm)、中波板(波高为 30~70 mm) 和高波板(波高>70 mm)。波高越高，截面的抗弯刚度就越大，承受的荷载也就越大。屋面板一般选用中波板和高波板，中波板在实际采用的最多。墙板常采用低波板。因高波板、中波板的装饰效果较差，一般不在墙板中采用。

3.5.1.3 压型钢板的截面几何特性

压型钢板的截面特性可用单槽口的特性来表示。

压型钢板的厚度较薄且各板段厚度相等，因此可用其板厚的中线来计算截面特性。这种计算法称为"线性元件算法"。单槽口截面的折线型中线如图 3-20 所示，以此算得的截面特性 A 和 I 乘以板厚 t，便是单槽口截面的各特性值。

用 $\sum b$ 代表单槽口中线总长，则 $\sum b = b_1 + b_2 + 2b_3$，这样，形心轴 x 与受压翼缘 b_1 中线之间的距离是

$$c = \frac{h(b_2 + b_3)}{\sum b} \tag{3-58}$$

在图 3-20(b)中，板件 b_1 对 x 轴的惯性矩为 $b_1 c^2$，同理板件 b_2 对于 x 轴的惯性矩为 $b_2(h-c)^2$。腹板 b_3 是一个斜板段。对于和 x 轴平行的自身形心轴的惯性矩，根据力学原理不难得出惯性矩为 $b_3 h^2/12$。板件 b_3 对于 x 轴的惯性矩为 $b_3\left(a^2 + \dfrac{h^2}{12}\right)$。

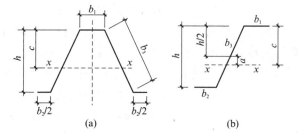

图 3-20 压型钢板的截面特性

以上都是线性值，尚未乘以板厚。注意到单槽口截面中共有两个腹板整理 b_3，得到单槽口对于形心轴(x 轴)的惯性矩。

$$I_x = \frac{th^2}{\sum b}\left(b_1 b_2 + \frac{2}{3} b_3 \sum b - b_3^2\right) \tag{3-59}$$

即单槽口对于上边(用 s 代表)及下边(用 x 代表)截面模量为

$$W_x^s = \frac{I_x}{c} = \frac{th\left(b_1 b_2 + \frac{2}{3}b_3 \sum b - b_3^2\right)}{b_2 + b_3} \tag{3-60}$$

$$W_x^x = \frac{I_x}{h-c} = \frac{th\left(b_1 b_2 + \frac{2}{3}b_3 \sum b - b_3^2\right)}{b_1 + b_3} \tag{3-61}$$

式中,t 为板厚。

以上计算是按折线截面原则进行的,略去转折处圆弧过渡的影响。精确计算表明,其影响在 $0.5\%\sim4.5\%$,可以略去不计。当板件的受压部分非全部有效时,应该用有效宽度代替它的实际宽度。

3.5.1.4　压型钢板的荷载和荷载组合

这里主要介绍压型钢板用作屋面板时的情况。压型钢板用作墙板时,主要承受水平风荷载作用,荷载和荷载组合都比较简单。

1. 压型钢板的荷载

(1) 永久荷载。当屋面板为单层压型钢板构造时。永久荷载仅为压型钢板的自重;当为双层板构造时(中间设置玻璃棉保温层),作用在底板(下层压型钢板)上的永久荷载除其自重外,还需考虑保温材料和龙骨的重量。

(2) 可变荷载。在计算屋面压型钢板的可变荷载时,除需与刚架荷载计算类似,要考虑屋面均布活荷载、雪荷载和积灰荷载外,还需考虑施工检修集中荷载,一般 1.0 kN,当施工检修集中荷载大于 1.0 kN 时,应按实际情况取用。按单槽口截面受弯构件设计屋面板时,需要按下列方法将作用在一个波距上的集中荷载折算成板宽方向上的线荷载(图 3-21)。

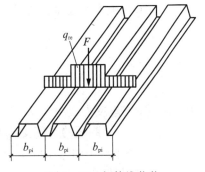

图 3-21　折算线荷载

$$q_{re} = \eta \frac{F}{b_{pi}} \tag{3-62}$$

式中　　b_{pi}——压型钢板的波距;

　　　　F——集中荷载;

　　　　q_{re}——折算线荷载;

　　　　η——折算系数,由实验确定。无实验依据时,可取 $\eta=0.5$。

进行上述换算,主要是相邻槽口的共同工作作用提高了板承受集中荷载的能力。折算系数取 0.5,则相当于在单槽口的连续梁上,作用了一个 $0.5F$ 的集中荷载。

屋面板和墙板的风荷载体型系数不同于刚架计算,应按《规程》附录表 A.0.2—3 取用。

2. 压型钢板的荷载组合

计算压型钢板的内力时,主要考虑两种荷载组合:

(1) $1.2\times$永久荷载$+1.4\times\max\{$屋面均布活荷载,雪荷载$\}$;

(2) $1.2\times$永久荷载$+1.4\times$施工检修集中荷载换算值。

当需考虑风吸力对屋面压型钢板的受力影响时,还应进行下式的荷载组合:

(3) $1.0 \times$ 永久荷载 $+1.4 \times$ 风吸力荷载。

计算屋面板紧固件时,风荷载体形系数对封闭建筑为:中间区 -1.3,边缘带 -1.7,角部 -2.9。

3. 压型钢板的强度和挠度计算

压型钢板的强度和挠度可取单槽口的有效截面,按受弯构件计算。内力分析时,把檩条视为压型钢板的支座,考虑不同荷载组合,按多跨连续梁进行。

(1) 压型钢板腹板的剪应力计算

当 $\dfrac{h}{t} < 100$ 时
$$\tau \leqslant \tau_{cr} = \frac{8\,550}{(h/t)} \tag{3-63a}$$

$$\tau \leqslant f_v \tag{3-63b}$$

当 $\dfrac{h}{t} \geqslant 100$ 时
$$\tau \leqslant \tau_{cr} = \frac{855\,000}{(h/t)^2} \tag{3-63c}$$

式中 τ——腹板的平均剪应力;

τ_{cr}——腹板剪切屈曲临界应力;

$\dfrac{h}{t}$——腹板的高厚比。

(2) 压型钢板支座处腹板的局部受压承载力计算
$$R \leqslant R_w \tag{3-64}$$

$$R_w = \alpha t^2 \sqrt{fE}\,(0.5 + \sqrt{0.02 l_c/t}\,)\left[2.4 + \left(\frac{\theta}{90}\right)^2\right] \tag{3-65}$$

式中 R——支座反力;

R_w——一块腹板的局部受压承载力设计值;

α——系数。中间支座取 $\alpha = 0.12$,端部支座取 $\alpha = 0.06$;

t——腹板厚度;

l_c——支座处的支承长度,$10\text{ mm} < l_c < 200\text{ mm}$,端部支座可取 $l_c = 10\text{ mm}$;

θ——腹板倾角。

(3) 压型钢板同时承受弯矩 M 和支座反力 R 的截面,应满足下列要求:
$$\frac{M}{M_u} \leqslant 1.0 \tag{3-66}$$

$$\frac{R}{R_w} \leqslant 1.0 \tag{3-67}$$

$$\frac{M}{M_u} + \frac{R}{R_w} \leqslant 1.0 \tag{3-68}$$

式中,M_u 为截面的抗弯承载力设计值,$M_u = W_e f_0$。

(4) 压型钢板同时承受弯矩和剪力的截面,应满足下列要求。
$$\left(\frac{M}{M_u}\right)^2 + \left(\frac{V}{V_u}\right)^2 \leqslant 1.0 \tag{3-69}$$

式中, V_u 为腹板的抗剪承载力设计值。

（5）压型钢板的挠度限值

压型钢板的挠度与跨度之比,按《冷弯薄壁型钢结构技术规范》不应超过下列限值:

① 屋面板

当屋面坡度 $<\dfrac{1}{20}$ 时 $\qquad\qquad\qquad\dfrac{1}{250}$

当屋面坡度 $>\dfrac{1}{20}$ 时 $\qquad\qquad\qquad\dfrac{1}{200}$

② 墙板 $\qquad\qquad\qquad\dfrac{1}{150}$

《门式刚架轻型房屋钢结构技术规程》则对屋面板和墙板分别规定为 1/150 和 1/100。

4. 压型钢板的构造规定

（1）压型钢板腹板与翼缘水平面之间的夹角不宜小于 45°。

（2）压型钢板宜采用长尺寸板材,以减少板长度方向的搭接。

（3）压型钢板长度方向的搭接端必须与支撑构件（如檩条、墙梁等）有可靠的连接,搭接部位应设置防水密封胶带,搭接长度不宜小于下列限值:

波高大于或等于 70 mm 的高波屋面压型钢板 $\qquad\qquad$ 350 mm

波高小于 70 mm 的高波屋面压型钢板

当屋面坡度 $<\dfrac{1}{10}$ 时 $\qquad\qquad\qquad$ 250 mm

当屋面坡度 $>\dfrac{1}{10}$ 时 $\qquad\qquad\qquad$ 200 mm

墙面压型钢板 $\qquad\qquad\qquad$ 120 mm

（4）屋面压型钢板侧向可采用搭接式、扣合式或咬合式等不同连接方式（图 3-22）,当侧向采用搭接式连接时,一般搭接一波,特殊要求时可搭接两波。搭接处用连接件紧固,连接件应设置在波峰上。对于高波压型钢板,连接件间距一般为 700～800 mm;对于低波压型钢板,连接件间距一般为 300～400 mm。当侧向采用扣合式或咬合式连接时,应在檩条上设置与压型钢板波形相配套的专用固定支座,两片压型钢板的侧边应确保扣合或咬合连接可靠。

（5）墙面压型钢板之间的侧向连接宜采用搭接连接,通常搭接一个波峰,板和板的连接可设在波峰,亦可设在波谷。

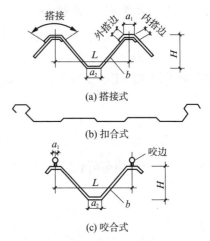

图 3-22 压型钢板的侧向连接方式

3.5.2 檩条设计

3.5.2.1 檩条的截面形式

檩条的截面形式可分为实腹式和格构式两种。当檩条跨度（柱距）不超过 9 m 时,应优先选择实腹式檩条。实腹式檩条的截面形式如图 3-23 所示,前两种檩条适用于荷载较大的屋面,后三种为冷弯薄壁型钢适用于压型钢板的轻型屋面。

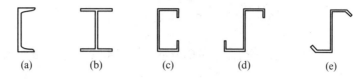

图 3-23　实腹式檩条的截面形式

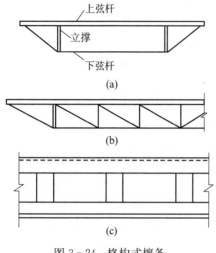

图 3-24　格构式檩条

实腹式冷弯薄壁型钢截面在工程中的应用很普遍。其中,卷边槽钢(亦称 C 形型钢)檩条适用于屋面坡度 $i \leqslant 1/3$ 的情况。

直边和斜卷边 Z 形檩条适用于屋面坡度 $i > 1/3$ 的情况。斜卷边 Z 形型钢存放时可叠层堆放,占地少。当做成连续梁檩条时,构造上也很简单。

格构式檩条的截面形式有下撑式(图 3-24(a))平面桁架式(图 3-24(b))和空腹式(图 3-24(c))等。

当屋面荷载较大或檩条跨度大于 9 m 时,宜选用格构式檩条。格构式檩条的构造和支座相对复杂,侧向刚度较低,但用钢量较少。

3.5.2.2　檩条的荷载和荷载组合

(1) 1.2×永久荷载＋1.4×max{屋面均布活荷载,雪荷载};

(2) 1.2×永久荷载＋1.4×施工检修集中荷载换算值。

当需考虑风吸力对屋面压型钢板的受力影响时,还应进行下式的荷载组合。

(3) 1.0×永久荷载＋1.4×风吸力荷载。

3.5.2.3　檩条的内力组合

设置在刚架斜梁上的檩条在垂直于地面的均布荷载作用下,沿截面两个形心主轴方向都有弯矩作用,属于双向受弯构件(与一般受弯构件不同)。在进行内力分析时,首先要把均布荷载分解为沿截面形心主轴方向的荷载分量 q_x, q_y,如图 3-25 所示:

$$q_x = q \sin \alpha_0 \qquad (3-70)$$

$$q_y = q \cos \alpha_0 \qquad (3-71)$$

式中,α_0 为竖向均布荷载设计值 q 和形心主轴 y 轴的夹角。

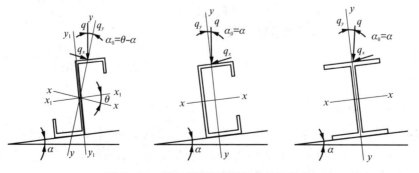

图 3-25　实腹式檩条截面的主轴和荷载

由图可见,在屋面坡度不大的情况下,卷边 Z 形型钢的 q_x 指向上方(屋脊),而卷边槽钢和 H 型钢的 q_x 总是指向下方(屋檐)。对设有拉条的简支檩条(和墙梁),由 q_y、q_x 分别引起的 M_x 和 M_y 按表 3-6 计算。

表 3-6 檩条(墙梁)的内力计算(简支梁)

拉条设置情况	由 q_x 产生的内力		由 q_y 产生的内力	
	$M_{y\max}$	$V_{x\max}$	$M_{x\max}$	$V_{y\max}$
无拉条	$\dfrac{1}{8}q_x l^2$	$0.5q_x l$	$\dfrac{1}{8}q_y l^2$	$0.5q_y l$
跨中有一道拉条	拉条处负弯矩 $\dfrac{1}{32}q_x l^2$ 拉条与支座间正弯矩 $\dfrac{1}{64}q_x l^2$	$0.625q_x l$	$\dfrac{1}{8}q_y l^2$	$0.5q_y l$
三分点处各有一道拉条	拉条处负弯矩 $\dfrac{1}{90}q_x l^2$ 跨中正弯矩 $\dfrac{1}{360}q_x l^2$	$0.367q_x l$	$\dfrac{1}{8}q_y l^2$	$0.5q_y l$

注:在计算 M_y 时,将拉条作为侧向支承点,按双跨或三跨连续梁计算。

对于多跨连续梁,在计算 M_y 时,不考虑活荷载的不利组合,跨中和支座弯矩都近似取 $\dfrac{1}{10}q_y l^2$。

3.5.2.4 檩条的截面选择

1. 强度计算

当屋面能阻止檩条的失稳和扭转时,可按下列强度公式验算截面:

$$\frac{M_x}{W_{\mathrm{en}x}} + \frac{M_y}{W_{\mathrm{en}y}} \leqslant f \tag{3-72}$$

式中 M_x,M_y——对截面 x 轴和 y 轴的弯矩;

$W_{\mathrm{en}x}$,$W_{\mathrm{en}y}$——对两个形心主轴的有效净截面模量。

2. 整体稳定计算

当屋面不能阻止檩条的侧向失稳和扭转时(如采用扣合式屋面板时),应按稳定公式验算截面:

$$\frac{M_x}{\varphi_{\mathrm{b}x} W_{\mathrm{e}x}} + \frac{M_y}{W_{\mathrm{e}y}} \leqslant f \tag{3-73}$$

式中 $W_{\mathrm{e}x}$,$W_{\mathrm{e}y}$——对两个形心主轴的有效截面模量;

$\varphi_{\mathrm{b}x}$——梁的整体稳定系数,按 GB 50018 的规定由下式计算:

$$\varphi_{\mathrm{b}x} = \frac{4\,320Ah}{\lambda_y^2 W_x} \varepsilon_1 \left(\sqrt{\eta^2 + \xi} + \eta \right) \left(\frac{235}{f_y} \right) \tag{3-74}$$

$$\eta = 2\varepsilon_2 e_{\mathrm{a}}/h \tag{3-75}$$

$$\xi = \frac{4I_w}{h^2 I_y} + \frac{0.156I_{\mathrm{t}}}{I_y} \left(\frac{l_0}{h} \right)^2 \tag{3-76}$$

式中　λ_y——梁在弯矩作用平面外的长细比；

　　　　A——毛截面面积；

　　　　h——截面高度；

　　　　l_0——梁的侧向计算长度，$l_0 = \mu_b l$；

　　　　μ_b——梁的侧向计算长度系数，按表 3-7 采用；

　　　　l——梁的跨度；

　　　　$\varepsilon_1,\varepsilon_2$——系数，按表 3-7 采用；

　　　　e_a——横向荷载作用点到弯心的垂直距离：对于偏心压杆或当横向荷载作用在弯心时 $e_a =$ 0；当荷载不作用在弯心且荷载方向指向弯心时 e_a 为负，面离开弯心时 e_a 为正；

　　　　W_x——对 x 轴的受压边缘毛截面截面模量；

　　　　I_w——毛截面扇形惯性矩；

　　　　I_y——对 y 轴的毛截面惯性矩；

　　　　I_t——扭转惯性矩。

如按上列公式算得 φ_{bx} 值大于 0.7，则应以 φ'_{bx} 值代替 φ_{bx}，φ'_{bx} 值应按下式计算：

$$\varphi'_{bx} = 1.091 - \frac{0.274}{\varphi_{bx}} \tag{3-77}$$

表 3-7　　　　　　　　　　简支檩条的系数

系数	跨间屋无拉条	跨中一道拉条	三分点两道拉条
μ_b	1.0	0.5	0.33
ε_1	1.13	1.35	1.37
ε_2	0.46	0.14	0.06

在风吸力作用下，当屋面能阻止上翼缘侧移和扭转时，受压下翼缘的稳定性应按《规程》附录 E 的规定计算。该方法考虑屋面板对檩条整体失稳的约束作用，能较好反映檩条的实际性能，但计算比较复杂。当屋面不能阻止上翼缘侧移和扭转时，受压下翼缘的稳定性应按公式(3-73)计算；采取可靠措施能阻止檩条截面扭转时，可仅计算其强度。在式(3-72)和式(3-73)中截面模量都用有效截面，其值应按《冷弯薄壁型钢结构技术规范》的规定计算。但是檩条是双向受弯构件，翼缘的正应力非均匀分布，确定其有效宽度的计算比较复杂。对于和屋面板牢固连接并承受重力荷载的卷边槽钢、Z 形型钢檩条，经过分析得出翼缘全部有效的范围如下，可供设计参考。

当 $h/b \leqslant 3.0$ 时　　　　　　　$\dfrac{b}{t} \leqslant 31\sqrt{205/f}$ 　　　　　(3-78a)

当 $3.0 < h/b \leqslant 3.3$ 时　　　　$\dfrac{b}{t} \leqslant 28.5\sqrt{205/f}$ 　　　　(3-78b)

式中，h，b，t 分别为截面高度、翼缘宽度和板件厚度。

规范所附卷边槽钢和卷边 Z 型钢规格，多数都在上述范围之内。需要提出注意的是这两种截面卷边宽度应符合 GB 50018 规范的规定，如表 3-8 所示。

如选用公式(3-78)范围外的截面，应按有效截面进行验算。

表 3 - 8				卷边的最小高厚比						
$\dfrac{b}{t}$	15	20	25	30	35	40	45	50	55	60
$\dfrac{a}{t}$	5.4	6.3	7.2	8.0	8.5	9.0	9.5	10.0	10.5	11.0

注：a 为卷边的高度；b 为带卷边板件的宽度；t 为板厚。

3. 变形计算

实腹式檩条应验算垂直于屋面方向的挠度。

对卷边槽形截面的两端简支檩条，应按公式（3-79）进行验算。

$$\frac{5}{384}\frac{q_{ky}l^4}{EI_x} \leqslant [v] \tag{3-79}$$

式中　q_{ky}——沿 y 轴作用的分荷载标准值；

　　　　I_x——对 x 轴的毛截面惯性矩。

对 Z 形截面的两端简支檩条，应按公式（3-80）进行验算。

$$\frac{5}{384}\frac{q_k\cos\alpha l^4}{EI_{x1}} \leqslant [v] \tag{3-80}$$

式中　α——屋面坡度；

　　　　I_{x1}——Z 形截面对平行于屋面的形心轴的毛截面惯性矩。

容许挠度 $[v]$ 按表 3-3 相应檩条项取值。

4. 构造要求

（1）当檩条跨度大于 4 m 时，应在檩条间跨中位置设置拉条。当檩条跨度大于 6 m 时，应在檩条跨度三分点处各设置一道拉条。拉条的作用是防止檩条侧向变形和扭转，并且提供 x 轴方向的中间支点。此中间支点的力需要传到刚度较大的构件。为此，需要在屋脊或檐口处设置斜拉条和刚性撑杆。当檩条用卷边槽钢时，横向力指向下方，斜拉条应如图 3-26（a）、（b）所示布置。当檩条为 Z 形型钢而横向荷载向上时，斜拉条应布置于屋檐处（图 3-26（c））。屋面有天窗时，应在天窗两侧檩条间布置斜拉条和直撑杆（图 3-26（d））以上论述适用于没有风荷载和屋面风吸力小于重力荷载的情况。

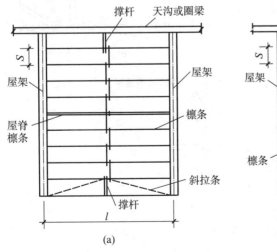

(a)

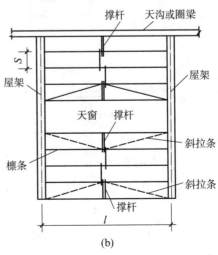

(b)

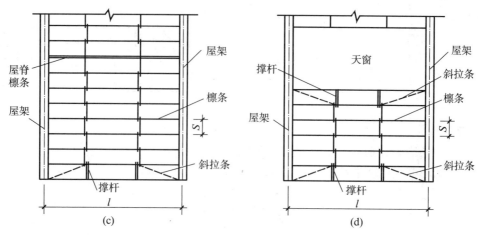

图 3-26　拉条和撑杆的布置

当风吸力超过屋面永久荷载时,横向力的指向和图 3-26 相反。此时 Z 型钢檩条的斜拉条需要设置在屋脊处,而卷边槽钢檩条则需设在屋檐处。因此,为了兼顾两种情况,在风荷载大的地区或在屋檐和屋脊处都设置了斜拉条,或是把横拉条和斜拉条都做成可以既承拉力又承压力的刚性杆。

拉条通常用圆钢做成。圆钢直径不宜小于 10 mm 圆钢拉条可设在距檩条上翼缘 1/3 腹板高度范围内。当在风吸力作用下檩条下翼缘受压时,屋面宜用自攻螺钉直接与檩条连接,拉条宜设在下翼缘附近、为了兼顾无风和有风两种情况,可在上、下翼缘附近交替布置。当采用扣合式屋面板时,拉条的设置根据檩条的稳定计算确定。刚性撑杆可采用钢管、方钢或角钢做成,通常按压杆的刚度要求 $[\lambda] \leqslant 200$ 来选择截面。

拉条、撑杆与檩条的连接如图 3-27 所示,斜拉条可弯折;前一种方法要求弯折的直线长度不超过 15 mm。后一种方法则需要通过斜垫板或角钢与檩条连接。

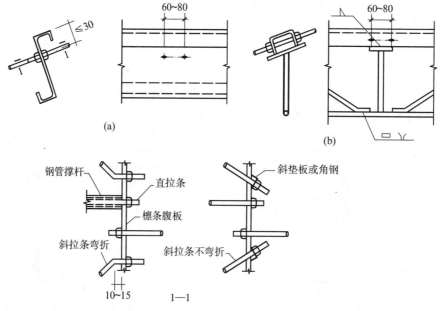

图 3-27　拉条和檩条的连接

（2）实腹式檩条可通过檩托与刚架斜梁连接，檩托可用角钢和钢板做成，檩条与檩托的连接螺栓不应少于 2 个，并沿檩条高度方向布置，见图 3 - 28，设置檩托的目的是为了阻止檩条端部截面的扭转，以增强其整体稳定性。

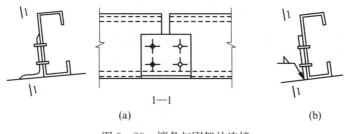

图 3 - 28　檩条与刚架的连接

（3）槽型钢和 Z 型钢檩条上翼缘的肢尖（或卷边）应朝向屋脊方向，以减少荷载偏心引起的扭矩。

（4）计算檩条时，不能把隅撑作为檩条的支承点。

3.5.3　墙梁设计

3.5.3.1　墙梁的截面形式

墙梁一般采用冷弯卷边槽钢，有时也可采用卷边 Z 型钢。

墙梁在其自重、墙体材料和水平风荷载作用下，也是双向受弯构件。墙板常做成落地式并与基础相连，墙板的重力直接传至基础，故墙梁的最大刚度平面在水平方向。当采用卷边槽形截面墙梁时，为便于墙梁与刚架柱的连接而把槽口向上放置，单窗框下沿的墙梁则需槽口向下放置。

墙梁应尽量等间距设置，在墙面的上沿、下沿及窗框的上沿、下沿处应设置一道墙梁。为了减少竖向荷载产生的效应，减少墙梁的竖向挠度，可在墙梁上屯设置拉条，并在最上层墙梁处设斜拉条将拉力传至刚架柱，设置原则和檩条相同。

墙梁可根据柱距的大小做成跨越一个柱距的简支梁或两个柱距的连续梁，前者运输方便，节点构造相对简单，后者受力合理，节省材料。

3.5.3.2　墙梁的计算

墙梁的荷载组合有两种：

（1）1.2×竖向永久荷载+1.4×水平风压力荷载

（2）1.2×竖向永久荷载+1.4×水平风吸力荷载

在墙梁截面上，由外荷载产生的内力有：水平风荷载 q_x 产生的弯矩 M_y，剪力 V_x；由竖向荷载 q_y 产生的弯矩 M_x、剪力 V_y 计算公式见表 3 - 6。墙梁的设计公式和檩条相同。当墙板放在墙梁外侧且不落地时，其重力荷载没有作用在截面剪力中心，计算还应考虑双力矩 B 的影响，计算双力矩产生的正应力，双力矩 B 的计算公式见 GB 50018 规范的附录 A。

3.5.4　支撑构件设计

门式刚架结构中的交叉支撑和柔性系杆可按拉杆设计，非交叉支撑中的受压杆件及刚性系杆按压杆设计。

刚架斜梁上横向水平支撑的内力，根据纵向风荷载按支承于柱顶的水平桁架计算，并记入支撑对斜梁起减少计算长度作用而承受的力,对于交叉支撑可不计压杆的受力。刚架柱间支撑的内力,应根据该柱列所受纵向风荷载(如有吊车,还应计入吊车纵向制动力)按支承于柱脚上的竖向悬臂桁架计算,并计入支撑对柱起减小计算长度而应承受的力,对交叉支撑可不计压杆的受力。当同一柱列设有多道柱间支撑时,纵向力在支撑间可平均分配。

支撑杆件中,拉杆可采用圆钢制作,用特制的连接件与梁、柱腹板相连,并应以花兰螺丝张紧。压杆宜采用双角钢组成的 T 形截面或十字形截面,按压杆设计的刚性系杆也可采用圆管截面。

3.6 轻型门式刚架设计实例

一、设计题目

单层门式刚架钢结构厂房设计

二、设计资料

兰州地区轻钢加工车间,跨度为 15 m,总长 40 m,柱距 6 m,斜梁坡度 1:15。根据工艺及建筑设计要求,车间为单层单跨轻钢门式刚架结构。厂房所在地区属于Ⅱ类场地土,抗震设防烈度 8 度。卵石层分布均匀,承载力标准值为 300 kPa,场地地下水约 6 m。钢材 Q235 钢,焊条 E43。屋面板和墙板采用夹芯板,檩条和墙梁为薄壁卷边 C 形型钢,间距 1.5 m。

荷载条件:

(1)永久荷载:结构自重和设备重按现行《建筑结构荷载规范》的规定采用屋面及墙面维护材料自重。

屋面	彩色钢板岩棉夹芯板 0.25 kN/m²
	屋面檩条及支撑 0.1 kN/m²
墙面	彩色钢板岩棉夹芯板 0.25 kN/m²
	墙面檩条及支撑 0.1 kN/m²

(2)可变荷载:包括屋面均布活载 0.3 kN/m²、雪荷载、风荷载等。其中雪荷载与风荷载按现行《建筑结构荷载规范》的规定采用。

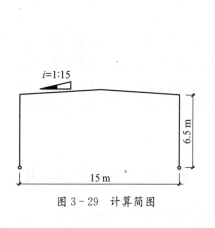

图 3-29 计算简图

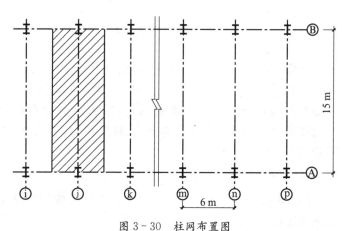

图 3-30 柱网布置图

三、荷载计算

（一）荷载取值计算（标准值）

1. 屋盖自重

彩色钢板岩棉夹芯板	0.25 kN/m^2
檩条及支撑	0.1 kN/m^2
横梁及屋面自重	0.15 kN/m^2
	0.5 kN/m^2

屋盖自重标准值：$q_k = 0.5 \text{ kN/m}^2 \times 6 \text{ m} = 3.0 \text{ kN/m}$

2. 屋面活载

（1）雪荷载：屋面与水平面夹角 $\alpha = \arctan \dfrac{1}{15} = 3.8°$ 由于 $\alpha < 25°$

根据《建筑结构荷载规范》的规定取 $\mu_r = 1.0$

兰州地区 50 年一遇的基本雪压 $S_0 = 0.15 \text{ kN/m}^2$

雪荷载标准值：$q_k = 0.15 \text{ kN/m}^2 \times 6 \text{ m} = 0.9 \text{ kN/m}$

（2）屋面均布活载：

标准值：$q_k = 0.3 \text{ kN/m}^2 \times 6 \text{ m} = 1.8 \text{ kN/m}$

（3）风荷载：$w_k = 1.05 \mu_s \mu_z w_0$ 根据《建筑结构荷载规范》的规定兰州地区 50 年一遇的基本风压 $w_0 = 0.3 \text{ kN/m}^2$。

μ_z——风荷载高度变化系数。根据《建筑结构荷载规范》的规定当高度小于 10 m 时按 10 m 处的数值采用；

μ_s——风荷载体型系数。本结构 μ_s 分布如图 3-31 所示。

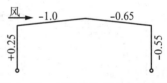

图 3-31　风荷载体型系数分布图

根据场地粗糙度分类，兰州某轻钢厂房的场地分类为 C 类。由于高度小于 10 m，查表得 $\mu_z = 0.74$。

$w_{1k} = 1.05 \times 0.25 \times 0.74 \times 0.3 = 0.058\ 3 \text{ kN/m}^2$

$w_{2k} = 1.05 \times (-1.00) \times 0.74 \times 0.3 = -0.233\ 1 \text{ kN/m}^2$

$w_{3k} = 1.05 \times (-0.65) \times 0.74 \times 0.3 = -0.151\ 5 \text{ kN/m}^2$

$w_{4k} = 1.05 \times (-0.55) \times 0.74 \times 0.3 = -0.128\ 2 \text{ kN/m}^2$

标准值：$q_{1k} = 0.058\ 3 \text{ kN/m}^2 \times 6 \text{ m} = 0.350 \text{ kN/m}$

$q_{2k} = -0.233\ 1 \text{ kN/m}^2 \times 6 \text{ m} = -1.399 \text{ kN/m}$

$q_{3k} = -0.151\ 5 \text{ kN/m}^2 \times 6 \text{ m} = -0.909 \text{ kN/m}$

$q_{4k} = -0.128\ 2 \text{ kN/m}^2 \times 6 \text{ m} = -0.769 \text{ kN/m}$

3. 柱及墙的自重

彩色钢板岩棉夹芯板	0.25 kN/m^2
檩条及支撑	0.1 kN/m^2
柱及墙自重	0.15 kN/m^2
	0.5 kN/m^2

柱及墙自重标准值：$N_k = 0.5 \text{ kN/m}^2 \times 6 \text{ m} \times 6.5 \text{ m} = 19.5 \text{ kN}$

（二） 各部分作用的荷载简图（标准值）

$q=3.0 \text{ KN/m}$

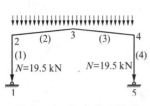

图 3-32 恒载作用简图

$q=1.8 \text{ kN/m}$

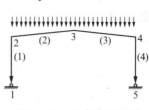

图 3-33 活载作用简图

$q_2=-1.399 \text{ kN/m} \quad q_3=-0.909 \text{ kN/m}$

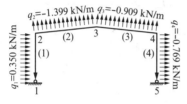

图 3-34 风荷载作用简图（→）

$q_2=-0.909 \text{ kN/m} \quad q_3=-1.399 \text{ kN/m}$

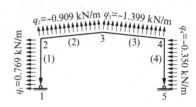

图 3-35 风荷载作用简图（←）

（三） 利用结构力学求解器求出各杆内力并绘制内力图（标准值）

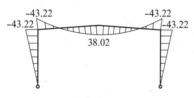

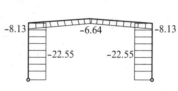

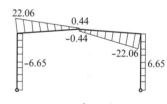

图 3-36 恒载作用下的 M 图、N 图和 V 图

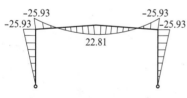

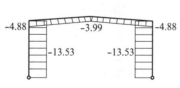

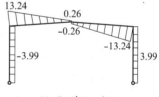

图 3-37 屋面活载作用下的 M 图、N 图和 V 图

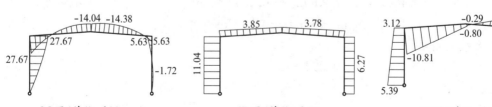

图 3-38 风荷载（→）作用下的 M 图、N 图和 V 图

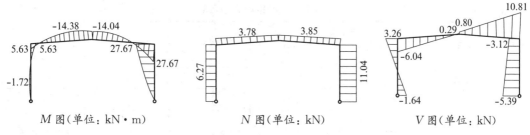

图 3-39　风荷载(←)作用下的 M 图、N 图和 V 图

四、内力分析

荷载组合：荷载效应的组合一般应遵从《建筑结构荷载规范》的规定。建筑设计应根据使用过程中在结构上可能同时出现的荷载，按承载力极限状态和正常使用极限状态分别进行荷载组合，并应取各自的最不利的效应组合进行设计。

(1) 针对门式刚架的特点，给出下列组合原则：

① 屋面均布活载不与雪荷载同时考虑，应取两者较大值。

② 积灰荷载应与雪荷载或屋面均布活载中的较大值同时考虑。

③ 施工或检修集中荷载不与屋面材料或檩条自重之外的其他荷载同时考虑。

④ 多台吊车的组合应符合《规范》的规定。

⑤ 当需要考虑地震作用时，风荷载不与地震作用同时考虑。

(2) 该结构只考虑承受恒载、活载、风荷载，所以进行刚架内力分析时，所需考虑的荷载效应组合主要有：

① $1.2 \times$ 永久荷载 $+ 1.4 \times$ [max(屋面均布活载,雪荷载)+风荷载]

② $1.2 \times$ 永久荷载 $+ 1.4 \times$ 竖向可变荷载

③ $1.0 \times$ 永久荷载 $+ 1.4 \times$ 风荷载

当地震设防烈度为 8 度而风荷载标准值大于 0.45 kN/m^2，地震作用的组合一般不起控制作用。

内力组合：

根据不同荷载组合下的内力分析结果，找出控制截面的内力组合，控制截面的位置一般在柱底、柱顶、柱牛腿连接处及梁端、梁跨中等截面，控制截面的内力组合主要有：

(1) 最大轴压力 $N_{\max}$ 和同时出现的 M 及 V 较大值；

(2) 最大弯矩 $M_{\max}$ 和同时出现的 N 及 V 较大值；

鉴于轻型门式刚架自重较轻，锚栓在强风下可能受到拔起力，需考虑(3)组合

(3) 最小轴压力 $N_{\min}$ 和同时出现的 M 及 V 较大值，出现在永久荷载和风荷载共同作用下。

表 3-9 内力组合情况见内力组合表

单元号	节点号			恒载	活载	风荷载	
						左风	右风
(1)	1	标准值	M	0	0	0	0
			N	42.05	13.53	−11.04	−6.27
			V	−6.65	−3.44	5.34	−1.64
		组合 I	M	0			
			N	$1.2 \times 42.05 + 1.4 \times 13.53 = 69.4$			
			V	$1.2 \times (-6.65) + 1.4 \times (-3.99) = -13.6$			
		组合 II	M	0			
			N	$1.0 \times 42.05 + 1.4 \times (-11.04) = 26.6$			
			V	$1.0 \times (-6.65) + 1.4 \times 5.39 = 0.9$			
	2	标准值	M	−43.22	−25.43	27.67	5.63
			N	22.55	13.53	−11.04	−6.27
			V	−6.65	−3.44	3.12	3.36
		组合 I	M	$1.2 \times (-43.22) + 1.4 \times (-25.93) = -88.2$			
			N	$1.2 \times 22.55 + 1.4 \times 13.53 = 46.0$			
			V	$1.2 \times (-6.65) + 1.4 \times (-3.99) = -13.6$			
		组合 II	M	$1.0 \times (-43.22) + 1.4 \times 27.67 = -4.5$			
			N	$1.0 \times 22.55 + 1.4 \times (-11.04) = 7.1$			
			V	$1.0 \times (-6.65) + 1.4 \times 3.12 = -2.3$			
(2)	2	标准值	M	−43.22	−25.43	27.67	5.63
			N	8.13	4.88	−3.85	−3.78
			V	22.06	13.24	−10.81	−6.04
		组合 I	M	$1.2 \times (-43.22) + 1.4 \times (-25.93) = -88.2$			
			N	$1.2 \times 8.13 + 1.4 \times 4.88 = 16.6$			
			V	$1.2 \times 22.06 + 1.4 \times 13.24 = 45.0$			
		组合 II	M	$1.0 \times (-43.22) + 1.4 \times 27.67 = -4.5$			
			N	$1.0 \times 8.13 + 1.4 \times (-3.85) = 2.7$			
			V	$1.0 \times 22.06 + 1.4 \times (-10.81) = 6.9$			
	3	标准值	M	38.02	22.81	−14.04	−14.04
			N	6.64	3.44	−3.85	−3.78
			V	0.44	0.26	−0.80	0.24
		组合 I	M	$1.2 \times 38.02 + 1.4 \times 22.81 = 77.6$			
			N	$1.2 \times 6.64 + 1.4 \times 3.99 = 13.6$			
			V	$1.2 \times 0.44 + 1.4 \times 0.26 = 0.9$			
		组合 II	M	$1.0 \times 38.02 + 1.4 \times (-14.04) = 18.4$			
			N	$1.0 \times 6.64 + 1.4 \times (-3.85) = 1.3$			
			V	$1.0 \times 0.44 + 1.4 \times (-0.8) = -0.7$			

五、梁柱截面设计

（一）　杆件计算长度

（1）梁的弯矩平面内计算长度：$l_x = 7.5$ m。

（2）梁的弯矩作用平面外计算长度：

考虑檩条对梁的支撑及隔撑，取计算长度为隔撑间距 $l_y = 3$ m。

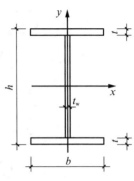

图 3-40　梁柱截面示意图

（3）柱的弯矩平面外计算长度：设置柱间支撑，$l_{oy} = \dfrac{1}{2} H_0 = \dfrac{1}{2} \times 6.5$ m $= 3.25$ m。

（4）柱的弯矩平面内的计算长度：$H_0 = \mu_r H$。

由于 μ_r 是由 $\dfrac{k_2}{k_1} = \dfrac{I_2/l}{I_1/H}$ 查表确定，所选面梁和柱不相同，因此柱的弯矩作用平面内的计算长度在梁截面确定后得出。

（二）　梁截面设计

在内力组合表挑出最大弯矩为 88.2 kN·m，此时轴力为 16.6 kN，按强度条件选择截面，主要在满足抗弯条件下选出经济合理的截面。由公式

$$W_x \geqslant \frac{M_x}{\gamma_x f} = \frac{88.2 \times 10^6}{1.05 \times 215} = 390\,698 \text{ mm}^3 \text{。}$$

1. 初选截面

（1）确定梁高：$h_{\min} \geqslant \dfrac{n}{6\,000} l = \dfrac{180}{6\,000} \times 7\,520 = 226$ mm

$$h_e = 7\sqrt[3]{W_x} - 30 = 7\sqrt[3]{390.698} - 30 = 21.2 \text{ cm}$$

确定 $h = 300$ mm。

（2）确定腹板厚度 t_w：考虑到腹板还需要满足局部稳定要求，其厚度可用经验公式估算

$t_w = \dfrac{\sqrt{h_w}}{11} = 0.5$ cm，由于腹板厚度应符合现有规格，并不小于 6 mm，确定 $t_w = 6$ mm。

（3）确定翼缘宽度和厚度：由公式 $bt = \dfrac{W_x}{h_w} - \dfrac{t_w h_t}{6}$ 确定出 $b = 180$ mm，$t = 10$ mm。

由此可确定梁截面 $h = 300$ mm，$t_w = 6$ mm，$b = 180$ mm，$t = 10$ mm。

2. 截面验算

取梁上节点 2 验算：$M = 88.2$ kN·m，$N = 16.6$ kN

（1）强度：$\sigma = \dfrac{N}{A_n} + \dfrac{M}{\gamma_x W_{nx}} \leqslant f$

计算截面特性：$A = 2 \times 18 \times 1 + 28 \times 0.6 = 52.8$ cm^2

$$I_x = \frac{1}{12} \times 28^3 \times 0.6 + 2 \times 18 \times 14.5^2 = 8\,667 \text{ cm}^4$$

$$I_y = 2 \times \frac{1}{12} \times 18^3 \times 1 + \frac{1}{12} \times 0.6^3 \times 28 = 973 \text{ cm}^4$$

$$W_x = \frac{I_x}{\dfrac{h_{\max}}{2}} = \frac{8\ 667}{15} = 578\ \text{cm}^3$$

$$i_x = \sqrt{\frac{I_x}{A}} = \sqrt{\frac{8\ 667}{52.8}} = 12.8\ \text{cm}$$

$$i_y = \sqrt{\frac{I_y}{A}} = \sqrt{\frac{973}{52.8}} = 4.3\ \text{cm}$$

$$\lambda_x = \frac{l_x}{i_x} = \frac{750}{12.8} = 58.6, \lambda_y = \frac{l_y}{i_y} = \frac{300}{4.3} = 69.8$$

$$\sigma = \frac{N}{A_n} + \frac{M}{\gamma_x W_{nx}} = \frac{16.6 \times 10^3}{52.8 \times 10^2} + \frac{88.2 \times 10^6}{1.05 \times 578 \times 10^3} = 148.5\ \text{N/mm}^2 \leqslant f$$

（2）整体稳定验算

由于隔撑，则平面内的稳定满足要求，不用验算。

平面外稳定：$\sigma = \dfrac{N}{\varphi_y A} + \dfrac{\beta_{tx} M}{\varphi_b W_x} \leqslant f$

截面采用火焰切割边焊接组合钢，按 b 类截面查表得 $\varphi_y = 0.751$，由于根据公式 $\beta_{tx} = 0.65 +$

$0.35 \dfrac{M_2}{M_1}$ 不易计算，故取最大值 $\beta_{tx} = 1$ 时验算是否满足平面外稳定。φ_b 由经验公式得出：

$$\varphi_b = 1.07 - \frac{\lambda_y}{44\ 000} \frac{f_y}{235} = 1.07 - \frac{69.8^2}{44\ 000} = 0.959$$

由于采用此 φ_b 已经考虑了非弹性屈曲问题，当 $\varphi_b > 0.6$ 时，不需要修正。所以 $\sigma = \dfrac{N}{\varphi_y A} +$

$\dfrac{\beta_{tx} M}{\varphi_b W_x} = \dfrac{16.6 \times 10^3}{0.751 \times 52.8 \times 10^2} + \dfrac{1 \times 88.2 \times 10^6}{0.959 \times 578 \times 10^3} = 163.3\ \text{N/mm}^2 \leqslant f$（满足要求）

（3）局部稳定验算

翼缘宽厚比：$\dfrac{b_1}{t} = \dfrac{180 - 6}{2 \times 10} = 8.7 < 15\sqrt{\dfrac{f_y}{235}} = 15$（满足要求）

腹板的高厚比：

$$\sigma_{\max} = \frac{N}{A} + \frac{My_1}{I_x}$$

$$= \frac{16.6 \times 10^3}{52.8 \times 10^2} + \frac{88.2 \times 10^6 \times 150}{8\ 667 \times 10^4} = 155.8\ \text{N/mm}^2 \leqslant f$$

$$\sigma_{\min} = \frac{N}{A} - \frac{My_1}{I_x}$$

$$= \frac{16.6 \times 10^3}{52.8 \times 10^2} - \frac{88.2 \times 10^6 \times 150}{8\ 667 \times 10^4} = -149.5\ \text{N/mm}^2$$

应力梯度：$\alpha_0 = \dfrac{\sigma_{\max} - \sigma_{\min}}{\sigma_{\max}} = 1.96 > 1.6$

腹板高厚比的容许值：$\dfrac{h_0}{t_w} = 48\alpha_0 + 0.5\lambda_x - 26.2 = 97.2$

截面实际高厚比 $\dfrac{300}{6}=50<97.2$ (满足要求)

（三）柱截面设计

在内力组合表挑出最大弯矩为 88.2 kN·m，此时轴力为 46.0 kN，由于柱为主要承受压力而易失稳构件，所以应主要从满足稳定性条件选出经济合理的截面。由公式 $W_x \geqslant \dfrac{M_x}{\gamma_x f}=\dfrac{88.2\times 10^6}{1.05\times 215}=390\ 698\ \text{mm}^3$。

1. 初选截面

（1）确定截面高度：$h_{\min}\geqslant\dfrac{n}{6\ 000}l=\dfrac{180}{6\ 000}\times 6\ 500=195\ \text{mm}$

$$h_e=7\sqrt[3]{W_x}-30=7\sqrt[3]{390.698}-30=21.2\ \text{cm}$$

确定 $h=250\ \text{mm}$

（2）确定腹板厚度 t_w：考虑到腹板还需要满足局部稳定要求，其厚度可用经验公式估算

$t_w=\dfrac{\sqrt{h_w}}{11}=0.5\ \text{cm}$，由于腹板厚度应符合现有规格，并不小于 6 mm，确定 $t_w=6\ \text{mm}$。

（3）确定翼缘宽度和厚度：由公式 $bt=\dfrac{W_x}{h_w}-\dfrac{t_w h_t}{6}$ 确定出 $b=240\ \text{mm}$，$t=10\ \text{mm}$。

由此可确定梁截面 $h=250\ \text{mm}$，$t_w=6\text{mm}$，$b=240\ \text{mm}$，$t=10\ \text{mm}$。

2. 截面验算

对于 1 号单元柱，2 号节点端：$M=88.2\ \text{kN·m}$，$N=46.0\ \text{kN}$

（1）计算截面特性：$A=2\times 24\times 1+23\times 0.6=61.8\ \text{cm}^2$

$$I_x=\frac{1}{12}\times 23^3\times 0.6+2\times 24\times 12^2=7\ 520\ \text{cm}^4$$

$$I_y=2\times\frac{1}{12}\times 24^3\times 1+\frac{1}{12}\times 0.6^3\times 23=2\ 304\ \text{cm}^4$$

$$W_x=\frac{I_x}{\dfrac{h_{\max}}{2}}=\frac{7\ 520}{12.5}=602\ \text{cm}^3$$

$$i_x=\sqrt{\frac{I_x}{A}}=\sqrt{\frac{7\ 520}{61.8}}=11.0\ \text{cm}$$

$$i_y=\sqrt{\frac{I_y}{A}}=\sqrt{\frac{2\ 304}{61.8}}=6.1\ \text{cm}$$

（2）杆的弯矩平面内的计算长度

$$k_2=\frac{I_2}{l}=\frac{8\ 667}{1\ 504}=5.76$$

$$k_1=\frac{I_1}{H}=\frac{7\ 520}{650}=11.57$$

则 $\dfrac{k_2}{k_1}=0.5$ 查表得等截面刚架柱的计算长度系数 $\mu_r=2.63$，即平面内计算长度 $H_0=\mu_r H=17.095\ \text{m}$。

（3）强度验算

$$\sigma = \frac{N}{A_n} + \frac{M}{\gamma_x W_{nx}} = \frac{46.0 \times 10^3}{61.8 \times 10^2} + \frac{88.2 \times 10^6}{1.05 \times 602 \times 10^3} = 147.0 \text{ N/mm}^2 \leqslant f（满足要求）$$

（4）整体稳定性验算

平面内稳定：$\dfrac{N}{\varphi_x A} + \dfrac{\beta_{mx} M_x}{\gamma_x W_{1x}(1 - 0.8 N/N'_{Ex})} \leqslant f$

$$\lambda_x = \frac{l_{0x}}{i_x} = \frac{1\,709.5}{11.0} = 155.4, \lambda_y = \frac{l_{0y}}{i_y} = \frac{325}{6.1} = 53.3$$

则查表 b 类截面 $\varphi_x = 0.291, \varphi_y = 0.841$

此结构为有侧移的框架柱，则 $\beta_{mx} = 1.0$

$$N'_{Ex} = \frac{\pi^2 EA}{1.1\lambda_x^2} = \frac{3.14^2 \times 206 \times 10^3 \times 61.8 \times 10^2}{1.1 \times 155.4^2} = 472\,520 \text{ N}$$

对于柱顶 2 号节点

$$\frac{N}{\varphi_x A} + \frac{\beta_{mx} M_x}{\gamma_x W_{1x}(1 - 0.8 N/N'_{Ex})}$$

$$= \frac{46.0 \times 10^3}{0.291 \times 61.8 \times 10^2} + \frac{1.0 \times 88.2 \times 10^6}{1.05 \times 602 \times 10^3(1 - 0.8 \times 46\,000/472\,520)}$$

$$= 176.9 \text{ N/mm}^2 \leqslant f$$

故而平面内稳定满足。

平面外稳定：$\dfrac{N}{\varphi_y A} + \dfrac{\beta_{tx} M_x}{\varphi_b W_{1x}} \leqslant f$

根据公式 $\beta_{tx} = 0.65 + 0.35\dfrac{M_2}{M_1}$，其中 $\dfrac{M_2}{M_1} = \dfrac{1}{2}$，故 $\beta_{tx} = 0.825$。

φ_b 由经验公式得出：$\varphi_b = 1.07 - \dfrac{\lambda_y}{44\,000} \cdot \dfrac{f_y}{235} = 1.07 - \dfrac{53.3^2}{44\,000} = 1.01$

对于 2 号节点：

$$\frac{N}{\varphi_y A} + \frac{\beta_{tx} M_x}{\varphi_b W_{1x}} = \frac{46.0 \times 10^3}{0.841 \times 61.8 \times 10^2} + \frac{0.825 \times 88.2 \times 10^6}{1.01 \times 602 \times 10^3} = 128.5 \text{ N/mm}^2 \leqslant f$$

故而平面外稳定满足，可知整体稳定性满足要求。

（5）局部稳定性验算

翼缘宽厚比：$\dfrac{b_1}{t} = \dfrac{240 - 6}{2 \times 10} = 11.7 < 13\sqrt{\dfrac{f_y}{235}} = 13$（满足要求）

腹板的高厚比：

$$\sigma_{max} = \frac{N}{A} + \frac{M y_1}{I_x} = \frac{46.0 \times 10^3}{61.8 \times 10^2} + \frac{88.2 \times 10^6 \times 125}{7\,520 \times 10^4} = 154.1 \text{ N/mm}^2 \leqslant f$$

$$\sigma_{min} = \frac{N}{A} - \frac{M y_1}{I_x} = \frac{46.0 \times 10^3}{61.8 \times 10^2} - \frac{88.2 \times 10^6 \times 125}{7\,520 \times 10^4} = -139.2 \text{ N/mm}^2$$

应力梯度：$\alpha_0 = \dfrac{\sigma_{max} - \sigma_{min}}{\sigma_{max}} = 1.90 > 1.6$

腹板高厚比的容许值：$\dfrac{h_0}{t_{\mathrm{w}}} = 48\alpha_0 + 0.5\lambda_x - 26.2 = 142.8$

截面实际高厚比 $\dfrac{250}{6} = 41.7 < 142.8$（满足要求），梁柱截面选择合理。

六、变形验算

1. 侧移验算

单位力作用下示意图和弯矩图如图 3－41 所示。

风荷载作用下弯矩如图 3－42 所示。

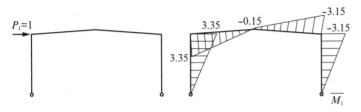
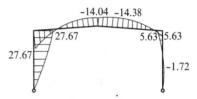

图 3－41　单位力作用下示意图及弯矩图　　　　图 3－42　风荷载（→）作用下 M 图（单位：kN·m）

由风荷载作用下弯矩图与单位力作用下弯矩图图乘得到侧移位移，其计算过程如下：

各单元分别图乘得

$$\Delta_1 = \frac{1}{EI_1}\left[\frac{1}{2}\times 6.5\times 27.67\times\frac{2}{3}\times 3.35 + \frac{2}{3}\times 6.5\times\left(\frac{1}{8}\times 0.350\times 6.5^2\right)\times\frac{3.35}{2}\right]$$

$$= \frac{214}{EI_1} = \frac{214\times 10^4}{206\times 7\,520} = 1.38\ \mathrm{cm}$$

$$\Delta_2 = \frac{94}{EI_2} = \frac{94\times 10^4}{206\times 8\,667} = 0.53\ \mathrm{cm}$$

$$\Delta_3 = \frac{68}{EI_3} = \frac{68\times 10^4}{206\times 8\,667} = 0.38\ \mathrm{cm}$$

$$\Delta_4 = \frac{-11}{EI_4} = \frac{-11\times 10^4}{206\times 7\,520} = -0.07\ \mathrm{cm}$$

则 $\Delta = \displaystyle\sum_{i=1}^{4}\Delta_i = 1.38 + 0.53 + 0.38 - 0.07 = 2.22\ \mathrm{cm}$

刚架柱顶侧移限值 $[\Delta] = \dfrac{H}{75} = \dfrac{650}{75} = 8.67\ \mathrm{cm} > 2.22\ \mathrm{cm}$，故满足要求

2. 挠度验算

单位力作用下示意图和弯矩图如图 3－43 所示。

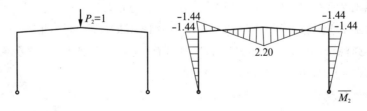

图 3－43　单位力作用下示意图及弯矩图

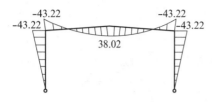

图 3-44　恒载作用下 M 图（单位：kN·m）

恒载作用下弯矩图如图 3-44 所示：

由恒载作用下弯矩图与单位力作用下弯矩图图乘得到竖向挠度，其计算过程如下：

各单元分别图乘得

$$\nu_1 = \frac{1}{EI_1}\left[\frac{1}{2} \times 6.5 \times 43.22 \times \frac{2}{3} \times 1.44\right]$$

$$= \frac{135}{EI_1} = \frac{135 \times 10^4}{206 \times 7\,520} = 0.87 \text{ cm} = \nu_4$$

$$\nu_2 = \frac{216}{EI_2} = \frac{216 \times 10^4}{206 \times 8\,667} = 1.21 \text{ cm} = \nu_3$$

则 $\nu = \sum_{i=1}^{4} \nu_i = (0.87 + 1.21) \times 2 = 4.16$ cm

刚架梁竖向挠度限值

$$[\nu] = \frac{l}{180} = \frac{752}{180} = 4.18 \text{ cm} > 4.16 \text{ cm 满足要求。}$$

七、节点设计

（一）构造要求

螺栓排列应符合构造要求，如图 3-45 所示的布置，采用端板竖放。

（1）e_w, e_f 应满足扣紧螺栓所用工具的净空要求，通常不小于 35 mm，此节点取 $e_w = 75$ mm，$e_f = 40$ mm；

（2）螺栓排列端距不应小于 2 倍螺栓孔径。选取螺栓为 8.8 级 M20 型号，则 $d_0 = 21.5$ mm，端距大于 43 mm，因此宽度方向端距可以取 47 mm，长度方向端距取 50 mm。

（3）两排螺栓之间最小距离为 3 倍螺栓直径，最大距离不应超过 400 mm

因此确定螺栓排列 $L = 50 \times 2 + 40 \times 2 + 300 = 480$ mm，$b = 52 \times 2 + 6 + 75 \times 2 = 250$ mm

梁柱节点设计

门式刚架斜梁与柱的刚接一般采用高强螺栓与端板连接。此结构采用端板竖放，为了满足强度要求，采用高强摩擦型螺栓，并对螺栓施加预拉力来增强节点转动刚度。

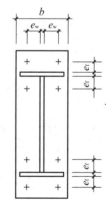

图 3-45　端板支撑构造图

1. 节点螺栓验算

单元 1 号柱上 2 号节点：$M = 88.2$ kN·m，$N = 46.0$ kN，$V = 13.6$ kN

单元 2 号梁上 2 号节点：$M = 88.2$ kN·m，$N = 16.6$ kN，$V = 45.0$ kN

一个抗拉高强螺栓的承载力设计值：$N_t^b = 0.8P$，查表 8.8 级 M20 型号螺栓设计预拉力 $P = 125$ kN，则 $N_t^b = 0.8P = 0.8 \times 125 = 100$ kN

一个高强螺栓的抗剪承载力设计值：$N_v^b = 0.9n_f\mu P$

n_f：一个螺栓的传力摩擦数目，$n_f = 1$

μ：摩擦面的抗滑移系数，选用喷砂 $\mu=0.45$

故而 $N_v^b=0.9 n_f \mu P=0.9 \times 1 \times 0.45 \times 125=50.6$ kN

柱截面：

$$N_{1t}=\frac{M y_1}{m \sum y_i^2}-\frac{N}{n}=\frac{88.2 \times 10^3 \times 190}{4 \times(100^2+190^2)}-\frac{46.0}{8}=85.1 \text{ kN}$$

$$N_{2t}=\frac{M y_2}{m \sum y_i^2}-\frac{N}{n}=\frac{88.2 \times 10^3 \times 100}{4 \times(100^2+190^2)}-\frac{46.0}{8}=42.1 \text{ kN}$$

$$N_v=\frac{V}{n}=\frac{13.6}{8}=1.7 \text{ kN}$$

得：$N_v \leqslant N_v^b$，$N_{1t} \leqslant N_t^b$

$$\frac{N_v}{N_v^b}+\frac{N_t}{N_t^b}=\frac{1.7}{50.6}+\frac{85.1}{100}=0.884\,6<1(满足要求)$$

梁截面：

$$N_{1t}=\frac{M y_1}{m \sum y_i^2}-\frac{N}{n}=\frac{88.2 \times 10^3 \times 190}{4 \times(100^2+190^2)}-\frac{16.6}{8}=88.8 \text{ kN}$$

$$N_{2t}=\frac{M y_2}{m \sum y_i^2}-\frac{N}{n}=\frac{88.2 \times 10^3 \times 100}{4 \times(100^2+190^2)}-\frac{16.6}{8}=45.8 \text{ kN}$$

$$N_v=\frac{V}{n}=\frac{45.0}{8}=5.6 \text{ kN}$$

得：$N_v \leqslant N_v^b$，$N_{1t} \leqslant N_t^b$

$$\frac{N_v}{N_v^b}+\frac{N_t}{N_t^b}=\frac{5.6}{50.6}+\frac{88.8}{100}=0.998\,7<1(满足要求)$$

2. 端板厚度设计

此结构的端板厚度 t 可根据支撑条件可按悬臂类端板公式计算，但不应小于 16 mm，和梁端板相连的柱翼缘部分应与端板等厚度。

悬臂类端板公式：$t \geqslant \sqrt{\dfrac{6 e_f N_t}{b f}}$

则 $t \geqslant \sqrt{\dfrac{6 \times 40 \times 100 \times 10^3}{250 \times 215}}=21.1$ mm，取 $t=25$ mm。

3. 腹板强度验算

刚架构件的翼缘与端板的连接应采用全熔透对接焊缝，腹板与端板的连接应用角焊缝。在端板设置螺栓处，应按照下列公式验算构件腹板强度：

柱截面：$N_{2t}=42.1$ kN $<0.4P=0.4 \times 125=50$ kN

$$\frac{0.4P}{e_w t_w}=\frac{50 \times 10^3}{75 \times 6}=111 \text{ N/mm}^2<215 \text{ N/mm}^2$$

梁截面：$N_{2t}=45.8$ kN $<0.4P=0.4 \times 125=50$ kN

$$\frac{0.4P}{e_w t_w}=\frac{50 \times 10^3}{75 \times 6}=111 \text{ N/mm}^2<215 \text{ N/mm}^2$$

因此腹板强度满足要求。

4. 梁柱节点域剪力验算

$$\tau = \frac{M}{d_b d_c t_c} = \frac{88.2 \times 10^6}{300 \times 240 \times 6} = 204 \text{ N/mm}^2 > f_v = 125 \text{ N/mm}^2$$

故需要设置斜加劲肋,形式如图 3-46 所示:

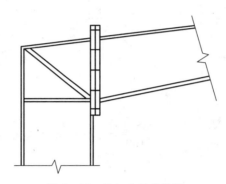

图 3-46 斜加劲肋布置图

(二) 梁节点设计

1. 节点螺栓验算

单元 2 号梁上 3 号节点:$M = 77.6 \text{ kN} \cdot \text{m}, N = 13.6 \text{ kN}, V = 0.9 \text{ kN}$

一个抗拉高强螺栓的承载力设计值:$N_t^b = 0.8P$,查表 8.8 级 M20 螺栓设计预拉力 $P = 125 \text{ kN}$,则 $N_t^b = 0.8P = 0.8 \times 125 = 100 \text{ kN}$

一个高强螺栓的抗剪承载力设计值:$N_v^b = 0.9 n_f \mu P = 50.6 \text{ kN}$

梁截面:

$$N_{1t} = \frac{My_1}{m \sum y_i^2} - \frac{N}{n} = \frac{77.6 \times 10^3 \times 190}{4 \times (100^2 + 190^2)} - \frac{13.6}{8} = 78.3 \text{ kN}$$

$$N_{2t} = \frac{My_2}{m \sum y_i^2} - \frac{N}{n} = \frac{77.6 \times 10^3 \times 100}{4 \times (100^2 + 190^2)} - \frac{13.6}{8} = 40.4 \text{ kN}$$

$$N_v = \frac{V}{n} = \frac{0.9}{8} = 0.1 \text{ kN}$$

得:$N_v \leqslant N_v^b, N_{1t} \leqslant N_t^b$

$$\frac{N_v}{N_v^b} + \frac{N_t}{N_t^b} = \frac{0.1}{50.6} + \frac{78.3}{100} = 0.785\ 2 < 1 (\text{满足要求})$$

2. 腹板强度验算

梁截面:$N_{2t} = 40.4 \text{ kN} < 0.4P = 0.4 \times 125 = 50 \text{ kN}$

$$\frac{0.4P}{e_w t_w} = \frac{50 \times 10^3}{75 \times 6} = 111 \text{ N/mm}^2 < 215 \text{ N/mm}^2 (\text{满足要求})$$

(三) 柱脚设计

门式刚架的柱脚一般采用平板式铰接柱脚,当有桥式吊车或刚架侧向刚度过弱时,则采用刚接柱脚。此结构采用的是铰接柱脚。锚栓采用 Q235 钢材制作。锚栓的锚固长度应符合现行国家标准规定。

柱脚锚栓不宜用于承受柱脚底的水平剪力，此水平剪力可由底板与混凝土基础之间的摩擦力(摩擦力系数取 0.4)承担或设置抗剪键。

柱底内力组合：$M=0$ kN·m，$N=69.4$ kN，$V=13.6$ kN

因为 $0.4N=0.4×69.4=27.8$ kN$>V$，所以底板水平剪力可由底板与混凝土基础之间的摩擦力(摩擦力系数取 0.4)承担，不必再设置抗剪键。基础混凝土标号 C15，即 $f_{cc}=8.3$ N/mm^2。

由于此截面无拉应力，即无拔起力，所以不构造配锚栓，则配置 2 个锚栓。

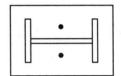

一个锚栓的承拉力 $T=\dfrac{N}{n}=\dfrac{69.4}{2}=34.7$ kN

由公式 $T=Af_t$ 得 $A_e=\dfrac{T}{f_t}=\dfrac{34.7×10^3}{140}=248$ mm^2，查表选

图 3-47　柱脚螺栓布置

用 M24，$d_0=26$ mm。布置如 3-47 所示。

底板计算

(1) 底板的宽度 B：由柱截面高度 b，靴梁厚度 t 和底板悬臂部分组成

$$B=b+2t+2c=240+2×0+2×30=300 \text{ mm}$$

(2) 底板的长度 L：根据柱脚的构造形式，可以取 B 与 L 大致相同，也可取 L 比 B 大得很多，但是不允许 L 大于 B 两倍。取 $L=B=300$ mm，

则 $\sigma_c=\dfrac{N}{A}=\dfrac{69.4×10^3}{300×300}=0.77$ N/mm$^2<f_{cc}$（满足要求）

(3) 底板的厚度 t：底板被划分为四边支承部分，三边支承部分，两边支承部分和悬臂部分。这几部分所承受的弯矩可能很不相同，要先分别计算然后通过比较取得其中最大弯矩来确定底板厚度。此结构分为三边支承部分和悬臂部分。

(1) 底板所承受的均布压力：

$$q=\dfrac{N}{(B×L-A_0)}=\dfrac{69.4×10^3}{300×300-2×26×26}=0.78 \text{ N/mm}^2$$

(2) 三边支承板：$M=\beta qa_1^2$

式中　a_1——自由边长或对角线长度；

　　　b_1——两相邻固定边顶点到 a_1 的垂直距离；

　　　β——系数，由 b_1/a_1 查表求得。

$$a_1=250-2×5=240 \text{ mm}，b_1=\dfrac{300-6}{2}=147 \text{ mm}$$

则 $b_1/a_1=0.61$，查表得 $\beta=0.076$。

所以 $M=\beta qa_1^2=0.076×0.78×240^2=341\,5$ N·mm

(3) 悬臂部分：$M=\dfrac{1}{2}qC^2$

式中，C 为悬臂长度。

所以 $M=\dfrac{1}{2}qC^2=\dfrac{1}{2}\times0.78\times30^2=351\ \text{N}\cdot\text{mm}$

从而 $t=\sqrt{\dfrac{6M_{max}}{f}}=\sqrt{\dfrac{6\times3\ 415}{215}}=9.8\ \text{mm}<14\ \text{mm}$

因必须满足 $t=\sqrt{\dfrac{6M_{max}}{f}}\geqslant14\ \text{mm}$，则可以取底板厚度为 $t=25\ \text{mm}$。

思考题

3-1　门式刚架的结构形式通常有哪些？

3-2　如何进行门式刚架结构的内力计算？

3-3　门式刚架的横梁与柱的连接节点有哪些基本形式？

3-4　为什么要设置隅撑？

3-5　檩条中设置拉条可以看作檩条侧向受弯时的支座，这样对拉条的设计有什么要求？

习　题

3-1　一轻型门式刚架结构的屋面，檩条采用冷弯薄壁卷边槽钢，截面尺寸为 C160×60×20×
　　　2.0，材料为 Q235，水平檩距 1.2 m，檩条跨度 6 m，屋面坡度 8%（$\alpha=4.57°$），檩条跨中设
　　　置一道拉条，试验算该檩条的承载力和挠度是否满足设计要求。已知该檩条承受的荷
　　　载为：
　　　　　假定，荷载工况由 1.2×永久荷载+1.4×屋面活荷载起控制作用，荷载标准值 q_k
　　　=0.75 kN/m，荷载设计值 $q=0.99$ kN/m。

3-2　冷弯薄壁直卷边 Z 型钢檩条计算简图如图 3-48 所示，檩条截面尺寸为 160×70×20×3，
　　　截面参数见附录。屋面材料为压型钢板，屋面坡度 1/8（$\alpha=7.13°$），檩条跨度 6 m，于 $L/2$
　　　处设一道拉条，水平檩距 1.5 m，钢材采用 Q235。压型钢板含保温层自重为 0.3 kN/m²，
　　　檩条（包括拉条）自重为 0.1 kN/m²。可变荷载取屋面均布荷载为 0.4 kN/m²。不考虑风
　　　荷载组合，假设檩条整体稳定已由其他措施保证，试校核檩条的强度与刚度。

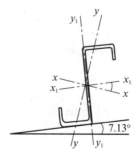

图 3-48　习题 3-2 题图

第4章 单层厂房钢结构

4.1 概　述

4.1.1 单层厂房钢结构的应用和种类

钢结构厂房具有较大的承载能力,耐热、整体刚度及抗震性能好,钢构件便于制作、运输及安装,厂房的建造周期短,因而在重型或大型厂房中得到了普遍的应用。内部配置重型设备、管线以及车间具有很大高度的工业厂房,仍然必须采用板件较厚的钢构件作为梁(桁架)或柱。在重型厂房中,习惯上把配置 20～100 t 级起重吊车的车间叫作中型车间,把配置了 100～350 t 级起重吊车的车间叫作重型车间,现在也有单台起重量达到 700 t 的吊车,即所谓特重型车间。目前,我国重型钢结构厂房主要用于以下几个方面:

(1) 大型冶金厂房,如大型炼钢、轧钢车间。

(2) 重型机械制造厂房,如大型电机、锅炉的装配车间、重型锻压车间等。

(3) 大型飞机、造船、火力发电厂厂房。

单层厂房钢结构一般是由屋盖结构、柱、吊车梁、制动梁(或制动桁架)、各种支撑以及墙架等构件组成的空间体系,如图 4-1 所示。

单层厂房钢结构有多种形式,按不同原则可分类如下:

(1) 按照跨度,可分为单跨结构、多跨结构和高低跨结构(图 4-2);

图 4-1　单层厂房钢结构

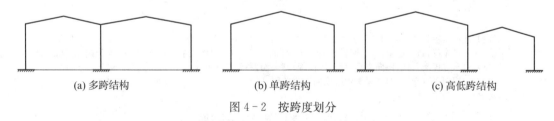

(a) 多跨结构　　　　　(b) 单跨结构　　　　　(c) 高低跨结构

图 4-2　按跨度划分

(2) 按照梁、柱的连接性质,可分为铰接框架结构和刚接框架结构(图 4-3);

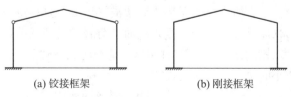

(a) 铰接框架　　　　　　(b) 刚接框架

图 4-3　按连接形式划分

(3) 按照梁的截面形式,可分为屋架式框架和实腹梁式框架(图 4-4);

(4) 按照结构构件的截面类型和维护材料的性质,可分为普通钢框架(墙体和屋面分别由

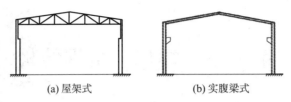

图 4-4　按梁的类型划分

砖墙和钢筋混凝土屋面板等传统材料组成)和轻钢框架(墙体和屋面板主要由冷弯薄壁压型钢板组成),且轻钢厂房多为门式刚架轻型钢结构;

(5) 按照柱截面的类型,又可分为格构柱式厂房和实腹柱式厂房等。

4.1.2　单层厂房钢结构的组成

图 4-5 绘出了钢结构厂房的结构组成。

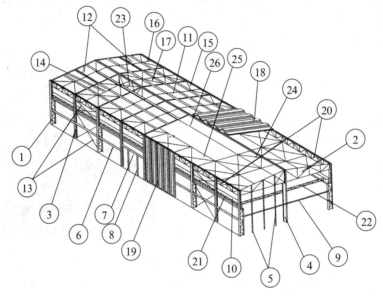

1—框架柱;2—屋架(框架梁);3—纵墙墙架柱;4,5—抗风柱;6—墙架梁;7—门梁;8—门柱;9—山墙墙架梁;10—吊车梁;11—檩条;12—刚性系杆;13—柱间支撑;14—屋面支撑;15—(檩条)拉条;16—(檩条)撑杆;17—(屋架上弦)横向支撑;18—屋面板;19—墙面板;20—托架;21—制动桁架(梁);22—抗风桁架;23—屋架垂直支撑;24—屋架(弦)横向支撑;25—屋架(下弦)纵向支撑;26—柔性系杆;27—山墙斜横梁;28—山墙角柱

图 4-5　普通钢结构厂房的组成

普通钢结构厂房各种构件按其所起作用可分为下面几类:

(1) 横向框架。由柱和它所支承的屋架或屋架横梁组成,是单层厂房钢结构的主要承重体系,承受全部建筑物重量(屋盖、墙、结构自重)、屋面雪荷载和其他活荷载、吊车竖向荷载和横向水平制动力、横向风荷载、横向地震作用等,并将这些荷载传到基础上。横梁通常是桁架式的(即屋架),轻屋面和跨度较小时也可采用实腹式的。

(2) 屋盖结构。由檩条、天窗架、屋架、托架和屋盖支撑所构成,承受屋面荷载。

(3) 支撑体系。包括屋盖支撑和柱间支撑,其作用是与柱、吊车梁等组成单层厂房钢结构的纵向框架,承受纵向水平荷载;同时又把单独的平面结构连成空间的整体结构,从而保证了结构的刚度和稳定。

（4）吊车梁和制动梁（制动桁架）。厂房中常设置桥式吊车，其竖向和水平荷载由吊车梁承受。吊车梁两端支撑于柱的变截面平台或牛腿上。在吊车梁上翼缘平面内，通常沿水平方向设置制动梁或制动桁架，将吊车的横向水平制动力传递到相邻的柱上。

（5）墙架。承受墙体的自重和风荷载。此外，还有一些次要的构件如梯子、走道、门窗等。在某些单层厂房钢结构中，由于工艺操作上的要求，还设有工作平台。

4.1.3　单层厂房钢结构设计内容与步骤

单层厂房钢结构的设计可归结为如下几个步骤：

（1）根据建筑设计、生产工艺及相关要求，选取合适的结构体系。

（2）完成主结构的平面布置。包括：柱网布置、伸缩（变形）缝布置等。

（3）完成屋盖结构与相关支撑布置，内容包括：檩条布置、拉条布置、系杆布置、屋盖支撑布置及角隅撑的布置等。

（4）完成墙架结构与支撑布置。内容包括：墙架梁、柱布置；抗风桁架、柱间支撑布置；墙梁间拉条布置等。

（5）确定计算模型。

（6）荷载计算。

（7）设计所有构件。

（8）根据各构件的连接模型，确定所有节点的构造形式，并按照已经确定的构件内力进行节点设计。

（9）按照计算结果绘制结构施工图。

4.2　普通单层厂房钢结构设计

4.2.1　结构选型

钢结构厂房的结构选型应以工艺和使用要求为基本依据，同时考虑技术经济指标对设计的要求，具体包括以下内容：

（1）整体结构体系选型：目前单层厂房钢结构大多选为框排架结构体系，是一种由多榀并排的平面主框架通过某些纵向构件（如吊车梁、通长系杆、支撑等）连接形成的一种空间结构体系。但这种结构通常近似地按平面框架结构设计，不考虑结构的整体空间作用，但在构造上必须通过纵向构件形成稳定的空间结构体系。

（2）主框架的选型：普通单层厂房钢结构的主框架常用钢屋架代替框架横梁，并以梯形屋架和三角形屋架为主要选用形式。

（3）屋盖的选型：普通钢结构厂房的屋盖结构通常根据所采用的屋面板的形式分为有檩体系和无檩体系。有檩体系适合于轻型屋面板，而无檩体系适合采用大型钢筋混凝土屋面板（常见规格 6 m×3 m 和 6 m×1.5 m）。目前有檩屋盖使用较为普遍。

（4）墙架系统的选型：墙架系统又分为纵墙墙架和山墙墙架，其作用是支承墙面维护材料，并抵抗风荷载作用。一般纵墙墙架由墙架柱、墙架梁、门柱、门梁组成，当墙架梁侧向刚度不足时，还可对墙架梁设置中间拉条，并在上层设置斜拉条和撑杆。

（5）吊车梁系统选型：一般厂房多采用桥式吊车，且按起重吨位和工作时间的长短有轻型厂房、中型厂房和重型厂房之分。吊车梁一般由吊车梁、制动系统及辅助系统组成。常用的吊车梁为实腹式，空腹式的为吊车桁架。吊车梁的制动系统分为桁架式和平板梁式，其中后者构造相对简单,适合于轻型和中型工业厂房。

(6) 支撑系统选型:普通钢结构厂房的支撑系统由两大部分组成,即柱间支撑和屋盖支撑。按照吊车梁的位置,柱间支撑一般可分为上层柱间支撑和下层柱间支撑(双层吊车梁时可分为上、中、下三层)。按照柱间支撑在柱侧面的连接位置,又可分为单片柱间支撑和双片柱间支撑,且双片柱间支撑需用缀条连接。屋盖支撑无论是横向还是纵向,多采用十字交叉形,屋架垂直支撑则可选用 W 形和十字交叉形两种形式。

(7) 托架、天窗架的选型:托架主要用于支承中间屋架,有单腹壁和双腹壁两种形式,前者跨度一般为 12～36 m,通常两端简支,中间支承一榀或两榀屋架。双腹壁式托架仅用于跨度和荷载很大,同时又受扭矩作用的情况。

天窗架首先有纵向和横向之分。纵向天窗架有竖杆式、三支点式和三铰拱式三种形式,横向天窗则有下沉式和上承式两种。具体选用根据天窗的宽度和高度、施工安装条件及是否经济合理等要求决定。

4.2.2 柱网和变形缝的布置

4.2.2.1 柱网的布置

厂房柱的纵向和横向定位轴线,在平面上构成规则的网格,称为柱网。柱网布置应从工艺、建筑、结构及经济等四个方面的要求考虑。

(1) 按工艺要求,厂房内的横向柱距和纵向柱距应与厂房内的设备安装及工作需要相协调,如机械设备、工业炉、起重设备、运输设备等。同时需要与设备基础相协调,如机械设备、底下管沟、工业炉基础等。此外,柱网布置还需要考虑将来可能产生的厂房扩建和工艺设备更新换代所提出的要求。

(2) 按建筑和结构要求,柱网布置应遵守《建筑统一模数制》和《厂房建筑统一化基本规则》的规定,柱距应符合一定的基本模数,便于结构统一化和标准化(如符合模数规定的跨度有利于直接选用标准屋架等)。

对厂房横向,当厂房跨度小于 18 m 时,其跨度宜采用 3m 的倍数;当厂房跨度大于 18 m 时,其跨度宜采用 6 m 的倍数。只有在生产工艺有特殊要求时,跨度才采用 21 m,27 m,33 m 等。对厂房纵向,以前基本柱距一般采用 6 m 或 12 m,现在采用压型钢板作屋面和墙面材料的厂房日益广泛,柱距可以不受 6 m 的模数的限制,常以 18 m 甚至 24 m 作为基本柱距。多跨厂房的中列柱,常因工艺要求需要"拔柱",其柱距为基本柱距的倍数,最大可达 48 m。

(3) 从经济要求考虑,柱的纵向间距的大小对结构重量影响很大。一方面柱距越大,柱及基础所用的材料就越少,但同时屋盖和吊车梁的重量又随之增加。近年来,随着压型钢板等轻型屋面材料的采用,屋盖重量大大减轻,相应的经济柱距显著增大,在一些吊车起重量较小或无吊车的大型厂房中,采用较大柱距已收到了良好的经济效果。

4.2.2.2 变形缝的布置

变形缝是温度伸缩缝、基础沉降缝和抗震缝的总称。在结构设计中,设置温度伸缩缝的目的是减小结构中因温度变化所产生的温度应力,其本质是通过伸缩缝的设置将厂房分割成伸缩变形时互不影响的温度区段。基础沉降缝的设置目的是为了避免因基础不均匀沉降对结构安全性的威胁,抗震缝则可减小地震作用对结构的不利影响。

实际设计时,三种变形缝往往互相兼任,但做法上都必须满足各自的构造要求,如当沉降缝兼任伸缩缝和抗震缝时,就必须使变形缝处的相邻柱脚间的净距离满足抗震缝的要求,以保证上部结构在地震时不会互相碰撞,而且也满足了伸缩缝的要求。

对于非地震区的厂房,只需按要求设置伸缩缝和沉降缝。温度伸缩缝的设置则以规范规定的温度区段为依据,普通钢结构厂房温度区段的最大长度如表 4-1 所示。

表 4-1   温度区段长度值

结 构 情 况	温度区段长度/m		
	纵向温度区段(垂直屋架跨度方向)	横向温度区段(沿屋架跨度方向)	
		柱顶刚接	柱顶铰接
采暖房屋和非采暖地区的房屋	220	120	150
热车间和采暖地区的非采暖房屋	180	100	125
露天结构	120	—	—

变形缝的设置主要体现在变形缝所在位置柱的布置与基础的处理。根据温度伸缩缝的构造要求和做法,温度伸缩缝处柱的布置有两种方案,即双柱法和单柱法(又称滑动支座法)。其中双柱法又有两种具体做法,一种做法是在缝的两旁直接布置两个无任何纵向构件联系的横向框架,且使温度伸缩缝的中线与定位轴线重合,伸缩缝处两边的相邻框架柱与各自一侧紧邻框架柱的距离均减小 $c/2$,厂房在相应方向的总长度不变(图 4-6(a)),另一种做法则是在伸缩缝处另外增加一个插入距 c,伸缩缝处两边的相邻框架柱与一侧紧邻框架柱的距离保持不变,但该方向厂房的总尺寸增加了 c 值(图 4-6(b))。这里的 c 值一般可取 1 m,对于重型厂房因柱的截面较大可能要放大 1.5 m 或 2 m,甚至到 3 m 方能满足伸缩缝的构造要求。这里的第二种做法,即增加插入距的做法需要增加屋面板的类型,只有在设备布置确实不允许在伸缩缝处缩小柱距的情况下才使用。此外,这两种做法均将缝两旁的柱放在同一基础上。

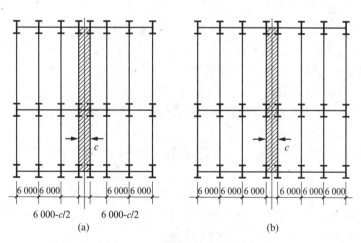

图 4-6 温度伸缩缝处柱的布置

沉降缝只有在可能出现基础不均匀沉降的情况下才予以考虑。如上所述,沉降缝只要满足伸缩缝的构造要求就可以同时起到温度伸缩缝的作用。沉降缝的布置可与伸缩缝一致,但缝两侧的基础也必须同时分开,不能连为一体,其中缝两侧柱的距离完全由上述温度伸缩缝的要求决定。

对于地震区抗震缝的布置应根据厂房刚度的变化情况或完全与伸缩缝一致的方案考虑,

但构造上必须满足抗震缝的要求,保证地震时相邻结构不会碰撞。

4.2.3　屋盖结构与支撑布置

普通单层厂房钢结构的屋盖主要由屋面板、檩条、屋架、托架、天窗架和支撑等构件组成(详见 4.4 节)。

屋架的跨度和间距取决于柱网布置。当屋架跨度较大时,为了采光和通风的需要,屋盖上常设置天窗。当柱网间距较大,超出屋面板长度时,应设置中间屋架和柱间托架,中间屋架的荷载通过托架传给柱。

根据所选用的屋面板不同分为有檩体系和无檩体系两种结构方案。具体选用时应根据建筑物使用要求,并结合结构特性、材料供应和施工条件等因素综合考虑而定。但目前多采用有檩屋盖结构方案。

1. 无檩屋盖

无檩体系则选用大型钢筋混凝土屋面板,屋面板与屋架直接连接,并通过屋面板将屋面荷载直接传到屋架节点上。相对而言,无檩屋盖屋面刚度大,但大型屋面板的自重也大,布置不够灵活。

2. 有檩屋盖

有檩体系选用轻型屋面材料,屋面荷载通过檩条传到屋架节点上,屋盖的支撑结构由檩条、拉条、撑杆、系杆和必要的支撑杆件组成。用料省、自重轻,屋架间距和跨度比较灵活,不受屋面材料限制,但屋面刚度差。

有檩屋盖结构布置的首要构件是檩条。当屋架间距小于 18 m 时,檩条可直接支承于屋架上;当屋架间距大于 18 m 时,则需要将其支承于纵横方向的次桁架或次梁上。这就意味着屋架间距将直接影响檩条的布置。此外,为减少檩条在使用和施工过程中的侧向变形和扭转,提高檩条承载力,除侧向刚度较大的空间桁架式檩条和 T 形平面桁架式檩条外,均需在檩条之间设置拉条及必要的撑杆。

(1) 檩条的形式与布置。檩条有实腹式、平面桁架式和空间桁架式三种主要形式,而实腹式檩条的应用最为普遍。檩条间距通常与屋架上弦节间距离相一致,以便与屋架节点相连。此外在屋脊处通常应设置为双檩条,以便替代刚性系杆的作用。

(2) 拉条与撑杆的布置原则。

① 檩条跨度为 4~6 m 时,至少应在跨中布置一道拉条(图 4-7(a)),跨度为 6 m 以上时,应布置两道拉条(图 4-7(b))。

② 在屋架两端及天窗架两侧(如果有天窗的话)檩条间应布置斜拉条和直撑杆,具体布置如图 4-7 所示。

这里所说的直撑杆实际为刚性压杆,其主要目的是限制檐檩的侧向弯曲,因此其长细比应符合压杆要求。此外,斜拉条的倾角不宜过小,且要用角钢或斜垫板作为衬垫固定于檩条腹板上。拉条的位置在高度方向应靠近檩条的上翼缘。

普通钢结构厂房的屋盖支撑包括上弦横向支撑、下弦横向支撑与纵向支撑、屋架竖直支撑、系杆及角隅撑等,屋盖支撑的作用与布置详见 4.4 节内容,这里仅对角隅撑的设置做如下补充:

在单层厂房钢结构屋盖支撑体系中,除上述各种支撑以外,还有一种被称为角隅撑的支撑单元。这种支撑杆通过连接檩条与屋架下弦,可以替代屋架下弦系杆或屋架下弦横向水平支撑的作用,为屋架下弦提供侧向支撑点,这种情况通常出现在屋架间距≥12 m 时的屋盖。当屋架间距过大时,屋架下弦需要设置的支撑或系杆截面往往过大,比较合理的做法就是适当加

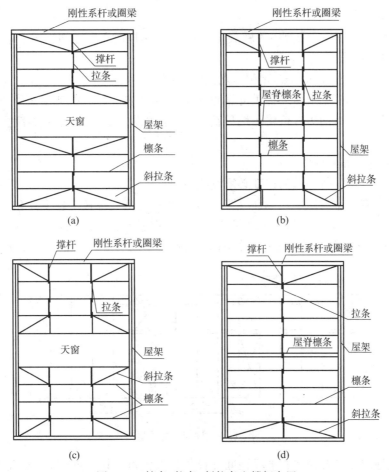

图 4-7　檩条、拉条、斜拉条和撑杆布置

强上弦平面内的支撑,并用檩条兼作支撑体系的压杆和系杆,再用角钢(即隅撑)将屋架下弦节点与檩条相连接,从而起到下弦支撑的作用。图 4-8 为一屋盖的角隅撑布置。

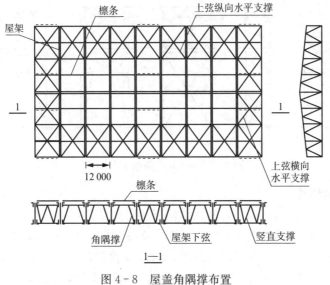

图 4-8　屋盖角隅撑布置

4.2.4 柱间支撑布置

对于一般厂房结构,除需要布置屋盖支撑以外,必须同时布置柱间支撑。

1. 柱间支撑的作用

(1) 与厂房柱形成纵向框架,增强厂房的纵向刚度。

(2) 为框架柱在框架平面外提供可靠的支撑,有效地减小柱在框架平面外的计算长度。

(3) 承受厂房的纵向力。可将山墙风荷载、吊车的纵向制动力、纵向温度内力、地震力等传至基础。

2. 柱间支撑的布置原则

(1) 对单层厂房的每一纵列柱都必须设置柱间支撑。

(2) 对于设有吊车的厂房,一般以吊车梁为分界将柱间支撑按上柱支撑和下柱支撑设置。

(3) 当温度区段≤150 m 时,可在温度区段中部设置一道下段柱间支撑;当温度区段>150 m 时,则在三分点处各设一道下段柱间支撑,且支撑的中距≤72 m(图 4 - 9)。

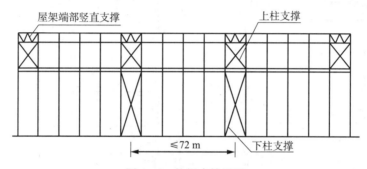

图 4 - 9 柱间支撑设置

(4) 上段柱间支撑布置在有下段柱间支撑处以及温度区段的两端,以便直接传递端墙的风荷载,并为安装提供必要的刚度。

(5) 当厂房的高度和跨度较大或有较大的吊车梁或振动设备时,山墙墙架通常至少设置一道墙架柱间支撑。支撑既可设在某两根墙架柱之间,也可各层支撑分散在不同柱间(图 4 - 10)。

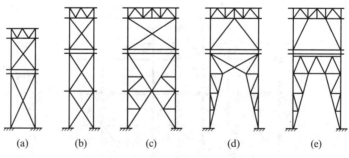

(a)   (b)   (c)   (d)   (e)

图 4 - 10 柱间支撑的常见形式

3. 柱间支撑的形式

如图 4 - 10 所示的柱间支撑是普通钢结构厂房中常见的几种形式。其中人字形和八字形适合于上段柱高度比较小的情况(图 4 - 10(d),(e))。图 4 - 10(b),(c)的下柱支撑形式可进一步减小柱的侧向计算长度。当柱间有运输、通行、放置设备等要求时,下段柱间可采用门架式柱间支撑(图 4 - 10(d),(e))。图 4 - 10(e)中的门架顶部专设一横梁,其目的是为了保证门架不承受吊车轮压荷载,以便与柱间支撑的作用和应承担的荷载(纵向水平力)相一致,设计中应予以注意。

4.2.5　墙架结构布置

墙体可分为砌体自承重墙(砖墙)、大型钢筋混凝土墙板墙体和采用各种轻型维护材料的轻型墙体。目前多采用的是非承重墙体(轻型墙体)的墙架结构,主要内容如下:

1. 纵墙墙架布置

组成纵墙墙架的基本构件是墙架柱和墙架梁,但根据墙架柱与框架柱的关系可分为两种情况。一种是厂房柱兼作墙架柱,且当厂房柱的间距≥12 m时,框架柱之间再增设墙架柱(即中间柱),使墙架柱距离为6 m(图4-11的方案Ⅰ);另一种情况是,框架柱不兼作墙架柱,所有墙架柱均根据需要另外设置,一般需要向框架柱外侧移位一段距离,使中间墙架柱的外边缘与设于框架柱外侧的墙架柱外边缘齐平(图4-11的方案Ⅱ)。

必须注意,方案中Ⅱ框架柱外侧的墙架柱应与框架相连并与框架柱支承于共同的基础上。

中间墙架柱根据不同的连接方式可分为支承式和悬吊式。支承式墙架柱的下端固定,上端则采用板铰形式与纵向托架、吊车梁辅助桁架及屋盖纵向支撑等构件连接,以保证墙架柱不承受上述纵向构件传来的竖向荷载,但可将水平风力传给制动梁或制动桁架以及屋盖纵向水平支撑。

悬吊式墙架柱则根据具体情况,将柱的上端吊挂于吊车梁辅助桁架上、托架上或顶部的边梁(边桁架)上,下端用板铰或长圆孔螺栓与基础相连,使其不向基础传递竖向力而只传递水平力。显然这种连接形式与支承式墙架柱的传力方式有较大的区别,对于轻型墙体材料多采用悬吊式墙架柱。

图4-12为一典型的纵墙墙架结构。可以看出,该墙架结构除主要的墙架构件之外,还在墙架梁之间增设了拉条、斜拉条及撑杆。此外,当纵墙开设门洞时,还需要在门洞周围设置门梁和门柱。

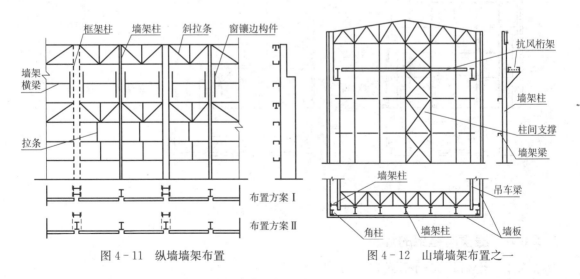

图 4-11　纵墙墙架布置　　　　　　　图 4-12　山墙墙架布置之一

2. 山墙墙架布置

山墙墙架相对纵墙墙架要复杂一些,除墙架柱(也称抗风柱)和墙架梁之外,针对不同的情况,还需要分别设置加强横梁、竖直桁架、水平面抗风桁架和柱间支撑等。设置原则为:

（1）当山墙墙架柱高度大于 15 m 时，宜设置水平抗风桁架，作为墙架柱的中间水平支承点（图 4 - 13）。且抗风桁架宜设在吊车梁上翼缘标高处，以便兼作走道。

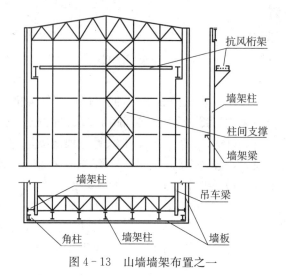

图 4 - 13　山墙墙架布置之一

（2）当山墙高度、跨度较大或有较大吊车梁或振动设备时，为保证山墙有足够的刚度，应在山墙墙架内设置一道柱间支撑。支撑可设在某两根墙架柱间，或各层支撑分散在不同柱间布置（图 4 - 13）。

（3）当山墙下部开洞且洞口宽度≤12 m 时，应在洞口上缘处加设加强横梁（图 4 - 14（a））。当洞口宽度＞12 m 时，应在洞口上方设置水平桁架（图 4 - 14（b））。

（4）当山墙下部全部敞开时，山墙墙架柱可做成悬吊式，下部固定在竖直桁架上（图 4 - 14（b））。

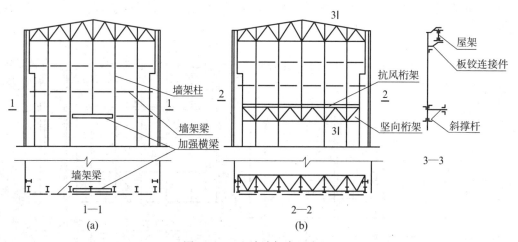

图 4 - 14　山墙墙架布置之二

4.2.6　厂房横向框架的计算

4.2.6.1　横向框架的形式和主要尺寸

1. 框架的类型

单层厂房的基本承重结构通常采用框架体系。这种体系能够保证必要的刚度，同时其净空又能满足使用上的要求。

根据横梁与柱连接的不同,框架有铰接与刚接两类,而柱与基础的连接一般采用刚接。

横梁与柱铰接的框架,横向刚度较差,常不能满足吊车使用上的要求,所以只用于厂房刚度要求不高的情况。横梁与柱刚接的框架具有良好的横向刚度,但对于支座的不均匀沉降和温度作用比较敏感,需采取防止不均匀沉降的措施。在多跨等高厂房中,由于跨数多,中间各柱与横梁做成铰接或半铰接,其横向刚度也足够大,这样可简化中间各柱与横梁的连接构造。

2. 横梁与框架柱的形式

框架横梁有实腹式和桁架式两种。实腹式横梁通常采用工字形截面,截面高度为跨度的 $1/25 \sim 1/15$。其优点是制造简单,运输方便,建筑高度小,但其用钢量大,刚度差,目前较少采用。桁架式横梁在厂房中应用最广,一般采用平行弦和梯形桁架,它与柱可做成刚接。而铰接框架则可采用三角形桁架。

框架柱按结构形式可分为等截面柱、阶形柱、和分离式柱(图 4-15):

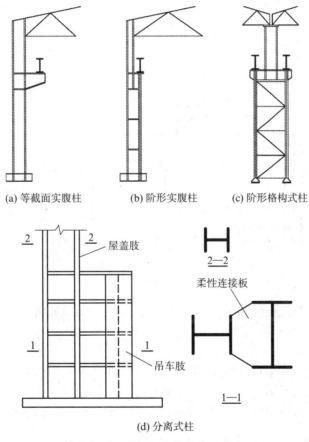

(a) 等截面实腹柱　　　(b) 阶形实腹柱　　　(c) 阶形格构式柱

(d) 分离式柱

图 4-15　单层厂房柱的典型形式

等截面柱有实腹式和格构式两种,通常采用实腹式。等截面柱将吊车梁支于牛腿上,构造简单,加工制作费用低,但吊车竖向荷载偏心大。一般适用于无吊车或吊车起重量较小的轻型厂房。

阶形柱:沿柱高度截面变化的柱。阶形柱由于吊车梁或吊车桁架支承在柱截面变化的肩梁处,荷载偏心小,构造合理,其用钢量比等截面柱节省,因而是常采用的一种形式。

分离式柱:由两根独立柱肢,分别支撑屋盖横梁和吊车梁,并由水平连接钢板沿两柱肢高将两者连接成整体的柱。分离式柱构造比较简单,制作安装方便,但用钢量比阶形柱多,厂房排架刚度比阶形柱要小,一般在厂房预留扩建时或厂房边列柱外侧设有露天吊车柱时,采用这种柱。

3. 横向框架的主要尺寸

框架的主要尺寸如图 4-16 所示。框架的跨度(或称为标志尺寸),可由下式给出:

$$L_0 = L_k + 2S \tag{4-1}$$

式中　L_k——桥式吊车的跨度,可由吊车规格手册中查得;

　　　　S——吊车梁轴线至上段柱轴线的距离。

这里的 S 应满足下列要求:

$$S = B + D + b_1/2 \tag{4-2}$$

式中　B——吊车桥架悬伸长度,可由行车样本查得;

　　　　D——吊车外缘和柱内边缘之间的必要空隙:当吊车起重量不大于 500 kN 时,不宜小
　　　　　　于 80 mm;当吊车起重量大于或等于 750 kN 时,不宜小于 100 mm;当在吊车和
　　　　　　柱之间需要设置安全走道时,则不得小于 400 mm。

S 的取值一般控制在:对于中型厂房采用 0.75 m 或 1 m,重型厂房则为 1.25 m,甚至
可达 2.0 m。

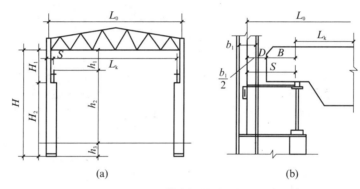

图 4-16　横向框架主要尺寸

框架柱的高度是柱地面(即混凝土基础顶面)算到桁架下弦底面:

$$H = h_1 + h_2 + h_3 \tag{4-3}$$

式中　h_3——地面至柱脚底面的距离。对于中型厂房一般为 0.8~1.0 m,重型厂房为 1.0~1.2 m;

　　　　h_2——柱脚底面至吊车轨顶的高度,由工艺要求决定;

　　　　h_1——吊车轨顶至屋架下弦底面的距离,具体可按如下表达式确定:

$$h_1 = A + 100 + (150 \sim 200)(\text{mm}) \tag{4-4}$$

这里的 A 为吊车轨道顶面至起重小车(位于起重大车顶部)顶面之间的距离;100 mm 是
为制造、安装误差留出的空隙;(150~200)mm 则是考虑屋架的挠度和下弦水平支撑角钢的下
伸等所留空隙。

4.2.6.2　横向框架的计算

1. 框架计算简图

单层厂房钢结构一般由横向框架作为承重构件的,而横向框架通常由柱和桁架(横梁)所

组成。中、重型厂房的柱脚通常做成刚接,这不仅可以削减柱段的弯矩绝对值(从而减小柱截面尺寸),而且增大横向框架的刚度。屋架与柱子的连接可以是铰接,亦可以是刚接,相应的,称横向框架为铰接框架(又称排架)或刚接框架。对一些要求较高的厂房(如设有双层吊车,装备硬钩吊车等),尤其是单跨重型厂房,宜采用刚接框架。在多跨时,特别在吊车起重量不很大和采用轻型维护结构时,宜采用铰接框架。

单层厂房钢结构实际上是一种空间结构,若按实际体系和工作情况进行结构静力计算是很繁杂的。在不影响设计精确度的前提下,实际结构中,框架计算通常采用计算单元的简化方法。该方法认为计算单元之间的框架是相互独立的,从而将整体结构简化为一个平面框架(所有纵列柱完全等距离分布)或若干个平面框架(纵列柱有抽柱的情况)计算。

横向框架计算单元指任意两个相邻柱距中线截出的一个典型区段,且各区段互相独立、互不影响。计算单元的划分原则:所取的单元应保证纵向每列柱中至少有一根柱参加单元工作;对于各列柱距均相等的厂房,只计算一个柱距的框架单元;对有抽柱的计算单元,一般以最大柱距作为划分计算单元的标准,其界限可以采用柱距的中心线。

对于由桁架式横梁和阶形柱(下部柱为格构柱)所组成的横向框架(图 4-17(a)),它的比较精确的计算简图应如图 4-17(b)所示,为了简化计算,将桁架式横梁化成为相当的实腹梁,而柱以直线代替折线,计算简图如图 4-17(c)所示。

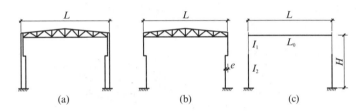

图 4-17　横向框架计算简图

假定钢屋架规格及杆件截面已经确定,则屋架的折算惯性矩 I_0 可近似地按下式计算:

$$I_0 = \kappa(A_1 y_1^2 + A_2 y_2^2) \tag{4-5}$$

式中　A_1, A_2——屋架跨中上弦杆、下弦杆截面面积;

　　　y_1, y_2——屋架跨中上弦杆重心线和下弦杆重心线至截面中性
　　　　　　　轴的距离(图 4-18);

　　　κ——考虑屋架高度变化和腹杆变形对屋架惯性矩的折减系数,
　　　　　　可按表 4-2 采用。

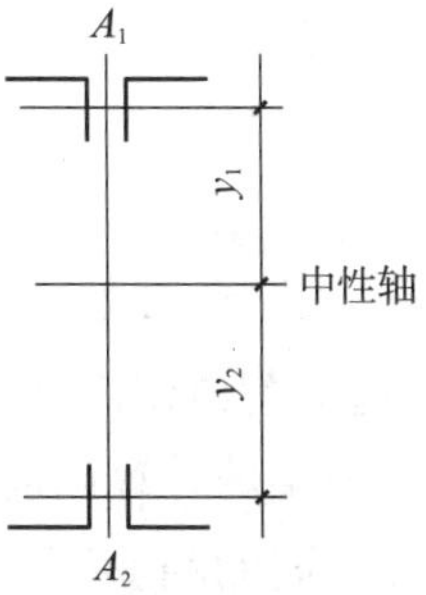

图 4-18　屋架跨中处的截面

表 4-2　　　　　　　　　　　　**屋架惯性矩折减系数 κ**

屋架上弦坡度	1/8	1/10	1/12	1/15	0
κ	0.65	0.7	0.75	0.8	0.9

在初步计算中桁架式横梁(屋架)的惯性矩 I_0 可近似地按简支屋架计算:

$$I_0 = \frac{M_{\max} h}{2f} \kappa \tag{4-6}$$

式中　$M_{\max}$——简支屋架跨中的最大弯矩;

h——屋架跨中上弦杆轴线间的距离，$h=y_1+y_2$（图 4 - 18）；

κ——考虑屋架高度变化和腹杆变形对屋架惯性矩的折减系数，可按表 4 - 2 采用；

f——钢材的设计强度。

框架柱中的格构式柱段可采用如下折算惯性矩：

$$I_c=0.9(A_1x_1^2+A_2x_2^2) \tag{4-7}$$

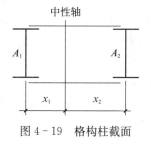

图 4 - 19　格构柱截面

式中　A_1,A_2——格构柱分肢 1 和分肢 2 的截面面积；

x_1,x_2——分肢 1 和分肢 2 的重心线到截面中性轴的距离（图 4 - 19）。

此外对于梁柱刚接的框架，若梁柱刚度比满足如下条件，除了直接作用在横梁上的垂直荷载外，横梁在框架其他荷载作用下变形很小，此时横梁可视为刚度无穷大，否则横梁按有限刚度考虑，即

$$\frac{S_{BD}}{S_{BC}}\geqslant 4 \tag{4-8}$$

式中　S_{BD}——如图 4 - 20 所示 BD 横梁在 B 端点的抗弯刚度，即当横梁 D 点固定，B 点转动单位角度时所需弯矩（仅对单个横梁而言）；

S_{BA}——BA 柱在 B 端点的抗弯刚度，即当柱 A 点固定，B 点转动单位角度时所需的弯矩（仅对单个柱而言）。

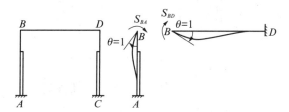

图 4 - 20　横梁和柱的抗弯刚度的确定

简化后，框架计算跨度 L：取上柱重心线间的距离 L_0 或下柱重心线间的距离 L_1 或设计跨度（有关荷载作用位置，如各柱段自重作用位置应以此为基准线进行标注）；

框架的计算高度 H：对于刚接框架，取柱脚底面（或基础顶面）至屋架下弦重心线与柱边交点之间的距离（上段柱的高度 H_1 从肩梁顶面算起）（图 4 - 21(a)）；对于铰接框架，取柱脚底面至柱顶面之间的距离（上段柱则从肩梁顶面算起）（图 4 - 21(b)）。

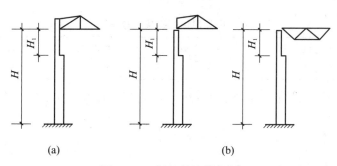

(a)　　　　　　　　(b)

图 4 - 21　框架的计算高度

2. 横向框架的荷载

厂房结构设计中任一榀框架承担的荷载有永久荷载、可变荷载及偶然荷载。

永久荷载包括屋面恒载、檩条、屋架及其他构件自重和维护结构自重,还包括结构上的管线、设备等自重。这些重量可参考有关资料、表格、公式进行计算。

可变荷载包括屋面雪荷载、风荷载、积灰荷载、屋面均布活荷载、吊车荷载、地震作用等。

雪荷载一般不与屋面均布活荷载同时考虑,积灰荷载与雪荷载或屋面均布活荷载两者中的较大者同时考虑。屋面荷载化为均布的线荷载作用于框架横梁上。

风荷载在荷载规范中详细规定,作用在屋面和天窗上的风荷载,通常只计算水平分力的作用,并把屋顶范围内的风荷载视为作用在框架横梁(屋架)轴线处的集中荷载来考虑。纵墙上的风力按荷载规范的规定计算。当无墙架时,纵墙上的风力一般作为均布荷载作用在框架柱上;有墙架时,尚应计入由墙架柱传于框架柱的集中风荷载。

吊车垂直轮压及横向水平力一般根据同一跨间、两台满载吊车运行的最不利情况考虑,对一层吊车的多跨厂房一般只考虑4台吊车的共同作用。吊车荷载的计算具体见4.3节。

施工荷载一般通过在施工中采取临时性措施予以考虑。

3. 内力分析及内力组合

根据横向框架的计算简图,初选截面后即可用结构力学中的力法、位移法、弯矩分配法或其他方法进行框架的静力计算,也可利用现成的公式、图表或计算机程序分析框架内力。

在利用适当方法计算出各类荷载作用下的框架单元内力之后,应进一步根据设计要求确定出各单元的最危险截面(或控制截面)及其可能出现的最不利内力。

1) 控制截面的确定

框架柱的控制截面也就是可能首先破坏的截面。由于柱子内力是沿柱高变化的,根据经验单阶柱一般情况下的控制截面为:上段柱顶截面Ⅰ—Ⅰ,上段柱底截面Ⅱ—Ⅱ,下段柱顶截面Ⅲ—Ⅲ,下段柱底截面Ⅳ—Ⅳ(图4-22(a))。多阶柱的控制截面则应在上述截面的基础上增加中段柱顶截面和中段柱底截面(图4-22(b))。

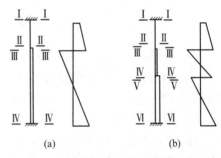

图4-22 框架柱的内力控制截面示意

2) 荷载组合

结构设计应根据使用过程中在结构上可能出现的荷载,按承载能力极限状态和正常使用极限状态,依据组合规则进行荷载效应的组合,并取最不利组合进行设计。在钢结构设计中,按承载能力极限状态计算时一般考虑荷载效应的基本组合(包括由可变效应控制的组合和由永久荷载效应控制的组合),必要时考虑荷载效应的偶然组合。

按承载能力极限状态组合时,构件和连接的基本组合一般采用简化规则由可变荷载效应组合时,可取下列简化公式中的最不利值确定:

$$S = \gamma_G S_{Gk} + \gamma_{Q_1} S_{Q_{1k}} \tag{4-9}$$

$$S = \gamma_G S_{Gk} + 0.9 \sum_{i=1}^{n} \gamma_{Q_i} S_{Q_{ik}} \tag{4-10}$$

在地震区应按照《建筑抗震设计规范》进行偶然组合。对单层吊车的厂房钢结构,当采用两台及两台以上吊车的竖向和水平荷载组合时,应根据参与组合的吊车台数及其工作制,乘以相应的折减系数。比如两台吊车组合时,对轻中级工作制吊车,折减系数为 0.9;对重级工作制吊车,折减系数取 0.95。

3) 内力组合

分别计算出上述各种荷载组合所对应的控制截面内力之后,则可以按照下面的组合原则确定各控制截面的最不利内力,组合项目为:

(1) $+M_{max}$ 与相应的 N、V(以最大正弯矩控制);

(2) $-M_{max}$ 与相应的 N、V(以最大负弯矩控制);

(3) N_{max} 与相应的 M、V(以最大轴力控制);

(4) N_{min} 与相应的 M、V(以最小轴力控制)。

柱与桁架刚接时,应对横梁的端弯矩和相应的剪力进行组合。最不利组合可分成四组:第一组组合使桁架下弦杆产生最大压力(图 4-23(a));第二组组合使桁架上弦杆产生压力,同时也使下弦杆产生拉力(图 4-23(b));第三、四组组合使腹杆产生最大拉力或最大压力(图 4-23(c)、(d))。组合时考虑施工情况,只考虑屋面恒载所产生的支座端弯矩和水平力的不利作用,不考虑有利作用。

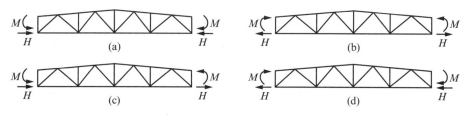

图 4-23 框架横梁端弯矩最不利组合

4. 厂房结构的变形计算

厂房结构除应考虑结构的强度和稳定性外,还需考虑结构的刚度。若厂房刚度不足造成结构侧向变形过大,就会引起吊车卡轨,或因振动过大引起工作人员不适等。同时刚度不足还会使厂房使用年限大大缩短。

对设有重级工作制吊车的厂房必须进行刚度计算,其本质是对厂房的侧向位移加以控制。厂房结构刚度计算的原则是:①位移计算采用荷载标准值。②仅考虑 1 台最大吨位吊车的横向水平荷载进行计算,且吊车梁顶面标高处的水平位移不应超过 $H/1250$,H 为框架的计算高度。③若按计算单元法所得结果不满足上述要求,则可按考虑空间作用的计算方法计算,此时吊车梁顶面标高处的水平位移计算值不应超过 $H/2000$。④对抽柱厂房则只按计算单元法计算。⑤厂房纵向刚度的控制条件为:取一台吊车纵向水平荷载的标准值,将其作用在温度区段内的纵向框架或柱间支撑(多个柱间支撑时平均承担)上,计算所产生的水平位移不应大于 $H/4000$。⑥具体计算时,应选刚度较弱的框架,并选取最大吊车最不利轮位进行计算。

4.2.7 单层厂房框架柱的设计

单层厂房框架柱的截面形式有实腹式和格构式之分,但从柱的整体形状又有等截面柱和阶形柱之别。图 4-24 为单层厂房柱的几种典型形式。

1. 柱的截面形式与主要尺寸的选定

1) 截面形式

选择柱的截面形式时,应根据柱的高度及其所承受的荷载和所需截面的大小,选择构造简单,便于制作和安装的形式。厂房柱常见截面形式如图 4 - 24 所示。其中等截面柱及阶形柱的上柱,由于受力较小,一般宜采用截面较小的实腹式截面,常用的截面形式为对称焊接工字形,如图 4 - 24(a)所示。这类焊接工字形(截面)可以直接采用宽翼缘 H 型钢代替。宽翼缘 H 型钢的翼缘宽度最宽可以做到比截面高度还要大的尺寸,完全可适用于等截面实腹式柱和阶形柱的上柱。这样可以大大减少焊接和加工的工作量。

　　阶形柱的下段柱(图 4 - 24(b)),除承受上柱的荷载外,还需承受吊车的荷载。当下柱的截面高度小于或等于 1 000 mm 时,可采用实腹式柱,其截面如图 4 - 24(b)或(c)所示。吊车荷载的翼缘通常采用轧制或焊接工字形截面,另一翼缘则常采用钢板、轧制槽钢或焊接槽形截面(图 4 - 24(b),(c))。对两侧有吊车的中柱的下段柱,一般采用图 4 - 24(d)的截面形式,其两侧翼缘一般为对称,以便柱脚处靴梁和吊车平台处肩梁的焊接。

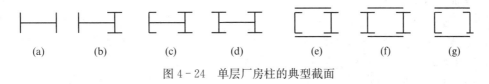

| (a) | (b) | (c) | (d) | (e) | (f) | (g) |

图 4 - 24　单层厂房柱的典型截面

　　当下柱的截面高度小于或等于 1 000 mm 时,一般采用格构式柱。常用截面形式如图 4 - 24(e),(f),(g)所示。

　　2) 主要尺寸的选定

　　厂房柱截面尺寸的选定,一方面应考虑建筑轴线、净空、吊车轮距等控制性尺寸的要求,另一方面还应考虑规范规定的厂房刚度要求以及板件局部稳定、构造要求等多种因素,并参考已有类似设计进行选定。其上段柱截面宽高比可在 0.35～0.60 间选用,下段柱宽高比可在 0.25～0.50 间选用。当无参考资料时,厂房柱的截面高度可参照表 4 - 3 选用。

表 4 - 3　　　　　　　　　　　　　　　厂房柱的截面高度

柱类别		柱高/m	无吊车厂房	轻型厂房 $Q \leqslant 30$ t	中型厂房 $Q = 50 \sim 100$ t	重型厂房 $Q = 125 \sim 250$ t	特重型厂房 $Q \geqslant 300$ t
等截面柱		$H \leqslant 10$	$(1/15 \sim 1/20)H$	$(1/12 \sim 1/18)H$			
		$10 < H \leqslant 20$	$(1/18 \sim 1/25)H$	$(1/15 \sim 1/20)H$			
		$H \geqslant 20$	$(1/20 \sim 1/30)H$				
阶型柱	上段柱	$H \leqslant 5$		$(1/7 \sim 1/10)H$	$(1/6 \sim 1/9)H$		
		$5 < H \leqslant 10$			$(1/8 \sim 1/10)H$	$(1/7 \sim 1/10)H$	$(1/6 \sim 1/9)H$
		$H \geqslant 10$			$(1/9 \sim 1/12)H$	$(1/8 \sim 1/12)H$	$(1/7 \sim 1/10)H$
	下段柱	$H \leqslant 20$		$(1/12 \sim 1/15)H$	$(1/10 \sim 1/15)H$	$(1/9 \sim 1/12)H$	$(1/8 \sim 1/10)H$
		$20 < H \leqslant 30$		$(1/12 \sim 1/18)H$	$(1/10 \sim 1/15)H$	$(1/9 \sim 1/12)H$	
		$H \geqslant 30$		$(1/15 \sim 1/20)H$	$(1/12 \sim 1/18)H$	$(1/10 \sim 1/15)H$	

　　注: H—柱的全高;H_1—阶型柱的上段柱高。

　　3) 柱的容许长细比及计算原则

　　(1) 实腹柱、格构柱(整体及柱分肢)的长细比 $\lambda(\lambda = H_0/i)$ 不应超过 150,实际工程中可按柱身高度及荷载大小在 60～100 之间选用。计算长细比时,柱高取柱的计算长度(按上述要求分段计算),并应分别核算平面内、外两个方向的长细比 λ_x 和 λ_y。

(2) 计算格构式柱的长细比时,应分别计算柱整体的长细比(对截面虚轴应按有关公式计算换算长细比)及分肢长细比。

(3) 格构式柱缀件采用缀条时,其分肢长细比 λ_1 应不大于构件两个方向长细比(对虚轴应按换算长细比计算)中较大值 λ_{max} 的 0.7 倍;当缀件为缀板时,λ_1 不应大于 40 及 λ_{max} 的 0.5 倍(当 $\lambda_{max} < 50$ 时,λ_{max} 取 50),即 $\lambda_1 < \min(40, 0.5\lambda_{max})$。

2. 柱的设计计算步骤

1) 确定设计计算的基本条件

(1) 柱的特征和类型(如实腹柱、格构柱、边柱、中柱等);计算假定与计算模型(如铰接或刚接);主要连接节点(肩梁、柱脚等)构造;对柱的侧向支撑等。

(2) 确定控制截面(验算截面)位置,并由内力计算结果确定各截面的最不利内力组合。

2) 截面特征计算

截面特征参数包括:截面面积 A(净截面面积 A_n),惯性矩 I_x,I_y,截面模量 W_x(净截面模量 W_{nx},W_{ny}),最大受压翼缘截面模量 W_{1x} 及回转半径 i_x,i_y 等。对阶形柱需计算各段柱截面特征,对格构式柱还需计算分肢截面的有关特征。

3) 确定柱的计算长度

(1) 等截面柱。单层厂房等截面柱在框架平面内的计算长度可按下式计算(一般按有侧移框架考虑):

$$H_0 = \mu H \tag{4-11}$$

式中　H——框架柱的计算高度。当柱顶与屋架铰接时,取柱脚底面至柱顶面的高度;当柱顶与屋架刚接时,可取柱脚底面至屋架下弦重心线之间的高度。

　　　μ——计算长度系数,按横梁线刚度 I_0/L 与柱线刚度 I/H 的比值 K_0 确定,具体数值见表 4-4。其中 I_0 为横梁(屋架)的惯性矩,对桁架式屋架,应将屋架跨中最大截面的惯性矩按屋架上弦不同坡度乘以下列折减系数:

　　　　当屋架上弦坡度为 1/10~1/8　　　取 0.65~0.7

　　　　　　　　　　　　　1/15~1/12　　　取 0.75~0.8

　　　　　　　　　　　　　0　　　　　　　取 0.9

I 为柱截面惯性矩,对格构式柱应乘以折减系数 0.9,L 为屋架跨度。

表 4-4　　　　　　　　　　　　有侧移排架等截面柱的计算长度系数 μ

框架类型	柱与基础连接方法	横梁与柱线刚度比 K_0												
		0	0.05	0.1	0.2	0.3	0.4	0.5	1.0	2.0	3.0	4.0	5.0	>10
有侧移	刚性固定	2.03	1.83	1.70	1.52	1.42	1.35	1.30	1.17	1.10	1.07	1.06	1.05	1.03
	铰接	∞	6.02	4.46	3.42	3.01	2.78	2.64	2.33	2.17	2.11	2.08	2.07	2.03

注:1. 当屋架(横梁)的远端为铰接时,应将横梁或屋架的线刚度乘以 0.5;当屋架横梁远端为嵌固时,则应乘以 2/3。

　　2. 当屋架(横梁)两端与柱铰接时,取横梁线刚度为零,也即 $K_0 = 0$。

　　3. 当与柱刚性连接的横梁所受轴心压力 N_b 较大时,横梁线刚度应乘以折减系数 α_N;当横梁远端与柱刚接时,$\alpha_N = 1 - \dfrac{N_b}{4N_{Eb}}$;当横梁远端与柱铰接时,$\alpha_N = 1 - \dfrac{N_b}{N_{Eb}}$;当横梁远端与柱嵌固时,$\alpha_N = 1 - \dfrac{N_b}{2N_{Eb}}$。

　　$N_{Eb} = \dfrac{\pi^2 E I_b}{L^2}$,其中,$I_b$ 为横梁截面惯性矩,E 为钢材的弹性模量。

(2) 单阶柱。对于下端刚性固定于基础上的单阶柱,其上段柱和下段柱的计算长度分别按下式计算：

$$H_{01} = \mu_1 H_1, \qquad H_{02} = \mu_2 H_2 \qquad (4-12)$$

式中　H_1——上段柱高度；当柱与屋架（横梁）铰接时，取肩梁顶面至柱顶面高度；当柱与屋架刚接时，取肩梁顶面至屋架下弦杆件重心线之间的柱高度；

　　　H_2——下段柱高度；取柱脚底面至肩梁顶面之间的柱高度；

　　　μ_1——上段柱计算长度系数，按下式计算

$$\mu_1 = \frac{\mu_2}{\eta_1} \qquad (4-13)$$

　　　μ_2——下段柱计算长度系数；当柱上端与屋架铰接时，根据上段柱与下段柱的线刚度比 $K_1 = I_1 H_2 / I_2 H_1$ 和参数 $\eta_1 = H_1/H_2 \times \sqrt{N_1 I_2 / N_2 I_1}$，按附录 D 中附表 D-3（柱上端为自由的单阶柱）的数值乘以厂房空间工作折减系数（表 4-5）；当柱上端与屋架刚接时，等于按附录 D 中附表 D-4（柱上端可移动但不转动的单阶柱）的数值乘以表 4-5 的折减系数。这里，I_1，N_1，I_2，N_2 分别是上段柱和下段柱的惯性矩及最大轴向压力。

表 4-5　　　　　　　　　　单层厂房阶型柱计算长度折减系数

厂房类型				折减系数
单跨或多跨	纵向温度区段内一个柱列的柱子数	屋面情况	厂房两侧是否有通长的屋盖纵向水平支撑	
单跨	等于或少于 6 个			0.9
	多于 6 个	非大型钢筋混凝土屋面板的屋面	无纵向水平支撑	
			有纵向水平支撑	0.8
		大型钢筋混凝土屋面板的屋面	—	
多跨	—	非大型钢筋混凝土屋面板的屋面	无纵向水平支撑	
			有纵向水平支撑	0.7
		大型钢筋混凝土屋面板的屋面	—	

（3）双阶柱。上段柱、中段柱、下段柱的计算长度分别为：

$$H_{01} = \mu_1 H_1, H_{02} = \mu_2 H_2, H_{03} = \mu_3 H_3 \qquad (4-14)$$

式中　H_1——上段柱高度，与单阶柱上段柱高度取法相同；

　　　H_2——中段柱高度，取下段柱肩梁顶面至上段柱底（肩梁顶面）之间的距离；

　　　H_3——下段柱高度，与单阶柱的下段柱高度取法相同；

　　　μ_1——上段柱的计算长度系数，按下式计算：

$$\mu_1 = \mu_3 / \eta_1 \qquad (4-15)$$

　　　μ_2——中段柱的计算长度系数，按下式计算：

$$\mu_2 = \mu_3 / \eta_2 \qquad (4-16)$$

　　　μ_3——下段柱的计算长度系数，当柱上端与屋架铰接时，根据上段柱与上段柱与下段柱的线刚度比 $K_1 = I_1 H_3 / I_3 H_1$、中段柱与下段柱的线刚度比 $K_2 = I_2 H_3 / I_3 H_2$ 和参数

$\eta_1 = H_1/H_3 \times \sqrt{N_1 I_3/N_3 I_1}$、$\eta_2 = H_2/H_3 \times \sqrt{N_2 I_3/N_3 I_2}$，按附录 D 中附表 D-5（柱上端为自由的双阶柱）的数值乘以厂房空间工作折减系数（表 4-5）；当柱上端与屋架刚接时，根据 K_1，K_2 及 η_1，η_2 按附录 D 中附表 D-6（柱上端可移动但不转动的双阶柱）的数值乘以表 4-5 的折减系数。其中 N_1，N_2，N_3 分别为上柱、中柱、下柱的轴心力，可按最大轴心力的荷载组合取用，I_1，I_2，I_3 分别为上柱、中柱、下柱的截面惯性矩，当为格构式柱时，其计算的截面惯性矩应乘以折减系数 0.9。

柱在框架平面外（沿厂房长度方向）计算长度的确定，应取阻止框架平面外位移的侧向支承点之间的距离，柱间支撑的节点是阻止框架柱在框架平面外位移的可靠侧向支承点，与此节点相连的纵向构件（如吊车梁、制动结构、辅助桁架、托架、纵梁和刚性系杆等）也可视为框架柱的侧向支撑点。

对于下端刚性固定于基础上的等截面柱，其平面外的计算长度取柱脚底面至屋盖纵向支撑或纵向构件支承节点处的柱高度，当设有吊车梁及柱间支撑的等截面框架柱，其框架平面外的计算长度取柱脚底面至吊车梁底面之间的柱高度。

阶形柱在平面外的计算长度：当设有吊车梁和柱间支撑而无其他纵向支承构件时，上段柱的计算长度可取吊车梁制动结构与柱连接节点，也即吊车梁的顶面。对于双阶柱为上层吊车顶面处至屋盖纵向水平支撑节点处或托架支座处的柱高度，双阶柱的中段柱在排架外的计算长度，可取下层吊车梁顶面至上部肩梁顶面之间的柱高度。

3. 柱截面计算（本节计算具体公式见上册《钢结构设计原理》）

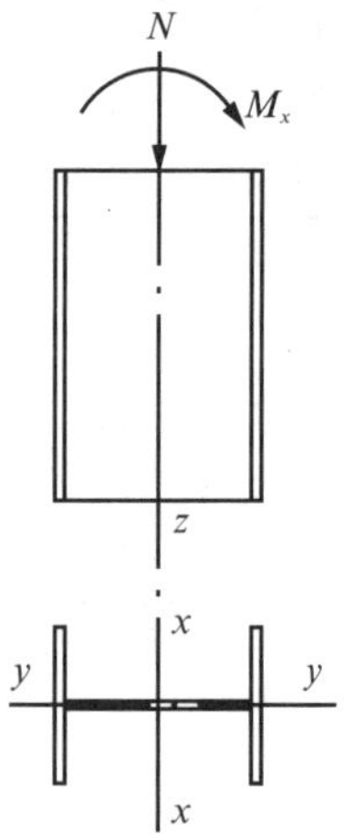

1）实腹式等截面框架柱（图 4-25）

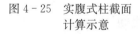

在一般情况下均系单向压弯构件，其弯矩作用在框架平面内。对于这类柱应进行截面强度计算、平面内和平面外的稳定计算。

（1）强度应按下式计算：

$$单向偏心：\frac{N}{A_n} \pm \frac{M_x}{\gamma_x W_{nx}} \leqslant f \tag{4-17}$$

$$双向偏心：\frac{N}{A_n} \pm \frac{M_x}{\gamma_x W_{nx}} \pm \frac{M_y}{\gamma_y W_{ny}} \leqslant f \tag{4-18}$$

（2）平面内的稳定应按下式计算：

$$\frac{N}{\varphi_x A} + \frac{\beta_{mx} M_x}{\gamma_x W_{1x}\left(1 - 0.8\dfrac{N}{N'_{Ex}}\right)} \leqslant f \tag{4-19}$$

图 4-25　实腹式柱截面
　　　　计算示意

（3）平面外的稳定应按下式计算：

$$\frac{N}{\varphi_y A} + \eta\frac{\beta_{tx} M_x}{\varphi_b W_{1x}} \leqslant f \tag{4-20}$$

（4）格构式柱在框架平面内的整体稳定应按下列公式计算：

$$\frac{N}{\varphi_x A} + \frac{\beta_{mx} M_x}{W_{1x}\left(1 - \varphi_x\dfrac{N}{N'_{Ex}}\right)} \leqslant f \tag{4-21}$$

在框架平面外的整体稳定可不必计算，但应计算分肢的稳定。

（5）在计算格构式柱分肢的稳定时,分肢的轴心力可按图 4-
26 中的计算简图计算:

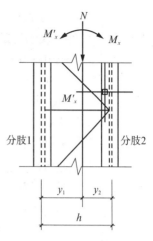

$$对于分肢 1 \quad N_1 = \frac{Ny_2}{h} + \frac{M'_x}{h}$$

$$对于分肢 2 \quad N_2 = \frac{Ny_1}{h} + \frac{M_x}{h}$$

式中　N_1, N_2——分肢 1、分肢 2 的轴心力;

　　　　M_x——使分肢 2 受压的弯矩;

　　　　M'_x——使分肢 1 受压的弯矩;

　　　　y_1, y_2——由虚轴 x 至分肢 1 重心线和分肢 2 重心线的
　　　　　　　距离。

　　分肢一般为轴线受压构件,可不必进行强度计算,仅需按下
式进行稳定计算:

图 4-26　格构式柱分肢的
　　　　内力计算示意

$$\frac{N_i}{\varphi A_i} \leqslant f \tag{4-22}$$

式中　N_i——分肢 1 或分肢 2 的轴心力;

　　　　φ——分肢的轴心受压稳定系数;

　　　　A_i——相应于分肢 1 或分肢 2 的截面面积。

　　（6）当吊车梁为突缘支座时,其支反力沿吊车肢轴线传递,吊车肢按承受轴心压力 N_1 计
算单肢的稳定性。

　　当吊车梁支座为平板式时,应考虑由于相邻两吊车梁支座反力之差$(\Delta R = R_2 - R_1)$所产生
的框架平面外弯矩 M_y,如图 4-27 所示。此时,吊车肢为压弯构件,应按压弯构件进行计算。

$$M_y = (R_2 - R_1)e \tag{4-23}$$

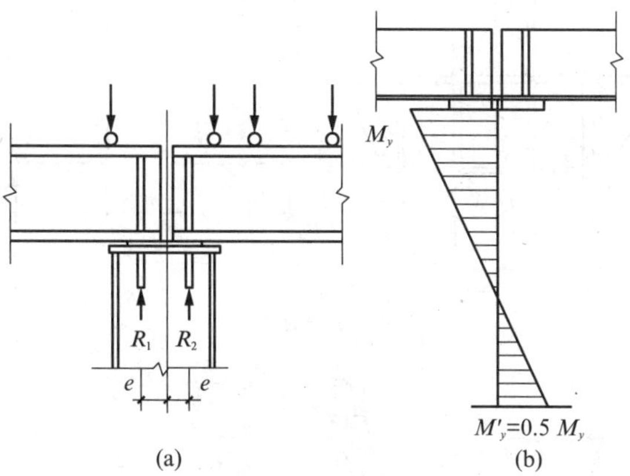

图 4-27　吊车梁的弯矩 M_y 计算示意图

式中　e——柱轴线至吊车梁支座加劲肋的距离;

　　　　R_1, R_2——相邻两吊车梁的支座反力;

　　　　M_y——全部由吊车肢承受,其沿柱高方向弯矩的分布可近似地假定在吊车梁支承处为

　　　　　　　铰接,在柱底部为刚性固定,因此下端弯矩 $M'_y = -\frac{1}{2}M_y$。吊车肢按实腹式压

弯杆验算在弯矩 M_y 作用平面内(即框架平面外)的稳定性。

4. 受压板件的局部稳定性验算

柱截面在承载中各受压板件(包括实腹柱的翼缘和腹板及格构柱分肢的截面板件)的局部稳定性可根据整个柱身(实腹柱和格构柱分肢)的受力情况:轴压或压弯,分别按《钢结构设计规范》中的有关规定,通过对各板件宽厚比 b/t 或 h_0/t_w 的验算得到保证。

当I形截面及箱形截面柱的腹板高厚比不满足要求时,一方面可在腹板两侧成对配置纵向加劲肋予以加强,且满足条件:外伸宽度 $b_s \geqslant 10t_w$,厚度 $t_s \geqslant 0.75t_w$;另一方面可以只考虑腹板两侧的有效截面(即腹板计算高度边缘范围内两侧宽度各为 $20t_w\sqrt{235/f_y}$ 的部分)参与工作,再对整个构件进行强度和稳定性验算。但构件稳定系数的计算仍按全截面考虑。

4.2.8　阶形柱变截面处的构造

阶形柱变截面处是上、下段柱连接和支承吊车梁的重要部位,必须具有足够的强度和刚度。阶形柱的吊车梁支承平台,也称为肩梁,是由上盖板、下盖板、腹板以及垫板组成的。肩梁的作用主要是将上、下段柱连成整体,实现上、下段柱的内力传递,保证不产生转角和位移,此外解决了吊车梁、制动梁和柱的连接。一般下段柱的截面高度比较大,常做成格构式,需要在下段柱的上端做一个具有足够刚度的肩梁来承受上段柱的内力,同时又作为吊车梁的承托。

肩梁有单壁式和双壁式两种。单壁式肩梁采用图示的单腹板式(图 4-28),这种结构具有构造简单、用钢量省、施工方便的特点,普遍应用于实腹式和格构式阶形柱中。仅当单腹板式不能满足承载要求时,才采用双腹板式肩梁(图 4-29)。双壁式肩梁的上下和左右两侧均有盖板封闭,形成箱型结构,这种结构施焊较困难,用钢量又较多。

1. 柱肩梁的计算和构造

(1)单壁式肩梁可近似按简支梁计算(图 4-28),按照作用于上段柱截面的最不利内 M_x,N,可求得肩梁跨中的最大弯矩(图 4-28):

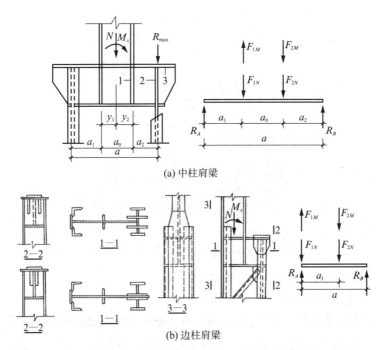

(a) 中柱肩梁

(b) 边柱肩梁

图 4-28　单腹板式肩梁构造与计算模型

中柱肩梁：

$$M_{max} = R_B a_2 \text{ 或 } R_A a_1 \qquad (4-24a)$$

边柱肩梁：

$$M_{max} = R_A a_1 \qquad (4-24b)$$

最大剪力可按下式确定

对于平板支座：

$$V_{max} = \max(R_A, R_B) \qquad (4-25a)$$

对于突缘支座：

$$V_{max} = R_B + 0.6 R_{max} \qquad (4-25b)$$

这里的 R_A，R_B 为肩梁支座反力，如图 4-28 所示计算模型中的等效集中荷载 F_{1N}，F_{2N}，F_{1M}，F_{2M} 共同作用下的受力条件确定，其中

$$F_{1N} = \frac{Ny_2}{a_0}, \quad F_{2N} = \frac{Ny_1}{a_0} \qquad (4-26)$$

$$F_{1M} = F_{2M} = \frac{M_x}{a_0} \qquad (4-27)$$

式中，R_{max} 为肩梁支承吊车梁的突缘支座传至肩梁的最大压力。

如图 4-29 所示双腹板式肩梁的内力计算模型与图 4-28(a) 相同。

(2) 肩梁截面验算。根据上述确定的肩梁内力（最大弯矩和剪力）应对肩梁截面作如下验算：

抗弯强度　$\sigma = \dfrac{M_{max}}{\gamma W_n} \leqslant f \qquad (4-28)$

抗剪强度　$\tau = \dfrac{V_{max} S}{I t_w} \leqslant f_v \qquad (4-29)$

当 $\sigma > 0.75f$ 时，尚应对腹板计算高度边缘处做如下验算：

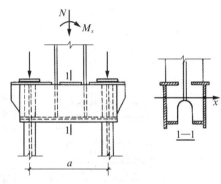

图 4-29　双腹板式肩梁构造

$$\sigma_e = \sqrt{\sigma^2 + 3\tau^2} \leqslant f \qquad (4-30)$$

式中　W_n——肩梁净截面模量（其中肩梁的上下翼缘即盖板宽度取为上柱翼缘宽度，截面高度一般为下段柱截面高度的 $0.4 \sim 0.6$）；

S——为截面形心处面积矩；

I——截面惯性矩；

t_w——肩梁腹板厚度。

且应注意到，当吊车梁采用突缘支座并轮压较大时，肩梁腹板应伸过吊车肢腹板并兼作支承加劲肋用（图 4-28），此时除按上述要求设计计算外，厚度 t_w 应满足如下条件（局部承压条件）：

$$t_w \geqslant \frac{R_{max}}{(b + 2t_1) f_{ce}} \qquad (4-31)$$

式中　b——吊车梁端加劲板宽度；

t_1——肩梁上盖板与垫板厚度之和；

f_{ce}——腹板钢材的局部强度设计值；

R_{max}——吊车梁支座传至肩梁的最大压力（一般为突缘支座）。

当按该承压计算条件确定的肩梁腹板厚度大于按强度计算要求的数值时，为节省钢材，肩

梁腹板在梁端局部承压区可采用局部加厚的变截面构造;对吊车荷载很大或有特别繁重硬钩吊车的重型厂房柱,其吊车肢在肩梁范围内的腹板也可局部加厚。

当吊车梁采用平板支座时,吊车肢顶部加劲肋布置应与吊车梁支承加劲肋相对应(图 4 - 28(b)中的剖面 1—1 和 2—2),加劲肋上端刨平顶紧,并以吊车梁最大反力 R_{max} 计算其承压面积。

(3) 连接焊缝计算。肩梁节点的水平焊缝 3(图 4 - 28(a))的长度可按吊车梁最大反力 R_{max} 设计。主要承压焊缝 1 可按传递力 $F_{2N}+F_{2M}$ 计算(确定焊缝的焊脚尺寸);突缘支座时,应对焊缝 2 按传递剪力 V_{max}(由式(4 - 25(b))确定)计算。

4.2.9　单层厂房框架柱的柱脚设计

柱脚的作用是将柱的下端固定于基础,并将柱身所受的内力传给基础。普通钢结构厂房的柱脚按构造形式可分为整体式柱脚(图 4 - 30,图 4 - 31(a))、分离式柱脚(图 4 - 31(b))和埋入式柱脚(图 4 - 32)。一般实腹式柱应采用整体式柱脚,格构式柱多采用分离式柱脚,当施工安装有保证时可采用柱肢埋入基础杯口式柱脚。

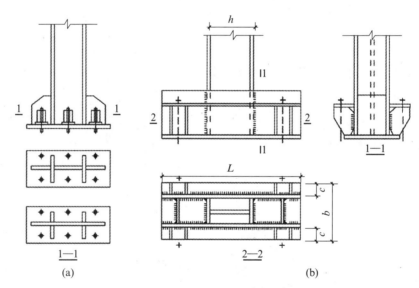

图 4 - 30　实腹柱的刚接柱脚

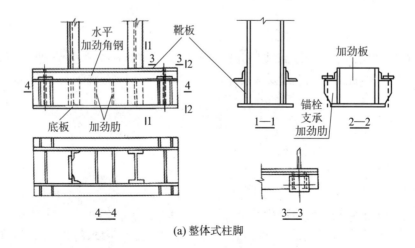

(a) 整体式柱脚

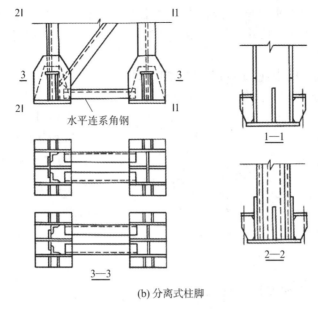

(b) 分离式柱脚

图 4 - 31　格构式柱的柱脚构造

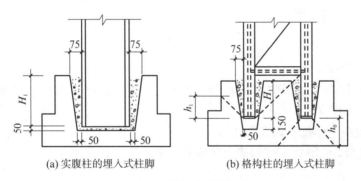

(a) 实腹柱的埋入式柱脚　　　(b) 格构柱的埋入式柱脚

图 4 - 32　埋入式柱脚构造

1. 实腹柱的铰接柱脚计算

实腹柱的柱脚有铰接和刚接两种形式。铰接柱脚只传递轴心压力和剪力,计算方法与一般轴心受压柱的柱脚及分离式柱脚的单个柱脚相同。柱脚所承受的剪力往往通过一定的抗剪措施来满足要求,参见第 3 章 3.4.2 节。

2. 实腹柱的刚接柱脚构造与计算

1) 基本构造与假定

对于设有桥式吊车的普通钢结构厂房或跨度较大的钢结构厂房,大多采用的是刚接柱脚。刚接柱脚的特点是承受轴力和弯矩的共同作用,因此一般应至少有 4 个锚栓对称布置在轴线两侧并保证对主轴有较大的距离。此外,为使柱脚具有足够的刚度,需将底板用加劲肋和靴梁加强。

与铰接柱脚不同,刚接柱脚除传递轴力和水平剪力外,还要承受弯矩的作用。轴向力由底板传递,弯矩由锚栓和底板共同承受,水平剪力一般可由底板与基础表面混凝土的摩擦力传递,当剪力较大、摩擦力不能有效承受剪力时(一般规定当水平剪力 $V > 0.4N$ 时),可通过在底板底部采取一定的抗剪构造(如抗剪键)措施承受和传递水平剪力。

为保证该柱脚与基础能形成可靠的刚性连接,柱脚螺栓未直接固定于底板,而是固定在肋板上面的水平板上。为了便于安装，螺栓不宜穿过底板，且水平板上螺栓孔的直径应是螺栓直径的 $1.5\sim2.0$ 倍，待柱子就位并调整到设计位置后，再用垫板套住螺栓并与水平板焊牢，垫板上的孔径比螺栓直径大 $1\sim2$ mm。

根据柱脚的构造与组成，应对刚接柱脚做如下计算：

2）底板尺寸的确定

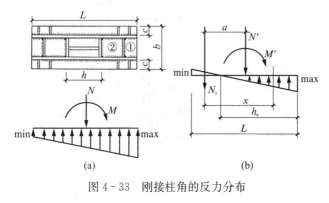

（1）平面尺寸的确定。对于如图 4-33 所示的刚接柱脚，其底板的宽度 b 通常可根据构造要求确定，即：

$$b = 2c + 2t + b_0 \tag{4-32}$$

式中　c——底板悬伸长度，一般可取 $20\sim30$ mm；

　　　t——柱脚靴梁厚度或其他横向构件尺寸；

　　　b_0——下柱截面宽度。

图 4-33　刚接柱角的反力分布

按照如图 4-33 所示柱脚底板所受基础反力的分布形式，底板长度 L 应由如下基础混凝土的抗压强度条件确定，即

$$\sigma_{max} = \frac{N}{bL} + \frac{6M}{bL^2} \leqslant f_c \tag{4-33}$$

式中　M,N——柱脚所承受的最不利弯矩和轴心压力（根据框架中最大轴心力的组合来确定）；

　　　f_{ce}——混凝土的抗压强度设计值。

b,L 确定之后，可由式（4-27）确定底板另一侧的最小应力，即：

$$\sigma_{min} = \frac{N}{bL} - \frac{6M}{bL^2} \tag{4-34}$$

当上述最小应力值为负时，底板的应力分布则成为图 4-33(b)所示形式。

（2）底板厚度的确定

由以上两式计算的应力值即决定了整个底板的应力分布，并可由底板的压应力所产生的最大弯矩 M_{max} 确定底板厚度。底板的厚度 t 按下式计算：

$$t \geqslant \sqrt{\frac{6M}{f}} \tag{4-35}$$

底板的厚度由板的抗弯强度决定。可以把底板看作是一块支承在靴梁、隔板、肋板和柱端的平板，承受从基础传来的均匀反力。靴梁、隔板、肋板和柱端面看作是底板的支承边，并将底板分成不同支承形式的区格。在均匀分布的基础反力作用下，各区格单位宽度上最大弯矩为：

对于四边支承板

$$M = \beta_1 \sigma a_1^2 \tag{4-36}$$

式中　σ——计算区格内底板下的均布反力；

β_1——与 b_1/a_1 有关的参数,按表 4-6 采用;

a_1,b_1——计算区块的短边和长边。

对于三边支承板或两相邻边支承板:

$$M_2 = \beta_2 \sigma a_2^2 \tag{4-37}$$

式中　β_2——与 b_2/a_2 有关的参数,按表 4-7 采用;

a_2——计算区块内板的自由边长度,对于直角边支承板应按表 4-7 采用。

对于简支板:

$$M = \frac{1}{8} \sigma a_3^2 \tag{4-38}$$

式中,a_3 为简支板的跨度。

对于悬臂板:

$$M = \frac{1}{2} \sigma a_4^2 \tag{4-39}$$

式中,a_4 为底板的悬臂长度。

表 4-6　　　　　　　　　四边支承板弯矩系数参数 β_1

$\dfrac{b_1}{a_1}$	1.0	1.1	1.2	1.3	1.4	1.5	1.6
β_1	0.048	0.055	0.063	0.069	0.075	0.081	0.086
$\dfrac{b_1}{a_1}$	1.7	1.8	1.9	2.0	3.0	≥4	
β_1	0.091	0.095	0.099	0.102	0.119	0.125	

表 4-7　　　　　　三边支承板及两相邻边支承板弯矩系数参数 β_2

(a) 三边支承板 $\dfrac{b_2}{a_2}$	0.3	0.4	0.5	0.6	0.7	0.8	0.9	1.0
β_2	0.027	0.044	0.060	0.075	0.087	0.097	0.105	0.112
(b) 两相邻边支承板 $\dfrac{b_2}{a_2}$	1.1	1.2	1.3	1.4	1.5	1.75	2.0	>2
β_2	0.117	0.121	0.124	0.126	0.128	0.130	0.132	0.133

(3) 构造要求。底板厚度尚应满足构造要求,即不应小于 20 mm,亦不宜大于 40 mm,当

底板面积较大时，为便于施工底板下的二次浇灌层，可在底板上开设直径为 100 mm 的排气孔，排气孔间的距离可采用 600~800 mm。

3）锚栓的计算

图 4 - 33（b）为柱脚底板产生拉应力时的应力分布。当最小应力出现负值时，说明底板与基础之间产生拉应力。由于底板和基础之间不能承受拉应力，此时拉应力的合力由锚栓承担。根据对混凝土受压区压应力合力作用点的力矩平衡条件 $\sum M = 0$，可得锚栓拉力为：

$$N_t = \frac{M' - N'(x - a)}{x} \qquad (4 - 40)$$

根据图 4 - 33（b）的几何关系，式中的 x 可由下式确定，即

$$x = L - \left(\frac{h_c}{3} + \frac{L}{2} - a\right) = a + \frac{L}{2} - \frac{h_c}{3} \qquad (4 - 41)$$

式中的 h 可按下式计算：$\qquad \dfrac{h_c}{\sigma_{max}} = \dfrac{L - h_c}{\sigma_{min}}$

式中，a 为受拉锚栓栓至轴力作用点（一般与柱截面形心重合）的距离。

式（4 - 40）确定的拉力 N，即可计算出一侧锚栓栓所需的有效面积，进而根据所选锚栓栓直径得到所需要的螺栓数。即所需要的螺栓有效面积为

$$A_e \geqslant \frac{N_t}{f_t^b} \qquad (4 - 42)$$

锚栓直径不小于 20 mm。锚栓下端在混凝土基础中用弯钩或锚板锚固，保证锚栓在拉力作用下不被拔出。锚栓承托肋板按悬臂梁设计，高度一般不小于 350~400 mm。

4）靴梁、隔板、肋板及其连接焊缝的计算

对于图 4 - 30（b）所示刚性柱脚，靴梁厚度不宜小于 10 mm，其长度则与底板尺寸协调。靴梁高度由柱身与靴梁连接焊缝所需长度而定，但不宜小于 450 mm。一般靴梁与柱身的连接共有 4 条传力缝，按构造要求先假定焊脚尺寸 h_f，则可由下式得到连接焊缝长：

$$L_w \geqslant \frac{N_1}{2 \times 0.7 h_f f_f^w} \qquad (4 - 43)$$

$$N_1 = \frac{N}{2} + \frac{M}{h} \qquad (4 - 44)$$

式中，h 为柱截面高度。

于是可得到靴梁的高度为 $h_w = L_w + 10$ mm，按照构造要求，该数值不宜超过 $60 h_f$，如求出的高度过大或过小（不低于锚栓支承加劲肋顶板高度），可适当调整焊脚尺寸 h_f，但 h_f 也不应大于被连接板件厚度的 1.2 倍。这里的 N_1 则为该柱肢所承受的最大轴压力。以上条件也同时保证了柱身与靴梁的竖向连接焊缝的强度满足要求。

靴梁按双悬臂简支梁验算截面强度，荷载按底板上不均匀反力的最大值计算。

隔板应具有一定的刚度，才能支承底板和侧向支撑靴梁的作用。其横向隔板的厚度不宜小于 10 mm，且不应小于板长的 1/50，一般可比靴梁厚度略小些。隔板高度可根据如图 4 - 34

（b）所示计算模型，由隔板与靴梁竖向连接焊缝所需要的焊缝长度确定，即

$$L_{\mathrm{W}l} = \frac{(a_1 + 0.5a_0)b_0\sigma_{\mathrm{c}}}{2 \times 0.7h_{\mathrm{f}}f_{\mathrm{f}}^{\mathrm{w}}} \tag{4-45}$$

于是可得到隔板高度　　　　　　　　$h_{\mathrm{W}l} = L_{\mathrm{W}l} + 10\ \mathrm{mm} \tag{4-46}$

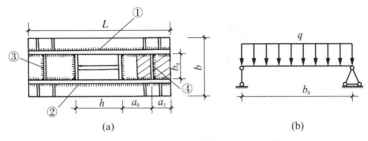

图 4 - 34　刚性柱脚计算模型与焊缝设置

隔板按支承在靴梁侧边的简支梁计算，计算简图如图 4 - 34（b）所示，承受由底板传来的基础反力作用，所受线分布力可取图 4 - 34（a）中阴影范围的数值，且按该范围的最大应力或平均应力计算，具体为

$$q = (a_1 + 0.5a_0)\sigma_{\mathrm{c}} \tag{4-47}$$

根据其承受的荷载，计算隔板与底板之间的连接焊缝（隔板内侧不易施焊，仅有外侧焊缝）、验算隔板的强度、计算隔板与靴梁之间的焊缝。

4.3　吊车梁设计

吊车梁是工业厂房中支承桥式或梁式电动吊车、壁行吊车以及其他类型吊车的构件。现行国家标准《起重机设计规范》（GB/T 3811—2008）将吊车工作级别划分为 A1～A8 级。一般情况下，轻级工作制相当于 A1～A3 级；中级工作制相当于 A4、A5 级；重级工作制相当于 A6～A7 级，A8 级属于超重级。

4.3.1　吊车梁系统结构组成

吊车梁系统的结构通常是由吊车梁（或吊车桁架）、制动结构、辅助桁架（视吊车吨位、跨度大小确定）及支撑（水平支撑和垂直支撑）等构件组成。

根据吊车梁所受荷载作用，对于吊车额定超重量 $Q \leqslant 30\ \mathrm{t}$，跨度 $l \leqslant 6\ \mathrm{m}$，工作级别为 A1-A5 的吊车梁，可采用加强上翼缘的办法，用来承受吊车的横向水平力，做成如图 4 - 35（a）所示的单轴对称工字形截面。

当吊车额定起重量和吊车梁跨度再大时，常在吊车梁的上翼缘平面内设置制动梁或制动桁架，用以承受横向水平荷载。例如图 4 - 35（b）所示为一边列柱上的吊车梁，它的制动梁由吊车梁的上翼缘、钢板和槽钢组成。

当吊车额定起重量和吊车梁跨度再大时，常在吊车梁的上翼缘平面内设置制动梁或制动桁架，用以承受横向水平荷载。例如图 4 - 35（c）、（d）所示为设有制动桁架的吊车梁，由两角钢和吊车梁的上翼缘构成制动桁架的二弦杆，中间连以角钢腹杆。图 4 - 35（e）所示为中列柱上的二等高吊车梁，在其二上翼缘间可以直接连以腹杆组成制动桁架（也可以铺设钢板做成制动梁）。

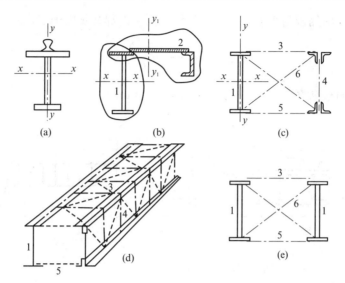

1—吊车梁;2—制动梁;3—制动桁架;4—辅助桁架;5—水平支撑;6—垂直支撑

图 4-35　吊车梁及制动结构的组成

制动结构不仅用以承受横向水平荷载,保证吊车梁的整体稳定,同时可作为人行走道和检修平台。制动结构的宽度应依吊车额定起重量、柱宽以及刚度要求确定,一般不小于 0.75 m。当宽度≤1.2 m 时,常用制动梁;超过 1.2 m 时,为了节省一些钢材,宜采用制动桁架。对于夹钳或料耙吊车等硬钩吊车的吊车梁,因其动力作用较大,则不论制动结构宽度如何,均宜采用制动梁,制动梁的钢板常采用花纹钢板,以利于在上面行走。

A6～A8 级工作制吊车梁,当其跨度≥12 m,或 Al～A5 级吊车梁,跨度≥18 m,为了增强吊车梁和制动结构的整体刚度和抗扭性能,对边列柱上的吊车梁,宜在外侧设置辅助桁架(图 4-35(c),(d)),同时在吊车梁下翼缘和辅助桁架的下弦之间设置水平支撑。也可在靠近梁端 1/4～1/3 的范围内各设置一道垂直支撑(图 4-35(c),(e)),图 4-35(d)中的垂直支撑未画出。垂直支撑虽对增强梁的整体刚度有利,但因其在吊车梁竖向挠度影响下,易产生破坏,所以应避免在梁的竖向挠度较大处设置。

4.3.2　吊车梁的荷载及工作性能

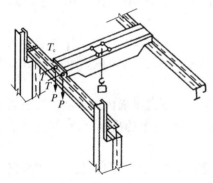

图 4-36　吊车梁及制动结构的组成

吊车梁承受桥式吊车产生的三个方向荷载作用,即吊车的竖向荷载 P,横向水平荷载(刹车力及卡轨力)T 和纵向水平荷载(刹车力)T_c(图 4-36)。其中纵向水平刹车力 T_c 沿吊车轨道方向,通过吊车梁传给柱间支撑,对吊车梁的截面受力影响很小,计算吊车梁时一般均不需考虑。因此,吊车梁按双向受弯构件设计。

1. 吊车梁竖向荷载

吊车梁所承担的荷载主要是通过吊车轮传递的。当吊车的吊重 Q 离桥架一端吊车梁的距离达到最小极限值 a 时(图 4-37),由每个轮子作用于该侧吊车梁的轮压(标准值)达到最大值并记为 P_{max},另一侧则为最小轮压 P_{min}。

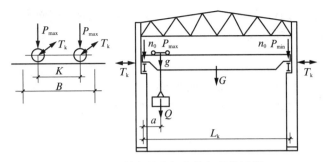

图 4 - 37　吊车的几何参数与荷载计算

对于标准吊车，最大轮压标准值 P_{max} 和最小轮压标准值 P_{min} 可直接从有关手册中查得（或由工艺资料所提供的吊车轮压采用）。对于非标准吊车，可近似按下式计算：

$$P_{max} = \frac{1}{n_0}\left[\frac{G}{2} + \frac{(Q+Q')(L_k-a)}{L_k}\right] \qquad (4-48)$$

$$P_{min} = \frac{1}{n_0}\left[\frac{G}{2} + \frac{(Q+Q')a}{L_k}\right] = \frac{1}{n_0}(Q+G+Q') - P_{max} \qquad (4-49)$$

式中　G——吊车桥架重；

　　　Q'——小车自重，且可近似取为 $0.3Q$；

　　　Q——吊车额定起重量；

　　　n_0——单台吊车一侧的车轮数；

　　　L_k——吊车桥架跨度。

作用在吊车梁上的最大轮压设计值为：

$$P_{max} = \alpha\gamma_Q P_{k,max} \qquad (4-50)$$

式中　α——动力系数。其中，悬挂吊车（包括电动葫芦）及工作级别为 A1～A5 的软钩吊车取
　　　　　1.05，对工作级别为 A6～A8 的软钩吊车、硬钩吊车和其他特别吊车取 1.1；

　　　γ_Q——可变荷载分项系数，一般取 1.40。

2. 吊车梁横向水平荷载

吊车的横向水平荷载依《建筑结构荷载规范》(GB 50009—2012)的规定可取吊车上横行小车重量 Q' 与额定起重量 Q 的总和乘以重力加速度 g，并乘以下列规定的百分数 ξ：

（1）对于软钩吊车：

额定起重量 Q 不大于 10 t，取 $\xi = 12\%$；

额定起重量 Q 为 16～50 t，取 $\xi = 10\%$；

额定起重量 Q 不小于 75t，取 $\xi = 8\%$。

（2）硬钩吊车：取 $\xi = 20\%$。

按上述百分数算得的横向水平荷载应等分于两边轨道，并分别由轨道上的各车轮平均传至轨顶，方向与轨道垂直，并考虑正反两个方向的刹车情况。再乘以荷载分项系数 $\gamma_Q = 1.4$ 之后，得作用在每个车轮上的横向水平力为

$$H = 1.4g\xi(Q+Q')/n \qquad (4-51)$$

式中，n 是桥式吊车的总轮数。

在吊车的工作级别为 A6～A8 时，应考虑由吊车摆动引起的横向水平荷载，此时作用于每个轮压处的水平力标准值按下式计算：

$$H = \alpha_1 P_{k,max} \qquad (4-52)$$

式中，α_1 为系数，对一般软钩吊车取 0.1，抓斗或磁盘吊车宜采用 0.15，硬钩吊车宜采用 0.2。

手动吊车及电葫芦可不考虑水平荷载，悬挂吊车的水平荷载应由支撑系统承受，可不计算。

3. 其他荷载

（1）自重。吊车梁所承受的自重荷载包括吊车梁自重、吊车梁上的主道荷载及轨道、制动结构、支撑等构件的重量，且这些荷重标准值可近似地通过轮压乘以荷载增大系数 β 来考虑，β 取值见表 4-8）。相应的设计值将与吊车轮压有关的荷载计算中一并得到考虑。

表 4-8　　　　　　　　　　　　　　系数 β_w

吊车梁或吊车桁架	吊车梁				吊车桁架
	梁跨度				
系数	6	12	15	18	
β_w	1.03	1.05	1.06	1.07	1.06

（2）活荷载。吊车梁可能承担的活荷载包括吊车走道上的活荷载及积灰荷载，其标准值可按工艺资料取用，相应的设计值按荷载规范规定计算。

上述各荷载项将分别在吊车梁及制动结构的强度和稳定性、吊车梁腹板局部受压及局部稳定验算、疲劳验算、刚度计算及连接计算中分别予以考虑。

4.3.3　吊车梁的内力计算及截面验算

1. 内力计算

计算吊车梁内力时，由于吊车荷载为动力荷载，首先应确定求各内力所需荷载的最不利位置，再按此求梁的最大弯矩及其相应的剪力、支座剪力以及横向水平荷载作用下在水平方向所产生的最大弯矩 M_T（当为制动梁）或在吊车梁上翼缘所产生的局部弯矩 M_H（当为制动桁架时）。

常用简支吊车梁，当吊车荷载作用时，其最不利的荷载位置、最大弯矩和剪力，可按下列情况确定。

（1）两个轮子作用在梁上时（图 4-38(a)）

最大弯矩点（C 点）的位置为

$$a_2 = \frac{a_1}{4} \qquad (4-53)$$

最大弯矩为

$$M_{max}^c = \frac{\sum P \left(\dfrac{l}{2} - a_2 \right)^2}{l} \qquad (4-54)$$

最大弯矩处的相应剪力为

$$V^c = \frac{\sum P \left(\dfrac{l}{2} - a_2 \right)}{l} \qquad (4-55)$$

（2）当三个轮子作用在梁上时（图 4 - 38(b)）

最大弯矩点（C 点）的位置为：

$$a_3 = \frac{a_2 - a_1}{6} \qquad (4-56)$$

最大弯矩为

$$M^c_{max} = \frac{\sum P \left(\frac{l}{2} - a_3 \right)^2}{l} - Pa_1 \qquad (4-57)$$

最大弯矩处的相应剪力为

$$V^c = \frac{\sum P \left(\frac{l}{2} - a_3 \right)}{l} - P \qquad (4-58)$$

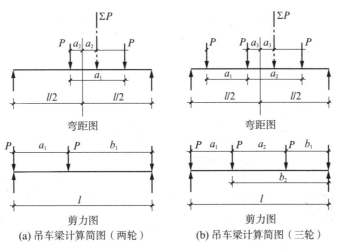

图 4 - 38　吊车梁计算简图

四个轮子、六个轮子作用在梁上时最大弯矩和最大弯矩处的相应剪力与两个轮子、三个轮子的计算方法相同。

（3）最大剪力应在梁端支座处。因此，吊车竖向荷载应尽可能靠近该支座布置（图 4 - 38），并按下式计算支座最大剪力为：

$$V^c_{max} = \sum_{i=1}^{n-1} b_i \frac{P}{l} + P \qquad (4-59)$$

选择吊车梁截面时所用的最大弯矩和支座最大剪力，可由吊车竖向荷载作用下所产生的最大弯矩 M^c_{max} 和支座 V^c_{max} 乘以表 4 - 8 的 β_w 值，β_w 为考虑吊车梁等自重的影响系数，即：

$$M_{max} = \beta_w M^c_{max} \qquad (4-60)$$

$$V_{max} = \beta_w V^c_{max} \qquad (4-61)$$

（4）吊车横向水平荷载作用下对制动梁在水平方向产生的最大弯矩 M_H，可根据图 4 - 38 所示荷载位置采用下列公式计算：

当为轻、中级工作制（A1～A5）吊车梁的制动梁时，则有

$$M_{\mathrm{H}} = \frac{H}{P} M_{\max}^{\mathrm{c}} \qquad (4-62)$$

当为重级或特重级工作制（A6～A8）吊车梁的制动梁时，则有

$$M_{\mathrm{H}} = \frac{H_{\mathrm{K}}}{P} M_{\max}^{\mathrm{c}} \qquad (4-63)$$

吊车横向水平荷载作用下制动桁架在吊车梁上翼缘会产生局部弯矩 M'_{H}，可近似地按下列公式计算（图 4-39），则有

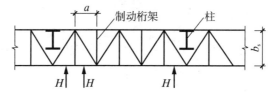

图 4-39 吊车横向水平荷载作用于吊车梁上翼缘和制动桁架示意图

当为起重量 $Q \geqslant 75\mathrm{t}$ 的轻、中级工作制吊车的制动桁架时，

$$M'_{\mathrm{H}} = \frac{Ha}{3} \qquad (4-64)$$

当为起重量 $Q \geqslant 75\mathrm{t}$ 的重级工作制（特重级不受起重量限制）吊车的制动桁架时，

$$M'_{\mathrm{H}} = \frac{H_{\mathrm{K}}a}{3} \qquad (4-65)$$

当为起重量 $Q \leqslant 50\mathrm{t}$ 的轻、中级工作制吊车的制动桁架时，

$$M'_{\mathrm{H}} = \frac{Ha}{4} \qquad (4-66)$$

当为起重量 $Q \leqslant 50\mathrm{t}$ 的重级或特重级工作制吊车的制动桁架时，

$$M'_{\mathrm{H}} = \frac{H_{\mathrm{K}}a}{3} \qquad (4-67)$$

2. 截面选择

焊接实腹吊车梁一般采用工字形截面。当梁的跨度 $\leqslant 6\ \mathrm{m}$，起重量 $Q \leqslant 50\mathrm{t}$ 并为轻、中级工作制时，可采用上翼缘加宽的不对称工字形截面，且此时可不设制动结构。当梁的跨度较大，吊车起重量也较大或吊车为重级工作制时，可采用对称或不对称截面，并可在上下翼缘进行加强。当相邻两跨的跨度不等时，较大跨度的吊车梁可做成变截面形式。

图 4-40 为典型的工字形截面吊车梁及制动部分的截面形式。该图所示截面由三部分组成，即吊车梁截面①、制动板（制动桁架）②以及与其相连接的③。从构造上来讲，③部分直接与厂

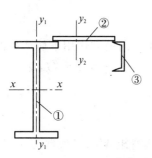

图 4-40 吊车梁示意图

房柱相连。这三部分是吊车梁系统最重要的组成部分,其具体尺寸应按下述的有关条件确定。

简支等截面焊接工字形吊车梁的腹板高度可根据经济高度、容许挠度值及建筑净空条件来确定。

1)简支吊车梁的高度

(1)梁的经济高度要求:

$$h_e = 7\sqrt[3]{W_x} - 30 \qquad (4-68)$$

式中 W_x——梁截面抵抗矩,且可取为 $W_x = 1.2 W_{max}/f$;

f——钢材设计强度。

(2)按容许挠度值要求:

$$h_{min} = 0.6 fl \left(\frac{l}{[\nu]} \right) \times 10^{-6} \qquad (4-69)$$

式中, $\dfrac{l}{[\nu]}$ 为相对容许挠度值的倒数,以 mm 计。

(3)建筑净空要求:

一方面梁高应小于建筑净空,同时应尽量接近经济高度。

梁截面的最终高度应综合上述各种条件确定。

2)吊车梁腹板厚度

(1)按经验公式计算:

$$t_w = 7 + 0.003h \qquad (4-70)$$

这里的 h 即为上述方法确定的梁高,单位为 mm。

(2)按剪力确定:

$$t_w = \frac{1.2 V_{max}}{h_w f_v} \qquad (4-71)$$

腹板厚度宜按上述公式计算所得的最大值取值,且不宜小于 8 mm,当梁高为 600～1 000 mm 时,一般取 8～10 mm;当梁高为 1 200～1 600 mm 时,一般取 10～14 mm。同时应注意到,因重级工作制吊车梁上翼缘与腹板的连接焊缝常出现疲劳裂缝,选取腹板厚度时宜略放大。

3)翼缘尺寸

上、下翼缘面积 A 可近似按下式计算:

$$A = bt = \frac{W}{h_w} - \frac{1}{6} h_w t_w \qquad (4-72)$$

其中,翼缘宽 b 取值可近似为

$$b \approx (1/5 \sim 1/3) h_w \qquad (4-73)$$

且受压翼缘的自由外伸宽度 b 与其厚度 t 之间还应满足条件:

$$b_1 \leqslant 15t\sqrt{\frac{235}{f_y}} \qquad\qquad (4-74)$$

式中，f_y 为钢材屈服点。

翼缘厚度 t 应不小于 8 mm 且不大于 40 mm，另外，受压翼缘的宽度尚应考虑固定轨道所需要的尺寸，同时也要满足连接制动结构所需尺寸。

3. 截面验算

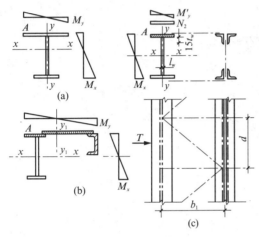

图 4-41　截面强度验算

焊接吊车梁的初选截面方法与普通焊接梁相似，但吊车梁的上翼缘同时受有吊车横向水平荷载的作用。初选截面时，为了简化起见，可按吊车竖向荷载计算，但把钢材的强度设计值乘以 0.9，然后再按实际的截面尺寸进行验算。

1）强度验算

截面验算时，假定竖向荷载由吊车梁承受，而横向水平荷载则由加强的吊车梁上翼缘（图 4-41(a)），制动梁（图 4-41(b)）所示影线部分截面或制动桁架承受，并忽略横向水平荷载所产生的偏心作用。

如图 4-41(a) 所示加强上翼缘的吊车梁，应首先验算梁受压区的正应力。A 点的压应力最大，验算公式为：

$$\sigma = \frac{M_x}{W_{nx1}} + \frac{M_y}{W'_{ny}} \leqslant f \qquad\qquad (4-75)$$

同时还需用下式验算受拉翼缘的正应力为：

$$\sigma = \frac{M_x}{W_{nx2}} \leqslant f \qquad\qquad (4-76)$$

如图 4-41(b) 所示有制动梁的吊车梁，同样为 A 点压应力最大，验算公式为

$$\sigma = \frac{M_x}{W_{nx}} + \frac{M_y}{W_{ny1}} \leqslant f \qquad\qquad (4-77)$$

对吊车梁本身为双轴对称截面时，则吊车梁的受拉翼缘无须验算。对于采用制动桁架的吊车梁，如图 4-41(c) 所示，同样应验算 A 点应力：

$$\sigma = \frac{M_x}{W_{nx}} + \frac{M'_y}{W'_{ny}} + \frac{N_1}{A_n} \leqslant f \qquad\qquad (4-78)$$

式中　M_x——竖向荷载所产生的最大弯矩设计值；

　　　M_y——横向水平荷载所产生的最大弯矩设计值，其荷载位置与计算 M_x 一致；

　　　M'_y——吊车梁上翼缘作为制动桁架的弦杆，由横向水平力所产生的局部弯矩，可近似取 $M'_y = Hd/3$，H 根据具体情况按式(4-51)、式(4-52)计算；

　　　N_1——吊车梁上翼缘作为制动桁架的弦杆，由 M_y 作用所产生的轴力，$N_1 = M_y/b_1$；

W_{nx}——吊车梁截面对 x 轴的净截面抵抗矩(上或下翼缘最外纤维);

W'_{ny}——吊车梁上翼缘截面对 y 轴的净截面抵抗矩;

W_{ny1}——制动梁截面(图 4-35(b))所示影线部分截面)对其形心轴 y_1 的净截面抵抗矩;

A_n——如图 4-41 所示吊车梁上翼缘及腹板 $15t_w$ 的净截面面积之和。

2) 整体稳定验算

连有制动结构的吊车梁,侧向弯曲刚度很大,整体稳定得到保证,不需验算。加强上翼缘的吊车梁,应按下式验算其整体稳定。

$$\frac{M_x}{\varphi_b W_x} + \frac{M_y}{W_y} \leqslant f \qquad (4-79)$$

式中　φ_b——依梁在最大刚度平面内弯曲所确定的整体稳定系数;

W_x——梁截面对 x 轴的毛截面抵抗矩;

W_y——梁截面对 y 轴的毛截面抵抗矩。

3) 局部稳定验算

焊接工字形吊车梁的局部稳定验算包括翼缘和腹板的局部稳定性验算与加劲肋布置。对翼缘和腹板的局部稳定验算条件同一般受弯构件,具体见《钢结构设计规范》的规定。

通常对翼缘只需验算其宽厚比并进行适当调整,而无须设置加劲肋;对腹板应根据腹板高度 h_w 和厚度 t_w 的比值判断是否要设置加劲肋(含横向和纵向),并最终确定加劲肋的间距和尺寸。

4) 刚度验算

验算吊车梁的刚度时,应按效应最大的一台吊车的荷载标准值计算,且不乘动力系数。吊车梁在竖向的挠度可按下列近似公式计算:

$$\upsilon = \frac{M_{kx} l^2}{10 E I_x} \leqslant [\upsilon] \qquad (4-80)$$

对于重级工作制吊车梁除计算竖向的刚度外,还应按下式验算其水平方向的刚度。

$$u = \frac{M_{ky} l^2}{10 E I_{y1}} \leqslant \frac{l}{2\,200} \qquad (4-81)$$

式中　M_{kx}——竖向荷载标准值作用下梁的最大弯矩;

M_{ky}——跨内一台起重量最大吊车横向水平荷载标准值作用下所产生的最大弯矩;

I_{y1}——制动结构截面对形心轴 y_1 的毛截面惯性矩。对制动桁架应考虑腹杆变形的影响,I_{y1} 乘以 0.7 的折减系数。

5) 疲劳验算

吊车梁在吊车荷载的反复作用下,可能产生疲劳破坏。因此,在设计吊车梁时,首先应注意选用合适的钢材标号和冲击韧性要求。对于构造细部应尽可能选用疲劳强度高的连接形式,例如列于 A6~A8 级和起重量 $Q \geqslant 50$ t 的 A4,A5 级吊车梁,其腹板与上翼缘的连接应采用焊透的 K 形焊缝。

《钢结构设计规范》对疲劳计算是这样规定的:直接承受动力荷载重复作用的钢结构构件及其连接,应符合相关构造要求。当应力变化的循环次数 n 等于或大于 5×10^4 次时,应进行疲劳计算;钢结构疲劳计算采用容许应力幅法,应力按弹性状态计算,容许应力幅按构件和连接类别、应力循环次数以及计算部位的板件厚度确定。对非焊接的构件和连接,在应力循环中不出现拉应力的部位可不计算疲劳强度。

一般对 A6~A8 级吊车梁需进行疲劳验算。验算的部位有受拉翼缘的连接焊缝处,受拉区加劲肋的端部和受拉翼缘与支撑连接处的主体金属,还需验算连接的角焊缝。这些部位的应力集中比较严重,对疲劳强度的影响大。按规范规定,验算时采用 1 台起重量最大吊车的荷载标准值,不计动力系数,且可作为常幅疲劳问题按下式计算。

$$\alpha_f \Delta\sigma \leqslant [\Delta\sigma] \tag{4-82}$$

式中　$\Delta\sigma$——应力幅,$\Delta\sigma = \sigma_{max} - \sigma_{min}$;

　　　$[\Delta\sigma]$——循环次数次 $n = 2 \times 10^6$ 时的容许应力幅,按表 4-9 取用;

　　　α_f——欠载效应的等效系数,按表 4-10 取用;

表 4-9　　　　　　　　循环次数 $n = 2 \times 10^6$ 次时的容许应力幅(N/mm^2)

构件和连接类别	1	2	3	4	5	6	7	8
$[\Delta\sigma]$	176	144	118	103	90	78	69	59

表 4-10　　　　　　　　吊车梁和吊车桁架欠载效应的等效系数 α_f 值

吊车类别	α_f	吊车类别	α_f
A6-A8 级硬钩吊车 (如均热炉车间夹钳吊车)	1.0	A6-A8 级软钩吊车	0.8
		A4,A5 级吊车	0.5

以上疲劳计算都是针对受拉区的。计算结果满足要求,疲劳破损应该不会在吊车梁的预期寿命中出现。然而,现实的 A6-A8 级吊车梁却多次在受压翼缘的连接焊缝和邻近的腹板出现疲劳裂纹。造成这种裂纹的原因有:钢轨位置的偏移使上翼缘受扭,翼缘连接焊缝和邻近的腹板受弯及剪(图 4-42(a)),水平卡轨力也有同样的效应。钢轨接头处轨面不平导致轮压的冲击作用,加剧了这种效应。由于涉及因素多而应力状态复杂,目前还没有防止这类疲劳问题的公认算法,而是采用一些构造措施来对应。措施包括:用抗扭性能好的钢轨和放松动的钢轨和防松动的连接把它和吊车梁相连,来减少钢轨偏心和扭转的不利效应。应用焊接长轨,并把钢轨接头设在靠近梁端部的范围内,以减少冲击作用的影响。从吊车梁本身来说,首先是在受压翼缘和腹板之间采用疲劳性能好的对接与角接组合的焊缝(要求焊透,图 4-42(b)),还可以采用加厚上部腹板或在两侧增设斜板的做法(图 4-42(c))。

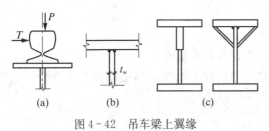

图 4-42　吊车梁上翼缘

4.3.4　吊车梁的连接

4.3.4.1　吊车梁与柱的连接

吊车梁上翼缘的连接应以能够可靠地与柱传递水平力,而又不改变吊车梁简支条件为原则。简支吊车梁端部与柱的连接可分为板铰连接、高强螺栓连接和焊接连接(图 4-43)。焊接连接耐疲劳性能较差,重级工作制吊车梁宜采用前两种连接方式。

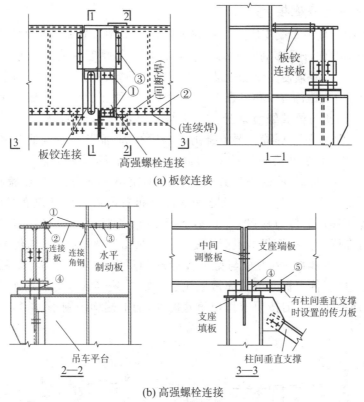

图 4-43 吊车梁与柱的连接

1. 板铰连接

如图 4-43(a)所示平面图的左侧为板铰连接形式。这种连接方式将吊车梁上翼缘与焊接于柱翼缘的外伸连接板通过板铰连接起来,且这种连接在构造上符合简支吊车梁的计算假定,同时相邻梁端纵向连接亦适应梁端铰接变形的构造要求,如图 4-43(a)所示剖面 1—1 采用普通螺栓连接,其位置设在中和轴以下约 1/3 梁高范围内。

板铰连接较好地体现了不改变吊车梁简支条件的设计思想。板铰宜按传递全部支座水平反力的轴心受力构件计算(对于重级工作制吊车梁亦应考虑增大系数)。铰栓直径按抗剪和承压计算,一般在 36~80 mm 之间。

2. 高强螺栓连接

如图 4-43(a)所示平面图的右侧为高强螺栓连接。这种连接具有施工方便、受力及耐疲劳性能好的特点,是目前工程设计中采用较普遍的连接形式。按图示构造,高强螺栓③按传递全部支座水平反力计算,高强螺栓①可按一个吊车轮所对应的最大水平制动力计算(重级工作制吊车梁还应考虑增大系数),螺栓直径一般为 20~24 mm。

4.3.4.2 吊车梁与制动结构的连接

吊车梁与制动结构的连接,当为重级工作制吊车梁时,上翼缘与制动板应首先采用高强螺栓连接,一般按构造以 100~150 mm 等间距排列即可,螺栓直径为 20~24 mm,必要时按水平受弯构件传递剪力的要求计算决定。轻、中级工作制吊车梁的上翼缘与制动板的连接可采用工地焊接,一般可按构造选用焊脚尺寸为 6~8 mm,沿全长搭接焊缝(制动板与上翼缘搭接),其中俯焊为连续焊,仰焊为间断焊(图 4-43(a))。

4.3.4.3　吊车梁支座连接

如图 4-44 所示是吊车梁支座的一些典型连接。图中(a),(b)两种是简支吊车梁的支座连接。支座垫板要保证足够的刚度,以利均匀传力,其厚度一般不应小于 16 mm。采用平板支座连接方案时,必须使支座加劲肋上下端刨平顶紧;而采用突缘支座连接方案时,必须要求支座加劲肋下端刨平,以利可靠传力。对于特重级工作制吊车梁在采用平板支座连接方案时,支座加劲肋与梁翼缘宜焊透。在突缘支座连接情形,支座加劲肋与上翼缘的连接常用如图 4-44 所示的角焊缝。要求铲出焊根后补焊,而其下端与腹板的连接则要求在 40 mm 长度上不焊。相邻两梁的腹板在(a),(b)两种情形都要求在靠近下部约 1/3 梁高范围内用防松螺栓连接,情形(a)的单侧连接板厚度不应小于梁腹板厚度,情形(b)则须注意两梁之间的填板的长度不应过大,满足防松螺栓的布置即可。梁下设有柱间支撑时,应将该梁下翼缘和焊于柱顶的传力板(厚度亦不小于 16 mm)用高强螺栓连接。传力板的另一端连于柱顶。可在梁下翼缘设扩大孔,下覆一带标准孔的垫板(厚度同传力板),安装定位后,将垫板焊牢于梁下翼缘,传力板与梁下翼缘之间可塞一调整垫板,以调整传力板的标高,方便与柱顶连接。传力板亦可以弹簧板代之。如图 4-44(c)所示是连续吊车梁中间支座的构造图,其加劲肋除了需按要求作切角处理外,上下端均须刨平顶紧,顶板与上翼缘一般不焊。

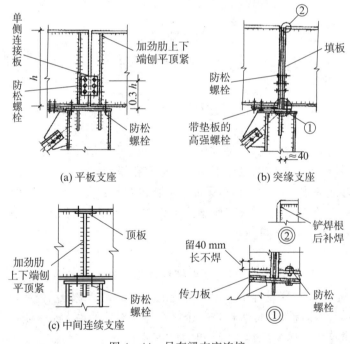

图 4-44　吊车梁支座连接

4.3.5　设计举例

一简支吊车梁,跨度为 6 m,无制动结构,支承于钢柱,采用平板支座,设有两台起重量 $Q=20$ t/5 t 中级工作制(A5)软钩吊车,吊车跨度为 13.5 m,钢材采用 Q235,焊条为 E43 型。吊车规格采用大连重工·起重集团有限公司 DQQD 型 5～50/10t 吊钩起重机技术规格(2003 年)。吊车宽度 $B=5\,940$ mm,轮距 $W=4\,000$ mm,小车重 $Q'=6.856$ t,吊车总重 $G=21.375$ t,最

大轮压 $P_{max}=169$ kN,吊车轮压及轮距见图 4-45。轨道
型号为 43 kg/m 或 QU70,轨高 140 mm。设计此吊车梁
截面。

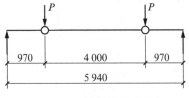

图 4-45　吊车轮距及宽度

【解】 1. 吊车荷载计算

吊车荷载的动力系数 μ 为 1.05,吊车荷载的分项系
数 γ_Q 为 1.40。

吊车荷载设计值为

$$p = \alpha\gamma_Q P_{max} = 1.05 \times 1.4 \times 169 = 248.43 \text{ kN}$$

$$H = 1.4g\xi(Q+Q')/n = 1.4 \times \frac{0.10(20+6.856) \times 9.8}{4} = 9.21 \text{ kN}$$

2. 内力计算

按规范规定计算吊车梁的强度和稳定性时,应考虑两台并列吊车满载时的作用,但验算竖
向刚度时,取用荷载标准值。

(1) 两台吊车荷载作用下的内力

① 吊车梁的最大弯矩及相应剪力。在吊车荷载作用下产生绝对最大竖向弯矩 $M_{k,max}$ 和
最大水平弯矩 M_{ky} 的吊车轮位相同,如图 4-46(a)所示,在吊车竖向荷载作用下产生最大竖向
剪力 $V_{k,max}$ 的吊车轮位如图 4-46(b)所示。

吊车梁上竖向轮压合力:$\sum P = 2P = 496.86$ kN

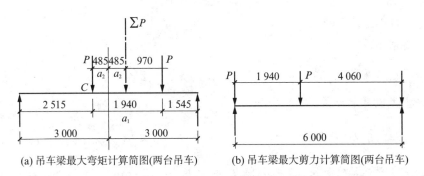

(a) 吊车梁最大弯矩计算简图(两台吊车)　　(b) 吊车梁最大剪力计算简图(两台吊车)

图 4-46　吊车梁最大弯矩、剪力计算简图

产生最大弯矩的荷载位置如图 4-46(a)所示,梁上所有吊车荷载的合力 $\sum P$ 位置为

$$a_1 = 1\,940 \text{ mm}$$

$$a_2 = \frac{a_1}{4} = \frac{1\,940}{4} = 485 \text{ mm}$$

自重影响系数 β_w 取 1.05,C 点的最大弯矩为

$$M_{max} = M_{c,max} = \beta_w \frac{\sum P\left(\frac{l}{2}-a_2\right)^2}{l} = \frac{496.86 \times (3-0.485)^2}{6} \times 1.05 = 550.0 \text{ kN} \cdot \text{m}$$

在 M_{max} 处相应的剪力为

$$V = \beta_w \frac{\sum P\left(\dfrac{l}{2} - a_2\right)}{l} = 1.05 \times \frac{496.86 \times \left(\dfrac{6}{2} - 0.485\right)}{6} = 218.7 \text{ kN}$$

② 最大剪力

荷载位置见图 4 - 46。

$$V_{\max} = R_A = 1.05 \times \left(248.43 + \frac{248.43 \times 4.06}{6}\right) = 437.4 \text{ kN}$$

③ 由水平荷载产生的最大弯矩为

$$M_H = \frac{H}{P} \cdot M_{c,\max} = \frac{9.21}{248.43} \times \frac{550}{1.05} = 19.4 \text{ kN} \cdot \text{m}$$

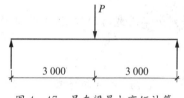

图 4 - 47　吊车梁最大弯矩计算
简图(1 台吊车)

（2）一台吊车荷载作用下的内力

计算吊车梁的挠度应按最大的一台吊车的荷载标准值（不考虑动力系数）进行计算。此时,因一台轮距为 4 m,所以求一台吊车的最大弯矩的最不利荷载位置是一个吊车轮压作用在梁上(图 4 - 47)。

$$M'_{k,\max} = \frac{1}{4} P_{\max} l \beta_w = \frac{1}{4} \times 169 \times 6 \times 1.05 = 266.2 \text{ kN} \cdot \text{m}$$

3. 截面选择

（1）梁的高度设计

按经济要求估算：

$$h_e = 7\sqrt[3]{W} - 300 = 7 \times \sqrt[3]{1.2 \times 550 \times 10^6 / 215} - 300 = 717 \text{ mm}$$

按容许挠度值要求计算：

$$h_{\min} = 0.6 fl \cdot \left(\frac{l}{[V]}\right) 10^{-6} = 0.6 \times 215 \times 6\,000 \times 1\,000 \times 10^{-6} = 774 \text{ mm}$$

因对建筑净空无特殊要求,参照 h_e 和 $h_{\min}$,采用 h＝750 mm。取 $h_w \approx h \approx 750$ mm

（2）腹板厚度 t_w

按抗剪要求近似确定：

$$t_w \geqslant \frac{\alpha V_{\max}}{h_w f_v} = \frac{1.2 \times 437.4 \times 10^3}{750 \times 125} = 5.6 \text{ mm}$$

按经验公式：$t_w = 7 + 0.003 \times 750 = 9.25$ mm

综上,选用腹板厚度 $t_w = 10$ mm。

（3）翼缘板尺寸

吊车梁翼缘尺寸可近似地按下式计算：

$$A_1 = bt = \frac{W_x}{h_w} - \frac{t_w h_w}{6} = \frac{1.2 \times 550 \times 10^6}{215 \times 750} - \frac{1}{6} \times 750 \times 8 = 3\,093 \text{ mm}^2$$

试取翼缘板宽度 $b \approx \dfrac{h}{3} = 250$ mm,取 b＝340 mm

$$t = \frac{3\,093}{340} = 9.1\ \text{mm},\text{取}\ t = 14\ \text{mm}$$

故上翼缘采用——340 mm×14 mm

下翼缘采用——220 mm×14 mm

此时,受压翼缘板的自由外伸宽厚比

$$\frac{(b_1 - t_w)/2}{t_1} = \frac{(340 - 8)/2}{14} = 11.9 < 13\sqrt{\frac{235}{f_y}} = 13$$

故满足局部稳定性要求

4. 截面特性

吊车梁截面如图 4-48 所示。

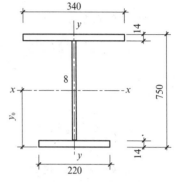

图 4-48 吊车梁截面图

(1) 截面面积

$$\begin{aligned}
A &= 340 \times 14 + 750 \times 8 + 220 \times 14 \\
&= 4\,760 + 6\,000 + 3\,080 \\
&= 1.384 \times 10^4\ \text{mm}^2
\end{aligned}$$

(2) 截面形心位置

$$y_0 = \frac{340 \times 14 \times 743 + 750 \times 8 \times 375 + 220 \times 14 \times 7}{13\,840} = 419.7\ \text{mm}$$

(3) 惯性矩

$$I_x = \frac{1}{12} \times 340 \times 14^3 + 340 \times 14 \times (750 - 419.7 - 7)2 + \frac{1}{12} \times 220 \times 14^3 + 220 \times 14 \times$$

$$(419.7 - 7)2 + \frac{1}{12} \times 8 \times 722^3 + 722 \times 8 \times (419.7 - 375)2 = 1.285 \times 10^9\ \text{mm}^4$$

上、下翼缘的截面模量

$$W_{x\text{上}} = \frac{I_x}{330.3} = 1.285 \times 10^9 / 330.3 = 3.89 \times 10^6\ \text{mm}^3$$

$$W_{x\text{下}} = \frac{I_x}{419.7} = 1.285 \times 10^9 / 419.7 = 3.06 \times 10^6\ \text{mm}^3$$

对 y 轴的截面惯性矩

$$I_y = \frac{1}{12} \times 14 \times 340^3 + \frac{1}{12} \times 14 \times 220^3 = 5.83 \times 10^7\ \text{mm}^4$$

对 y 轴的截面模量

$$W_y = \frac{5.83 \times 10^7}{170} = 3.43 \times 10^5\ \text{mm}^3$$

面积矩

$$S_x = 340 \times 14 \times (750 - 419.7 - 7) + (750 - 419.7 - 14)^2 \times \frac{8}{2} = 1.94 \times 10^6\ \text{mm}^3$$

5. 强度计算

(1) 正应力

上翼缘正应力为

$$\sigma = \frac{M_x}{W_{x上}} + \frac{M_y}{W_y} = \frac{550 \times 10^6}{3.89 \times 10^6} + \frac{19.4 \times 10^6}{3.43 \times 10^5} = 198 \text{ N/mm}^2 < f = 215 \text{ N/mm}^2$$

下翼缘正应力为

$$\sigma = \frac{M_x}{W_{x下}} = \frac{550 \times 10^6}{3.06 \times 10^6} = 179.4 \text{ N/mm}^2 < f = 215 \text{ N/mm}^2$$

(2) 剪应力

$$\tau = \frac{V_{max} S}{I_x t_w} = \frac{437.4 \times 10^3 \times 1.94 \times 10^6}{1.285 \times 10^9 \times 8} = 82.5 \text{ N/mm}^2 < f_v = 125 \text{ N/mm}^2$$

(3) 腹板的局部压应力

采用 43 kg/m 钢轨,轨高为 140 mm

$$l_z = a + 5h_y + 2h_R = 50 + 5 \times 14 + 2 \times 140 = 400 \text{ mm}$$

$$\sigma_c = \frac{\psi F}{t_w l_z} = \frac{1.0 \times 248.43 \times 10^3}{8 \times 400} = 77.6 \text{ N/mm}^2 < f = 215 \text{ N/mm}^2$$

(4) 腹板计算高度边缘处的折算应力

$$\sigma = \frac{550 \times 10^6}{1.285 \times 10^9} (750 - 419.7 - 14) = 135.4 \text{ N/mm}^2$$

$$\tau = \frac{VS}{I_x t_w} = \frac{437.4 \times 10^3 \times 340 \times 14 \times (750 - 419.7 - 7)}{1.285 \times 10^9 \times 8} = 65.5 \text{ N/mm}^2$$

$$\sigma_z = \sqrt{\sigma^2 + \sigma_c^2 + 3\tau^2 - \sigma\sigma_c} = \sqrt{135.4^2 + 77.6^2 + 3 \times 65.5^2 - 135.4 \times 77.6}$$
$$= 163.5 \text{ N/mm}^2 < 1.1f = 236.5 \text{ N/mm}^2$$

6. 稳定计算

(1) 梁的整体稳定性

$l_1/b = \dfrac{6\,000}{340} = 17.6 > 13$ 应计算梁的整体稳定性

$$\xi = \frac{l_1 t_1}{bh} = \frac{6\,000 \times 14}{340 \times 750} = 0.329 < 2.0$$

$$\beta_b = 0.73 + 0.18\xi = 0.73 + 0.18 \times 0.329 = 0.789$$

$$\alpha_b = \frac{I_1}{I_1 + I_2} = \frac{\frac{1}{12} \times 14 \times 340^3}{\frac{1}{12} \times 14 \times 340^3 + \frac{1}{12} \times 14 \times 220^3} = 0.79 < 0.8$$

$$\eta_b = 0.8(2\alpha_b - 1) = 0.8 \times (2 \times 0.79 - 1) = 0.464$$

$$i_y = \sqrt{\frac{I_y}{A}} = \sqrt{\frac{5.83 \times 10^7}{1.384 \times 10^4}} = 64.9 \text{ mm}$$

$$\lambda_y = \frac{l}{i_y} = \frac{6\,000}{64.9} = 92.4$$

$$\varphi_b = \beta_b \frac{4\,320}{\lambda_y^2} \frac{Ah}{W_x} \left[\sqrt{1 + \left(\frac{\lambda_y t_1}{4.4h} \right)^2} + \eta_b \right] \frac{235}{f_y}$$

$$= 0.789 \times \frac{4\,320}{92.4^2} \times \frac{1.384 \times 10^4 \times 750}{3.89 \times 10^6} \times \left[\sqrt{1 + \left(\frac{92.4 \times 14}{4.4 \times 750} \right)^2} + 0.464 \right] = 1.64 > 0.6$$

修正 $\varphi'_b = 1.07 - 0.282/\varphi_b = 1.07 - 0.282/1.638 = 0.898$

$$\frac{M_x}{\varphi'_b W_x} + \frac{M_y}{\gamma_y W_y} = \frac{550 \times 10^6}{0.898 \times 3.89 \times 10^6} + \frac{19.4 \times 10^6}{1.0 \times 3.43 \times 10^5}$$

$$= 157.45 + 56.56 = 214.0 \text{ N/mm}^2 < f = 215 \text{ N/mm}^2$$

（2）腹板的局部稳定性

梁受压翼缘的自由外伸宽度 b_1 与其厚度 t_1 之比：

$$\frac{b_1}{t} = \frac{(340 - 8)/2}{14} = 11.9 < 13\sqrt{\frac{235}{f_y}} = 13$$

腹板高厚比

$$80\sqrt{\frac{235}{f_y}} < \frac{h_0}{t_w} = \frac{722}{12} = 90.3 < 170\sqrt{\frac{235}{f_y}}$$

应按照计算配置横向加劲肋

（1）横向加劲肋间距 a 满足：

$$0.5h_0 = 375 \text{ mm} \leqslant a \leqslant 2h_w = 1\,500 \text{ mm 取 } a = 1\,000 \text{ mm}$$

其截面尺寸按经验公式确定：

$$外伸宽度 \; b_s \geqslant h_w/30 + 40 = 88 \text{ mm 取 } b_s = 90 \text{ mm}$$
$$厚度 \; t_s \geqslant b_s/15 = 6 \text{ mm 取 } t_s = 90 \text{ mm}$$

（2）计算跨中处，吊车梁腹板计算高度边缘的弯曲压应力为：

$$\sigma = \frac{Mh_c}{I} = \frac{550 \times 10^6 \times (750 - 419.7 - 14)}{1.285 \times 10^9} = 135.4 \text{ N/mm}^2$$

腹板的平均剪应力为：

$$\tau = \frac{218.7 \times 10^3}{722 \times 8} = 37.86 \text{ N/mm}^2$$

腹板边缘的局部压应力为：

$$\sigma_c = \frac{\psi F}{t_w l_z} = \frac{1.0 \times 248.43 \times 10^3}{8 \times 400} = 77.6 \text{ N/mm}^2$$

计算 σ_{cr}：

$$\lambda_b = \frac{h_0/t_w}{153} \sqrt{\frac{f_y}{235}} = \frac{722/8}{153} = 0.59 < 0.85$$

取 $\sigma_{cr}=f=215\ N/mm^2$

计算 τ_{cr}:

$$a/h_0=1\,000/722=1.385>1.0$$

$$\lambda_s=\frac{h_0/t_w}{41\sqrt{5.34+4\,(h_0/a)^2}}=\frac{722/8}{41\sqrt{5.34+4\,(722/1\,000)^2}}=0.81>0.8$$

$$\tau_{cr}=[1-0.59(\lambda_s-0.8)]f_v=[1-0.59\times0.01]\times125=124.4\ N/mm^2$$

计算 $\sigma_{c,cr}$

$$0.5<a/h_0=1\,000/722=1.385<1.5$$

$$\lambda_c=\frac{h_0/t_w}{28\sqrt{10.9+13.4\,(1.83-a/h_0)^3}}=\frac{722/8}{28\sqrt{10.9+13.4\,(1.83-1\,000/722)^3}}=0.927>0.9$$

则 $\sigma_{c,cr}=[1-0.79(\lambda_c-0.9)]f=[1-0.79(0.927-0.9)]215=0.979\times215=210\ N/mm^2$

跨中区格的局部稳定性为

$$\left(\frac{\sigma}{\sigma_{cr}}\right)^2+\frac{\sigma_c}{\sigma_{c,cr}}+\left(\frac{\tau}{\tau_{cr}}\right)^2=\left(\frac{135.4}{215}\right)^2+\frac{77.63}{210}+\left(\frac{37.86}{124.41}\right)^2=0.86\leqslant1$$

腹板的局部稳定性满足要求

7. 挠度验算

吊车梁的竖向挠度(此处挠度按最大的一台吊车的标准值进行计算)

$$\upsilon=\frac{M_{kr}l^2}{10EI_x}=\frac{266.2\times10^6\times6\,000^2}{10\times2.06\times10^5\times1.285\times10^9}=3.62\ mm<[\upsilon]=\frac{l}{1\,000}=6\ mm$$

满足要求

8. 疲劳验算

一般对 A6～A8 级吊车梁需进行疲劳验算,此吊车梁为 A5 级,不需进行疲劳验算。

4.4　钢屋架设计

以多榀平面钢桁架为主承力的屋盖结构一般由平面钢桁架(钢屋架)、檩条、天窗架、托架、屋盖支撑和屋面材料(屋面板)等组成。

平面钢桁架(钢屋架)是屋盖的主要承重结构,承受檩条或屋面板传来的荷载。常见外形有三角形、梯形、平行弦和人字形等。

在有檩体系中,檩条主要承受屋面板所传递的荷载。为了满足采光和通风的要求,厂房屋盖常设置天窗,天窗架是天窗的主要承重结构。当屋盖下部结构的柱距较大时,常需要在屋架之间设置支承构件以支承中间屋架,当支承构件为桁架时称为托架,实腹式截面时称为托梁。

4.4.1　屋盖支撑

钢屋架在其自身平面内为几何形状不变体系并具有较大的刚度。但这种体系在屋架平面外的刚度和稳定性很差,不能承受水平荷载。为了充分保证房屋的安全、适用和满足施工要求,在屋盖系统中必须设置必要的支撑体系,把平面屋架相互连接起来,使之成为一个稳定的整体结构。

1. 屋架(包括天窗架)支撑系统的主要支撑

屋架(包括天窗架)支撑系统所包含的主要支撑有下列四大类:

(1)横向支撑:根据其位于屋架的上弦平面或下弦平面,又可分为:上弦横向支撑和下弦横向支撑两种;

(2)纵向支撑:设于屋架的上弦平面或下弦平面,布置在沿柱列的各屋架端部节间部位;

(3)垂直支撑:位于两屋架端部或跨间某处的竖向平面内;

(4)系杆:根据其是否能抵抗轴心压力分成刚性系杆和柔性系杆两种。通常刚性系杆采用由双角钢组成的十字形截面,而柔性系杆截面则为单角钢。

2. 屋盖支撑的作用

屋盖支撑的作用主要包括以下几方面:

(1)保证桁架结构的空间几何形状不变。平面桁架能保证桁架平面内的几何稳定性,支撑系统则保证桁架平面外的几何稳定性。

(2)保证桁架结构的空间刚度和空间整体性。桁架上弦和下弦的水平支撑与桁架弦杆组成水平桁架,桁架端部和中央的垂直支撑则与桁架竖杆组成垂直桁架,都有一定的侧向抗弯刚度。因而,无论桁架结构承受竖向或纵、横向水平荷载,都能通过一定的桁架体系把力传向支座,只发生较小的弹性变形,即有足够的刚度和整体性。

(3)为桁架弦杆提供必要的侧向支承点。水平和垂直支撑桁架的节点以及由此延伸的支撑系杆都成为桁架弦杆的侧向支承点,从而减小弦杆在桁架平面外的计算长度,减小其长细比并提高其受压时的整体稳定性。

(4)承受并传递水平荷载。包括纵向和横向水平荷载,例如风荷载、悬挂或桥式吊车的水平制动或振动荷载及地震荷载,最后都传到桁架支座。

(5)保证结构安装时的稳定和方便。

4.4.2　屋架的主要形式和主要尺寸

1. 屋架形式的确定应满足经济、适用和制造安装方便的原则

(1)满足使用要求。屋架外形应与屋面材料的排水要求相适应。如屋面采用瓦类、铁皮或钢丝网水泥槽板时,屋架上弦坡度应作得陡些,一般取 $1/5 \sim 1/2$,以利排水;当采用大型屋面板上铺卷材防水屋面时,则要求屋面坡度平缓些,一般取 $1/12 \sim 1/8$。此外,还应满足建筑净空、天窗、天棚以及悬挂吊车的要求。

(2)满足经济要求。屋架外形应尽量接近弯矩图形。因一般跨度的屋架弦杆通常都设计成等截面的,当屋架外形与荷载引起的弯矩图形相似时,屋架的上下弦内力沿跨长分布比较均匀,这样可使弦杆材料获得充分利用。腹杆的布置应使短杆受压,长杆受拉,且杆件数以少为宜。总长度要短,杆件夹角宜在 $40° \sim 60°$ 之间,同时应注意尽可能避免非节点荷载作用,以免弦杆局部受弯而多耗钢材。

(3)满足制造、安装、和运输要求。设计节点构造要简单合理,节点数宜少,容易制造,且尽量减少节点处的应力集中。应使屋架的形式和高度便于在工厂分段制造、装车运输和现场安装。

全面满足上述要求是困难的。一般还需考虑材料供应情况和制造条件等因素,经综合分析,才能最后选定。

2. 普通钢屋架的形式

(1)三角形钢屋架,如图 4 - 49(a)所示。三角形屋架适用于陡坡屋面(坡度>1/4)的有檩屋盖体系,且通常与柱子铰接。三角形屋架的共同缺点是:这种屋架在荷载作用下的弯矩图是抛物线分布,与屋架的外形不相适应,因而弦杆内力分布很不均匀,支座处最大而跨中却较小,弦杆的截面不能充分发挥作用。当屋面坡度不很陡时,支座处杆件的夹角较小,使构造比较困难。

三角形屋架的腹杆布置通常采用芬克式和人字式。芬克式的腹杆虽然较多,但它的压杆短、拉杆长,受力相对合理。人字式腹杆的节点较少,但受压腹杆较长,适用于跨度较小的情况($L \leqslant 18$ m)的情况,抗震性能优于芬克式屋架,所以在强地震烈度地区,即使跨度大于 18 m,也常用人字式腹杆的屋架。单斜式腹杆的屋架,其腹杆和节点数目均较多,只适用于下弦需要设置天棚的屋架,一般情况较少采用。

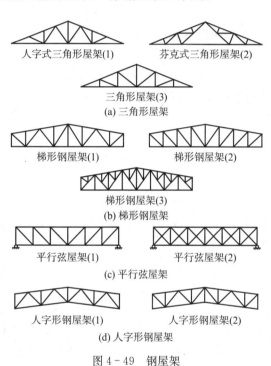

人字式三角形屋架(1)　　芬克式三角形屋架(2)

三角形屋架(3)

(a) 三角形屋架

梯形钢屋架(1)　　梯形钢屋架(2)

梯形钢屋架(3)

(b) 梯形屋架

平行弦屋架(1)　　平行弦屋架(2)

(c) 平行弦屋架

人字形钢屋架(1)　　人字形钢屋架(2)

(d) 人字形钢屋架

图 4-49　钢屋架

(2) 梯形钢屋架,如图 4-49(b)所示。梯形屋架是由双梯形合并而成,它的外形和荷载引起的弯矩图形比较接近,因而弦杆内力沿跨度分布比较均匀,材料比较经济。这种屋架在支座处有一定的高度,既可与钢筋混凝土柱铰接,也可与钢柱做成固接,因而是目前采用无檩设计的工业厂房屋盖中应用最广泛的一种屋架形式。屋架中的腹杆体系可采用人字式、再分式和单斜杆式。

(3) 平行弦钢屋架,如图 4-49(c)所示。平行弦屋架的特点是杆件规格化,节点的构造也统一,因而便于制造,但弦杆内力分布不均匀。倾斜式平行弦屋架常用于单坡屋面的屋盖中,而水平式平行弦屋架多用作托架。

(4) 人字形钢屋架,如图 4-49(d)所示。人字形钢屋架的上、下弦是平行的,下弦也可以有一部分水平段,节点构造比较单一,制作时可以不再起拱,可以用于较大的跨度。人字形钢屋架一般宜采用上承式,既支座节点在上弦节点。

3. 屋架的主要尺寸

(1) 跨度。柱网纵向轴线的间距就是屋架的标志跨度,以 3 m 为模数,通常为 18 m,21 m,24 m,27 m,30 m,36 m 等。对简支于柱顶的钢屋架,屋架的计算跨度 l_0 为屋架两端支反力之间的距离。

(2) 高度。屋架跨中的最大高度由经济、刚度、建筑要求和运输界限限制等因素来决定。根据屋架的容许挠度 $[f]=1/500$ 可确定最小高度,最大高度则取决于运输界限,例如铁路运输界限为 3.85 m;屋架的经济高度是根据上下弦杆和腹杆的总重量为最小的条件确定;有时,建筑设计也可能对屋架的最大高度加以某种限制。

一般情况下,设计屋架时,首先根据屋架形式和设计经验先确定屋架的端部高度 h_0,再按照屋面坡度计算跨中高度。对于三角形屋架,$h_0=0$;陡坡梯形屋架 h_0 取 0.5~1.0 m 间的值;缓坡梯形屋架 h_0 取值在 1.8~2.1 m 之间。因此,跨中屋架高度为:

$$h = h_0 + il_0/2h \tag{4-83}$$

式中,i 为屋架上弦杆的坡度。人字形屋架跨中高度一般为 2.0～2.5 m,跨度大于 36 m 时可取较大高度但不宜超过 3 m;端部高度一般为跨度的 1/18～1/12。

一般屋架高度可在下列范围内采用:

梯形和平行弦屋架: h 为 $(1/10～1/6)l_0$

三角形屋架: h 为 $(1/6～1/5)l_0$

人字形屋架: h 为 $(1/10～1/8)l_0$

跨度较大的桁架,在荷载作用下将产生较大的挠度。所以对跨度为 15 m 或 15 m 以上的三角形屋架和跨度为 24 m 或 24 m 以上的梯形和平行弦屋架,当下弦不向上曲折时,宜采用起拱的方法,即预先给屋架一个向上的反弯拱度。屋架受荷后产生的挠度,一部分可由反弯拱度抵消。因此,起拱能防止挠度过大而影响屋架的正常使用。起拱高度一般为跨度的 1/500。

(3) 其他尺寸的确定。当屋架的外形和主要尺寸(跨度、高度)确定后,桁架各杆的几何尺寸(长度)即可根据三角函数或投影关系求得。一般可借助计算机或直接查阅有关设计手册或图集完成。

4.4.3 屋架荷载计算与荷载效应组合

1. 屋盖上的荷载

屋盖上的荷载有永久荷载和可变荷载两大类。永久荷载包括屋面材料、保温材料和檩条、支撑、屋架、天窗架等结构的自重;可变荷载包括雪荷载、风荷载和施工荷载等,一般可按规范查取。

风荷载一般不予考虑。但对瓦楞等轻型屋面、开敞式房屋或风荷载引起的风吸力交大时,应根据房屋体形、坡度情况及封闭状况等,按荷载规范的规定计算风荷载的作用,验算可能拉杆变压杆的稳定问题。

屋架和支撑的自重可按下面的经验公式进行估算,即

$$g_k = 0.12 + 0.011l \tag{4-84}$$

式中　l——屋架的标志跨度,m;

　　　g_k——按屋面的水平投影面分布的均布面荷载,kN/m^2。

通常假定屋架的自重一半作用在上弦屋面,一半作用在下弦屋面。但当屋架下弦无其他荷载时,为简化计算可假定全部作用于屋架的上弦平面。

当屋面与水平面的倾角小于 30°时,风荷载对屋面产生吸力,起着卸载的作用,一般不予考虑;但对于采用轻质屋面材料的三角形屋架和开敞式房屋,在风荷载和恒荷载的作用下可能使原来受拉的杆件变成受压。所以在计算杆件内力时,根据荷载规范的规定,应该计算风荷载的作用。

屋面的均布永久荷载通常按屋面水平投影面上分布的荷载 q_k 计算,所以凡沿屋面倾斜分布的永久均布荷载 q_{ak} 均应换算为水平面上分布的荷载,即 $q_k = q_{ak}/\cos\alpha$(α 为屋面的倾角)。对于屋面坡度较小的缓坡梯形屋架结构的屋面,α 较小,可按 $\cos\alpha = 1$,即不再换算。

《建筑结构荷载规范》(GB 50009)给出的屋面均布活荷载、雪荷载均为水平投影面上的荷载,在计算时不需换算。

2. 节点荷载汇集

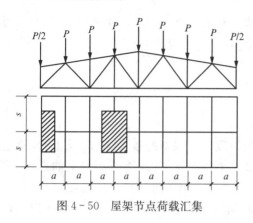

图 4-50　屋架节点荷载汇集

屋架所受的荷载一般通过檩条或大型屋面板的边肋以集中力的方式作用于屋架的节点上。屋架节点荷载汇集如图 4-50 所示,作用于屋架上弦节点的集中力可按下式计算:

$$P_k = q_k as \qquad (4-85)$$

式中　P_k——节点集中力标准值;

　　　q_k——按屋面水平投影面分布的荷载标准值;

　　　s——屋架的间距;

　　　a——上弦节间的水平投影长度。

对于有节间荷载作用的屋架弦杆,则应把节间荷载分配在相邻的两个节点上,屋架按节点荷载求出各杆件的轴心力,然后再考虑节间荷载引起的局部弯矩。

3. 荷载效应组合

由于可变荷载的作用位置将影响屋架内力,有的杆件并非所有恒载和活载都作用时引起最不利杆力,可能当某些荷载半跨作用时,该杆内力最大或由拉杆变成压杆,成为起控制作用的杆力。因此,设计时要考虑施工及使用阶段可能遇到的各种荷载及其组合的可能情况,对屋架进行内力分析时应按最不利组合取值。一般应考虑以下三种荷载组合:

组合一:全跨恒载+全跨活载;

组合二:全跨恒载+半跨活载;

组合三:全跨屋架、支撑和天窗自重+半跨屋面板重+半跨屋面活荷载。

在荷载效应组合时,屋面活荷载和雪荷载不同时考虑,取两者中的较大值进行组合。

4.4.4　屋架杆件内力计算

1. 计算屋架杆件内力时的基本假定

(1) 屋架的节点为铰接;

(2) 屋架所有杆件的轴线都在同一平面内,且相交于节点的中心;

(3) 荷载都作用在节点上,且都在屋架平面内。

计算屋架杆件内力时,假定各节点均为铰接点。实际上用焊缝连接的各节点具有一定的刚度,在屋架杆件中引起了次应力,根据理论和试验分析,由角钢组成的普通钢屋架,由于杆件的线刚度较小,次应力对承载力的影响很小,设计时可以不予考虑。

2. 杆件的计算长度

理想的桁架结构中,杆件两端铰接,计算长度在桁架平面内应是节点中心间的距离,在桁架平面外,是侧向支撑间的距离。但在节点处节点是具有一定刚度的,加上受拉杆件的约束作用,使得杆件端部的约束介于刚接和铰接之间。拉杆越多,约束作用越大,相连拉杆的截面相对越大,约束作用也就越大,在这种情况下,拉杆的计算长度小于节点中心间或侧向支撑间的几何长度。

杆件的计算长度为:

$$l_{ox} = \mu_x l_x \text{ 或 } l_{oy} = \mu_y l_y \qquad (4-86)$$

式中　l_x, l_y——分别为杆件平面内和平面外的几何长度;

l_{ox}, l_{oy}——分别为杆件平面内和平面外的计算长度；

μ_x, μ_y——分别为杆件平面内和平面外的计算长度系数，在桁架杆件中，μ_x 和 μ_y 均为小于或等于 1.0 的数值。

杆件的计算长度可以参考《钢结构设计规范》(GB 50017—2003)第 5.3.1 条的规定，如表 4-11 所示。

表 4-11　　　　　　　　桁架弦杆和单系腹杆的计算长度 l_0

项次	弯曲方向	弦杆	腹杆	
			支座斜杆和支座竖杆	其他腹杆
1	在杆件平面内	l	l	$0.8l$
2	在杆件平面外	l_1	l	l
3	斜平面	—	l	$0.9l$

注：1. l 为构件的几何长度（节点中心间距离）；l_1 为桁架弦杆侧向支承点之间的距离。

2. 斜平面系指与桁架平面斜交的平面，适用于构件截面两主轴均不在桁架平面内的单角钢腹杆和双角钢十字形截面腹杆。

3. 无节点板的腹杆计算长度在任意平面内均取其等于几何长度（钢管结构除外），当桁架弦杆侧向支承点之间的距离为节间长度的 2 倍（图 4-51）且两节间的弦杆轴心压力不相同时，则该弦杆在桁架平面外的计算长度，应按下式确定（但不应小于 $0.5l_1$）：

$$l_0 = l_1 \left(0.75 + 0.25 \frac{N_2}{N_1} \right) \tag{4-87}$$

式中　N_1——较大的压力，计算时取正值；

N_2——较小的压力或拉力，计算时压力取正值，拉力取负值。

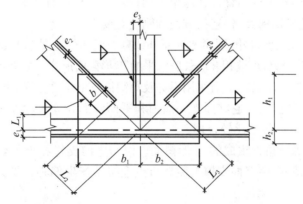

图 4-51　下弦一般节点

3. 杆件的容许长细比

杆件长细比过大，在运输和安装过程中容易因刚度不足而产生弯曲，在动力荷载作用下振幅较大，在自重作用下有可见挠度。为此，对桁架杆件应按各种设计标准的容许长细比进行控制，即

$$\lambda \leqslant [\lambda] \tag{4-88}$$

式中　λ——杆件的最大长细比；

$[\lambda]$——杆件的容许长细比。

《钢结构荷载规范》(GB 50017—2003)第 5.3.8 条规定了受压构件的容许长细比，如表 4-12 所示；第 5.3.9 条规定了受拉构件的容许长细比，如表 4-13 所示。

表 4 - 12 受压构件的容许长细比

项次	构 件 名 称	容许长细比
1	柱、桁架和天窗架中的杆件	150
	柱的缀条、吊车梁或吊车桁架以下的柱间支撑	
2	支撑(吊车梁或吊车桁架以下的柱间支撑除外)	200
	用以减少受压构件长细比的杆件	

注:桁架(包括空间桁架)的受压腹杆,当其内力等于或小于承载能力的50%时,容许长细比值可取为200。

表 4 - 13 受拉构件的容许长细比

项次	构 件 名 称	承受静力荷载或间接承受动力荷载的结构		直接承受动力荷载的结构
		一般建筑结构	有重级工作制吊车的厂房	
1	桁架的杆件	350	250	250
2	吊车梁或吊车桁架以下的柱间支撑	300	200	—
3	其他拉杆、支撑、系杆等(张紧的圆钢除外)	400	350	—

注:承受静力荷载的结构中,可仅计算受拉构件在竖向平面内的长细比。

4.4.5 屋架杆件设计

1. 杆件的合理截面

普通钢屋架的杆件一般采用两个等肢或不等肢角钢组成的 T 形截面或十字形截面,这些截面能使两个主轴的回转半径与杆件在屋架平面内和平面外的计算长度相配合,而使两个方向的长细比接近、能达到用料经济、连接方便和刚度等要求。

对于屋架上弦,如无局部弯矩,因屋架平面外计算长度往往是屋架平面内计算长度的 2 倍,上弦宜采用两个不等肢角钢、短肢相并而长肢水平的 T 形截面形式。如有较大的非节点荷载,为提高上弦在屋架平面内的抗弯能力,宜采用不等肢角钢长肢相并而短肢水平的 T 形截面。

对于屋架的支座斜杆,由于它在屋架平面内和平面外的计算长度相等,因此,采用两个不等肢角钢长肢相并的 T 形截面比较合理。

腹杆宜采用两个等肢角钢组成的 T 形截面。但与竖向支撑相连的竖腹杆宜采用两个等肢角钢组成的十字形截面,使竖向支撑与屋架节点连接不产生偏心。受力特别小的腹杆也可以采用单角钢杆件。

屋架下弦在平面外的计算长度很大,故宜采用两个不等肢角钢短肢相并,这种形式截面的侧向刚度较大,且连接支撑比较方便。

2. 垫板(填板)

为了使两个角钢组成的杆件起整体作用,应在角钢相并肢之间焊上垫板(或填板)。垫板厚度与节点板厚度相同,垫板宽度一般取 $40 \sim 60$ mm;T 形截面时垫板长度比角钢肢宽大 $10 \sim 15$ mm。垫板间距 l 在受压杆件中不大于 $40i$,在受拉杆件中不大于 $80i$。在 T 形截面中,i 为一个角钢对平行于垫板自身重心轴的回转半径;在十字形截面中,i 为一个角钢的最小回转半径。在杆件的计算长度范围内至少设置两块垫板。如果只在杆件中央设一块垫板,则由于在垫板处剪力为零而不起作用。

3. 节点板厚度

钢桁架各杆件在节点处都与节点板相连,传递内力并相互平衡,节点板中应力复杂并难于分析,通常不作计算。《钢结构设计规范》(GB 50017—2003)给出了单壁式桁架节点板厚度选用表,如表 4 - 14 所示,设计时可以参考。

表 4 - 14　　　　　　　　　　　　　　单臂式桁架节点板厚度选用表

桁架腹杆内力或三角形屋架弦杆端节间内力 N/kN	≤170	171~290	291~510	511~680	681~910	911~1 290	1 291~1 770	1 771~3 090
中间节点板厚度 t/mm	6	8	10	12	14	16	18	20

注: 1. 本表的使用范围如下:

(1) 适用于焊接桁架的节点板强度验算,节点板钢材为 Q235,焊条 E43。

(2) 节点板边缘与腹杆轴线之间的夹角应不小于 30°。

(3) 节点板与腹杆用侧焊缝连接,当采用围焊时,节点板的厚度应通过计算确定。

(4) 对有竖腹杆的节点板,当 $c/t \leqslant 15\sqrt{235/f_y}$ 时,可不验算节点板的稳定;对无竖腹杆的节点板,当 $c/t \leqslant 10\sqrt{235/f_y}$ 时,可将受压腹杆的内力乘以增大系数 1.25 后再查表求节点板厚度,此时亦可不验算节点板的稳定;式中 C 为受压腹杆连接肢端面中点沿腹杆轴线方向至弦杆的净距离。

2. 支座节点板的厚度宜较中间节点板增加 2 mm。

4. 杆件截面选择

选择截面时应考虑下列原则:

(1) 选用肢宽而壁薄的角钢,以增加截面的回转半径,但最薄不能小于 4 mm。

(2) 为了便于订货和制造,相近的角钢应尽量统一,同一屋架所采用的角钢型号不超过 5~6 种。同时应尽量避免使用同一肢宽而厚度相差不大的角钢,同一种规格的厚度之差不宜小于 2 mm,以便施工时辨认。

(3) 角钢最小规格一般按∟50×5 或∟75×50×5(受力较小桁架可按∟45×4 或∟56×36×4)。有垂直支撑处桁架竖杆通常用≥2∟63×5 的角钢。有螺栓孔时,角钢的肢宽须满足构造要求。

(4) 屋架弦杆一般采用等截面。但当跨度大于 30 m 时,弦杆可根据内力的变化改变截面,通常保持厚度不变而缩小肢宽,以利于拼接节点的构造处理。

(5) 杆件设计。

当杆件以承受轴力为主时,按轴心压杆或轴心拉杆计算;当杆件同时受到较大弯矩时,按压弯或拉弯构件计算。计算强度时,应注意对削弱处必须使用净截面进行计算。计算杆件整体稳定时,应注意对两个方向的稳定性都进行计算。

(1) 轴心拉杆。轴心拉杆可按强度条件确定所需的净截面面积,由型钢表选用合适的角钢,然后按轴心受拉构件验算其强度和刚度。

(2) 轴心压杆。如果没有截面削弱,轴心压杆可由稳定条件确定所需的截面面积和回转半径。参考这些数据从角钢规格表中选择合适的角钢。根据所选用角钢的实际截面面积和回转半径按轴心受压构件进行强度、刚度和整体稳定性验算。因为是型钢,局部稳定满足要求,不需要再进行计算。

(3) 拉弯或压弯构件。屋架上弦或下弦有节间荷载时,应根据轴心力和局部弯矩,按拉弯或压弯构件的计算方法对节点处或节间弯矩较大截面进行计算。一般先根据经验或参照已有设计资料试选截面,对拉弯杆件验算强度和刚度,对压弯杆件验算强度、刚度、弯矩作用平面内和弯矩作用平面外的整体稳定性。若不满足或截面不经济则改选截面,重新进行试算,直至符合要求为止。

(4) 按刚度条件选择杆件截面。对屋架中内力很小的腹杆或因构造需要设置的杆件(如芬克式屋架跨中竖杆),其截面可按刚度条件确定。$[\lambda]$为杆件的容许长细比,可参考表 4 - 12 或表 4 - 13。

4.4.6 屋架节点设计

节点的作用是把汇交于节点中心的杆件连接在一起,一般都通过节点板来实现。各杆的内力通过各自与节点板相连的角焊缝把杆力传到节点板上以取得平衡,所以节点设计的具体任务是:根据节点的构造要求,确定各杆件的切断位置;根据焊缝的长度,确定节点板的形状和尺寸。

1. 节点设计的基本要求

(1) 布置桁架杆件时,原则上应使杆件形心线与桁架几何轴线重合,以免杆件偏心受力。为便于制造,通常取角钢肢背至形心距离为 5 mm 的整倍数。例如,在型钢表中查得角钢∟90×7 的肢背至形心距离为 24.8 mm,取 5 mm 的整倍数,则角钢∟90×7 的肢背至形心距离取为 25 mm。

(2) 焊接屋架节点时,各杆件边缘间应留一定的间隙,一般不宜小于 20 mm,以利拼装和施焊,同时也避免因焊缝过于密集而使钢材过热变脆。对直接承受动力荷载的焊接桁架,腹杆与弦杆之间的间隙一般不宜小于 50 mm。桁架图中一般不直接表明各处的间隙值,而是注明各切断杆件的端距,以控制有足够的间隙。

(3) 角钢端部的切割面一般应与杆件轴线垂直,当角钢较宽,为了减少节点板尺寸,也可采用斜切,即允许把角钢的一个边斜切(切掉一角)但不影响角钢背圆角部分。

(4) 节点板的尺寸主要取决于所连杆件的大小和所需焊缝的长短,一般至少要有两条边平行,如矩形、平行四边形或直角梯形等,以节约钢材和减少切割次数。节点板外形还应尽量考虑传力均匀,不应有凹角,以免产生严重的应力集中现象。

2. 各节点的设计方法

(1) 下弦一般节点。下弦一般节点是指下弦杆直通连续和没有节点集中荷载的节点,如图 4 - 51 所示。首先画出各杆件的轴线位置及各杆件的截面大小,根据构造要求确定各杆件的端部切断位置(即腹杆端部至节点中心的距离),如图 2.7 中的 l_1、l_2 和 l_3 所示,这个距离主要用于制造时的拼装,可以由此计算每一根腹杆的实际长度,即由腹杆两端的节点间几何长度减去两端至各自节点的距离之和。

计算下弦节点中各腹杆与节点板所需的连接焊缝长度:

肢背焊缝:
$$l_{w1} \geqslant \frac{\alpha_1 N}{2 \times 0.7 h_{f1} f_f^w} \qquad (4 - 89a)$$

肢尖焊缝:
$$l_{w1} \geqslant \frac{\alpha_2 N}{2 \times 0.7 h_{f2} f_f^w} \qquad (4 - 89b)$$

弦杆与节点板的连接焊缝,应考虑承受弦杆相邻节间内力之差 ΔN,按下式计算下弦杆与节点板连接所需的焊角尺寸:

肢背焊缝:
$$h_{f1} \geqslant \frac{\alpha_1 \Delta N}{2 \times 0.7 l_{w1} f_f^w} \qquad (4 - 90)$$

肢尖焊缝:
$$h_{f2} \geqslant \frac{\alpha_2 \Delta N}{2 \times 0.7 l_{w2} f_f^w} \qquad (4 - 91)$$

式中 N——杆件的轴力;

$f_{\mathrm{f}}^{\mathrm{w}}$——角焊缝的强度设计值；

h_{f1},h_{f2}——分别为角钢肢背和肢尖的焊角尺寸；

l_{w1},l_{w2}——分别为角钢肢背和肢尖的焊缝计算长度,对每条焊缝取其实际长度减去 $2h_{\mathrm{f}}$；

α_1,α_2——分别为角钢肢背和肢尖焊缝受力分配系数,可取 $\alpha_1=2/3$,$\alpha_2=1/3$。

通常弦杆相邻节间内力之差 ΔN 很小,实际需要的焊角尺寸可由构造要求确定,并沿节点板全长满焊。

（2）上弦一般节点。计算上弦节点中各腹杆与节点板所需的连接焊缝长度与下弦节点中各腹杆与节点板所需的连接焊缝长度计算方法相同。

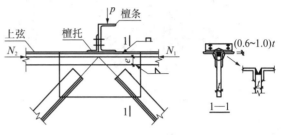

图 4-52　上弦一般节点

如图 4-52 所示,上弦杆与节点板的连接焊缝是由角钢肢背的槽焊缝和角钢肢尖的两条角焊缝组成,假定角钢肢背的槽焊缝和角钢肢尖的两条角焊缝组成,假定角钢肢背的槽焊缝承受节点荷载 P,角钢肢尖的两条角焊缝承担 ΔN 和由于 ΔN 与肢尖焊缝的偏心距 e 而产生的弯矩 $\Delta M = \Delta Ne$。

当屋面坡度较缓时,角钢肢背槽焊缝的强度可按下式计算：

$$\frac{P}{2 \times 0.7 h_{\mathrm{f1}} l_{\mathrm{w1}}} \leqslant 0.8 \beta_{\mathrm{f}} f_{\mathrm{f}}^{\mathrm{w}} \qquad (4-92)$$

角钢肢背的槽焊缝近似按两条 $h_{\mathrm{f}}=0.5t$(t 为节点板厚度)的角焊缝计算；式中的系数 0.8 是考虑到槽焊缝的质量不易保证,而将角焊缝的强度设计值降低 20%。β_{f} 为正面角焊缝的强度设计值增大系数,对承受静力荷载和间接承受动力荷载的结构,$\beta_{\mathrm{f}}=1.22$；对直接承受动力荷载的结构,$\beta_{\mathrm{f}}=1.0$。

角钢肢尖焊缝的强度计算：

在 ΔN 作用下,有

$$\tau_{\mathrm{f}} = \frac{\Delta N}{2 \times 0.7 h_{\mathrm{f2}} l_{\mathrm{w2}}} \qquad (4-93)$$

在 $\Delta M = \Delta Ne$ 作用下,有

$$\sigma_{\mathrm{f}} = \frac{6 \Delta M}{2 \times 0.7 h_{\mathrm{f2}} l_{\mathrm{w2}}^2} \qquad (4-94)$$

合应力应满足下式：

$$\sqrt{\left(\frac{\sigma_{\mathrm{f}}}{\beta_{\mathrm{f}}}\right)^2 + \tau_{\mathrm{f}}^2} \leqslant f_{\mathrm{f}}^{\mathrm{w}} \qquad (4-95)$$

（3）屋架拼接节点。弦杆的拼接分为工厂拼接和工地拼接两种。因角钢长度不够或弦杆截面有改变时在工厂进行的拼接成为工厂拼接,这种拼接的位置通常在节点范围以外。工地拼接是由于运输条件的限制,屋架分为两个或两个以上的运输单元时在工地进行的拼接,这种拼接的位置一般在节点处。为减轻节点板负担和保证整个屋架平面外的刚度,通常不利用节

点板作为拼接材料,而以拼接角钢传递弦杆内力。拼接角钢一般与弦杆的截面相同,使弦杆在拼接处保持原有的强度和刚度。

屋脊拼接节点中的拼接角钢,当屋面坡度较缓时,拼接角钢可以热弯成型;当屋面坡度较陡时,常需将拼接角钢的竖肢切成斜口弯曲后对接焊牢。

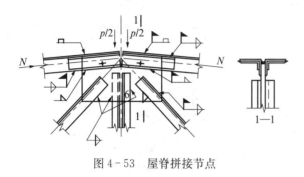

图 4-53 屋脊拼接节点

如图 4-53 所示,屋脊拼接节点的连接焊缝有两类:一是拼接角钢与弦杆之间的连接焊缝;二是弦杆与节点板之间的连接焊缝。

屋脊拼接角钢与弦杆的连接计算及拼接角钢总长度的确定。拼接角钢与受压弦杆之间的连接可按弦杆最大内力进行计算,每边共有 4 条焊缝平均承受此力,则一条焊缝的计算长度为

$$l_{\mathrm{w}} \geqslant \frac{N}{4 \times 0.7 h_{\mathrm{f}} f_{\mathrm{f}}^{\mathrm{w}}} \tag{4-96}$$

一条焊缝的实际长度为

$$l = l_{\mathrm{w}} + 2h_{\mathrm{f}} \tag{4-97}$$

拼接角钢的总长度(l_{s})为

$$l_{\mathrm{s}} = 2l + 弦杆杆端孔隙 \tag{4-98}$$

对于弦杆与节点板之间的连接焊缝,假定节点荷载 P 由上弦角钢肢背处的槽焊缝承受,按下式计算:

$$\frac{P}{2 \times 0.7 h_{\mathrm{f1}} l_{\mathrm{w1}}} \leqslant 0.8\beta_{\mathrm{f}} f_{\mathrm{f}}^{\mathrm{w}} \tag{4-99}$$

上弦角钢肢尖与节点板的连接焊缝按上弦杆最大内力的 15% 计算,并考虑此力产生的弯矩 $M = 0.15Ne$,按下列公式计算:

在 $0.15N$ 作用下,有

$$\tau_{\mathrm{f}}^{N} = \frac{0.15N}{2 \times 0.7 h_{\mathrm{f2}} l_{\mathrm{w2}}} \tag{4-100}$$

在 $M = 0.15Ne$ 作用下,有

$$\sigma_{\mathrm{f}}^{\mathrm{w}} = \frac{6M}{2 \times 0.7 h_{\mathrm{f2}} l_{\mathrm{w2}}^{2}} \tag{4-101}$$

合应力应满足下式:

$$\sqrt{\left(\frac{\sigma_{\mathrm{f}}^{M}}{\beta_{\mathrm{f}}}\right)^{2} + (\tau_{\mathrm{f}}^{M})^{2}} \leqslant f_{\mathrm{f}}^{\mathrm{w}} \tag{4-102}$$

对承受静力荷载和间接承受动力荷载的结构,$\beta_{\mathrm{f}} = 1.22$;对直接承受动力荷载的结构,$\beta_{\mathrm{f}} = 1.0$。

(4) 下弦拼接节点。拼接角钢与下弦杆的连接计算及拼接角钢总长度的确定。如图 4 - 54 所示,拼接角钢与下弦杆之间每边有 4 条角焊缝连接,由于拼接角钢竖向肢切割去 $h_f + t + 5$ mm,可近似认为 4 条角焊缝均匀传力。拼接角钢与下弦杆的连接焊缝按下弦截面积等强度计算,即拼接角钢与下弦杆的连接焊缝最大承受的内力值为 Af,A 为下弦角钢截面总面积。则在拼接节点一边每一条焊缝的计算长度为:

$$l_w = \frac{Af}{4 \times 0.7 h_f f_f^w} \tag{4 - 103}$$

每条焊缝的实际长度为:

$$l = l_w + 2h_f \tag{4 - 104}$$

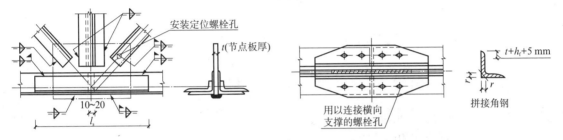

图 4 - 54　下弦拼接节点

拼接角钢的总长度 (l_s) 为 $l_s = 2l + 10 \sim 20$ mm($10 \sim 20$ mm 为拼接处角钢间的孔隙)。

下弦杆与节点板的连接焊缝,除按拼接节点两侧弦杆的内力差进行计算外,还应考虑到拼接角钢由于切角和切肢,截面有一定的削弱,这个削弱的部分有节点板来补偿,一般拼接角钢削弱的面积不超过 15%。所以下弦与节点板的连接焊缝按下弦较大内力的 15% 和两侧下弦的内力之差两者中的较大者进行计算。

下弦杆肢背与节点板的连接焊缝计算长度:

$$l_{w1} \geqslant \frac{\alpha_1 \cdot \max(0.15N_{max}, \Delta N)}{2 \times 0.7 h_{f1} f_f^w} \tag{4 - 105}$$

下弦杆肢背与节点板的连接焊缝实际长度:

$$l_1 = l_{w1} + 2h_{f1} \tag{4 - 106}$$

下弦杆肢尖与节点板的连接焊缝计算长度:

$$l_{w2} \geqslant \frac{\alpha_2 \cdot \max(0.15N_{max}, \Delta N)}{2 \times 0.7 h_{f2} f_f^w} \tag{4 - 107}$$

下弦杆肢尖与节点板的连接焊缝实际长度:

$$l_2 = l_{w2} + 2h_{f2} \tag{4 - 108}$$

(5) 支座节点。屋架与柱的连接有简支和刚接两种形式,支承于钢筋混凝土柱或砖柱上的屋架一般为简支,而支承于钢柱上的屋架通常为刚接。如图 4 - 55 所示为简支屋架的支座节点,由节点板、加劲肋、支座底板和锚栓等部分组成。它的设计和轴心受压柱铰接柱脚相似。

支座底板的面积 A:

$$A \geqslant \frac{R}{f_c} + 锚栓孔缺口面积 \tag{4-109}$$

式中　R——屋架的支座反力；

　　　f_c——柱混凝土轴心抗压强度设计值。

锚栓预埋于柱中，其直径一般取 $20 \sim 25$ mm；为了便于安装屋架时能够调整位置，底板上的锚栓孔直径应为锚栓直径的 $2 \sim 2.5$ 倍，通常采用 $40 \sim 60$ mm。屋架安装完毕后，在锚栓上套上垫圈，并与底板焊牢以固定屋架。

底板取 1 m 板带宽进行计算，则底板厚度应满足的条件为

$$\sigma = \frac{M}{W} = \frac{M}{\frac{1}{6} \times 1 \times t^2} = \frac{6M}{t^2} \leqslant f \tag{4-110}$$

所以底板的厚度应按下式计算：

$$t \geqslant \sqrt{\frac{6M}{f}} \qquad 其中 \ M = \beta q a_1^2 \tag{4-111}$$

式中　M——两邻边支承板单位板宽的最大弯矩；

　　　q——底板单位面积的压力；

　　　β——系数，根据 $\dfrac{b_1}{a_1}$ 由表查出；

　　　a_1——两相邻支承边的对角线长度；

　　　b_1——支承边的交点至对角线的垂直距离，如图 4-55 所示。

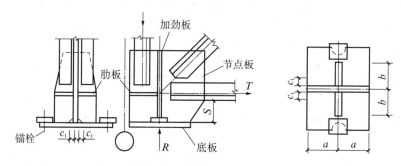

图 4-55　梯形屋架支座节点

表 4-15　　　　　　　　　　　两相邻边支承板的弯矩系数 β

b_1/a_1	0.3	0.4	0.5	0.6	0.7	0.8	0.9	1.0
β	0.027 3	0.043 9	0.060 2	0.074 7	0.087 1	0.097 2	0.105 3	0.111 7

支座底板的厚度和面积还应满足下列构造要求：

厚度：当屋架跨度不大于 18 m 时，$t \geqslant 16$ mm；

　　　当屋架跨度大于 18 m 时，$t \geqslant 20$ mm；

面积：宽度取 $200 \sim 360$ mm；长度（垂直于屋架方向）取 $200 \sim 400$ mm；

加劲肋的作用是加强底板的刚度，提高节点板的侧向刚度。加劲肋的高度由节点板的尺

寸决定,厚度可与节点板的厚度相同。加劲肋可视为支承于节点板上的悬臂梁,一个加劲肋通常假定传递支座反力的 1/4,并考虑偏心弯矩 M。

焊缝受剪力:
$$V = \frac{R}{4}$$

焊缝受弯矩:
$$M = \frac{R}{4} \times e$$

一个加劲肋与支座节点板的连接焊缝按下式进行强度计算:

$$\sqrt{\left(\frac{V}{2 \times 0.7 h_f l_w}\right)^2 + \left(\frac{6M}{2 \times 0.7 h_f l_w^2 \times \beta_f}\right)^2} \leqslant f_f^w \qquad (4-112)$$

式中　e——偏心距;

　　　h_f——加劲肋与节点板连接焊缝的焊角尺寸;

　　　l_w——加劲肋与节点板连接焊缝的焊缝计算长度。

支座节点板、加劲肋与支座底板的水平连接焊缝,按下式进行强度计算:

$$\sigma_f = \frac{R}{\beta_f \times 0.7 h_f \sum l_w} \leqslant f_f^w \qquad (4-113)$$

其中

$$\sum l_w = [2a + 2(2b - t - 2c_1)] - 6 \times 2h_f$$

式中　$\sum l_w$——节点板、加劲肋与支座底板的水平连接焊缝总长度,共有 6 条焊缝;

　　　t, c_1——分别为节点板厚度和加劲肋切口宽度。

4.4.7　设计方法及注意事项

1. 钢屋架设计内容及步骤

(1) 屋架的选型。桁架形式的选取及有关尺寸的确定(包括桁架的外形、腹杆体系及主要尺寸确定等)。

(2) 荷载计算。恒荷载(包括屋面材料、保温材料、檩条及屋架、支撑等的自重)、屋面均布活荷载、雪荷载、风荷载、积灰荷载等。

(3) 内力计算。通常先计算单位荷载(包括满跨布置和半跨布置)作用下桁架中各杆件的内力、即内力系数,内力系数乘以荷载设计值即得相应荷载作用下杆件的内力设计值。

(4) 内力组合。确定各杆件的最不利内力。

(5) 桁架的杆件设计。根据杆件的位置、支撑情况等确定杆件的计算长度;选取截面形式;初选截面尺寸;根据杆件的最不利内力按轴心受拉或轴心受压或压弯构件进行杆件截面设计(验算杆件强度、刚度、稳定性是否满足要求)。

(6) 节点设计。根据杆件内力确定节点板厚度;根据杆件截面规格及交汇于节点的腹杆内力确定节点板的平面尺寸;验算节点连接强度。

(7) 绘制桁架施工图并编制材料表。

2. 钢屋架设计的注意事项

(1) 确定屋架的跨中高度 h 时,要考虑使屋架钢材消耗量较低、满足刚度要求及运输等条件以及与相邻屋架的协调关系。必要时,屋架的高度还需符合建筑模数要求。

（2）屋架上弦节点的确定须与屋面材料相适应。尽可能使屋面荷载集中作用于节点处。

（3）若节点之间有荷载时，要把荷载转换成节点荷载，且要考虑转换的效应。

（4）各杆件的长细比要满足规范要求。

（5）屋架杆件的重心线在节点处须汇交于一点，当在汇交点的重心线间有偏心距时，要按有关规定考虑其影响。

（6）对单面连接的单角钢杆件，按轴心受力计算强度和连接时，强度设计值按 0.85 系数折减；按轴心受压计算整体稳定时，强度设计值 f 按 η 系数折减，等边角钢 $\eta=0.6+0.0015\lambda_{\max}$，且 $\geqslant 0.63$。

（7）当桁架杆件中支撑连接的孔洞开在内力显著较小的节间或部位时，通常可不进行净截面强度计算，即仅对最大内力处按毛截面计算其强度或整体稳定。当螺栓孔洞开在内力较大节间或部位时，如能位于节点板范围内离节点板边缘 $a\geqslant 100$ mm 时，通常可认为节点板的加强足以补偿孔洞削弱而不作净截面强度计算，必要时可特意加大节点板使其满足 $a\geqslant 100$ mm。

（8）在进行杆件设计时，要按照最不利工况进行内力组合，其中强度和稳定条件验算时所采用的最大内力要按荷载设计值组合确定，而验算刚度条件所采用的内力则按荷载标准值组合计算。

4.4.8　普通钢屋架设计实例

1. 设计资料

某工厂车间跨度为 21 m，柱距为 6 m，总长度为 90 m。屋架上弦坡度：1/14；屋架端架尺寸：$H_0=2$ m；屋架跨中高度：$H=2.739$ m。屋架支撑于钢筋混凝土柱顶。柱截面为 400×400，混凝土为 C20。

屋面采用 100 mm 厚的双层彩钢板（带保温）支承在钢檩条上，钢檩条和屋架上弦连接，间距为 1.5 m。恒载标准值为 0.65 kN/m²（按水平投影分布）。

钢材采用 Q235B 级，焊条采用 E43 型，手工焊。杆件最小截面为∟45×4 或∟56×36×4（焊接结构），角焊缝强度设计值为 $f_f^w=160$ N/mm²。

本设计抗震设防烈度为 8 度，屋架不进行抗震验算，屋盖结构的纵向水平地震作用由屋架端部垂直支撑承受。

屋架均按起拱前的屋架几何尺寸分析内力，按起拱后的尺寸绘制施工详图。设计中不考虑檩条、大型屋面板兼作上弦水平支撑中的刚性系杆及非支撑开间的刚性、柔性杆系。

2. 结构形式与支撑布置

桁架形式及几何尺寸如图 4-56 所示，节点编号如图 4-57 所示。

屋架支撑布置如图 4-58 所示。

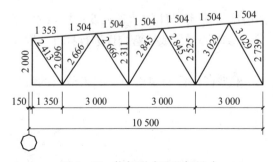

图 4-56　桁架形式及几何尺寸

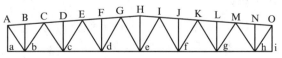

图 4-57　节点编号

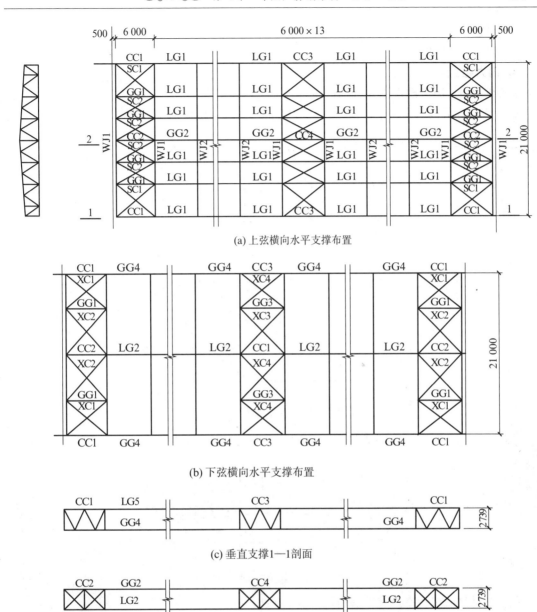

(a) 上弦横向水平支撑布置

(b) 下弦横向水平支撑布置

(c) 垂直支撑1—1剖面

(d) 垂直支撑2—2剖面

图中符号说明：SC—上弦支撑；XC—下弦支撑；CC—垂直支撑；GG—刚性系杆；LG—柔性系杆

图4-58 屋架支撑布置

3. 荷载计算

恒载设计值　　　　　　　　$1.2 \times 0.65 = 0.78 \text{ kN/m}^2$

活载设计值　　　　　　　　$1.4 \times 0.5 = 0.7 \text{ kN/m}^2$

恒载节点荷载　　　　　　　$P_1 = 6 \times 1.5 \times 0.78 = 7.02 \text{ kN}$

活载节点荷载　　　　　　　$P_2 = 6 \times 1.5 \times 0.6 = 6.3 \text{ kN}$

风荷载　$\omega_{左} = 1.05 \mu_z \mu_s \omega_0 = 1.05 \times (-0.6) \times 1 \times 0.5 = -0.315 \text{ kN/m}^2$

　　　　$\omega_{右} = 1.05 \mu_z \mu_s \omega_0 = 1.05 \times (-0.5) \times 1 \times 0.5 = -0.262 \, 5 \text{ KN/m}^2$

则　　$P_4 = -0.315 \times 6 \times 1.5 / 0.9975 = -2.842 \text{ kN}$

$P_5 = -0.2625 \times 6 \times 1.5 / 0.9975 = -2.368 \text{ kN}$

4. 内力组合

设计屋架时,应考虑以下几种荷载组合:

(1) 全跨静荷载＋全跨活荷载(计算简图如图 4-59 所示)

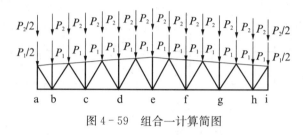

图 4-59　组合一计算简图

(2) 全跨静荷载＋左半跨活荷载(计算简图如图 4-60 所示)

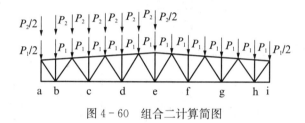

图 4-60　组合二计算简图

(3) 全跨静荷载＋右半跨活荷载(计算简图如图 4-61 所示)

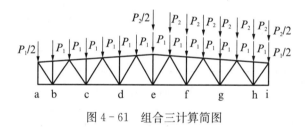

图 4-61　组合三计算简图

(4) 全跨静荷载＋全跨风荷载(计算简图如图 4-62 所示)

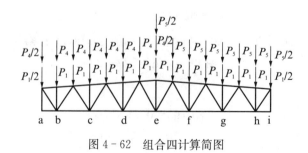

图 4-62　组合四计算简图

5. 内力计算

由电算先解得 $F=1$ 的桁架各杆件的内力系数($F=1$ 作用于全跨、左半跨和右半跨)。然后求出各种荷载情况下的内力进行组合,计算结果见表 4-16。

表 4 - 16　　　　　　　　　　　　　　　屋架杆件内力组合表

名称	杆件编号	内力组合				名称
		全跨静荷载加全跨活荷载	全跨静荷载加左半跨活载	全跨静荷载加右半跨活载	全跨静荷载加全跨活载	
上弦杆	AB	−55.906	−48.875	−36.494	−18.605	−55.906
	BC	−55.908	−48.877	−36.496	−18.605	−55.908
	CD	−137.384	−116.837	−92.952	−44.638	−137.384
	DE	−137.381	−116.834	−92.950	−44.637	−137.381
	EF	−173.336	−141.561	−123.127	−56.760	−173.336
	FG	−173.336	−141.561	−123.127	−56.760	−173.336
	GH	−174.419	−133.171	−133.171	−57.812	−174.419
	HI	−174.419	−133.171	−133.171	−57.812	−174.419
	IJ	−173.336	−123.127	−141.561	−58.147	−173.336
	JK	−173.336	−123.127	−141.561	−58.147	−173.336
	KL	−137.381	−92.950	−116.834	−46.434	−137.381
	LM	−137.384	−92.952	−116.837	−46.435	−137.384
	MN	−55.908	−36.496	−48.877	−18.997	−55.908
	NO	−55.906	−36.494	−48.875	−18.996	−55.906
	AB	−55.906	−48.875	−36.494	−18.605	−55.906
	BC	−55.908	−48.877	−36.496	−18.605	−55.908
	CD	−137.384	−116.837	−92.952	−44.638	−137.384
	DE	−137.381	−116.834	−92.950	−44.637	−137.381
	EF	−173.336	−141.561	−123.127	−56.760	−173.336
	FG	−173.336	−141.561	−123.127	−56.760	−173.336
	GH	−174.419	−133.171	−133.171	−57.812	−174.419
	HI	−174.419	−133.171	−133.171	−57.812	−174.419
	IJ	−173.336	−123.127	−141.561	−58.147	−173.336
	JK	−173.336	−123.127	−141.561	−58.147	−173.336
	KL	−137.381	−92.950	−116.834	−46.434	−137.381
下弦杆	ab	0.000	0.000	0.000	0.000	0.000
	bc	102.951	88.832	68.321	33.340	102.951
	cd	159.890	133.548	110.608	52.133	159.890
	de	177.254	140.644	130.028	58.353	177.254
	ef	177.254	130.028	140.644	59.151	177.254
	fg	159.890	110.608	133.548	53.859	159.890
	gh	102.915	68.321	88.832	34.883	102.915
	hi	0.000	0.000	0.000	0.000	0.000
竖直杆	Aa	−93.240	−82.352	−60.028	−30.065	−93.240
	Bb	−13.351	−13.347	−7.04	−4.188	−13.351
	Dc	−13.274	−13.281	−6.989	−4.163	−13.274

续　表

名称	杆件编号	内力组合				名称
		全跨静荷载加全跨活荷载	全跨静荷载加左半跨活载	全跨静荷载加右半跨活载	全跨静荷载加全跨活荷载	
竖直杆	Fd	−13.320	−13.32	−7.020	−4.178	−13.320
	He	11.501	8.781	8.781	3.812	11.501
	If	−13.320	−7.020	−13.32	−4.652	−13.320
	Lg	−13.274	−6.989	−13.281	−4.637	−13.274
	Nh	−13.351	−7.04	−13.347	−4.663	−13.351
	Oi	−93.240	−60.028	−82.352	−31.745	−93.240
斜腹杆	Ab	99.674	87.139	65.065	32.207	99.674
	Cb	−83.789	−71.225	−56.722	−27.227	−83.789
	Cc	60.630	49.235	43.348	19.875	60.630
	Ec	−43.359	−32.266	−33.944	−14.435	−43.359
	Ed	24.673	14.521	23.156	8.503	24.673
	Gd	−8.801	−1.129	−14.568	−3.508	−8.801
	Ge	−6.619	−15.773	5.666	−1.387	−6.619
	Ie	−6.619	5.666	−15.773	−3.000	−6.619
	If	−8.801	−14.568	−1.129	−2.327	−8.801
	Kf	24.673	23.156	14.521	7.853	24.673
	Kg	−43.359	−33.944	−32.266	−14.308	−43.359
	Mg	60.630	43.348	49.235	20.318	60.630
	Mh	−83.789	−56.722	−71.225	−28.318	−83.789
	Oh	99.674	65.065	87.139	33.868	99.674

6. 杆件设计(设计结果见表 4 - 17)

(1) 上弦杆

整个上弦不改变截面,按最大内力计算:$N=-174.419$ kN,

上弦杆计算长度:$l_{ox}=1\,504$ mm,$l_{oy}=2\times1\,504+1\,353=4\,361$ mm

假定:$\lambda=80$,则查表得 $\varphi=0.688$

$$A=N/\varphi f=174.419\times10^{3}/(0.688\times215)=1\,179.14\ \text{mm}^{2}$$

截面选取不等肢角钢,短肢相并,中间节点板厚 $t=8$ mm

则截面选取:$2\llcorner90\times56\times6$,$A=1\,442\ \text{mm}^{2}$,$i_{x}=1.59$ cm,$i_{y}=4.42$ cm,$b_{1}/t=90$ cm/5 cm=16,按所选角钢进行验算:

$$\lambda_{x}=l_{ox}/i_{x}=1\,504/15.9=94.59<[\lambda]=150$$

因为　$b_{1}/t=90$ cm/6 cm=15<$0.56l_{oy}/b_{1}=0.56\times4\,512/50=50.5$

$$\lambda_{yz}=\lambda_{y}=l_{oy}/i_{y}=4\,361/44.2=98.7<[\lambda]=150$$

截面在 x 和 y 平面均属 b 类,由于 $\lambda_{yz}>\lambda_{x}$,只需求 φ_{y}。查表求 $\varphi_{y}=0.563$

$$\sigma=N/\varphi A=174.419\times10^{3}/0.563\times1\,442=214.8\ \text{N/mm}^{2}<f=215\ \text{N/mm}^{2}$$

表 4 - 17 杆件截面尺寸选择

名称	杆件编号	内力/kN	计算长度/cm l_{ox}	l_{oy}	截面形式和规格	面积	回转半径/cm i_x	i_y	长细比/mm λ_x	λ_y	容许长细比	稳定系数	计算应力
上弦	GH	-174.419	150.4	436.1	2L90×56×6	1442	1.59	4.42	94.6	98.7	150	0.563	214.8
下弦	de	177.254	300	600	2L70×45×4	910	1.29	3.78	232.6	194.8	350		194.78
	Ab	99.675	241.3	241.3	2L63×40×5	998	2	1.16	120.7	99.9	350		99.87
	Cb	-83.789	213.3	266.6	2L70×4	1114	2.18	3.14	97.8	84	150	0.569	132.19
	Cc	60.630	213.3	266.6	2L70×4	1114	2.18	3.14	97.8	84	350		63.16
斜腹杆	Ec	-43.359	227.6	284.5	2L70×4	1114	2.18	3.4	104.4	90.5	150	0.527	73.86
	Ed	24.673	227.6	284.5	2L70×4	1114	2.18	3.14	104.4	90.5	350		22.16
	Gd	-14.568	242.4	303	2L70×4	1114	2.18	3.14	111.2	96.5	150	0.486	37.94
	Ge	-15.773	242.4	303	2L70×4	1114	2.18	3.14	111.2	96.5	150	0.486	41.08
	Aa	-93.24	200	200	2L63×40×5	998	2	1.16	100	113.6	150	0.472	197.94
	Bb	-13.351	188.6	188.6	2L56×5	1082	1.72	2.62	109.7	72	150	0.495	24.93
竖直杆	Dc	-13.281	207.9	207.9	2L56×5	1082	1.72	2.67	120.7	79.4	150	0.432	28.41
	Fd	-13.32	227.3	227.3	2L56×5	1082	1.72	2.67	132.1	80.0	150	0.382	32.23
	He	11.501	246.5	246.5	2L50×4	780	1.92	2.55	128.4	96.7	350		14.74

（2）下弦杆

整个下弦不改变截面，按最大设计值计算。

$$N_{de} = 177.254 \text{ kN}$$

$$l_{ox} = 3\,000 \text{ mm}, l_{oy} = 6\,000 \text{ mm}$$

$$A = N/f = 177.24 \times 10^3/215 = 824.4 \text{ mm}^2$$

选取 $2 \llcorner 70 \times 45 \times 4$，因 $l_{oy} \gg l_{ox}$，故用不等肢角钢，短肢相并：

$A = 910 \text{ mm}^2, i_x = 12.9 \text{ mm}, i_y = 34.8 \text{ mm}$。

则：$\lambda_x = l_{ox}/i_x = 3\,000/12.9 = 232.5 < [\lambda] = 350$

$\lambda_y = l_{oy}/i_y = 6\,000/34.8 = 194.78 < [\lambda] = 350$

$\sigma = N/A = 177.254 \times 10^3/910 = 194.78 \text{ N/mm}^2 < f = 215 \text{ N/mm}^2$

（3）竖腹杆

① Bb 杆

截面选取等边角钢 $2 \llcorner 56 \times 5, A = 1\,082 \text{ mm}^2, i_x = 1.72 \text{ cm}, i_y = 2.62 \text{ cm}$。

$N_{Bb} = -13.351 \text{ kN}, l_{ox} = l_{oy} = 2\,096 \times 0.9 = 1\,886.4 \text{ mm}$

验算：$\lambda_x = l_{ox}/i_x = 1\,886.4/17.2 = 109.7 < [\lambda] = 150$

$\lambda_y = l_{oy}/i_y = 1\,886.4/26.2 = 72 < [\lambda] = 150$

查表得：$\varphi_{min} = 0.495$

$\sigma = N/\varphi A = 13.351 \times 10^3/0.495 \times 1\,082 = 24.93 \text{ N/mm}^2 < f = 215 \text{ N/mm}^2$

② Dc 杆

$N_{Dc} = -13.281 \text{ kN}, l_{ox} = l_{oy} = 2\,311 \times 0.9 = 2\,079.9 \text{ mm}$

截面选取等边角钢 $2 \llcorner 56 \times 5, A = 1\,082 \text{ mm}^2, i_x = 1.72 \text{ cm}, i_y = 2.62 \text{ cm}$。

验算：$\lambda_x = l_{ox}/i_x = 2\,079.9/17.2 = 120.9 < [\lambda] = 150$

$\lambda_y = l_{oy}/i_y = 2\,079.9/26.2 = 79.4 < [\lambda] = 150$

查表得：$\varphi_{min} = 0.432$

$\sigma = N/\varphi A = 13.281 \times 10^3/0.432 \times 1\,082 = 28.41 \text{ N/mm}^2 < f = 215 \text{ N/mm}^2$

③ Fd 杆

$N_{Fd} = -13.32 \text{ kN}, l_{ox} = l_{oy} = 2\,525 \times 0.9 = 2\,372.5 \text{ mm}$

截面选取等边角钢 $2 \llcorner 56 \times 5, A = 1\,082 \text{ mm}^2, i_x = 1.72 \text{ cm}, i_y = 2.62 \text{ cm}$。

验算：$\lambda_x = l_{ox}/i_x = 2\,272.5/17.2 = 132.1 < [\lambda] = 150$

$\lambda_y = l_{oy}/i_y = 2\,272.5/26.2 = 80.0 < [\lambda] = 150$

查表得：$\varphi_{min} = 0.382$

$\sigma = N/\varphi A = 13.320 \times 10^3/0.382 \times 1\,082 = 32.23 \text{ N/mm}^2 < f = 215 \text{ N/mm}^2$

④ Aa 杆

$N_{Aa} = -93.24 \text{ kN}, l_{ox} = l_{oy} = 2\,000 \text{ mm}$，

假设 $\lambda = 80$，查表：$\varphi = 0.688$，

$A = N/\varphi f = 630.34 \text{ mm}^2$，

则选取截面 $2 \llcorner 63 \times 40 \times 5$，长肢相并，

$i_x = 2 \text{ cm}, i_y = 1.76 \text{ cm}, A = 499 \times 2 = 998 \text{ mm}^2$，

验算：$\lambda_x = l_{ox}/i_x = 2\,000/20 = 100 < [\lambda] = 150$

$\lambda_y = l_{oy}/i_y = 2\,000/16.7 = 113.6 < [\lambda] = 150$

查表得：$\varphi_{\min} = 0.472$

$\sigma = N/\varphi A = 93.240 \times 10^3/0.472 \times 998 = 197.94 \text{ N/mm}^2 < f = 215 \text{ N/mm}^2$

⑤ He 杆

$N_{\text{He}} = 11.501 \text{ kN}, l_{ox} = l_{oy} = 2\,465.1 \text{ mm},$

$A = N/\varphi f = 11\,501/215 = 53.49 \text{ mm}^2,$

则选取 $2 \llcorner 50 \times 4$,

$i_x = 1.92 \text{ cm}, i_y = 2.55 \text{ cm}, A = 780 \text{ mm}^2,$

验算：$\lambda_x = l_{ox}/i_x = 2\,465.1 \text{ mm}/19.2 \text{ mm} = 128.40 < [\lambda] = 350$

$\qquad \lambda_y = l_{oy}/i_y = 2\,465.1 \text{ mm}/25.5 \text{ mm} = 96.67 < [\lambda] = 350$

$\sigma = N/A = 11\,501/780 = 14.74 \text{ N/mm}^2 < f = 215 \text{ N/mm}^2$

（4）斜腹杆

① Ab 杆

$N_{\text{Ab}} = 99.675 \text{ kN}, l_{ox} = l_{oy} = 2\,413 \text{ mm}, A = N/f = 463.6 \text{ mm}^2,$

则选取截面为 $2 \llcorner 63 \times 40 \times 5$，长肢相并,

$i_x = 2 \text{ cm}, i_y = 1.76 \text{ cm}, A = 499 \times 2 = 998 \text{ mm}^2$

验算：$\lambda_x = l_{ox}/i_x = 2\,413/20 = 120.7 < [\lambda] = 350$

$\qquad \lambda_y = l_{oy}/i_y = 2\,413/17.6 = 99.87 < [\lambda] = 350$

$\sigma = N/A = 99.675 \times 10^3/499 \times 2 = 99.87 \text{ N/mm}^2 < f = 215 \text{ N/mm}^2$

② Cb 杆

$N_{\text{Cb}} = -83.789 \text{ kN}, l_{ox} = 0.8 \times 2\,666 = 2\,132.8 \text{ mm}, l_{oy} = 2\,666 \text{ mm}$

假设 $\lambda = 80$，查表：$\varphi = 0.688$,

$A = N/\varphi f = 83\,789/(0.688 \times 215) = 566.45 \text{ mm}^2,$

则选取截面 $2 \llcorner 70 \times 4$,

$i_x = 2.18 \text{ cm}, i_y = 3.14 \text{ cm}, A = 499 \times 2 = 1\,114 \text{ mm}^2,$

验算：$\lambda_x = l_{ox}/i_x = 2\,132.8/21.8 = 97.83 < [\lambda] = 150$

$\qquad \lambda_y = l_{oy}/i_y = 2\,666/31.4 = 84 < [\lambda] = 150$

查表得：$\varphi_{\min} = 0.569$

$\sigma = N/\varphi A = 83.789 \times 10^3/0.569 \times 1\,114 = 132.19 \text{ N/mm}^2 < f = 215 \text{ N/mm}^2$

③ Cc 杆

$N_{\text{Cc}} = 60.63 \text{ kN}, l_{ox} = 0.8 \times 2\,666 = 2\,132.8 \text{ mm}, l_{oy} = 2\,666 \text{ mm},$

则选取截面 $2 \llcorner 70 \times 4, i_x = 2.18 \text{ cm}, i_y = 3.14 \text{ cm}, A = 499 \times 2 = 1\,114 \text{ mm}^2,$

验算：$\lambda_x = l_{ox}/i_x = 2\,132.8/21.8 = 97.83 < [\lambda] = 350$

$\qquad \lambda_y = l_{oy}/i_y = 2\,666/31.4 = 84 < [\lambda] = 350$

$\sigma = N/A = 60.63 \times 10^3/1\,114 = 54.42 \text{ N/mm}^2 < f = 215 \text{ N/mm}^2$

④ Ec 杆

$N_{\text{Ec}} = -43.359 \text{ kN}, l_{ox} = 0.8 \times 2\,845 = 2\,276 \text{ mm}, l_{oy} = 2\,845 \text{ mm},$

则选取截面 $2 \llcorner 70 \times 4, i_x = 2.18 \text{ cm}, i_y = 3.14 \text{ cm}, A = 499 \times 2 = 1\,114 \text{ mm}^2,$

$\qquad \lambda_x = l_{ox}/i_x = 2\,276/21.8 = 104.4 < [\lambda] = 150$

$\qquad \lambda_y = l_{oy}/i_y = 2\,845/31.4 = 90.6 < [\lambda] = 150$

查表得：$\varphi_{\min}=0.527$

$\sigma=N/\varphi A=43.359\times10^3/0.527\times1\ 114=73.86\ \text{N/mm}^2<f=215\ \text{N/mm}^2$

⑤ Ed 杆

$N_{Ed}=24.673\ \text{kN},l_{ox}=0.8\times2\ 845=2\ 276\ \text{mm},l_{oy}=2\ 845\ \text{mm}$，

则选取截面为 $2\llcorner\ 70\times4$，

$i_x=2.18\ \text{cm},i_y=3.14\ \text{cm},A=499\times2=1\ 114\ \text{mm}^2$，

验算：$\lambda_x=l_{ox}/i_x=2\ 276/21.8=104.4<[\lambda]=350$

$\lambda_y=l_{oy}/i_y=2\ 845/31.4=90.6<[\lambda]=350$

$\sigma=N/A=24.673\times10^3/1\ 114=22.15\ \text{N/mm}^2<f=215\ \text{N/mm}^2$

⑥ Gd 杆

$N_{Gd}=-14.568\ \text{kN},l_{ox}=0.8\times3\ 030=2\ 424\ \text{mm},l_{oy}=3\ 030\ \text{mm}$ ，

则选取截面为 $2\llcorner\ 70\times4$，

$i_x=2.18\ \text{cm},i_y=3.14\ \text{cm},A=499\times2=1\ 114\ \text{mm}^2$，

验算：$\lambda_x=l_{ox}/i_x=2\ 424/21.8=111.2<[\lambda]=150$

$\lambda_y=l_{oy}/i_y=3\ 030/31.4=96.5<[\lambda]=150$

查表得：$\varphi_{\min}=0.486$

$\sigma=N/\varphi A=14.568\times10^3/0.486\times1\ 114=37.94\ \text{N/mm}^2<f=215\ \text{N/mm}^2$

⑦ Ge 杆

$N_{Ge}=-15.773\ \text{kN},l_{ox}=0.8\times3\ 030=2\ 424\ \text{mm},l_{oy}=3\ 030\ \text{mm}$，

则选取截面为 $2\llcorner\ 70\times4$，

$i_x=2.18\ \text{cm},i_y=3.14\ \text{cm},A=499\times2=1\ 114\ \text{mm}^2$，

验算：$\lambda_x=l_{ox}/i_x=2\ 424/21.8=111.2<[\lambda]=350$

$\lambda_y=l_{oy}/i_y=3\ 030/31.4=96.5<[\lambda]=350$

查表得：$\varphi_{\min}=0.486$

$\sigma=N/\varphi A=15.773\times10^3/0.486\times1\ 114=41.08\ \text{N/mm}^2<f=215\ \text{N/mm}^2$

以上截面都满足强度及整体稳定性的要求。

7. 节点设计

(1) 下弦节点 d(图 4-63)

先计算出腹杆和节点板的连接焊缝尺寸，然后按比例绘出节点板的形状量出尺寸，然后验算下弦与节点板的连接焊缝，角焊缝的抗拉和抗剪的设计强度 $f_f^w=160\ \text{N/mm}^2$。

Ed 杆的肢尖和肢背角焊缝分别采用 $h_f=4\ \text{mm}$ 和 $h_f=5\ \text{mm}$，则需要焊缝长度为

肢背：$l'_{w0}=k_1N/(2\times0.7\times h_f\times f_f^w)=0.7\times24\ 673/(2\times0.7\times5\times160)=15.4\ \text{mm}$

$l'_w=l'_{w0}+2h_f=25.4\ \text{mm}<40\ \text{mm}$，实取 $l'_w=60\ \text{mm}$。

肢尖：$l''_{w0}=k_2N/(2\times0.7\times h_f\times f_f^w)=0.3\times24\ 673/(2\times0.7\times4\times160)=8.3\ \text{mm}$

$l''_w=l''_{w0}+2h_f=16.3\ \text{mm}<40\ \text{mm}$，实取 $l''_w=60\ \text{mm}$。

Gd 杆的肢尖和肢背角焊缝分别采用 $h_f=4\ \text{mm}$ 和 $h_f=5\ \text{mm}$，则需要焊缝长度为

肢背：$l'_{w0}=k_1N/(2\times0.7\times h_f\times f_f^w)=0.7\times14\ 568/(2\times0.7\times5\times160)=9.1\ \text{mm}$

$l'_w=l'_{w0}+2h_f=19.1\ \text{mm}<40\ \text{mm}$，实取 $l'_w=50\ \text{mm}$。

肢尖：$l''_{w0}=k_2N/(2\times0.7\times h_f\times f_f^w)=0.3\times14\ 568/(2\times0.7\times4\times160)=4.8\ \text{mm}$

$l''_w=l''_{w0}+2h_f=12.8\ \text{mm}<40\ \text{mm}$，实取 $l''_w=50\ \text{mm}$。

Fd 杆的肢尖和肢背角焊缝分别采用 $h_f=4$ mm 和 $h_f=5$ mm,则需要焊缝长度为

肢背：$l'_{w0}=k_1N/(2\times0.7\times h_f\times f_f^w)=0.7\times13\,320/(2\times0.7\times5\times160)=8.3$ mm

$l'_w=l'_{w0}+2h_f=18.3$ mm<40 mm,实取 $l'_w=60$ mm。

肢尖：$l''_{w0}=k_2N/(2\times0.7\times h_f\times f_f^w)=0.3\times13\,320/(2\times0.7\times4\times160)=4.5$ mm

$l''_w=l''_{w0}+2h_f=12.5$ mm<40 mm,实取 $l''_w=60$ mm。

焊缝所受力为左右两个弦杆的内力差：$\Delta N=177.254-159.89=17.364$ kN

$$\tau_f=k_1\Delta N/(2\times0.7 h_f l_w)=0.75\times17\,364/[2\times0.7\times5\times(300-10)]=$$
$$6.4\text{ N/mm}^2<160\text{ N/mm}^2$$

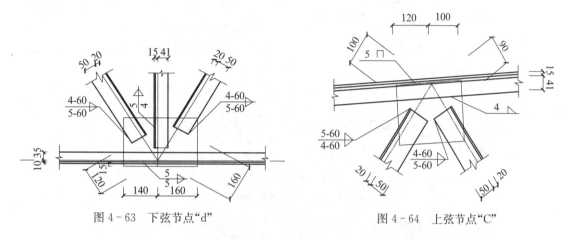

图 4 - 63　下弦节点"d"　　　　　　　　　　　图 4 - 64　上弦节点"C"

(2) 上弦节点 C(图 4 - 64)

节点板厚度去 8 mm,肢尖和肢背的厚度分别为 $h_f=4$ mm 和 $h_f=5$ mm,则需要焊缝长度为：

Cb 杆：

肢背：$l'_{w0}=k_1N/(2\times0.7\times h_f\times f_f^w)=0.7\times83\,789/(2\times0.7\times5\times160)=53.4$ mm

$l'_w=l'_{w0}+2h_f=63.4$ mm,实取 $l'_w=70$ mm。

肢尖：$l''_{w0}=k_2N/(2\times0.7\times h_f\times f_f^w)=0.3\times83\,789/(2\times0.7\times4\times160)=28$ mm

$l''_w=l''_{w0}+2h_f=36$ mm<40 mm,实取 $l''_w=60$ mm。

Cc 杆：

肢背：$l'_{w0}=k_1N/(2\times0.7\times h_f\times f_f^w)=0.7\times60\,630/(2\times0.7\times5\times160)=37.9$ mm

$l'_w=l'_{w0}+2h_f=47.9$ mm,实取 $l'_w=60$ mm。

肢尖：$l''_{w0}=k_2N/(2\times0.7\times h_f\times f_f^w)=0.3\times60\,630/(2\times0.7\times4\times160)=20.3$ mm

$l''_w=l''_{w0}+2h_f=28.3$ mm<40 mm,实取 $l''_w=60$ mm。

为了便于在上弦搁置大型屋面板,节点板上边缘可缩进肢背 8 mm,用塞缝连接,这时 $h_f=4$ mm,$l'_w=l''_w=188-8=180$ mm,承受集中力 $P=13.32$ kN。

$$\tau_f=P/(2\times0.7 h_f l_w)=13\,320/(2\times0.7\times4\times180)=13.21\text{ N/mm}^2<160\text{ N/mm}^2$$

肢尖焊缝承担的杆内力差为：$\Delta N=137.384-55.908=81.476$ kN,偏心距为：$e=56-10=46$ mm,$M=\Delta N\cdot e=81.476$ kN$\times4.6=3\,737\,896$ N・mm,$h_f=5$ mm,

则：$\tau_{\Delta N}=P/(2\times0.7 h_f l_w)=13\,320/(2\times0.7\times5\times180)=10.6$ N/mm$^2<160$ N/mm^2,

$\sigma_N=M/W_w=6\times3\,747\,896/2\times0.7\times5\times180^2=99.15$ N/mm$^2<160$ N/mm^2,

$$\sqrt{\tau_{\Delta N}^2 + \left(\frac{\sigma_N}{\beta_f}\right)^2} = \sqrt{13.21^2 + \left(\frac{99.15}{1.22}\right)^2} = 82.34 \text{ N/mm}^2 < f_f^w = 160 \text{ N/mm}^2$$

强度满足要求。

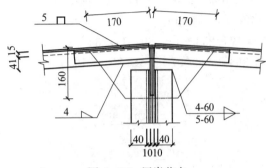

图 4 - 65　屋脊节点

(3) 屋脊节点 H(图 4 - 65)

弦杆的拼接，一般采用同号角钢拼接，为了使拼接角钢在拼接时能紧贴被连接的弦杆便于弦焊，需将拼接角钢削棱和去掉肢的一部分：

切去顶棱角：$\Delta_1 = r = 9$ mm，(r 为角钢内圆弧半径)

切去短拼接角钢竖直边：$\Delta_2 = t + h_f + 5$ mm $= 5 + 5 + 5 = 15$ mm。

拼接角钢的每条焊缝长度：

$$l_w \geqslant \frac{N}{4 \times 0.7 h_f \times f_f^w} = \frac{174\ 419}{4 \times 0.7 \times 5 \times 160} = 77.8 \text{ mm，实取 90 mm。}$$

拼接角钢总长：

$$l_a = 2\left[l_w + 2h_f + \left(\frac{56-8}{14} + \frac{20}{2} \cdot \frac{1}{\cos\alpha}\right)\right]$$

$$= 2\left[90 + 2 \times 5 + \left(\frac{56-8}{14} + \frac{20}{2} \cdot \frac{1}{0.997\ 5}\right)\right] = 227 \text{ mm}$$

实取 $l_a = 400$ mm。

按上弦坡度热弯，计算屋脊处弦杆与节点板连接焊缝，取 $h_f = 4$ mm，需要焊缝长度为：

$$l_w = (2N\sin\alpha - P)/(8 \times 0.7 \times 4 \times 160)$$

$$= (2 \times 174\ 419 \times \sin 4.09 - 13\ 320)/(8 \times 0.7 \times 4 \times 160) = 3.1 \text{ mm}$$

实取 122 mm

He 杆：肢尖和肢背角焊缝分别采用 $h_f = 4$ mm 和 $h_f = 5$ mm，则需要焊缝长度为：

肢背：$l'_{w0} = 0.7N/(2 \times 0.7 \times h_f \times f_f^w) = 0.7 \times 11\ 501/(2 \times 0.7 \times 5 \times 160) = 7.2$ mm

$l'_w = l'_{w0} + 2h_f = 17.2$ mm < 40 mm，实取 $l'_w = 60$ mm。

肢尖：$l''_{w0} = 0.3N/(2 \times 0.7 \times h_f \times f_f^w) = 0.3 \times 11\ 501/(2 \times 0.7 \times 4 \times 160) = 3.84$ mm

$l''_w = l''_{w0} + 2h_f = 11.84$ mm < 40 mm，实取 $l''_w = 60$ mm

(4) 下弦拼接节点 e(图 4 - 66)

拼接角钢采用与下弦截面相同的 $2 \llcorner 70 \times 45 \times 4$，拼接角钢与下弦间连接焊缝 $h_f = 5$ mm，为便于两者紧贴和施焊以保证焊缝质量。

铲去拼接角钢角顶棱角：$\Delta_1 = r = 7.5$ mm，(r 为角钢内圆弧半径)

切去短拼接角钢竖直边：$\Delta_2 = t + h_f + 5$ mm $= 4 + 5 + 5 = 14$ mm，

拼接接头每侧的连接焊缝共有四条，则每条

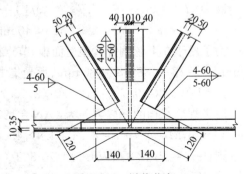

图 4 - 66　拼装节点

焊缝的计算长度为：

$$l_w \geqslant \frac{N_{max}}{4 \times 0.7 h_f \times f_f^w} = \frac{177\,254}{4 \times 0.7 \times 5 \times 160} = 79.13\ \text{mm},$$

拼接处弦杆空隙取 40 mm，需要拼接角钢长度：

$$l_a = 2(l_w + 2h_f) + 40 = 2(97.13 + 10) + 40 = 218.26\ \text{mm},$$

为保证连接处的刚度，采用拼接角钢长度：$l_a = 400\ \text{mm}$

由于 He 构件、Ge 构件内力太小可忽略不计，可按构造要求施焊去 $l_w = 50\ \text{mm}$，肢尖和肢背的焊角高度分别取 $h_f = 5\ \text{mm}$，绘制节点图。

第5章 多层建筑钢结构

5.1 概 述

多层建筑和高层建筑之间没有严格的界限和统一的划分标准,不同的规范从不同的角度做了规定。例如,《办公建筑设计规范》以及《民用建筑设计通则》中规定:建筑高度 24 m 以下为低层或多层办公建筑,建筑高度超过 24 m 而未超过 100 m 为高层办公建筑;对于住宅建筑,《住宅设计规范》以及《民用建筑设计通则》中则规定:多层住宅为四层至六层,高层住宅为十层及以上;而《高层建筑混凝土结构技术规程》中规定:高层建筑是指 10 层及 10 层以上或房屋高度大于 28 m 的建筑物。

若从房屋建筑的荷载特点及其力学行为,尤其是对地震作用的反应来看,钢结构房屋大致可以以 12 层(高度约 40 m)为界。因此,本章介绍的多层钢结构建筑主要是指层数不超过 12 层或高度不超过 40 m 的民用建筑,以及单跨、多跨的多层钢结构厂房,包括局部单层的多层厂房。

5.1.1 多层钢结构建筑的种类和应用

多层钢结构在传统的工业建筑中多用于冶金、石油化工、电子、机械制造等行业的工业厂房。近年来,随着国内钢材产能及钢材质量的不断提升,多层钢结构建筑逐步在办公楼、商场、旅馆等公共建筑以及住宅体系中推广开来。图 5-1 为在建的某多层钢框架结构办公楼。图 5-2 为在建的某多层钢框架厂房。

图 5-1 在建的某多层钢框架结构办公楼　　图 5-2 在建的某多层钢框架厂房

多层钢结构建筑具有结构自重小、抗震性能好、施工周期短、工业化程度高、绿色环保等优点。同时,与传统的多层砖混结构和钢筋混凝土结构建筑相比,能更好地满足建筑大开间以及空间灵活分隔的要求,并能提高使用面积率。

5.1.2 多层钢结构建筑的结构类型

多层建筑钢结构根据其结构抗侧力体系的不同,常见的结构类型有:纯框架体系、框架-支撑体系和柱-支撑体系。下面分别介绍这三种结构体系的组成及受力特点。

5.1.2.1 纯框架结构体系

1. 结构体系组成与布置

纯框架体系一般是由梁、柱以刚性或半刚性节点连接在一起的杆系结构,其立面简图可如图 5 - 3 所示。按照框架在建筑平面中所处的方位,有纵向与横向框架之分。

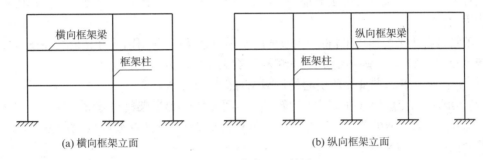

(a) 横向框架立面   (b) 纵向框架立面

图 5 - 3 纯框架立面简图

结构中柱的位置以及柱距的确定,即柱网布置,在整个设计中十分重要。在确定结构柱网尺寸时,主要需考虑建筑的使用要求、结构受力的合理性、楼盖形式、经济性等因素。框架结构常见的柱网形式有方形柱网、矩形柱网和三角形柱网等,如图 5 - 4 所示。当柱网确定后,梁即可自然地按柱网分格来布置,框架梁与框架柱一般采用刚接节点以提高结构的整体抗侧刚度,有时也可做成半刚接。框架梁间有时尚需根据楼板跨度、隔墙布置等要求设置次梁。多层钢结构房屋的柱距一般宜控制在 6～9 m 范围内,次梁间距宜取 2.5～4 m。若需同时双向设置次梁时,则可将一个方向的次梁断开。常见梁格布置如图 5 - 5 所示。

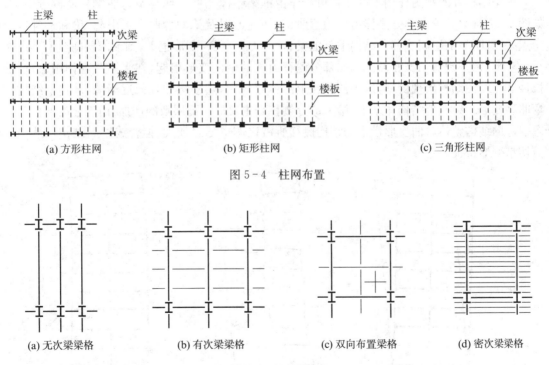

(a) 方形柱网   (b) 矩形柱网   (c) 三角形柱网

图 5 - 4 柱网布置

(a) 无次梁梁格   (b) 有次梁梁格   (c) 双向布置梁格   (d) 密次梁梁格

图 5 - 5 梁格布置

纯框架体系的优点是平面布置灵活,能形成较大空间,且结构各部分刚度比较均匀。缺点是梁柱刚性节点构造复杂,用钢量也较多。

2. 纯框架体系的受力变形特点

纯框架结构主要通过梁、柱的抗弯及抗剪能力来承受竖向及水平力作用,框架的承载能力在很大程度上取决于梁和柱的承载能力,同时也和梁柱节点的刚度(节点处各杆端抵抗相对转动的能力)有关。

框架结构在水平力作用下,将产生整体的水平位移及层间侧移,梁和柱内均存在剪力和弯矩并产生相应的变形。每一楼层的层间侧移可看成由两部分组成:

(1)柱由剪切和弯曲变形所引起的杆端相对横向位移 δ_i';

(2)梁的弯曲变形引起框架节点的转动 φ_i、间接地引起框架的侧移 δ_i'',如图 5-6 所示。其中,V_c 为柱反弯点处的剪力,V_b 为梁反弯点处的剪力。显然,框架的抗侧能力主要取决于柱和梁的抗弯及抗剪刚度。

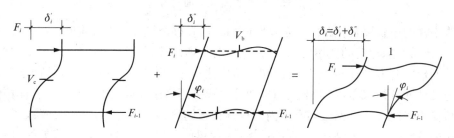

图 5-6　框架结构的层间侧移及其组成

框架结构在水平力作用下的侧移可看作由框架整体的剪切侧移及弯曲侧移两部分组成,如图 5-7 所示。第一部分侧移由柱的弯曲、剪切变形以及梁的弯曲变形引起,梁和柱都有反弯点,柱有明显的层间侧移。结构下部的梁、柱内力大,层间变形也大,到上部层间变形逐渐减小,整个结构呈现剪切型变形。第二部分侧移由柱的轴向变形引起,在水平荷载作用下,柱的拉伸和压缩使结构出现侧移,这种侧移在上部各层较大,随楼层的降低逐渐减小,整个结构呈弯曲型变形。纯框架结构体系中,第一部分侧移是主要的。随层数的增加,由于柱的伸长和缩短引起的结构整体弯曲变形带来的结构侧移所占比例也随之加大,但合成以后结构仍然呈现剪切型变形特征。

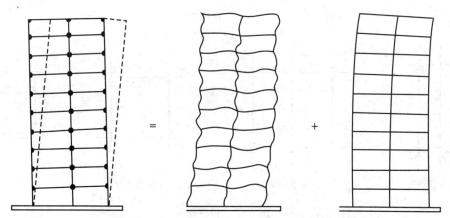

图 5-7　框架结构的整体侧移及其组成

　　纯框架体系抗侧刚度较小,层数较多时,水平荷载作用下结构侧移较大,二阶效应不容忽视;但另一方面这类体系又具有较大的延性、较长的周期和较小的自重,因而对地震作用不敏感,是一种较好的抗震结构形式。

5.1.2.2　框架-支撑体系

1. 体系组成与布置

　　当纯框架体系在风荷载或水平地震等外因作用下的侧移不能满足要求时,可考虑在框架中设置竖向支撑,形成带支撑的框架体系,称为框架-支撑体系。支撑斜杆与框架梁、柱连接形成平面桁架结构,在整个体系中起着类似剪力墙的作用,承担大部分水平力,罕遇地震中若支撑部分破坏,则结构通过内力重分布,由框架继续承担水平力,因此,框架-支撑体系属于两道抗震设防体系。

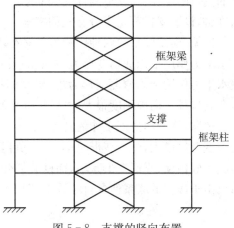

图 5-8　支撑的竖向布置

　　在结构平面布置中,支撑应沿房屋的两个方向布置,以抵抗各自方向的侧向力。在建筑平面内部设置支撑时,应尽量将其与永久性墙体相结合,以避免其对使用空间的影响。从结构竖向布置来看,支撑一般在同一柱距内连续布置(图 5-8),这种布置方式结构的层间抗侧刚度变化比较均匀,符合抗震设防地区建筑的要求。

　　支撑形式有中心支撑和偏心支撑两种。当支撑及梁、柱的轴线都汇交于一点时,称为中心支撑。其主要形式有十字交叉斜杆、单斜杆、人字形斜杆、V 形斜杆、K 形斜杆等,如图 5-9 所示。K 形斜杆体系在地震作用下,斜杆的屈曲或屈服会引起柱的较大侧向变形、使柱提前丧失承载力而倒塌,因此抗震设防的结构不得采用 K 形斜杆支撑。

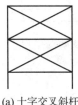 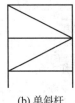 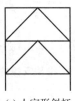 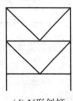 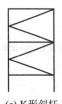

(a) 十字交叉斜杆　　(b) 单斜杆　　(c) 人字形斜杆　　(d) V形斜杆　　(e) K形斜杆

图 5-9　中心支撑的布置形式

　　中心支撑体系刚度较大,但支撑杆件受压会屈曲,这将导致原结构的承载力降低。较好的改善方式是采用偏心支撑框架,如图 5-10 所示。在正常荷载作用下,偏心支撑框架处于弹性阶段并具有足够的水平刚度。当遭遇强烈地震作用时,偏心支撑框架中精心设计的耗能梁段(图 5-10 中长度标注为 e 的梁段)会首先屈服而吸收能量,从而有效地避免了支撑杆件的受压屈曲,并使结构具有良好的耗能性能。因此,偏心支撑框架更适用于高烈度地区建筑。另外,从建筑使用上看,偏心支撑更易解决门窗及管道设置问题。一般而言,地震区不超过 12 层的建筑,可以采用中心支撑;超过 12 层的建筑,8、9 度抗震设防时采用偏心支撑较为合理,但顶层可采用中心支撑。

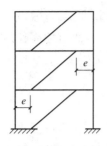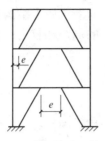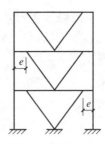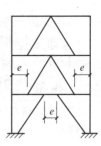

图 5-10　偏心支撑的布置形式

2. 框架-支撑体系受力和变形特点

　　在框架-支撑体系中,支撑斜杆只承受轴向拉力或压力,就杆件的受力而言,与框架梁柱杆件的抗弯刚度相比,支撑斜杆的轴向刚度要大得多,因此,无论从提高承载力还是控制变形的角度讲,设置支撑都是十分有效的措施。

　　框架-支撑体系的两种抗侧力单元在水平荷载作用下的受力和变形特点各异。框架部分在水平力作用下以剪切变形为主,底部层间侧移大,上部层间侧移小(图 5-11(b));支撑部分在水平力作用下以弯曲变形为主,层间侧移变化趋势恰好与框架相反(图 5-11(a))。由于楼板在其自身平面内刚度很大,可以把框架和支撑联系在一起、使二者在各层楼面处有着共同的水平位移,体现出协同工作的特点,如图 5-11(c)所示。这样,框架-支撑体系中,在结构下部支撑变形将增大,框架变形减小,支撑负担着更多的剪力,框架承担的剪力较小。在结构上部,情况正好相反,支撑变形减小,而框架的变形增大,框架负担着更多的剪力。因此,两种抗侧力单元由于楼板的联系使各自结构上部和下部所受剪力及层间侧移均趋于均匀化。

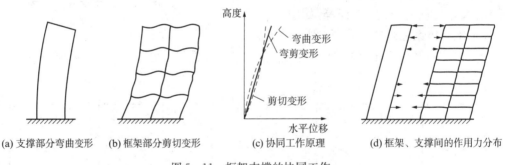

(a) 支撑部分弯曲变形　　(b) 框架部分剪切变形　　(c) 协同工作原理　　(d) 框架、支撑间的作用力分布

图 5-11　框架支撑的协同工作

5.1.2.3　柱-支撑体系

　　在柱-支撑体系中(图 5-12),所有梁柱节点均为铰接,在结构部分跨间设置柱间支撑以

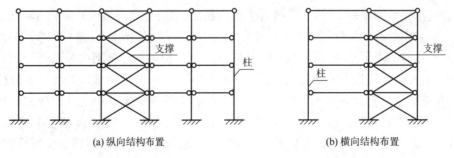

(a) 纵向结构布置　　　　　　　　　　(b) 横向结构布置

图 5-12　柱-支撑体系示意图

构成几何不变体系,其空间刚度及抗侧承载力均由支撑提供。该体系适用于柱距不大而又容许双向设置支撑的建筑物,其特点是梁柱节点构造简单,设计、制作及安装方便,结构传力途径明确,侧向刚度较大,抗侧力结构构件的用钢量较小。

5.2　计算模型的选取

5.2.1　计算模型的确定原则

多层钢结构房屋选取结构计算模型时,应视具体结构形式和计算内容确定:

(1) 质量及刚度沿高度分布比较均匀、可以忽略扭转效应的结构,允许采用平面协同计算模型;

(2) 结构平面、立面布置较为规则,但不能忽略扭转效应的结构,可采用平面抗侧力结构的空间协同计算模型;

(3) 结构平面或立面布置不规则、体形复杂、无法划分成平面抗侧力单元的结构,应采用空间结构计算模型。

选取合理的计算模型后,在结构分析中就可确定相应的计算单元,进行结构内力和变形分析。下面针对不同的计算模型进行介绍。

5.2.2　平面协同计算模型

平面协同计算模型适用于质量及刚度沿高度分布比较均匀、在水平荷载作用下结构不产生扭转、同时整个结构可以划分为若干平面子结构的情况。在结构简化中作了以下两个假定:

(1) 一片子结构只在其平面内承担侧向力的作用,而在其平面外的侧向刚度很小,可以忽略不计。

(2) 各片子结构之间通过楼板联系。楼板在其自身平面内刚度无穷大,而在其平面外的刚度很小,可以忽略。

1. 纯框架体系的计算模型

对于纯框架体系,整个框架可以划分成若干榀平面刚架,它们在每层楼面处由刚性楼板联系而协同工作,共同承担平行于框架平面的水平荷载,垂直于该平面方向的结构构件不参与受力。在结构分析时,每榀框架即是一个平面计算单元。对于图 5-13 所示的结构,由以上讨论可知,在 y 方向(横向)可把结构划分为 8 榀框架,共同承担 y 方向的水平力。同样,在 x 方向(纵向)可把结构划分为 3 榀框架。

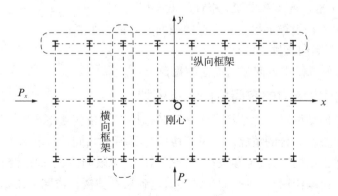

图 5-13　水平力作用下纯框架结构的计算单元划分

计算模型确定后,结构的内力分析则只需解决两个问题:

(1) 水平荷载在各榀框架间的分配。荷载分配和各榀框架的抗侧刚度有关,刚度越大的单元分配到的荷载越多,不能按照受荷载面积计算各榀框架承担的水平荷载。

(2) 计算每榀框架在所分配到的水平荷载作用下的内力及位移。

2. 框架-支撑体系的计算模型

对平面布置规则的框架-支撑结构体系,仍然采用平面结构及楼板在平面内无限刚性的两项基本假定根据框架与支撑协同工作的特点,仍然可采用平面协同计算模型,具体方法为:

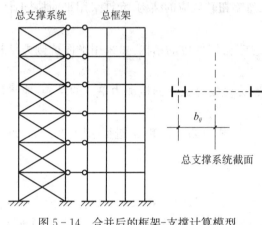

图 5 - 14　合并后的框架-支撑计算模型

(1) 将整个结构沿两个主轴划分为若干平面抗侧力子结构。每一个方向上作用的水平力由该方向上的抗侧力子结构承受,垂直于荷载方向的构件不参与受力。

(2) 将结构同一个方向的所有支撑并联为总支撑,所有框架也并联为总框架,总框架和总支撑之间用一刚性水平连杆(楼板)串联起来(图 5 - 14)形成平面协同计算模型。

(3) 框架-支撑结构体系的计算,首先要解决结构所受到的总剪力在总框架与总支撑之间的分配问题。其次,得到总框架和总支撑承担的剪力之后,再按照各榀框架的抗侧刚度在总框架中所占比例将剪力分配到每榀框架,总支撑所承担的剪力也可以按照相同的方法分配到每片支撑。如有部分抗侧力构件与结构主轴方向斜交,则可由转轴公式计算该抗侧力构件在两个主轴方向上的承担的水平力。得到每榀框架与每片支撑所承担的剪力之后,便可进行框架和支撑的内力与位移分析以及构件的设计。

总支撑可当作一个弯曲杆,其等效弯曲刚度 EI_b 可按下式计算:

$$EI_{eq} = E\mu \sum_{j=1}^{m} \sum_{i=1}^{n} A_{ij} a_{ij}^2 \qquad (5-1)$$

式中　μ——折减系数,对中心支撑可取 0.8~0.9 之间;

　　　A_{ij}——第 j 榀竖向支撑的第 i 根柱的截面积;

　　　a_{ij}——第 i 根柱至第 j 榀竖向支撑的截面形心轴的距离;

　　　n——每一榀竖向支撑中的柱子数;

　　　m——水平荷载作用方向竖向支撑的榀数。

5.2.3　平面抗侧力结构的空间协同计算模型

空间协同计算模型可以考虑结构在水平荷载作用下的扭转变形影响,可用来分析结构的刚度中心和质量中心不重合的情况。与平面协同计算模型相同,空间协同计算模型也要将结构拆分为若干平面子结构,并假定楼板在自身平面内为无限刚性、平面子结构也只能在自身平面内受力。在水平荷载作用下,各平面子结构通过各层刚性楼板协同工作,共同抵抗荷载产生的剪力与扭矩。由于考虑了扭转变形,在一个方向的水平荷载作用下,两个方向的平面子结构由楼板联系协同工作。

空间协同计算模型在分析时,各楼层有 3 个自由度,即两个方向的平移和一个扭转,N 层的结构有 $3N$ 个未知位移。这种模型不能用于结构无法划分成平面结构的情况。

5.2.4　空间结构计算模型

对于多层钢框架结构体系,当结构布置不规则、体型复杂以及空间作用明显时,宜采用空间分析方法。框架结构及框架-支撑结构作为典型的杆系结构,也可按空间杆系有限元模型进行分析,此时,框架梁柱构件按空间梁柱单元考虑,每端有 6 个自由度;支撑杆件按空间二力杆单元考虑,每端有 3 个自由度。

分析时可建立三维空间有限元模型,并按传统的有限元方法进行求解。具体分析步骤如下:

(1) 将整体结构进行离散,每个梁、柱、支撑构件作为一个单元。

(2) 形成梁、柱、支撑的单元刚度矩阵。

(3) 进行坐标变换,将每个杆件局部坐标系下的位移替换为整体坐标系下的位移。

(4) 引入楼板刚性的假定,用楼层的公共位移代换杆端相应位移。

(5) 形成整体刚度矩阵,并引入支承条件。

(6) 求解整体刚度方程,得到杆端位移,从而计算杆件内力。

5.3　荷载计算与效应组合

5.3.1　作用的种类与计算

建筑结构设计中涉及的作用包括直接作用(荷载)和间接作用(如地震作用、焊接变形、地基沉降、温度变化等)。各类荷载和作用的具体取值与规定可参阅《建筑结构荷载规范》(GB 50009—2012),地震作用的计算可参阅《建筑抗震设计规范》(GB 50011—2010)。

计算多层钢结构房屋时,一般应考虑以下几类作用:

1. 永久荷载

(1) 建筑物自重,可按结构构件的设计尺寸与材料的自重计算确定。

(2) 楼(屋)盖上工艺设备荷载,包括永久性设备荷载及管线等,应按工艺提供的数据取值。

永久荷载分项系数根据不同的荷载效应组合取 1.2 或 1.35。

2. 可变荷载

(1) 楼面均布活荷载,民用建筑和工业建筑楼面均布活荷载标准值可按《荷载规范》规定取值。其分项系数一般取 1.4,但对标准值大于 4 kN/m² 的工业房屋楼面结构的活荷载应取 1.3。

(2) 屋面活荷载,对不同类别屋面,其水平投影面上的均布活荷载标准值《荷载规范》有明确规定,且不应与雪荷载同时考虑。

(3) 积灰荷载,对于生产中有大量排灰的厂房及其邻近建筑,当具有一定除尘设施和保证清灰制度的各类厂房屋面,其水平投影面上的屋面积灰荷载,可按《荷载规范》规定取值。

(4) 雪荷载,屋面水平投影面上的雪荷载标准值,应按下式计算:

$$S_k = \mu_r S_0 \qquad (5-2)$$

式中　S_k——雪荷载标准值(kN/m²);

μ_r——屋面积雪分布系数,根据不同类别的屋面形式,按《荷载规范》表格查取;

S_0——基本雪压(kN/m^2),按《荷载规范》给出的 50 年一遇的雪压采用。

(5)风荷载,作用在多层框架维护墙面上的风荷载标准值 ω_k 可按《荷载规范》由下式计算。

$$\omega_k = \beta_z \mu_s \mu_z \omega_0 \qquad (5-3)$$

式中　ω_0——基本风压(kN/m^2);

μ_z——风压高度变化系数;

μ_s——风荷载体形系数;

β_z——风振系数;

ω_0,μ_z,μ_s 均按《荷载规范》取值;风振系数 β_z 当框架建筑高度超过 30 m,且高宽比大于 1.5 时可按规范取值,否则按 $\beta_z = 1.0$ 取值。

3. 地震作用

地震作用是指地震时由于地面加速运动而对结构产生的动态作用,分为水平地震作用和竖向地震作用,前者为多层结构抗震验算时所考虑的主要作用,后者仅在抗震设防烈度为 8、9 度的地区验算结构中的大跨度或长悬臂构件时予以考虑。

(1)水平地震作用计算,根据《建筑抗震设计规范》的规定,高度不超过 40 m、以剪切变形为主且质量和刚度沿高度分布均匀的结构,可采用底部剪力法计算地震作用。设计软件中多采用振型分解反应谱法计算水平地震作用。下面仅介绍底部剪力法的计算公式,振型分解反应谱法可参考《建筑抗震设计规范》。

采用底部剪力法时,各楼层可仅取一个自由度,结构的总水平地震作用标准值,应按下列公式确定:

$$F_{Ek} = \alpha_1 G_{eq} \qquad (5-4)$$

$$F_i = \frac{G_i H_i}{\sum_{j=1}^{n} G_j H_j} F_{Ek}(1 - \delta_n) \quad (i = 1, 2, \cdots, n) \qquad (5-5)$$

$$\Delta F_n = \delta_n F_{Ek} \qquad (5-6)$$

式中　F_{Ek}——结构总水平地震作用标准值;

F_i——质点 i 的水平地震作用标准值;

α_1——相应于结构基本自振周期的水平地震影响系数值,按《建筑抗震设计规范》中规定取值;

G_{eq}——结构等效总重力荷载,单质点体系取结构总重力荷载代表值,多质点体系可取结构总重力荷载代表值的 85%;

G_i,G_j——分别为集中于质点 i,j 的重力荷载代表值,应取结构自重标准值和可变荷载组合值之和;

H_i,H_j——分别为质点 i,j 处的计算高度;

δ_n——顶部附加水平地震作用系数,按《建筑抗震设计规范》中有关规定取值;

ΔF_n——顶部附加水平地震作用,主要是考虑结构自振周期较长时顶部受到的地震作用误差较大而进行的地震力调整。

(2)竖向地震作用计算,当结构中有大跨度($l > 24$ m)的桁架、长悬臂构件以及托柱梁等结构时,其竖向地震作用可采用其重力荷载代表值与竖向地震作用系数的 α_v 乘积来计算:

$$F_{Evk} = \alpha_v G_{eq} \qquad (5-7)$$

式中　F_{Evk}——大跨度或长悬臂构件受到的竖向地震作用标准值；

　　　　α_v——竖向地震作用系数，根据不同烈度和场地类别，按规范规定取不同值；

　　　　G_{eq}——竖向地震作用下结构的等效总重力荷载，8 度和 9 度抗震设防时，分别取大跨或悬臂构件重力荷载代表值的 10% 和 20%，设计基本地震加速度为 0.30g 时，可取该结构构件重力荷载代表值的 15%。

5.3.2　作用效应组合

当多层框架设计时，应根据使用过程中在结构上可能同时出现的荷载，按照承载能力极限状态和正常使用极限状态分别进行荷载效应组合，并应取结构或构件的最不利荷载组合进行各自的设计。对于承载能力极限状态主要考虑荷载效应的基本组合，对于正常使用极限状态主要考虑荷载效应的标准组合。基于结构弹性阶段荷载与荷载效应之间的线性关系，为计算方便，设计中常采用首先分别计算荷载标准值在结构中所产生的效应（如结构构件的内力、位移等），然后进行效应组合的方法实现荷载组合。

1. 承载能力极限状态对应的基本组合

（1）无地震作用的组合

由可变荷载效应控制的组合：

$$S = \gamma_G S_{G_k} + \gamma_{Q1} S_{Q_{1k}} + \sum_{i=2}^{n} \psi_{ci} \gamma_{Q_i} S_{Q_{ik}} \qquad (5-8a)$$

对于一般排架、框架结构，式（5-8a）表示的组合可采用简化规则，并按下列组合中取最不利值确定：

$$S = \gamma_G S_{G_k} + \gamma_{Q1} S_{Q_{1k}} \qquad (5-8b)$$

$$S = \gamma_G S_{G_k} + 0.9 \sum_{i=1}^{n} \gamma_{Q_i} S_{Q_{ik}} \qquad (5-8c)$$

由永久荷载效应控制的组合：

$$S = \gamma_G S_{G_k} + \sum_{i=1}^{n} \psi_{ci} \gamma_{Q_i} S_{Q_{ik}} \qquad (5-9)$$

式中　S——荷载效应组合的设计值；

　　　　ψ_{ci}——可变荷载 Q_i 的组合值系数；

　　　　$\gamma_G,\gamma_{Q_i},\gamma_{Q1}$——分别为永久荷载、第 i 个可变荷载和第一个可变荷载 Q_{1k} 的分项系数，荷载分项系数在各种情况下的取值见表 5-1；

表 5-1　　　　　　　　　　　　　　　荷载分项系数

组合情况		重力荷载 γ_G	活荷载 γ_Q	风荷载 γ_w	水平地震作用 γ_{Eb}	备　注
1	恒荷载和各种可能活荷载	1.2* 1.35**	1.4	1.4	—	当永久荷载的效应对结构有利时一般取 1.0
2	重力荷载和水平地震作用	1.2	1.2	0	1.3	

* 指用于公式（5-8）中的 γ_G；** 指用于公式（5-9）中的 γ_G。

S_{Gk}——按永久荷载标准值 G_k 计算的荷载效应值；

S_{Qik}——按可变荷载标准值 Q_{ik} 计算的荷载效应值，其中，第一个可变荷载 Q_{1k} 为诸可变荷载效应中起控制作用者；

n——参与组合的可变荷载数。

当考虑竖向永久荷载效应控制的组合时，参与组合的可变荷载仅限于竖向荷载。

（2）有地震作用的组合

$$S = \gamma_G S_{GE} + \gamma_{Eh} S_{Ehk} \qquad (5-10)$$

式中　S_{GE}——重力荷载代表值的效应；

S_{Ehk}——水平地震作用标准值的效应。

2. 正常使用极限状态对应的标准组合

$$S = S_{Gk} + S_{Q1k} + \sum_{i=2}^{n} \psi_{ci} S_{Qik} \qquad (5-11)$$

公式中各项的含义同公式(5-8)、公式(5-9)。

5.4　多层钢结构内力与位移计算

框架结构是典型的杆件体系，结构力学中已经比较详细地介绍了超静定刚架（框架）内力和位移的计算方法。比较精确的手算方法有力法、位移法、矩阵位移法等，弯矩分配法、无剪力分配法则属于适于手算的近似方法。这些近似方法计算简便，易于掌握，对于采用平面计算模型的多层钢框架结构有较好的适用性，仍然是结构设计人员需要掌握的基本方法。当然，实际工程中常采用专业结构分析软件或杆系有限元方法来进行结构的内力与位移分析。

5.4.1　计算的一般原则及基本假定

（1）多层钢结构的内力与位移一般采用弹性方法计算，如果需验算罕遇地震作用下结构的层间位移和层间位移延性比，则要采用弹塑性分析方法。

（2）多层钢结构在进行内力和位移计算时，若假定楼板在自身平面内为绝对刚性，相应地在设计中应采取构造措施（如梁、板间设置抗剪件、非刚性楼面加设现浇层等）保证楼板的整体刚度。当楼板局部不连续、开孔面积较大或有较长外伸段时，应采用楼板在自身平面内的实际刚度，或对按刚性楼板假定所得的计算结果进行调整。

（3）当楼面采用压型钢板—混凝土组合楼板或钢筋混凝土楼板时，楼板通常与钢梁通过抗剪连接件可靠连接并共同工作，形成了钢-混凝土组合梁，在进行结构整体弹性分析时应考虑楼板的作用而对梁的刚度适当放大，组合梁的惯性矩对两侧有楼板的梁宜取 $1.5I_b$，对仅一侧有楼板的梁宜取 $1.2I_b$，I_b 为钢梁惯性矩。当按弹塑性分析时，楼板可能严重开裂，因此不考虑楼板与梁的共同工作。

（4）多层框架钢结构进行内力和位移计算时，应考虑梁、柱的弯曲变形和剪切变形，可不考虑轴向变形。

（5）多层钢框架结构宜考虑梁柱节点域的剪切变形对结构内力和位移的影响。

（6）框架-支撑体系中，柱间支撑一般可按两端铰接考虑，其端部连接的刚度则可通过支撑构件的计算长度加以考虑。

5.4.2　框架结构的近似分析方法

（1）多层多跨框架在竖向荷载作用下,侧移一般是比较小的,对于每榀框架,可作为无侧移刚架采用弯矩二次分配法或分层法简化计算。

（2）多层多跨框架在水平荷载作用下可采用 D 值法(修正反弯点法)近似计算。

5.4.3　框架-支撑体系的近似分析方法

框架-支撑结构体系的平面结构协同工作分析,宜采用矩阵位移法或杆系有限元法进行分析,该方法利用计算机求解,可以考虑杆件的轴向、弯曲和剪切变形影响,并可以同时计算结构承受偏心水平荷载下的扭转效应,计算结果较为准确。它建立在平面结构假定的基础上。

5.4.4　空间结构模型的精确计算

随着建筑功能的增加,当结构的平面或竖向形体不规则,无法按照平面结构分析时或采用平面分析计算结果将会有很大误差时,可采用空间杆系有限元方法,用一个单元来模拟一个构件以便能达到满意的计算精度;这种方法计算假定少,任何复杂的结构都可进行内力和位移分析,只要计算模型正确,大量复杂的运算都可由计算机完成,大大提高了计算效率。目前国内已有不少比较成熟的用于结构分析和设计的多层钢框架结构软件,如中国建筑科学研究院的 STS 及同济大学的 MTS 多高层钢结构设计系统等。软件的具体计算原理可参阅有关有限元书籍及相关软件用户手册。

5.5　构　件　设　计

5.5.1　构件设计的主要内容

当结构内力分析完成后,就可以进行梁、柱及支撑等构件的设计了。一般来说,多层钢结构属于高次超静定,各杆内力的大小与杆件的刚度比有关。因此,结构设计时首先需要根据以往的类似工程资料或工程经验初步确定构件的截面形状和尺寸,然后进行荷载组合与内力分析,最后对于初选的构件进行承载能力极限状态与正常使用极限状态的验算,若上述验算结果均满足规范要求且构件截面较为经济,则可以采用所选截面,若上述验算结果有任何一项不满足规范要求或构件截面过于保守,则需要调整截面尺寸,重新进行验算,直至满足规范以及经济性的要求。

5.5.2　组合楼板设计

1. 组合楼板的概念

压型钢板组合楼盖不仅结构性能较好,施工方便,而且经济效益好,从 20 世纪 70 年代开始,在钢结构中得到广泛应用。楼板一般以板肋平行于主梁的方式布置于次梁上,如果不设次梁,则以板肋垂直于主梁的方式布置于主梁上(图 5 - 15)。钢梁上翼缘通长设置的抗剪连接

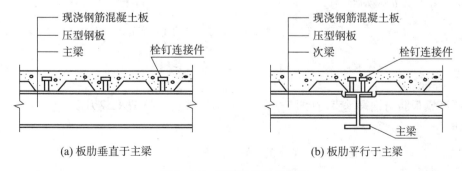

(a) 板肋垂直于主梁　　　　　　　　(b) 板肋平行于主梁

图 5 - 15　压型钢板组合楼盖

件可以保证楼板和钢梁之间可靠的传递水平剪力,常见的抗剪连接件为栓钉,也可采用槽钢(图 5-16)。抗剪连接件的承载力不仅与连接件本身的材质及型号有关,还和楼板混凝土的强度等级有关。栓钉连接件的抗剪承载力设计值为:

$$N_v^c = 0.43 A_s \sqrt{E_c f_c} \leqslant 0.7 A_s f_{at} \qquad (5-12)$$

式中　A_s——圆柱头栓钉钉杆截面面积;

　　　E_c——混凝土的弹性模量;

　　　f_c——混凝土的轴心抗压强度设计值;

　　　f_{at}——圆柱头栓钉极限强度设计值。

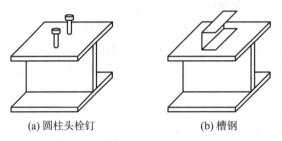

(a) 圆柱头栓钉　　　　　　　(b) 槽钢

图 5-16　压型钢板组合楼盖抗剪连接件外形及设置方向

当压型钢板肋平行于钢梁布置(图 5-17(a))且 $b_w/h_e < 1.5$ 时,式(5-12)算得的 N_v^c 应乘以折减系数 β_v 后取用。β_v 按下式计算:

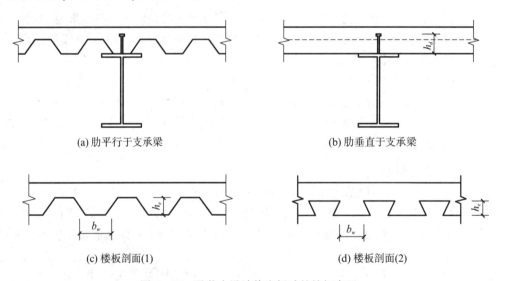

(a)肋平行于支承梁　　　　　　　　　　　(b)肋垂直于支承梁

(c)楼板剖面(1)　　　　　　　　　　　(d)楼板剖面(2)

图 5-17　承载力设计值应折减的栓钉布置

$$\beta_v = 0.6 \frac{b_w}{h_e} \frac{(h_d - h_e)}{h_e} \leqslant 1 \qquad (5-13)$$

当压型钢板肋与钢梁垂直时(图 5-17(b)),栓钉连接件抗剪承载力设计值 N_v^c 的折减系数 β_v 取值为

$$\beta_v = \frac{0.85}{\sqrt{n_0}} \times \frac{b_w}{h_e} \frac{(h_d - h_e)}{h_e} \leqslant 1 \qquad (5-14)$$

式中　b_w——混凝土凸肋（压型钢板波槽）的平均宽度（图 5-17(c)），但当肋的上部宽度小于
　　　　　　下部宽度时（图 5-17(d)），改取上部宽度；

　　　h_e——压型钢板高度（图 5-17(c),(d)）；

　　　h_d——栓钉焊接后的高度（图 5-17(b)）；

　　　n_0——组合梁截面上一个肋板中配置的栓钉总数，当大于 3 时仍应取 3。

　　位于梁负弯矩区段的栓钉，周围混凝土对其约束的程度不如受压区，按式(5-12)算得的
栓钉受剪承载力设计值也应予以折减：

　　（1）位于连续梁中间支座上负弯矩
区段时，取折减系数为 0.9。

　　（2）位于悬臂梁负弯矩区段时，取折
减系数为 0.8。

　　压型钢板和混凝土之间水平剪力的
传送通常有四种形式。其一是依靠压型
钢板的纵向波槽（图 5-18(a)）。其二是
依靠压型钢板上的压痕、孔洞或冲成的
不闭合的孔眼（图 5-18(b)）。另外就是
依靠压型钢板上焊接的横向钢筋（图 5-
18(c)）以及设置于端部的锚固件（图 5-
18(d)）。其中端部锚固件要求在任何情
形下都应当设置。压型钢板组合楼盖的
设计包括组合楼板和组合梁的设计。

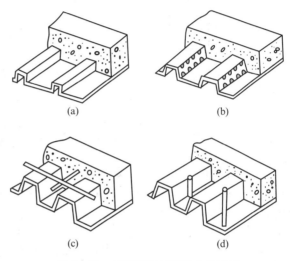

图 5-18　压型钢板与混凝土的连接

2. 组合楼板的设计

　　通常依据是否考虑压型钢板对组合楼板承载力的贡献，而将其分为组合板和非组合板。
组合楼板的设计不仅要考虑使用荷载，亦要考虑施工阶段荷载作用。

　　（1）施工阶段

　　首先对作为混凝土底模的压型钢板进行强度和变形验算，所承受的永久荷载包括压型钢
板、钢筋和混凝土的自重。可变荷载包括施工荷载和附加荷载。当有过量冲击、混凝土堆放、
管线和泵的荷载时，应增加附加荷载，验算采用弹性方法，在施工阶段荷载作用下的力学模型
为绕图 5-19 中 $x-x$ 轴弯曲的单向板（国产楼面用压型钢板主要板型及其截面力学特性参见
附录 E 中附表 E-1）。如果验算不满足要求，可加临时支撑以
减小板跨加以验算。需要指出：施工阶段变形验算如果压型钢
板的跨中挠度 w_0 大于 20 mm 时，确定混凝土自重应考虑挠曲
效应。在全跨增加 $0.7w_0$ 的混凝土厚度，或增设临时支撑。

图 5-19　压型钢板中和轴

　　（2）使用阶段

　　对于非组合板，压型钢板仅作为模板使用，不考虑楼板正常使用阶段压型钢板的承载作
用，可按常规钢筋混凝土楼板设计。这时应在压型钢板波槽内设置钢筋并进行相应的验算。

　　对于组合板，应进行永久荷载和使用阶段的可变荷载作用下的强度和变形进行验算。变
形验算的力学模型取为单向弯曲简支板。承载力验算的力学模型根据压型钢板上混凝土的厚
度不同而分别取双向弯曲板或单向弯曲板：板厚不超过 100 mm 时，正弯矩计算的力学模型
为承受全部荷载的单向弯曲简支板，负弯矩计算的力学模型为承受全部荷载的单向弯曲固支

板。板厚超过 100 mm 时,分两种情形处理,当 $0.5 < \lambda_e < 2.0$ 时,力学模型为双向弯曲板;当 $\lambda_e \leqslant 0.5$ 或 $\lambda_e \geqslant 2.0$ 时,力学模型为单向弯曲板;参数 λ_e 称为正交异性板的有效边长比,取 $\lambda_e = \mu l_x / l_y$,其中 l_x 和 l_y 分别是组合板顺肋方向和垂直肋方向的跨度(图 5 - 20(a)),μ 称为组合板的异向性系数,取 $\mu = (I_x / I_y)^{\frac{1}{4}}$,$I_x$ 和 I_y 分别是组合板顺肋方向和垂直肋方向的截面惯性矩,计算 I_y 时只考虑压型钢板顶面以上的混凝土计算厚度 h_c(图 5 - 20(b))。一般而言,强度验算包括:正截面抗弯承载力、斜截面抗剪承载力和抗冲切承载力。

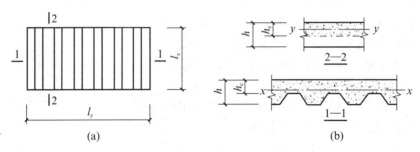

图 5 - 20　正交异性板的计算模型

(a) 组合板正截面抗弯承载力验算

组合板截面在正弯矩作用下,其正截面受弯承载力计算简图如图 5 - 21 所示,正截面受弯承载力应符合下列公式:

$$M \leqslant \alpha_1 f_c b x \left(h_0 - \frac{x}{2} \right) \tag{5-15}$$

$$\alpha_1 f_c b x = A_a f_a + A_s f_y \tag{5-16}$$

混凝土受压区高度尚应符合以下条件:

$$x \leqslant h_c \tag{5-17}$$

$$x \leqslant \xi_b h_0 \tag{5-18}$$

当 $x > \xi_b h_0$ 时,取 $x = \xi_b h_0$;当 $x > h_c$ 时,宜调整压型钢板的型号与尺寸。相对界限受压区高度 ξ_b 按下列公式计算:

有屈服点钢材:
$$\xi_b = \frac{\beta_1}{1 + \dfrac{f_a}{E_a \varepsilon_{cu}}} \tag{5-19}$$

无屈服点钢材:
$$\xi_b = \frac{\beta_1}{1 + \dfrac{0.002}{\varepsilon_{cu}} + \dfrac{f_a}{E_a \varepsilon_{cu}}} \tag{5-20}$$

式中　M——计算宽度内组合楼板的弯矩设计值;

　　　x——组合板混凝土受压区高度;

　　　h_c——压型钢板肋以上混凝土厚度;

　　　h_0——组合楼板截面有效高度,取压型钢板及钢筋拉力合力点至混凝土受压边的距离;

　　　b——组合楼板计算宽度,一般情况计算宽度可为 1 m;

　　　A_a——计算宽度内压型钢板截面面积;

A_s——计算宽度内板受拉钢筋截面面积；

f_a——压型钢板抗拉强度设计值；

f_y——钢筋抗拉强度设计值；

f_c——混凝土抗压强度设计值；

ε_{cu}——受压区混凝土极限压应变，取 0.003 3；

ξ_b——相对界限受压区高度；

α_1——受压区混凝土压应力影响系数；

β_1——受压区混凝土应力图形影响系数。

当混凝土强度等级不超过 C50 时，α_1 取 1.0；当混凝土强度等级为 C80 时，α_1 取 0.94，其间按线性内插法确定；受压区应力图简化为等效的矩形应力图，其高度取按平截面假定所确定的中和轴高度乘以受压区混凝土应力图形影响系数 β_1，当混凝土强度等级不超过 C50 时，β_1 取 0.8，当混凝土强度等级为 C80 时，β_1 取 0.74，其间按线性内插法确定。

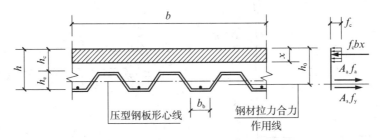

图 5-21　组合板正截面抗弯承载力计算图

组合板截面在负弯矩作用下，不考虑压型钢板受压。可将楼板截面简化成等效 T 形截面（图 5-22），其正截面承载力应符合下列规定：

$$M \leqslant \alpha_1 f_c b_{min}\left(h_0' - \frac{x}{2}\right) \tag{5-21}$$

$$\alpha_1 f_c b x = A_s f_y \tag{5-22}$$

式中　M——计算宽度内组合楼板的负弯矩设计值；

h_0'——负弯矩区截面有效高度；

b——组合楼板计算宽度；

b_{min}——计算宽度内组合楼板换算腹板宽度，取 $b_{min} = \dfrac{b}{c_s} b_b$，其中，$c_s$ 为压型钢板板肋中

心线间距；b_b 为压型钢板单个波槽的最小宽度（图 5-21）。

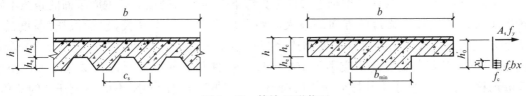

图 5-22　等效 T 形截面

（b）组合楼板抗剪承载力验算

组合楼板斜截面抗剪承载力应符合下式规定：

$$V \leqslant 0.7 f_t b_{min} h_0 \qquad\qquad (5-23)$$

式中　b_{min} 含义及其取值同式(5-21)；

　　　　V——计算宽度内组合楼板的最大剪力设计值；

　　　　f_t——混凝土抗拉强度设计值；

　　　　h_0——组合楼板的有效高度。

（c）组合板抗冲切承载力验算

组合板在集中荷载下的冲切力 V_1，应满足：

$$V_1 \leqslant 0.6 f_t u_{cr} h_c \qquad\qquad (5-24)$$

式中　u_{cr}——临界周界长度，如图 5-23 所示；

　　　　f_t——混凝土抗拉强度设计值。

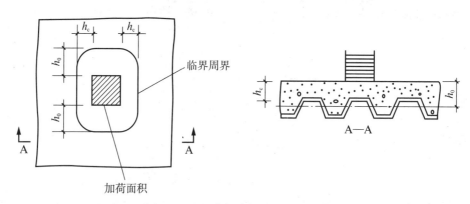

图 5-23　组合板冲切破坏临界周界

3. 组合楼板的构造要求

组合楼板总厚度不应小于 90 mm，压型钢板肋顶部以上混凝土厚度不应小于 50 mm。当槽内放置栓钉时，压型钢板高度不宜大于 80 mm。

需要提高组合楼板正截面承载力而在板底沿顺肋方向配置附加抗拉钢筋时，钢筋保护层净厚度不应小于 15 mm。

组合楼板在有较大集中(线)荷载作用部位应设置横向钢筋，其截面面积不应小于压型钢板肋以上混凝土截面面积的 0.2%，延伸宽度不应小于集中(线)荷载分布的有效宽度。钢筋的间距不宜大于 150 mm，直径不宜小于 6 mm。其他横向钢筋的间距应不大于圆柱头焊钉连接件钉头下表面或槽钢连接件上翼缘下表面高出楼板底部钢筋顶面距离的 4 倍，且不应大于200 mm。

圆柱头栓钉钉头下表面或槽钢连接件上翼缘下表面高出楼板底部钢筋顶面的距离不宜小于 30 mm；连接件沿梁跨度方向的最大间距不应大于混凝土翼板(包括板托)厚度的 3倍，且不应大于 300 mm；连接件的外侧边缘与钢梁翼缘边缘之间的距离不应小于 20 mm、至混凝土翼板边缘间的距离不应小于 100 mm；连接件顶面的混凝土保护层厚度不应小于15 mm；栓钉长度不应小于其杆径的 4 倍；栓钉沿梁轴线方向的间距不应小于杆径的 6 倍，垂直于梁轴线方向的间距不应小于栓钉直径的 4 倍。槽钢连接件一般采用 Q235 钢，截面不大于[12.6。

组合楼板在钢梁上的支承长度不应小于如图 5-24 所示的尺寸(mm)。

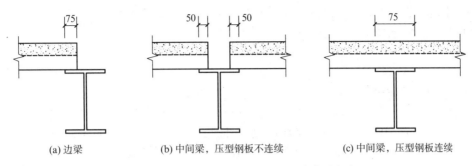

(a) 边梁　　　　　(b) 中间梁，压型钢板不连续　　　　(c) 中间梁，压型钢板连续

图 5-24　组合楼板在钢梁上的最小支承长度

5.5.3　组合梁设计

1. 实腹梁的常用截面形式

多层钢结构建筑中的梁常用的截面形式有工字形和箱形，如图 5-25 所示。并且按受力和使用要求可采用型钢梁（图 5-25(a)-(f)）和组合梁（图 5-25(g)-(k)）。型钢梁加工简单、价格较低，但截面尺寸受到出厂规格的限制。当荷载和跨度较大、采用型钢截面不能满足承载力或刚度要求时，可采用组合梁。

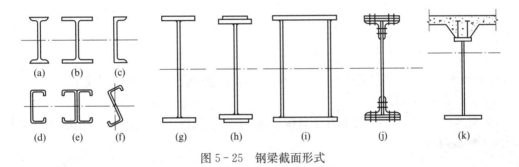

(a)　(b)　(c)　　(d)　(e)　(f)　　(g)　　(h)　　(i)　　(j)　　(k)

图 5-25　钢梁截面形式

热轧型钢梁可采用工字型钢或 H 型钢截面，截面高宽比宜在 2.5～6 之间。工字型钢（图 5-25(a)）截面通常高而窄，两个主轴方向截面惯性矩相差较大，适于用作在其腹板平面内受弯的构件。图 5-25(b) 中的 H 型钢截面具有相对较宽的翼缘，用作梁时有较大的侧向刚度、抗扭刚度和整体稳定性，且 H 型钢每个翼缘上下表面通常是平行的，便于钢梁和其他构件的连接。

组合梁由钢板或型钢用焊缝、铆钉或螺栓连接而成。最常用的是由三块钢板焊成的工字形截面梁（图 5-25(g)），其构造简单，制造方便，用钢量省。当荷载较大、钢板厚度不能满足单层翼缘板的强度或焊接性要求时，可采用双层翼缘板（图 5-25(h)），这时外层和内层翼缘板的厚度比宜为 0.5～1。双腹板的箱形截面梁（图 5-25(i)）具有较大的抗扭和侧向抗弯刚度，用于荷载和跨度较大而梁高受到限制、抗扭刚度要求较高或受双向较大弯矩作用的梁。但钢材用量较多，施焊不方便，制造也较费工。

多层钢结构房屋的楼面多采用压型钢板与混凝土组合楼面或现浇钢筋混凝土楼面，当钢梁上设有足够的抗剪连接件时，楼板与钢梁可以很好地共同工作，形成钢与混凝土组合梁（图 5-25(k)）。这种梁能充分发挥两种材料的优势，节省钢材，目前已在多层钢框架结构中得到了广泛应用。

2. 组合梁设计

具有普通钢筋混凝土翼板的组合梁，翼板计算厚度 h_{c1} 取混凝土板厚，带压型钢板的混凝

土翼板的计算厚度 h_{c1}，取压型钢板顶面以上的混凝土厚度(图 5-26)。组合梁混凝土翼板的有效宽度 b_e 按《组合结构设计规范》计算：

$$b_e = b_0 + b_1 + b_2 \qquad (5-25)$$

式中　b_0——钢梁上翼缘宽度；

　　　b_1, b_2——梁外侧和内侧的翼板计算宽度，各取梁等效跨度 l_e 的 $1/6$ 和翼板厚度 h_{c1} 的 6 倍中的较小值。此外，b_1 尚不应超过翼板实际外伸宽度 s_1；b_2 不应超过相邻钢梁上翼缘或板托间净距 s_0 的 $1/2$。等效跨度 l_e，对于简支组合梁，取为简支组合梁的实际跨度 l。对于连续组合梁，中间跨正弯矩区取为 $0.6l$，边跨正弯矩区取为 $0.8l$，支座负弯矩区取为相邻两跨跨度之和的 0.2 倍。

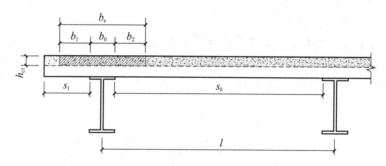

图 5-26　组合梁混凝土翼板的厚度与有效宽度

楼板与钢梁完全抗剪连接设计的组合梁正截面受弯承载力应符合下列规定：

(1) 正弯矩作用区段

(a) 当 $Af \leqslant f_c b_e h_{c1}$($h_{c1}$ 为混凝土翼板厚度，不考虑托板、压型钢板肋的高度)时，中和轴在混凝土翼板内：

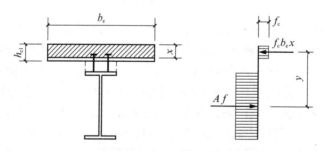

图 5-27　中和轴在混凝土翼板内时组合梁截面及其应力分布

非抗震设计：
$$M \leqslant f_c b_e xy \qquad (5-26)$$
$$f_c b_e x = Af \qquad (5-27)$$

抗震设计：
$$M \leqslant \frac{1}{\gamma_{RE}} f_c b_e xy \qquad (5-28)$$
$$f_c b_e x = Af \qquad (5-27)$$

式中　M——正弯矩设计值；

　　　A——钢梁截面面积；

　　　x——混凝土翼板受压区高度；

y——钢梁截面应力的合力至混凝土受压区截面应力合力间的距离；

f_c——混凝土的抗压强度设计值；

f——钢梁钢材的抗拉、抗压和抗弯强度设计值；

b_e——组合梁混凝土翼板的有效宽度，按式(5-25)计算。

γ_{RE}——承载力抗震调整系数，取 0.75。

(b) 当 $Af > f_c b_e h_{c1}$ 时，中和轴在钢梁截面内：

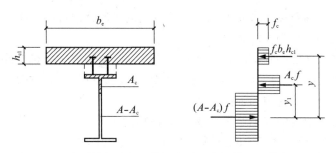

图 5-28 中和轴在混凝土翼板内时组合梁截面及其应力分布

非抗震设计：
$$M \leqslant f_c b_e h_{c1} y + A_c f y_1 \tag{5-29}$$
$$f_c b_e h_{c1} + f A_c = f(A - A_c) \tag{5-30}$$

抗震设计：
$$M \leqslant \frac{1}{\gamma_{RE}} (f_c b_e h_{c1} y + A_c f y_1) \tag{5-31}$$
$$f_c b_e h_{c1} + f A_c = f(A - A_c) \tag{5-30}$$

式中 A_c——钢梁受压区截面面积，取 $A_c = 0.5(A - f_c b_e h_{c1}/f)$；

y——钢梁受拉区截面形心至混凝土翼板截面形心的距离；

y_1——钢梁受拉区截面形心至钢梁受压区截面形心的距离。

(2) 负弯矩计算区段

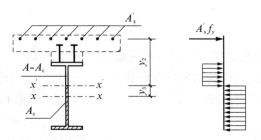

图 5-29 负弯矩作用时时组合梁截面及其应力分布

非抗震设计：
$$M' \leqslant M_p + A'_s f_y (y_2 + y_3/2) \tag{5-32}$$
$$M_p = (S_t + S_b) f \tag{5-33}$$
$$f_y A'_s + f(A - A_c) = f A_c \tag{5-34}$$
$$y_4 = A'_s f_y / (2 t_w f) \tag{5-35}$$

抗震设计：
$$M' \leqslant \frac{1}{\gamma_{RE}} [M_p + A'_s f_y (y_2 + y_3/2)] \tag{5-36}$$
$$M_p = (S_t + S_b) f \tag{5-33}$$

$$f_y A'_s + f(A - A_c) = fA_c$$
$$y_4 = A'_s f_y / (2t_w f)$$

式中 　M'——负弯矩设计值;

　　　　M_p——钢梁塑性弯矩;

　　　　S_t, S_b——钢梁塑性中和轴以上和以下截面对该轴的面积矩;

　　　　A'_s——负弯矩区混凝土翼板有效宽度范围内的纵向钢筋截面面积;

　　　　f_y——钢筋的抗拉强度设计值;

　　　　y_2——钢筋截面形心到钢筋和钢梁形成的组合截面塑性中和轴的距离,根据截面轴力平衡式(5-34)求出钢梁受压区面积 A_c,取钢梁截面上拉压应力区交界处位置为组合梁塑性中和轴位置(图 5-29 中 $x'-x'$ 轴);

　　　　y_4——组合梁塑性中和轴至钢梁塑性中和轴的距离。当组合梁塑性中和轴在钢梁腹板内时,可按式(5-35)计算,当组合梁塑性中和轴在钢梁翼缘内时,可取 y_4 等于钢梁塑性中和轴至腹板上边缘的距离。

(3) 组合梁的受剪承载力,应符合下列规定:

非抗震设计:
$$V \leqslant h_w t_w f_v \tag{5-37a}$$

抗震设计:
$$V \leqslant \frac{1}{\gamma_{RE}} h_w t_w f_v \tag{5-37b}$$

式中 　V——组合梁剪力设计值;

　　　　h_w, t_w——钢梁的腹板高度和厚度;

　　　　f_v——钢梁腹板的抗剪强度设计值;

　　　　γ_{RE}——承载力抗震调整系数,取 0.75。

按完全抗剪连接设计的组合梁,其混凝土翼板与钢梁间设置的抗剪连接件应符合下列规定:

$$n \geqslant V_s / N^c_v \tag{5-38}$$

式中 　V_s——每个剪跨区段内钢梁与混凝土翼板交界面的纵向剪力,按公式(5-39)计算;

　　　　N^c_v——一个抗剪连接件的纵向抗剪承载力,按公式(5-12)计算;

　　　　n——完全抗剪连接的组合梁在一个剪跨区的抗剪连接件数目。

混凝土翼板与钢梁抗剪连接件的计算,应以弯矩绝对值最大点及支座为界限,划分为若干个剪跨区(图 5-30);每个剪跨区段内钢梁与混凝土翼板交界面的纵向剪力 V_s 按下列公式计算:

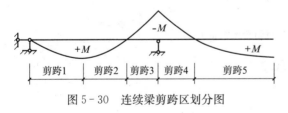

图 5-30　连续梁剪跨区划分图

正弯矩最大点到边支座区段,即 l_1 区段:

$$V_s = \min\{A_a f_a, f_c b_e h_{c1}\} \tag{5-39a}$$

正弯矩最大点到中支座(负弯矩最大点)区段,即 l_2 和 l_3 区段:

$$V_s = \min\{A_a f_a, f_c b_e h_{c1}\} + A'_s f_y \tag{5-39b}$$

3. 组合梁的构造要求

组合梁截面高度不宜超过钢梁截面高度的 2 倍；混凝土板托高度 h_{c2} 不宜超过翼板厚度 h_{c1} 的 1.5 倍。边梁混凝土翼板的构造应满足图 5-31 的要求。有板托的组合梁边梁混凝土翼板伸出长度不宜小于 h_{c2}；无板托时，应伸出钢梁中心线不小于 150 mm、伸出钢梁翼缘边不小于 50 mm。负弯矩区的钢

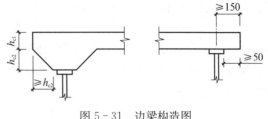

图 5-31　边梁构造图

梁下翼缘在没有采取防止局部失稳的特殊措施时，其宽厚比应满足塑性设计要求。多层房屋钢结构中框架梁板件的宽厚不应超出表 5-2 的要求。

5.5.4　框架柱的设计

1. 实腹柱的常用截面形式

多层钢结构实腹柱常用的截面形式如图 5-32 所示。截面形式的选择主要依据弯矩与压力的比值、正负弯矩差值、荷载大小和弯矩作用平面内、外柱的计算长度等因素。宽翼缘焊接 H 形型钢和热轧 H 型钢（图 5-32(a)、图 5-32(b)）是常用的柱子截面形式，其优点为翼缘宽且等厚，两个主轴方向稳定性相近，断面经济合理，方便连接。十字形截面（图 5-32(c)、图 5-32(d)）由角钢和钢板组合而成或由钢板焊接而成，适合做隔墙交叉点的柱子，安装在墙内，不外露。箱形截面柱（图 5-32(e)、图 5-32(f)）由钢板或由两个轧制槽钢焊接而成。截面没有强轴弱轴之分，适用于双向受弯的柱子。钢管截面（图 5-32(g)）各个方向的惯性矩都相等，受力较为有利，但制作费用相对较高，节点连接也不如开口截面方便。而由两个工字形截面组合而成的如图 5-32(h)所示的截面，特别适合于承受双向弯矩。

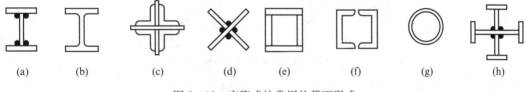

图 5-32　实腹式柱常用的截面形式

2. 框架柱设计

框架柱一般都是压(拉)弯构件，在初步设计中确定柱截面时，如果已经粗略得到了柱的轴力设计值 N，则可以承受 1.2 倍 N 的轴心受压构件来初拟柱截面尺寸。若结构层数较多，一般可采用变截面柱的形式，大致每 3~4 层作一次截面变化。框架柱的长细比，结构抗震等级为一级时不应大于 $60\sqrt{235/f_{ay}}$，二级不应大于 $80\sqrt{235/f_{ay}}$，三级不应大于 $100\sqrt{235/f_{ay}}$，四级时不应大于 $120\sqrt{235/f_{ay}}$。

3. 框架柱的计算长度

框架柱不是孤立的压弯构件，而是属于框架的组成部分，其两端受到与其相连的其他构件的各种约束。框架柱屈曲时必然带动其他一些构件产生变形。这样，研究框架柱的屈曲必须取整个框架或框架的一部分进行分析。

目前，关于框架柱的稳定设计有两种办法。一种是采用一阶理论，即不考虑框架变形的二阶影响，计算框架由各种荷载设计值产生的内力，然后把框架柱作为单独的压弯构件来设计。

按照稳定条件设计柱截面时用计算长度代替实际长度来考虑其他构件对柱的约束影响。此法简单,应用较多,简称计算长度法。

另一种方法是将框架作为整体,按二阶理论进行分析。按稳定条件设计框架柱截面时,取实际几何长度来计算长细比。二阶理论分析较为复杂,不便应用。

规范中验算多层框架柱的稳定仍采用计算长度系数法,因此下面将介绍多层框架柱计算长度的确定方法。

确定多层多跨框架柱的临界荷载和计算长度时,假定:

（1）框架只承受作用于梁柱连接节点上的竖向荷载。

（2）荷载按比例同时增加,各柱同时丧失稳定。

（3）失稳时,构件变形是微小的,且处于弹性阶段。

（4）当框架柱开始屈曲时,相交于同一节点的横梁对柱子所提供约束力矩,按上下两柱的线刚度之比分配给柱子。

1）框架的稳定

为了便于理解框架的稳定问题,先来考察一个完全对称的单层单跨刚架,如图 5 - 33(a)所示。因为设有强劲的交叉支撑,所以柱顶侧移完全受到约束。在两个柱头处分别有集中荷载 P 沿柱的轴线作用,且柱没有初弯曲。当荷载 P 不断增加并达到屈曲荷载 P_{cr} 时,刚架将产生如图中虚线所示的弯曲变形,此时,整个刚架将达到稳定承载能力的极限状态。

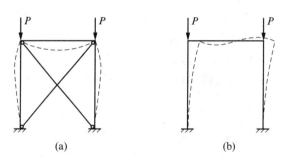

(a)　　　　　　　　　(b)

图 5 - 33　单跨单层对称刚架

若除去交叉支撑,如图 5 - 33(b)所示,刚架失稳时因柱顶可以水平移动,结构产生有侧向位移的反对称弯曲变形,如图中虚线所示。

上例中图 5 - 33(a)称之为无侧移失稳,图 5 - 33(b)称之为有侧移失稳。分析结果表明,在其他条件不变时,一般刚架的有侧移屈曲荷载要远小于无侧移的屈曲荷载。如果图 5 - 33(a)的支撑不强劲,不能满足《钢结构规范》规定的侧移刚度要求时,则为弱支撑刚架。它的稳定性介于无侧移和有侧移刚架之间。

对一般框架而言,框架柱的临界荷载不仅和框架失稳形式有关,还和框架横梁的刚度及柱脚与基础的连接形式有关。

如图 5 - 34 所示,有两榀框架均为无侧移框架(图 5 - 34(a)、(c)),两柱的几何高度、截面尺寸相同,且柱脚均为刚接,区别仅在于横梁刚度其一趋近于无穷大(图 5 - 34(a)),另一为零(图 5 - 34(c))。根据已学知识,可将框架柱的计算简图分别简化为图 5 - 34(b)及图 5 - 34(d)的形式。可知,其对应的欧拉临界力分别为 $N_{cr} = \dfrac{\pi^2 EI}{(0.5H)^2}$ 和 $N_{cr} = \dfrac{\pi^2 EI}{(0.7H)^2}$。通常横梁具有有限刚度,则框架柱的临界荷载在两者之间。

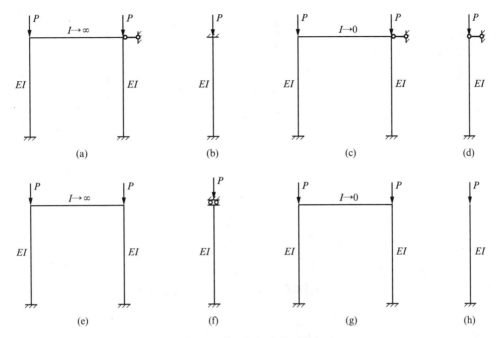

图 5-34 单层框架柱的计算长度

若将图 5-34(a)、(c)中柱顶的水平支承杆去掉,其他条件不变,如图 5-34(e)、(f)、(g)、(h)所示,则对应的柱欧拉临界力分别为 $N_{cr}=\dfrac{\pi^2 EI}{H^2}$ 和 $N_{cr}=\dfrac{\pi^2 EI}{(2H)^2}$。

若将图 5-34(a)、(c)中的柱脚变为铰接,其他条件不变(图略),则对应的柱欧拉临界力分别为 $N_{cr}=\dfrac{\pi^2 EI}{(0.7H)^2}$ 和 $N_{cr}=\dfrac{\pi^2 EI}{H^2}$。

2) 单层多跨等截面框架柱的计算长度

设计工作中所用的单层框架柱计算长度,是以集中荷载作用于柱顶的对称单跨等截面框架为依据的。当框架顶部有水平支承时,框架失稳呈对称形式。节点 B 与 C 的转角大小相等但方向相反(图 5-35(a))。横梁对柱的约束作用取决于梁的线刚度 I_0/L 和柱的线刚度 I/H 的比值 K_0,即 $K_0=\dfrac{I_0 H}{IL}$。柱的计算长度 $H_0=\mu H$。计算长度系数 μ 根据弹性稳定理论算得,由表 5-2 给出。表中还列出了柱与基础铰接的计算长度系数。对于无侧移框架,系数 μ 在很有限的范围内变动:柱脚固结时在 $0.5\sim0.7$ 间,柱脚铰接时在 $0.7\sim1.0$ 之间。

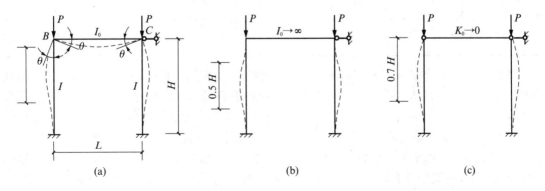

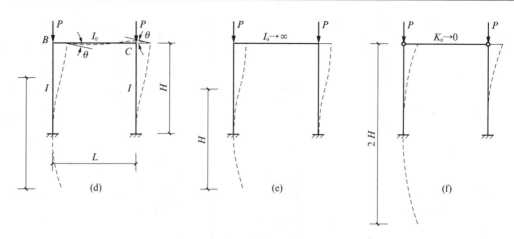

图 5-35　单层单跨框架的失稳形式

当梁柱线刚度的比值 $K_0 > 20$ 时,可认为横梁的刚度为无限大。当横梁与柱铰接时,则取线刚度比值 K_0 为零。柱计算长度的物理意义是其屈曲变形曲线上反弯点(或铰接节点)之间的距离,见图 5-35(b)和(c)。

实际上很多单层单跨框架因无法设置侧向支承结构,其失稳形式是有侧移的,见图 5-35(d)、(e)和(f),失稳时按弹性屈曲理论算得的计算长度系数 μ 也由表 5-2 给出。柱脚刚接框架柱的 μ 系数在 1 和 2 之间变化,其物理意义见图 5-35(e)和(f)。柱脚铰接框架柱的 μ 值变动范围很大,在 $[2, \infty)$ 范围内。$\mu \to \infty$ 说明当 $K_0 = 0$ 时框架不能保持稳定。

表 5-2　　　　　　　　　　单层等截面框架柱的计算长度系数

框架类型	柱与基础连接方式		线刚度比值 K_0 或 K_1							近似计算公式
			$\geqslant 20$	10	5	1.0	0.5	0.1	0	
无侧移	刚性固接	理论	0.500	0.542	0.546	0.626	0.656	0.689	0.700	$\mu = \dfrac{K_0 + 2.188}{2K_0 + 3.125}$
		实用	0.549	0.549	0.570	0.654	0.685	0.721	0.732	$\mu = \dfrac{7.8K_0 + 17}{14.8K_0 + 23}$
	铰接		0.700	0.732	0.760	0.875	0.922	0.981	1.000	$\mu = \dfrac{1.4K_0 + 3}{2K_0 + 3}$
有侧移	刚性固接	理论	1.000	1.020	1.030	1.160	1.280	1.670	2.000	$\mu = \sqrt{\dfrac{K_0 + 0.532}{K_0 + 0.113}}$
		实用	1.030	1.030	1.050	1.170	1.300	1.700	2.030	$\mu = \sqrt{\dfrac{79K_0 + 44.6}{76K_0 + 10}}$
	铰接		2.000	2.030	2.070	2.330	2.640	4.440	∞	$\mu = 2\sqrt{1 + 0.38/K_0}$

考虑到柱与基础的刚性连接很难做到完全嵌固,因此实际工程中,需要把柱脚刚接柱的计算长度系数 μ 适当放大,GB 50017 规范把刚接基础看作是 $K_0 = 10$ 的节点,所给出的实用系数也列于表 5-2。由表可见,无侧移柱的系数 μ 放大较多。为计算方便,也可把表 5-2 中的 μ 值归纳出具有足够精度的实用计算公式。这些近似计算公式列于表 5-2 的最后一栏。

实际工程中的框架未必像典型框架那样,结构和荷载都对称,并且框架只承受位于柱顶的集中重力荷载,横梁中没有轴力。当这些条件发生变化时,表 5-2 的计算长度系数就不能精确反映框架的稳定承载力。这里举一个简单的例子。图 5-36 给出承受不同荷载的铰支 Γ 形框架。框架的梁和柱具有相同的长度 l 和抗弯刚度 EI，框架(a)只在柱顶承受重力荷载 P，框架(b)则除重力荷载 P 外还受水平荷载 P。框架梁柱的线刚度比为 $K_0=1$，由表 5-2 查得计算长度系数为 $\mu=0.875$，相应的临界荷载为 $P_{cr}=12.89EI/l^2$。但是此框架和表 5-2 所依据的对称框架的组成并不相同，横梁的右端为铰接，而不是和另一根柱刚性连接。因此，利用表 5-2 算得的临界荷载必然有误差。

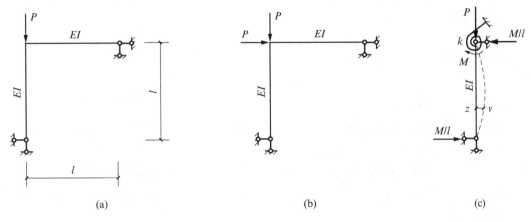

图 5-36　Γ 形框架

要得到框架 5-36(a)的临界荷载，可以把柱分离出来求解。在这个最简单的框架中，只有一根横梁对柱提供约束，其约束作用相当于在柱顶设置一根水平支撑杆和一个转动弹簧，弹簧的转动刚度为 $k=3EI/l$。这样，框架稳定问题就转化为图 5-36(c)的单柱稳定问题。柱顶除荷载 P 外，在柱发生屈曲时还有弯矩 M，柱上、下端则相应出现水平反力 M/l。此时任一截面的弯矩平衡方程为

$$-EI\frac{d^2v}{dz^2}-Pv+\frac{Mz}{l}=0$$

或　　　　　　$$v''+k^2v=\frac{M}{EI}\frac{z}{l}，其中，k^2=P/EI$$

方程的解为　　　　$$v=A\sin kz+B\cos kz+\frac{M}{P}\frac{z}{l}$$

在柱两端即 $z=0$ 和 $z=l$ 处均有 $v=0$，代入上式可得

$$B=0 \text{ 和 } A=-\frac{M}{P}\frac{1}{\sin kl}$$

柱上端的转角为　　　　$$v'(l)=\frac{M}{P}\left(\frac{1}{l}-\frac{k}{\tan kl}\right)$$

该转角按弹簧刚度计算为　　　　$$\theta=-\frac{M}{(3EI/l)}$$

令两式相等可导出临界条件　　　　$$\tan kl=\frac{3kl}{(kl)^2+3}$$

上式的解为 $kl=3.725$，相应 P 的临界值为 $P_{cr}=\dfrac{(kl)^2EI}{l^2}=\dfrac{13.9EI}{l^2}$。 $(13.9-12.89)/13.9=$ 0.07，即查表得出的结果有 7% 的误差。框架(b)的横梁和柱承受同样的轴压力，两者相互没有约束，临界荷载应为 π^2EI/l^2，查表所得的 $\dfrac{12.89EI}{l^2}$ 偏大 30%。

《钢结构规范》对不同于典型对称框架的情况规定有修正的方法。一种情况是当与柱相连的梁远端为铰接或嵌固时的修正。修正方法是对横梁线刚度乘以下列系数：

无侧移框架 梁远端铰接：1.5

梁远端嵌固：2.0

有侧移框架 梁远端铰接：0.5

梁远端嵌固：2/3

图 5-36(a) 的框架柱，所连接的梁远端铰接，横梁线刚度应乘以 1.5，亦即 $K_0=1.5$，相应的系数 μ 由表 5-2、在 K_0 等于 1 和 5 之间插入，得到 $\mu=0.86$，$P_{cr}=\dfrac{\pi^2EI}{(0.86l)^2}$。若根据附表 5-2、系数 μ 在 K_0 等于 1 和 2 之间插入，则有 $\mu=0.848$，$P_{cr}=\dfrac{13.7EI}{l^2}$，和理论值只差 1.4%。

需要进行修正的第二种情况是横梁有轴压力 N_b 使其刚度下降。此时需要把梁线刚度乘以以下折减系数：

无侧移框架 横梁远端与柱刚接或远端铰接时 $\alpha_N=1-N_b/N_{Eb}$

横梁远端嵌固时 $\alpha_N=1-N_b/(2N_{Eb})$

有侧移框架 横梁远端与柱刚接 $\alpha_N=1-N_b/(4N_{Eb})$

横梁远端铰支时 $\alpha_N=1-N_b/N_{Eb}$

横梁远端嵌固时 $\alpha_N=1-N_b/(2N_{Eb})$

式中，$N_{Eb}=\dfrac{\pi^2EI_b}{l^2}$，$I_b$ 为横梁截面惯性矩，l 为横梁长度。

图 5-36(b) 的情况，$\alpha_N=1-N_b/N_{Eb}$。由于可以判断 $N_b=N_{Eb}$，系数 $\alpha_N=0$ 表明梁不对柱提供约束。

3) 多层多跨等截面框架柱的计算长度

对于多层多跨框架，其失稳形式也分为无侧移与有侧移两种情况（图 5-37）。计算的基

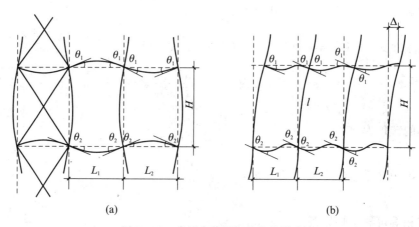

(a)   (b)

图 5-37 多层多跨框架的失稳形式

本假定与单层多跨框架类同。柱的计算长度系数 μ 和横梁的约束作用有直接关系,取决于在该柱上端节点处相交的横梁线刚度之和与柱线刚度之和的比值 K_1,以及在该柱下端节点处相交的横梁线刚度之和与柱线刚度之和的比值 K_2,框架柱计算长度系数 μ 的取值见附录 D 中附表 D-1(无侧移)和附表 D-2(有侧移)。

5.5.5　支撑设计

在框架-支撑结构体系中,支撑也是结构中的重要构件。多层钢结构房屋支撑杆件应优先选用轧制 H 型钢,也可采用双槽钢或双角钢组合截面。下面分别介绍中心支撑和偏心支撑的设计。

1. 中心支撑

(1) 支撑杆件受压承载力验算。在往复荷载作用下,支撑斜杆反复受拉压作用,且受压屈服后的变形显著,转而受拉时又不能完全恢复挺直状态,这样就造成了受压承载力的再次降低,即杆件弹塑性屈曲后出现承载力的退化现象。支撑杆件屈曲后,最大受压承载力的降低是明显的,长细比越大,退化越严重。这种情况在计算支撑斜杆时应考虑。在多遇地震作用效应组合下,支撑斜杆的受压承载力验算按下式进行:

$$\frac{N}{\varphi A_{br}} \leqslant \frac{\psi f}{\gamma_{RE}} \tag{5-40}$$

式中　f——钢材的强度设计值,因为考虑了地震,因此需除以抗震承载力调整系数 γ_{RE};

　　　φ——轴心受压构件的稳定系数;

　　　A_{br}——支撑斜杆的截面面积;

　　　ψ——受循环荷载作用时的设计强度降低系数,可由下式计算;

$$\psi = \frac{1}{1 + 0.35\lambda_n} \tag{5-41}$$

式中,$\lambda_n = \dfrac{\lambda}{\pi}\sqrt{\dfrac{f_y}{E}}$ 为支撑斜杆的正则化长细比。

(2) 支撑杆件长细比验算。支撑杆件在轴向往复荷载作用下,其抗拉和抗压承载力均有不同程度的降低,在弹塑性屈曲后,支撑杆的抗压承载力退化更为严重。支撑杆件的长细比是影响其性能的重要因素,长细比小的杆件,滞回曲线更饱满,耗能性能更好,长细比大的杆件则相反。但支撑的长细比并非越小越好,支撑的长细比过小,支撑框架的刚度就会偏大,不但承受的地震力会增加,而且在某些情况下动力分析得出的层间位移也很大。

支撑杆件的长细比,按压杆设计时,不应大于 $120\sqrt{235/f_y}$,一、二、三级中心支撑不得采用拉杆设计,四级采用拉杆设计时,其长细比不应大于 180。

(3) 支撑杆件板件宽厚比。板件宽厚比是影响构件局部屈曲的重要因素。支撑杆件板件宽厚比直接影响支撑杆件的承载力和耗能能力。在往复荷载作用下比单向静力加载更容易发生失稳。一般满足静荷载下充分发生塑性变形能力的宽厚比限值,不能满足往复荷载作用下发生塑性变形能力的要求。即使小于塑性设计所规定的值,在往复荷载作用下仍然发生局部屈曲,所以板件宽厚比的限值比塑性设计更小一些,这样对抗震有利。

板件宽厚比应与支撑杆件长细比相匹配,对于长细比小的支撑杆件,宽厚比要求应严一些,对于长细比大的支撑杆件,宽厚比应适当放宽。中心支撑板件的宽厚比限值见表 5-3。

表 5-3　　　　　　　　　　钢结构中心支撑板件宽厚比限值

板件名称	一级	二级	三级	四级	非抗震
翼缘外伸部分	8	9	10	13	$10+0.1\lambda$
工字形截面腹板	25	26	27	33	$25+0.5\lambda$
箱形截面壁板	18	20	25	30	40
圆管外径与壁厚比	38	40	40	42	100

注：λ 是构件两个方向长细比的较大值，当 $\lambda<30$ 时，取 $\lambda=30$；当 $\lambda>100$ 时，取 $\lambda=100$。

表中数值适用于 Q235 钢，采用其他牌号钢材应乘以 $\sqrt{235/f_y}$，圆管应乘以 $235/f_y$。

2. 偏心支撑

（1）偏心支撑的基本性能。偏心支撑框架在多遇地震作用下，结构为弹性，在罕遇地震作用下，耗能梁段屈服，支撑、柱和耗能梁段以外的梁段在远高于耗能梁段承载力的荷载作用下仍为弹性。这使得耗能梁段成为结构体系中最薄弱的部位（起到结构中保险丝的作用），防止了诸如支撑受压屈曲之类的破坏。偏心支撑框架结构的支撑杆件长细比不应大于 $120\sqrt{235/f_y}$，耗能梁段的钢材屈服强度不应大于 345 MPa。偏心支撑板件宽厚比不应超过表 5-3 中心支撑非抗震设计时板件的宽厚比限值。

（2）耗能梁段的设计。偏心支撑框架的设计意图，是使耗能梁段进入塑性状态，而其他构件仍处于弹性状态。设计良好的偏心支撑框架，除柱脚有可能出现塑性铰外，其他塑性铰均会出现在耗能梁段上。

耗能梁段可分为剪切屈服型和弯曲屈服型两种。剪切屈服型梁段较短，梁端弯矩小，主要是在剪力作用下使梁段屈服；弯曲屈服型梁段较长，梁端弯矩大，容易形成弯曲塑性铰。耗能梁段宜设计成剪切屈服型，试验证明，剪切屈服型耗能梁段，对偏心支撑框架抵抗大震非常有利。当梁段与柱连接时，不应设计成弯曲屈服型，弯曲屈服会导致梁翼缘压曲和水平扭转屈曲。试验还发现，长梁段的翼缘在靠近柱的位置处易出现裂缝，梁端与柱连接处有很大的应力集中，受力性能很差。而剪切屈服时，在梁腹板上形成拉力场，仍能使梁保持其强度和刚度。

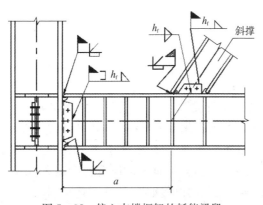

图 5-38　偏心支撑框架的耗能梁段

耗能梁段的净长 a（图 5-38）符合下式条件者为剪切屈服型，否则为弯曲屈服型。

$$a \leqslant 1.6M_p/V_p \tag{5-42}$$

式中　　M_p——耗能梁段的塑性抗弯承载力；

　　　　V_p——耗能梁段的塑性抗剪承载力。

取材料的剪切屈服应力 τ_y 为弯曲屈服应力 f_y 的 $1/\sqrt{3}$，即 $\tau_y=f_y/\sqrt{3}=0.58f_y$，假设梁段屈服时为理想的塑性状态，截面塑性抗剪承载力 V_P 和塑性抗弯承载力 M_P 分别按下式计算：

$$V_p=0.58f_yh_0t_w \tag{5-43}$$

$$M_p = W_p f_y \qquad (5-44)$$

式中 h_0——梁段腹板计算高度;

t_w——梁段腹板厚度;

W_p——梁段截面塑性抵抗矩。

式(5-44)中,当梁段内有轴力时,应考虑轴力对梁段塑性抗弯承载力的降低,折减后耗能梁段的塑性抗弯承载力为

$$M_{pc} = W_p(f_y - \sigma_N) \qquad (5-45)$$

式中,σ_N 为轴力产生的梁段翼缘平均正应力,按下式计算:

耗能梁段净长 $a < 2.2M_p/V_p$ 时,$\sigma_N = \dfrac{V_p}{V_{lb}} \times \dfrac{N_{lb}}{2b_f t_f}$ $\qquad (5-46)$

耗能梁段净长 $a \geqslant 2.2M_p/V_p$ 时,$\sigma_N = \dfrac{N_{lb}}{A_{lb}}$ $\qquad (5-47)$

当 $\sigma_N < 0.15f_y$ 时,取 $\sigma_N = 0$。

式中 V_{lb},N_{lb}——分别为梁段的剪力设计值和轴力设计值;

b_f——梁段翼缘宽度;

t_f——梁段翼缘厚度;

A_{lb}——梁段截面面积。

当耗能梁段为剪切屈服时,梁段中的计算轴力很小,可忽略轴力对梁塑性抗弯承载力的影响。一般耗能梁段越短,塑性变形越大,这可能导致梁段过早地发生塑性破坏。实践证明,当梁段长 a 为 $(1 \sim 1.3)M_p/V_p$ 时,该梁段对偏心支撑框架的承载力、刚度和耗能非常有效。

耗能梁段的截面宜与同一跨内的框架梁相同,在多遇地震作用效应组合下,其强度应符合下列要求:

(a) 耗能梁段净长 $a < 2.2M_p/V_p$ 时

腹板满足: $\qquad \dfrac{V_{lb}}{0.8 \times 0.58h_0 t_w} \leqslant f$ $\qquad (5-48)$

翼缘满足: $\qquad \left(\dfrac{M_{lb}}{h_{lb}} + \dfrac{N_{lb}}{2}\right)\dfrac{1}{b_f t_f} \leqslant f$ $\qquad (5-49)$

式中 h_{lb}——梁段的截面高度;

h_0——梁段腹板的截面高度;

M_{lb}——梁段的弯矩设计值;

N_{lb}——梁段的轴力设计值。

(b) 耗能梁段净长 $a \geqslant 2.2M_p/V_p$ 时

腹板强度仍由式(5-48)验算,翼缘强度按下式验算

$$\dfrac{M_{lb}}{W} + \dfrac{N_{lb}}{A_{lb}} \leqslant f \qquad (5-50)$$

式中 W——梁段截面抵抗矩;

f——钢材强度设计值,有地震组合时应考虑承载力抗震调整系数。

一般梁段只需作抗剪承载力验算,即使梁段的一端为柱时,虽然梁端弯矩较大,但由于弹性弯矩向梁段的另一端重分布,在剪力到达抗剪承载力之前,梁段不会严重弯曲屈服。

耗能梁段板件宽厚比的要求比一般框架梁略严一些。耗能梁段及其同一跨内的非耗能梁段,板件宽厚比不应大于表 5-4 规定的数值。

表 5-4　　　　　　　　　　　偏心支撑框架梁的板件宽厚比限值

板 件 名 称		宽厚比限值
翼缘外伸部分		8
腹板	当 $N/(Af) \leqslant 0.14$ 时	$90[1-1.65N/(Af)]$
	当 $N/(Af) > 0.14$ 时	$33[2.3-N/(Af)]$

注:表列数值适用于 Q235 钢,当材料为其他钢号时应乘以 $\sqrt{235/f_{ay}}$,$N/(Af)$ 为梁的轴压比。

试验表明,在梁段腹板上贴焊的补强板并不能进入弹塑性变形,并且不利于梁段的剪切屈服,因此,耗能梁段的腹板不得贴焊补强。同时,为避免对耗能梁段弹塑性变形能力的影响,梁段腹板上也不得开洞。

(3)支撑斜杆的设计。为了保证地震作用下耗能梁段屈服而支撑不屈曲,支撑的设计抗压承载力至少应为梁段屈服时支撑轴力的 1.6 倍,偏心支撑的轴向力设计值 N_{br} 取下列两式中的较小者:

$$N_{br} = 1.6 \frac{V_p}{V_{lb}} N_{br,com} \tag{5-51}$$

$$N_{br} = 1.6 \frac{M_{pc}}{M_{lb}} N_{br,com} \tag{5-52}$$

式中,$N_{br,com}$ 为在竖向荷载和水平荷载最不利组合作用下的支撑轴力。

偏心支撑斜杆的承载力按下式计算:

$$\frac{N_{br}}{\varphi A_{br}} \leqslant f \tag{5-53}$$

式中　A_{br}——支撑的截面面积;

　　　φ——由支撑长细比确定的轴心受压杆件稳定系数;

　　　f——钢材强度设计值,有地震组合时应考虑抗震承载力调整系数。

耗能梁段适当增设加劲肋后,其极限抗剪承载力超过 $0.9f_yh_0t_w$,为设计用抗剪承载力 $0.58f_yh_0t_w$ 的 1.63 倍,上述公式采用的系数 1.6 为最小值,设计时可将支撑截面适当加大。

(4)设有偏心支撑的框架柱。根据强柱弱梁的要求,耗能梁段达到极限承载力之前,偏心支撑框架柱必须保持足够的承载力和稳定性。为使塑性铰出现在梁端而不是柱中,设计时应把柱的内力适当提高。验算偏心支撑框架柱强度时,承载力抗震调整系数取 0.85。其弯矩设计值 M_c 取下列两式中的较小者:

$$M_c = 2.0 \frac{V_p}{V_{lb}} M_{c,com} \tag{5-54}$$

$$M_c = 2.0 \frac{M_{pc}}{M_{lb}} M_{c,com} \tag{5-55}$$

轴力设计 N_c 取下列两式中较小者：

$$N_c = 2.0 \frac{V_p}{V_{lb}} N_{c,com} \tag{5-56}$$

$$N_c = 2.0 \frac{M_{pc}}{M_{lb}} N_{c,com} \tag{5-57}$$

式中，$M_{c,com}$，$N_{c,com}$ 分别为在竖向和水平作用最不利组合下柱的弯矩和轴力。

对于角柱，应考虑两个方向的地震作用，即取设计方向的地震作用为 100%，另一方向地震作用为 30%，按双向压弯构件设计。

5.6　节　点　设　计

节点是保证钢结构安全的重要部位，节点受力情况复杂，尤其是易于产生局部变形和应力集中现象，对结构受力有着重要影响。大量的震害资料表明，许多钢结构都是由于节点首先破坏而导致建筑物整体破坏，因此节点设计是整个结构设计中的重要环节。节点设计是否恰当，不仅影响到结构的安全可靠，还会对结构构件的加工制作与工地安装造成影响并直接影响结构造价。

5.6.1　多层钢框架结构的节点类型和基本设计原则

多层房屋钢结构体系中包括的主要节点类型有：梁柱连接节点、支撑与梁柱连接节点、主梁与次梁连接节点、柱与基础连接节点（柱脚）、柱拼接节点以及梁拼接节点等，如图 5-39 所示。下面几节中将分别介绍各类连接节点的形式和设计方法。

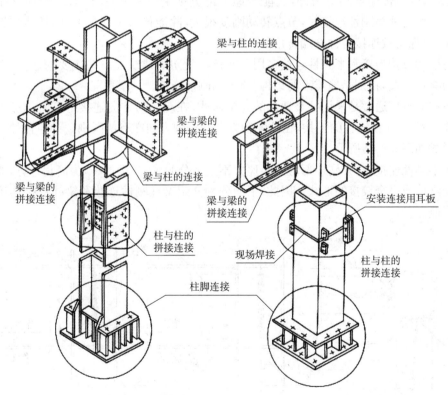

(a) 梁柱均为H形或工字形截面　　　　　(b) 梁为H形或工字形截面，柱为箱形截面

图 5-39　多层钢结构房屋的常规节点类型

多层钢结构的连接节点,按其构造形式及其力学特性,可以分为铰接连接节点、半刚性连接节点和刚性连接节点。从连接方法来看,主要采用焊接连接和高强度螺栓连接。多层框架结构中各类节点设计时,一般应遵循以下原则:

(1)节点受力应力求传力简捷、明确,使计算分析与节点的实际受力情况相一致。

(2)保证节点连接有足够的强度,使结构不致因连接薄弱而发生破坏。

(3)节点连接应具有良好的延性。建筑结构用钢本身具有很好的延性,对抗震设计十分有利,但这种延性在结构中不一定能充分体现出来,这主要是由于节点的局部压曲和脆性破坏而造成的,因此在设计中应采用合理的细部构造,避免采用易产生应力集中和层状撕裂的连接形式。

(4)构件的拼接一般应按等强度原则设计,亦即拼接件和连接强度应能传递断开截面的最大承载力。

(5)尽量简化节点构造,以便于加工及安装时的就位和调整。

多层钢结构的连接节点设计,有非抗震设计和抗震设计之分,即按结构处于弹性受力状态设计和考虑结构进入弹塑性阶段设计。本节将重点介绍节点的非抗震与抗震设计要求。

5.6.2 梁柱连接节点设计

梁-柱节点根据节点转动刚度(节点弯矩与梁柱杆端相对转角的比值)的大小可分为铰接连接节点、半刚性连接节点和刚性连接节点三种类型。

梁柱为铰接连接时,一般连接具有充分的转动能力,能传递梁端的剪力,但不能传递梁端弯矩,在做法上一般仅将梁的腹板与柱翼缘或腹板相连。梁柱为半刚性连接时,节点具有有限的转动刚度,除能传递梁端剪力外,还能传递一部分梁端弯矩,但一般只能传递梁端弯矩的25%左右。梁与柱为刚性连接时,节点转动刚度很大,除能传递梁端剪力外,还能传递梁端截面的弯矩,可保持被连接构件杆端转角的一致性。

梁与柱的铰接连接和半刚性连接多用于非抗震设防的建筑及一些次要的连接,对于多层钢结构的梁柱连接,特别是地震区的结构,应采用刚性连接。

梁与柱的连接通常是采用柱贯通形的连接形式,在箱梁与柱的连接中有时也可采用梁贯通的形式。梁与H型钢柱的连接,在柱强轴方向和弱轴方向亦有所区别。梁与柱的三种连接常用的形式如图5-40所示。

由于半刚性连接中,梁柱端部弯矩传递并不是十分明确,在设计中,为简化计算,通常采用梁柱完全刚接或完全铰接的形式。因此,下面分别介绍梁柱刚性连接和梁柱铰接连接节点的设计和构造。

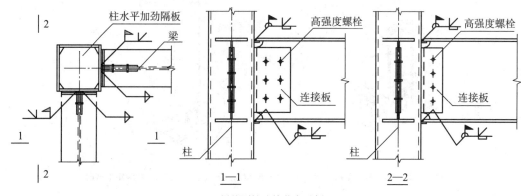

(a) 梁柱刚性连接节点示例

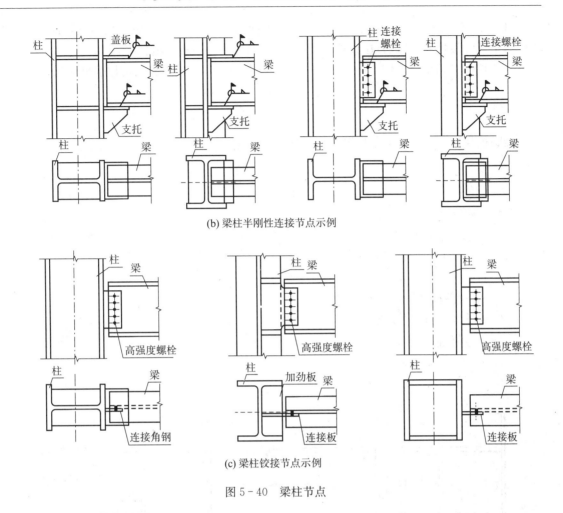

(b) 梁柱半刚性连接节点示例

(c) 梁柱铰接节点示例

图 5-40 梁柱节点

1. 梁-柱刚性连接节点

1) 梁-柱刚性连接节点常用的构造形式分类

(1) 全焊接节点,梁的上下翼缘用设有引弧板的全熔透对接焊缝与柱连接,腹板用双面角焊缝或焊透的 T 形对接与角接组合焊缝与柱连接;

(2) 栓焊混合连接节点,仅在梁上下翼缘采用设有引弧板的全熔透对接焊缝,梁腹板则用高强度螺栓与柱连接;

(3) 全栓接节点,梁翼缘与腹板均通过高强螺栓与柱相连。

2) 梁与柱刚接时应验算的内容

(1) 梁与柱的连接承载力——校核梁翼缘和腹板与柱的连接在梁端弯矩和剪力作用下的强度。

(2) 柱腹板的抗压承载力——在梁受压翼缘引起的压力作用下,防止柱腹板的破坏。

(3) 梁柱节点域,在节点弯矩和剪力的共同作用下应具有足够的抗剪承载力。

3) 梁与柱的连接承载力验算

主梁与柱刚性连接,可按常用设计法或精确设计法进行连接设计。当主梁翼缘的抗弯承载力大于主梁整个截面的承载力的 70% 时(即 $b_f t_f (h - t_f) f > 0.7 W_p f_y$ 时),可采用常用设计法,否则,应考虑梁全截面的抗弯承载力。

（1）常用设计法。常用设计法考虑梁端内力向柱传递时，梁端弯矩全部由梁翼缘承担，梁端剪力全部由腹板承担；该方法计算简便，对梁高跨比适中或较大的情况，是偏于安全的。

当梁柱节点采用全焊接连接时（图 5-41），梁翼缘与柱对接焊缝的抗拉强度应满足：

$$\sigma = \frac{M}{b_f t_f (h - t_f)} \leqslant f_t^w \tag{5-58}$$

梁腹板与柱连接的双面角焊缝的抗剪强度应满足：

$$\tau = \frac{V}{2 l_w h_e} \leqslant f_f^w \tag{5-59}$$

式中　　M——梁端弯矩设计；

　　　　V——梁端剪力设计值；

　　　　f_t^w——对接焊缝的抗拉强度设计值；

　　　　f_f^w——角焊缝的抗剪强度设计值；

　　　　l_w——腹板角焊缝的计算长度；

　　　　h_e——角焊缝的有效厚度；

　　　　h——梁截面高度；

　　　　b_f——梁翼缘宽度；

　　　　t_f——梁翼缘厚度。

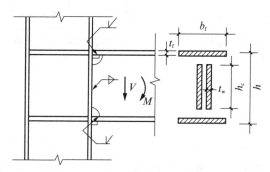

图 5-41　梁柱全焊接刚性节点

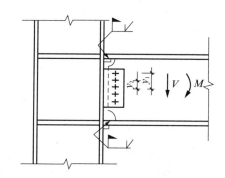

图 5-42　梁柱栓焊混合连接刚性节点

当采用栓焊混合连接时（图 5-42），梁腹板高强螺栓的抗剪承载力应满足：

$$N_{lv} = \frac{V}{n} \leqslant 0.9 N_v^b \tag{5-60}$$

式中　　n——梁腹板高强螺栓的个数；

　　　　N_v^b——一个高强度螺栓的抗剪承载力的设计值；

　　　　0.9——考虑焊接热影响对高强度螺栓预拉力损失的系数。

（2）精确设计法。该方法更合理地利用了连接的承载力，梁腹板除承担剪力外，还分担一部分弯矩。梁翼缘和腹板根据其刚度比分担弯矩：

$$M_f = M \frac{I_f}{I}, \quad M_w = M \frac{I_w}{I} \tag{5-61}$$

式中　　M_f——梁翼缘分担的弯矩；

M_w——梁腹板分担的弯矩；

I——梁截面的惯性矩；

I_f——梁翼缘对梁截面形心轴的惯性矩；

I_w——梁腹板对梁截面形心轴的惯性矩。

此时，梁柱连接的承载力应满足下列各式。

梁翼缘与柱翼缘对接焊缝的抗拉强度应满足：

$$\sigma = \frac{M_f}{b_f t_f (h - t_f)} \leqslant f_t^w \qquad (5-62)$$

梁腹板与柱采用双面角焊缝连接时，在弯矩 M_w 和剪力 V 共同作用下，连接角焊缝应满足：

$$\sigma_f = \frac{3M_w}{h_e l_w^2} \leqslant \beta_f f_f^w \qquad (5-63)$$

$$\tau_f = \frac{V}{2h_e l_w} \leqslant f_f^w \qquad (5-64)$$

$$\sqrt{\left(\frac{\sigma_f}{\beta_f}\right) + \tau_f^2} \leqslant f_f^w \qquad (5-65)$$

梁腹板与柱采用高强螺栓连接时，离螺栓群形心最远处螺栓承受的剪力应满足：

$$N_{1v} = \sqrt{\left(\frac{M_w y_1}{\sum y_i^2}\right)^2 + \left(\frac{M_w x_1}{\sum x_i^2}\right) + \left(\frac{V}{n}\right)^2} \leqslant 0.9 N_v^b \qquad (5-66)$$

式中　x_i——每个螺栓至螺栓群形心的水平距离；

y_i——每个螺栓至螺栓群形心的竖向距离；

x_1——离螺栓群形心最远的螺栓至螺栓群形心的水平距离；

y_1——离螺栓群形心最远的螺栓至螺栓群形心的竖向距离。

当工字形或 H 型钢柱在弱轴方向与梁刚接时，可采用两种连接构造。一种是在梁的对应位置焊接柱水平加劲板和竖向加劲板，其厚度与主梁翼缘和腹板等厚，如图 5-43(a)所示。另一种是在柱弱轴方向加悬臂段形成连接支座与梁连接的形式(图 5-43(b))。柱与悬臂段为工厂焊接，工地现场将梁与悬臂段用高强度螺栓连接或栓焊混合连接，适用于梁柱节点处有支撑的连接。

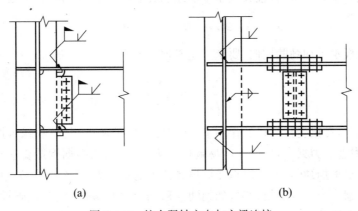

(a)　　　　　　　　　　(b)

图 5-43　柱在弱轴方向与主梁连接

4) 梁翼缘中内力对柱腹板的影响

梁的上下翼缘与柱连接处,由于梁端弯矩在梁的上下翼缘中产生的水平集中力,将对柱腹板产生局部应力,并可能带来两类破坏:

(1) 在梁受压翼缘的压力作用下,柱腹板发生屈曲破坏。

(2) 梁受拉翼缘的拉力作用下,使柱翼缘与相邻腹板处的焊缝被拉开,导致柱翼缘产生过大的局部弯曲变形。

对第一种情况,欲使柱腹板在梁受压翼缘传来的压力作用下保持稳定,则应满足下式的要求:

$$A_f f_y \leqslant t_{wc} b_e f_y \tag{5-67}$$

式中　b_e——柱腹板受压区的有效宽度,如图 5-44 所示($b_e = t_{fb} + 5k_c$)。

t_{fb}——梁翼缘的厚度;

A_f——梁翼缘的面积;

t_{wc}——柱腹板的厚度;

k_c——柱翼缘外侧至腹板圆角根部或角焊缝焊趾的距离。

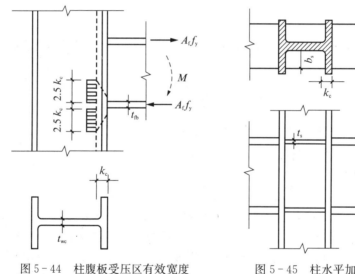

图 5-44　柱腹板受压区有效宽度　　　　图 5-45　柱水平加劲肋

若上式不能满足时,应设置柱腹板水平加劲肋(图 5-45),加劲肋的总截面积不小于

$$A_s \geqslant A_f - t_{wc}(t_{fb} + 5k_c) \tag{5-68}$$

为防止柱腹板水平加劲肋屈曲,要求其宽厚比限值为:

$$\frac{b_s}{t_s} \leqslant 9\sqrt{\frac{235}{f_y}} \tag{5-69}$$

对第二种情况,在梁受拉翼缘的作用下,除非柱翼缘的刚度很大(翼缘很厚),否则柱翼缘受拉挠曲,腹板附近应力集中,焊缝很容易破坏。为此,一般均根据构造要求在柱腹板对应梁上下翼缘处设置水平加劲肋,既可以承受梁翼缘传来的集中力,又对提高节点的刚度和板域的承载力有重要贡献。当按抗震设计时,加劲肋一般与梁翼缘等厚;按非抗震设计时,加劲肋除满足传递两侧梁翼缘的集中力外,其厚度不得小于梁翼缘厚度的 1/2,并应符合宽厚比的要

求。对于箱形柱,应在翼缘对应位置设置柱内水平加劲隔板(图 5 - 40(a)),隔板板厚不小于梁翼缘的厚度。

水平加劲肋与柱的焊接如图 5 - 46(a)所示,柱翼缘内侧与加劲肋采用开 V 形坡口的对接焊,与柱腹板则采用双面角焊缝。此外,在柱翼缘与腹板的圆角部位需将加劲肋切角,如图 5 - 46(b)所示。为了便于绕焊和避免荷载作用时的应力集中,水平加劲肋应自柱翼缘边缘内收 10 mm。

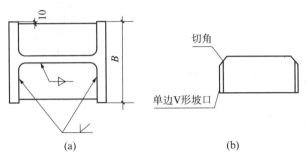

图 5 - 46　柱水平加劲肋焊接方法

当柱两侧的梁高度不等时,对应每个梁翼缘均应设置水平加劲肋,考虑焊接方便,水平加劲肋间距 e 不宜小于 150 mm(图 5 - 47(a)),并不小于加劲肋的宽度。当不能满足此要求时,需调整梁的端部高度,可将截面高度较小的梁端部高度局部加大,腋部翼缘的坡度不大于1∶3(图 5 - 47(b))。也可采用斜加劲肋,加劲肋的倾斜度同样不大于 1∶3(图 5 - 47(c))。

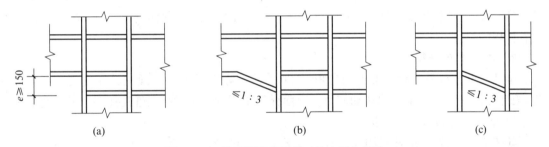

图 5 - 47　柱两侧梁高不等时的水平加劲肋

当高度不同的梁在不同方向与柱正交时,同样也应在梁翼缘对应位置处分别设置水平加劲肋(图 5 - 48)。

5) 梁柱节点板域的抗剪承载力验算

在刚性连接的梁-柱节点处,由上下水平加劲肋和柱翼缘所包围的节点板域,在一定程度的剪力、弯矩共同作用下,存在着节点板域受剪屈服的可能性,对框架的整体性能有较大的影响,设计中应充分重视。

图 5 - 49 为一梁柱节点板域在梁、柱端弯矩、剪力作用下的受力情况,节点板域的弯矩、剪力与剪应力之间的关系为

$$\frac{M_{b1} + M_{b2}}{h_b} - V_{cl} = \tau t_{wc} h_c \tag{5-70}$$

则节点板域的抗剪强度应满足:

$$\tau = \frac{M_{b1} + M_{b2}}{h_b h_c t_{wc}} - \frac{V_{cl}}{h_c t_{wc}} \leqslant f_v \tag{5-71}$$

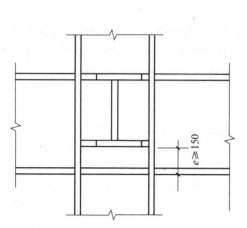

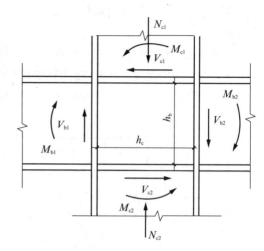

图 5-48　与柱正交梁高不等时的水平加劲肋　　　　图 5-49　节点板域的剪力和弯矩

大量试验证明,当节点板域的剪力为 $\dfrac{4}{3}f_v$ 时,板仍能保持稳定。为充分利用材料强度,考虑弯矩的影响最大,近似取剪力值为零,则实际设计中上式可改写为:

$$\tau = \frac{M_{b1} + M_{b2}}{h_b h_c t_{wc}} = \frac{M_{b1} + M_{b2}}{V_p} \leqslant \frac{4}{3}f_v \tag{5-72}$$

式中,V_p 为节点板域体积,对工字形截面柱 $V_p = h_b h_c t_w$,对箱形截面柱 $V_p = 1.8 h_b h_c t_w$;t_w 为节点板域的厚度。

2. 梁-柱柔性连接

梁柱柔性连接只能承受很小的弯矩,这种连接实际上是为了实现梁的简支支承条件,因此,柔性连接应该具有很好的转动能力。下面介绍常用的几种梁柱柔性连接节点的设计方法。

1) 梁采用连接板与柱连接

如图 5-50 所示,梁柱采用连接板单剪连接时,连接板与柱通过双面角焊缝连接,双剪连接时(图 5-51),一侧连接板必须与柱通过坡口对接焊缝现场焊接。连接板与梁腹板通过高强度螺栓摩擦型连接,连接的计算除了考虑作用在梁端部的剪力外,尚应考虑由于偏心所产生的附加弯矩($M = Ve$)的影响。

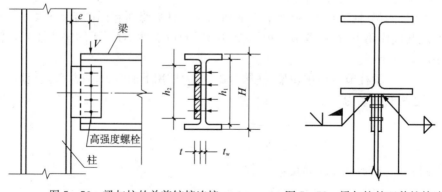

图 5-50　梁与柱的单剪铰接连接　　　　图 5-51　梁与柱的双剪铰接连接

当采用如图 5-50 所示的单侧连接板连接时,连接板的厚度可按下列公式确定:

$$t = \frac{t_w h_1}{h_2} + 2 \sim 4 \text{ mm} \qquad 且不宜小于 8 \text{ mm} \tag{5-73}$$

式中 h_1——梁的腹板高度;

h_2——连接板沿梁端剪力方向的边长。

当采用双侧连接板连接(双剪连接)时,连接板的厚度可按公式(5-74)确定,即

$$t = \frac{t_w h_1}{2h_2} + 1 \sim 3 \text{ mm} \qquad 且不宜小于 6 \text{ mm} \tag{5-74}$$

2) 梁简支于柱支托上

节点形式如图 5-52 所示,支托及其连接焊缝除了考虑作用于梁端部的剪力外,尚应考虑梁端之反力对支托焊缝的偏心所产生的附加弯矩 $M = Fe$ 影响。

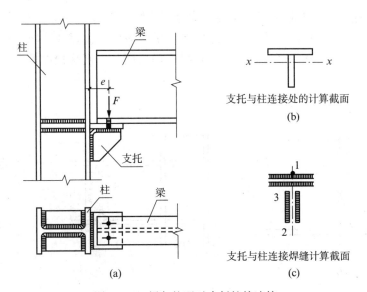

图 5-52 梁与柱通过支托铰接连接

设置在柱上的支托板件的厚度,一般不应小于梁翼缘厚度加 2 mm,且不宜小于 10 mm。

支托与柱翼缘一般是采用双面角焊缝连接(图 5-46(c))。此时,应验算 1 点处、2 点处、3 点处的焊缝强度。即

1 点处焊缝强度应满足 $\qquad \sigma_1 = \frac{Fe}{W_{w1}} \leqslant \beta_f f_f^w \tag{5-75}$

2 点处焊缝强度应满足 $\quad \sigma_2 = \sqrt{\left(\frac{Fe}{\beta_f W_{w2}}\right)^2 + \left(\frac{F}{A_w}\right)^2} \leqslant f_f^w \tag{5-76}$

3 点处焊缝强度应满足 $\quad \sigma_3 = \sqrt{\left(\frac{Fe}{\beta_f W_{w3}}\right)^2 + \left(\frac{F}{A_w}\right)^2} \leqslant f_f^w \tag{5-77}$

梁翼缘与支托板固定的连接螺栓一般是采用与母材相适应的 2 个 M20～M24 的普通 C 级螺栓。

5.6.3 梁与梁的拼接

梁与梁的拼接连接,主要是用于柱自带的悬臂梁段与中间梁段的施工现场拼接,或大跨度梁中间区段的安装拼接。梁的轴力在一般情况下相对于弯矩和剪力数值较小,因此,实际设计中梁通常是按其承受的弯矩和剪力来进行拼接连接设计的。

设计梁的拼接连接节点时,除了满足连接处强度和刚度的要求外,尚应考虑施工安装的方便。梁的拼接连接节点,一般应设在内力较小的位置,但考虑施工安装的方便,通常是设在距梁端1.0 m 左右的位置处。同时,框架梁的拼接接头应位于框架节点塑性区段以外。

作为刚性连接的梁梁拼接节点,如果按连接处的实际内力进行设计,则有损于梁的连续性,并可能造成建筑物的实际情况与设计时内力分析模型不相协调,降低结构的延性。因此对按抗震设计和按塑性设计的结构,其连接节点应根据梁的截面面积进行等强度设计,其他情况下可按梁拼接处的内力进行设计,但其连接承载力不应小于梁截面承载力的50%。

梁与梁的拼接节点,通常采用的连接形式有:①翼缘和腹板均采用完全焊透的坡口对接焊缝连接,如图 5-53(a)所示;②翼缘采用完全焊透的坡口对接焊缝连接,腹板采用高强度螺栓摩擦型连接,如图 5-53(b)所示;③翼缘和腹板均采用高强度螺栓摩擦型连接,如图 5-53(c)所示。

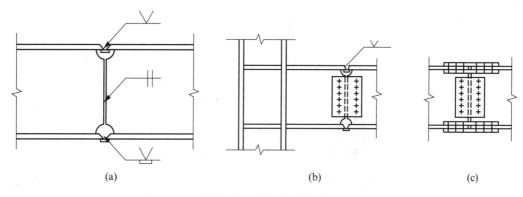

(a)   (b)   (c)

图 5-53　梁的拼接形式

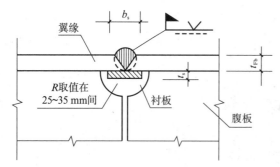

当 $t_{Fb} \leqslant 16$ mm 时, $t_s = 6$ mm, b_s 取值在18~25 mm内
当 $t_{Fb} > 16$ mm 时, t_s 取值在8~10 mm内, b_s 取值在25~32 mm内

图 5-54　钢梁翼缘衬板和腹板弧形切口尺寸

当翼缘和腹板采用完全焊透的坡口对接焊缝并采用引弧板施焊时,可认为焊缝与翼缘板和腹板是等强度的,不必进行连接焊缝的强度计算。

梁翼缘的拼接连接,当采用完全焊透的坡口对接焊缝连接时,拼接连接处腹板上的弧形切口和衬板的尺寸,通常是由焊接的作业要求来确定,一般可按图 5-54 所示的要求采用。

当施工现场由于条件所限无法开展焊接工作时,钢梁的拼接也可完全采用高强螺栓,下面介绍翼缘和腹板采用高强度螺栓连接时,分别按等强度条件和按连接处截面内力设计的方法。

1. 等强度设计法

如图 5-55 所示为采用高强度螺栓连接的梁-梁拼接节点处的内力图示。当按等强度条件设计时,其设计内力按下列公式计算:

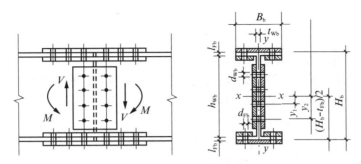

图 5-55　梁拼接处的内力

弯矩 $$M = W_n f \qquad (5-78)$$

剪力 $$V = A_{nw} f_v \qquad (5-79)$$

式中　W_n——连接处梁扣除螺栓孔后的净截面抵抗矩;

　　　　A_{nw}——连接处梁腹板扣除螺栓孔后的净截面面积。

梁单侧翼缘连接所需要的高强度螺栓数目,应满足:

$$n_{fb} \geqslant \frac{M}{(H_b - t_f) N_v^b} = \frac{W_n f}{(H_b - t_f) N_v^b} \qquad (5-80)$$

梁腹板连接所需要的高强度螺栓数目,应满足:

$$n_{wb} \geqslant \frac{V}{N_v^b} = \frac{A_{nw} f_v}{N_v^b} \qquad (5-81)$$

式中　H_b——梁的截面高度;

　　　　t_f——梁的翼缘厚度;

　　　　N_v^b——高强度螺栓摩擦型连接一个螺栓的抗剪承载力设计值。

在上述等强度设计中,由于翼缘和腹板的连接螺栓数目及排列不能事先准确确定,因此,在初次设计时,翼缘和腹板的净截面面积可近似地分别取翼缘和腹板毛截面面积的 0.85 倍,以此来估算螺栓的数目并初步确定螺栓的排列。

2. 按梁拼接处的内力设计

按梁拼接处的内力设计时,认为拼接处的梁翼缘和腹板按其刚度比分担截面的弯矩,且由腹板单独承担剪力,据此来进行拼接连接的设计。

若作用在梁拼接连接处的弯矩为 M,则梁翼缘和腹板各自分担的弯矩分别为:

翼缘分担的弯矩 $$M_f = \frac{I_f}{I_0} M \qquad (5-82)$$

腹板分担的弯矩 $$M_w = \frac{I_w}{I_0} M \qquad (5-83)$$

式中　I_f——梁翼缘的毛截面惯性矩;

I_w——梁腹板的毛截面惯性矩；

I_0——梁整个截面的毛截面惯性矩；

梁单侧翼缘连接所需要的高强度螺栓数目，可按下式计算：

$$n_{fb} \geqslant \frac{M_f}{(H - t_f)N_v^b} \qquad (5-84)$$

3. 梁翼缘和腹板的拼接连接板截面确定

为使拼接连接节点具有足够的强度并保持梁刚度的连续性，翼缘和腹板拼接板的净截面面积应分别不小于翼缘和腹板的净截面面积，且拼接板的净截面抵抗矩应不小于梁净截面的抵抗矩。

翼缘拼接板的设置，原则上应采用双剪连接；当翼缘宽度较窄，构造上采用双剪连接有困难时，亦可采用单剪连接。梁腹板的拼接连接板，一般均应在腹板两侧成对配置，如图 5-56 所示。

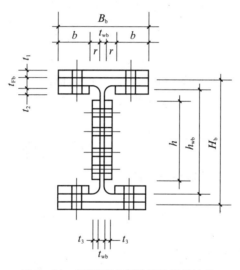

图 5-56　钢梁通过高强螺栓拼接连接

按照上述原则，翼缘和腹板拼接板的厚度计算公式如表 5-5 所示。

表 5-5　　　　　　　　　钢梁翼缘、腹板拼接板的厚度计算公式

项　目		拼接板厚度计算公式	
翼缘拼接板	双剪	$t_1 = \frac{1}{2}t_{Fb} + 2 \sim 5$ mm 且不宜小于 8 mm	$t_2 = \frac{t_{Fb}B_b}{4b} + 3 \sim 6$ mm 且不宜小于 10 mm
	单剪	$t_1 = t_{Fb} + 3 \sim 6$ mm 且不宜小于 10 mm	
腹板拼接板		$t_3 = \frac{l_w h_w}{2h} + 1 \sim 3$ mm　且不宜小于 6 mm	

5.6.4　柱与柱的拼接

多层钢结构房屋多采用 H 形或箱形截面柱，有时也采用圆管截面柱。柱与柱的拼接连接节点，理论上应设置在内力较小的位置。但是，在现场从施工的难易和提高安装效率方面考虑，通常柱的拼接节点设在距主梁顶面 1.1～1.3 m 的位置处。为减少柱的拼接节点数目并考

虑到轧制型钢的长度规格,一般柱的安装以三层为一个单元,特殊情况下尚应考虑起重、运输设备等因素。

考虑到通常情况下,柱拼接连接截面处的内力有轴力 N、弯矩 M 和剪力 V,因此柱的拼接节点应能传递这些内力,且能很好保证柱截面的连续性。

对按非抗震设计的钢框架柱,当拼接连接处的内力小于柱承载力设计值的一半时,从柱的连续性来衡量拼接节点的性能,其设计依据内力应取柱承载力设计值的一半。当在拼接连接处不产生拉力,且被连接的柱端面经过铣平加工且紧密结合时,可考虑通过上下柱接触面直接传递 25% 的轴力和弯矩。而剪力和剩余 75% 轴力和弯矩由连接传递。

柱的拼接,对于 H 型钢截面柱,翼缘常采用完全焊透的坡口对接焊缝连接,腹板常采用高强螺栓连接(图 5-57),也可全部采用高强度螺栓连接(图 5-58)。对箱形截面或圆管形截面常采用完全焊透的坡口对接焊缝连接(图 5-59),同时,施工时需设置安装耳板和环形衬板。

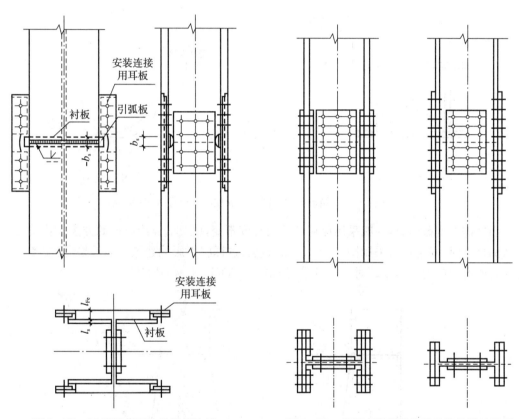

图 5-57　H 型钢截面柱的拼接连接　　　　图 5-58　采用高强螺栓连接的柱的拼接示例

在焊接质量得到保证的情况下,可认为全熔透坡口焊缝与被连接母材是等强的,所以图 5-57、图 5-59 的对接焊缝不必进行强度验算,而对于腹板高强度螺栓的摩擦型连接以及图 5-58 中翼缘与腹板高强螺栓的摩擦型连接的计算可参阅参考文献(10)。

柱的拼接连接,当采用高强度螺栓连接时,翼缘与腹板的拼接连接板应尽可能成对设置,而且两侧连接板的面积分布应尽可能与柱的截面相一致;在有弯矩作用的拼接节点中,拼接连接板的截面面积和截面抵抗矩均应大于母材的截面面积和截面抵抗矩。

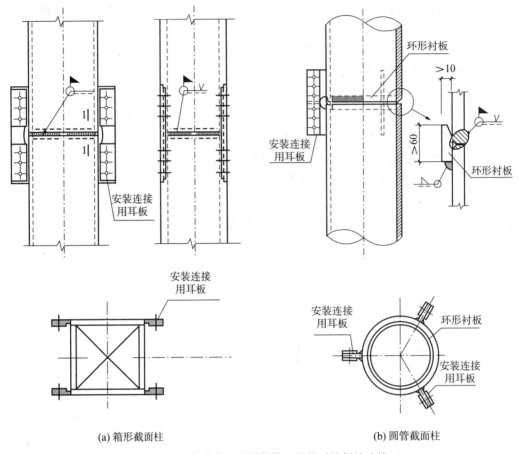

(a) 箱形截面柱　　　　　　　　　　(b) 圆管截面柱

图 5 - 59　箱形截面及圆管截面柱的对接焊缝连接

当柱需要变截面时,一般采用保持柱截面高度不变,仅改变翼缘厚度的方法。若需要改变柱截面高度时,对边柱可采用图 5 - 60(a)的做法,这样将不影响建筑立面效果,但应考虑上下柱偏心所产生的附加弯矩。对中柱可采用如图 5 - 60(b)所示的做法。

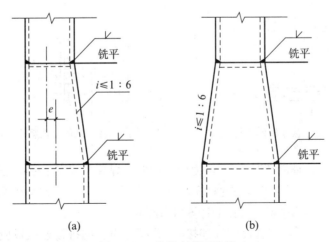

图 5 - 60　柱的变截面连接

柱的变截面段也可设于梁柱连接的节点部位,使柱截面在楼层范围内保持不变。一种做法是柱变截面段长度小于主梁截面高度,位于主梁截面高度范围之内;另一种做法是柱变截面段长度大于主梁截面高度。变截面接头部位距主梁翼缘均留有一定的距离,以防主梁翼缘与柱的连接焊缝影响柱变截面接头部位焊缝(图 5-61)。箱形截面柱变截面处上下端应设置横隔,现场拼接处上下柱端铣平,周边用坡口焊缝焊接。

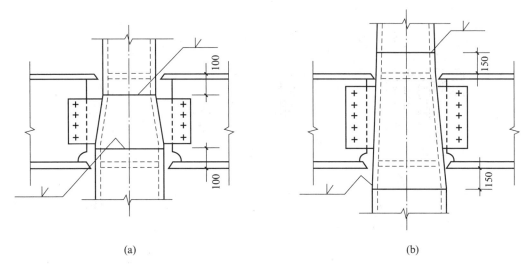

(a)   (b)

图 5-61 柱的变截面

与梁的拼接节点一样,柱拼接节点的设计方法通常也有"等强度设计法"和"实用设计法"两种方法,具体内容可参阅参考文献(10)。当按考虑抗震设计时,柱的拼接应按等强度原则设计,拼接节点应位于框架节点塑性区以外,采用焊接拼接时需用坡口全熔透焊缝,不考虑端面承压传力。

5.6.5 次梁与主梁的连接设计

次梁与主梁一般互相正交,次梁在主梁的侧面与主梁相连,主梁可看作是次梁的支点。通常设计时仅将次梁腹板与主梁加劲板相连(图 5-62),此时,次梁两端与主梁的连接可认为是铰接,内力分析时次梁一般为多跨简支梁(图 5-63(a))。计算主、次梁连接受力时,高强度螺栓除了考虑作用在次梁端部的剪力外,尚应考虑由于偏心所产生的附加弯矩(图 5-64)。当连接螺栓至主梁中心线间的偏心距 e 不大时,可不考虑主梁的受扭。

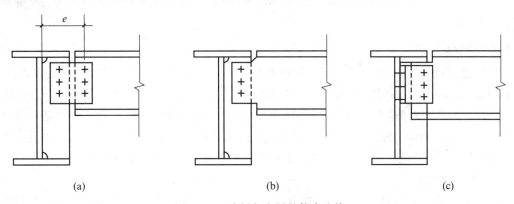

(a)   (b)   (c)

图 5-62 次梁与主梁的简支连接

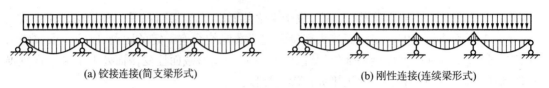

(a) 铰接连接(简支梁形式)   (b) 刚性连接(连续梁形式)

图 5-63   不同支承条件下次梁的弯矩图

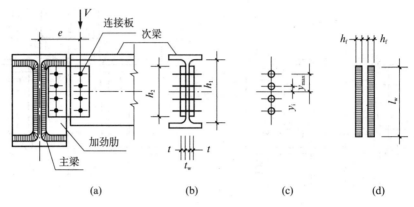

(a)   (b)   (c)   (d)

图 5-64   次梁与主梁连接的计算图示

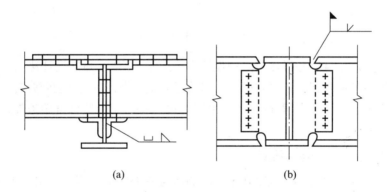

(a)   (b)

图 5-65   次梁与主梁的刚性连接

当次梁跨数较多、荷载较大时,可将次梁与主梁的连接节点按刚性连接来处理(图 5-65),此时,次梁受力为多跨连续梁(图 5-63(b)),弯矩分布较为均匀,可以节约钢材。主梁两侧次梁上翼缘应由拼接板跨过主梁相连接(图 5-65(a)),或将次梁上翼缘与主梁上翼缘焊接(图 5-65(b))。

5.6.6   柱脚设计

柱脚是钢柱与钢筋混凝土基础或基础梁的连接节点,它将柱底内力(轴力、弯矩和剪力)传递给基础,是多层钢结构中的重要节点,多层钢结构中的柱脚宜采用埋入式或外包式柱脚,两者均为刚接柱脚,仅传递垂直荷载的铰接柱脚可采用外露式柱脚。埋入式柱脚是指将柱脚直接埋入基础或基础梁混凝土内的柱脚,外包式柱脚由钢柱脚和外包混凝土组成,两种柱脚的常见形式如图 5-66 所示。铰接柱脚的设计可参见本书第 3 章的相关内容。

1. 埋入式柱脚

由于埋入式柱脚与基础之间传力较为复杂,对埋入式柱脚进行计算分析时,通常进行简化并采用以下假定:

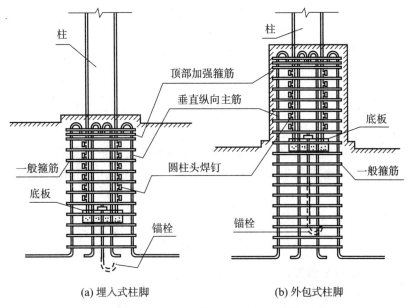

(a) 埋入式柱脚　　　　　　　(b) 外包式柱脚

图 5 - 66　埋入式柱脚与外包式柱脚

（1）轴心压力 N 由埋入的钢柱脚底板直接传给钢筋混凝土基础或基础梁。

（2）柱底全部弯矩由埋入混凝土的钢柱翼缘或腹板与混凝土之间的承压力来传递（图 5 - 67）。

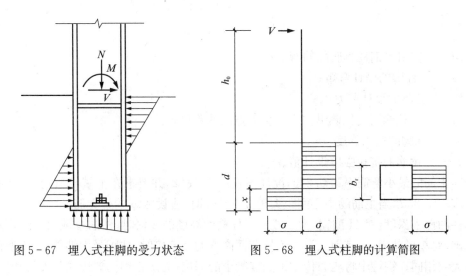

图 5 - 67　埋入式柱脚的受力状态　　　　图 5 - 68　埋入式柱脚的计算简图

（3）柱脚顶部的水平剪力 V 由埋入混凝土的钢柱翼缘及腹板与混凝土之间的承压力来传递。

（4）不考虑钢柱的翼缘或腹板与基础或基础梁混凝土在承压应力状态下，与混凝土的摩擦产生的抵抗力，亦不考虑钢柱翼缘、腹板与基础混凝土的粘结作用。

（5）在确定埋入的钢柱周边对称配置的垂直纵向主筋面积时，不考虑由钢柱承担的弯矩 M。

埋入式柱脚柱脚底板的长度 L 和宽度 B 可按式（5 - 85）计算，同时应满足构造上的要求。柱脚底板厚度可按公式（5 - 86）确定，同时不应小于柱中较厚板件的厚度，且不宜小于 20 mm。

$$\sigma_c = \frac{N}{LB} \leqslant f_c \tag{5-85}$$

$$t \geqslant \sqrt{\frac{6M_{max}}{f}} \tag{5-86}$$

式中　N——柱的轴心压力设计值;

　　　　M_{max}——根据柱脚底板下混凝土基础反力和底板的支承条件所确定的最大弯矩。

埋入式柱脚受压翼缘或腹板处混凝土的承压应力 σ 应小于混凝土轴心抗压强度设计值:

$$\sigma = \left(\frac{2h_0}{d} + 1\right)\left[1 + \sqrt{1 + \frac{1}{(2h_0/d + 1)^2}}\right]\frac{V}{b_f d} \leqslant f_c \tag{5-87}$$

式中　V——柱脚处的水平剪力;

　　　　d——柱脚的埋入深度;

　　　　h_0——柱脚反弯点到柱脚底板的距离(图 5-68);

　　　　b_f——钢柱翼缘宽度。

埋入式柱脚的钢柱四周应设置竖向主筋与箍筋,箍筋宜取 $\phi10@100$,在埋入部分的顶部,应配置不少于 $3\phi12$、间距 50 mm 的加强箍筋。竖向主筋的截面面积应按下列公式计算:

$$A_s = M/(d_0 f_y) \tag{5-88}$$

$$M = M_0 + Vd \tag{5-89}$$

式中　M——作用于钢柱脚底部的弯矩;

　　　　M_0——柱脚的设计弯矩;

　　　　V——柱脚的设计剪力;

　　　　d_0——受拉侧与受压侧纵向主筋合力点间的距离;

　　　　d——柱脚的埋入深度;

　　　　f_y——钢筋的抗拉强度设计值。

竖向主筋的最小配筋率为 0.2%,配筋不宜小于 $4\phi22$,并要求在上端设弯钩,主筋的锚固长度不应小于 $35d$,当主筋的中心间距大于 200 mm 时,应设 $\phi16$ 的架立筋。

钢柱的埋入深度,对 H 型钢,大于或等于柱截面高度的 2 倍时,柱的全截面塑性弯矩可传递给基础,对箱形截面柱,其埋入深度为柱截面高度的 2.5 倍时,柱脚受力性能与 H 型钢埋入式柱脚大致相同。钢柱中将压力传给钢筋混凝土的部位,为防止钢柱翼缘局部失稳和变形,应采取加强措施;在压应力最大值附近,可设置加劲肋进行加强。另外,设计钢管柱脚时,在钢管埋入部分内填充混凝土也有加强作用。填充混凝土的高度应高出柱脚外围混凝土 1 倍柱截面高度或直径以上。

钢柱脚周边的钢筋混凝土保护层厚度及配筋应适当,该部分是确保埋入式柱脚具有极限承载能力和变形性能至为重要的连接部位。边柱和角柱易产生混凝土剪切破坏,应有足够的配筋,保护层也应有足够的厚度,且要保证混凝土浇筑密实。柱脚混凝土保护层厚度,对中间柱不应小于 180 mm;对边柱和角柱的外侧不宜小于 250 mm,如图 5-69 所示。

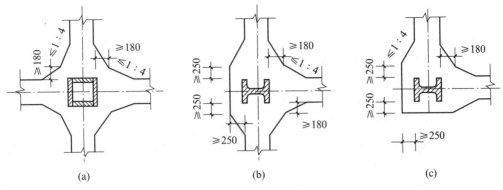

图 5 - 69　埋入式柱脚的保护层厚度

2. 外包式柱脚

外包式柱脚由钢柱脚和外包混凝土组成,如图 5 - 70 所示,钢柱的轴力和弯矩通过焊于柱翼缘上的栓钉传递。柱脚的外包混凝土中一般配有箍筋,弥补在反复荷载作用下栓钉承载力的降低。沿柱轴向栓钉间距不大于 200 mm,栓钉直径不小于 16 mm。在计算平面内,钢柱一侧翼缘上的栓钉数目应按下列公式计算:

$$n = N_f / N_v^s \qquad\qquad (5-90)$$

$$N_f = M / (h_c - t_f) \qquad\qquad (5-91)$$

式中　n——柱脚一侧翼缘需要的圆柱头栓钉数目;

　　　N_f——柱脚一侧抗剪栓钉传递的翼缘轴力;

　　　M——外包混凝土顶部箍筋处的钢柱弯矩设计值;

　　　h_c——柱脚的截面高度;

　　　t_f——柱脚的翼缘厚度;

　　　N_v^s——一个栓钉的抗剪承载力设计值,按公式(5-12)计算。

外包式柱脚的轴力,通过钢柱底板传至基础,底部弯矩由外包钢筋混凝土承受,其抗弯承载力应按式(5-92)验算,柱脚的剪力除由底板和混凝土基础间的摩擦力抵消一部分外,其余均由外包钢筋混凝土承受。受拉主筋的锚固长度应符合现行国家标准《混凝土结构设计规范》的规定。

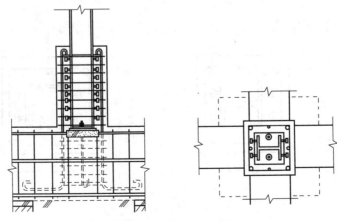

图 5 - 70　外包式柱脚

$$M \leqslant nA_s f_y d_0 \tag{5-92}$$

式中　M——外包式柱脚底部的弯矩设计值；

　　　　A_s——一根受拉主筋的截面面积；

　　　　n——受拉主筋的根数；

　　　　f_y——受拉主筋的抗拉强度设计值；

　　　　d_0——受拉主筋重心至受压区主筋重心间的距离。

　　当柱脚为工字形截面时(图5-71(a))，外包混凝土的抗剪承载力按式(5-93)—式(5-95)确定。

$$V - 0.4N \leqslant V_{rc} \tag{5-93}$$

式中　V——柱脚的剪力设计值；

　　　　N——柱最小轴力设计值；

　　　　V_{rc}——外包钢筋混凝土所分配到的受剪承载力；按式(5-94)、式(5-95)确定，并取两者的较小值。

$$V_{rc} = b_{rc} h_0 (0.07 f_c + 0.5 f_{ysh} \rho_{sh}) \tag{5-94}$$

$$V_{rc} = b h_0 (0.14 f_c b_e / b + f_{ysh} \rho_{sh}) \tag{5-95}$$

式中　b_{rc}——外包钢筋混凝土的总宽度；

　　　　b_e——外包钢筋混凝土的有效宽度；

　　　　f_c——混凝土的轴心抗压强度设计值；

　　　　f_{ysh}——水平箍筋的抗拉强度设计值；

　　　　ρ_{sh}——水平箍筋配筋率，按式(5-96)计算，当 $\rho_{sh} > 0.6\%$ 时，取 0.6%。

$$\rho_{sh} = A_{sh} / b_{rc} s \tag{5-96}$$

式中　A_{sh}——一肢水平箍筋的截面面积；

　　　　s——箍筋的间距；

　　　　h_0——混凝土受压区边缘至受拉钢筋重心的距离。

　　当柱脚为箱形截面时(图5-71(b))，外包钢筋混凝土的受剪承载力为：

$$V_{rc} = b h_0 (0.07 f_{cc} + 0.5 f_{ysh} \rho_{sh}) \tag{5-97}$$

式中，ρ_{sh} 为水平箍筋的配筋率，取 $\rho_{sh} = A_{sh} / b_{rc} s$，同时不大于 1.2%。

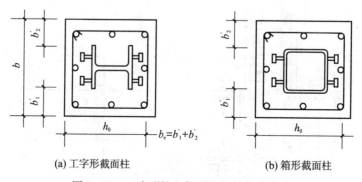

(a) 工字形截面柱　　　　　　　　　(b) 箱形截面柱

图5-71　工字形柱和箱形柱的外包式柱脚

5.6.7　支撑与梁柱的连接

在框架支撑结构体系中,支撑杆件是作为结构主要的抗侧力构件,其与梁柱的连接节点应能可靠地传递支撑杆件的内力,同时尚应留有一定的承载力余量。采用双角钢或双槽钢组合截面的支撑,一般是通过节点板与梁柱连接;对侧向刚度要求较高的结构或大型重要结构,往往采用抗压性能较好的 H 型钢或箱形截面,这时支撑与梁柱的连接,通常是借助与支撑相同截面的伸臂段来实现,支撑杆与伸臂段则需采用拼接连接。

1. 中心支撑与梁柱的连接

中心支撑的轴线应与梁柱轴线三者汇交于一点,否则应考虑由于偏心产生的附加弯矩的影响。梁柱节点外带伸臂段的处理形式,使梁柱节点与支撑节点错开,避免了节点构造过于复杂。抗震等级为一级、二级、三级的 H 型钢支撑两端与框架可采用刚接构造,支撑翼缘与梁、柱连接处,梁、柱均应设置加劲肋,以承受支撑轴力对梁或柱的产生竖向或水平分力。支撑翼缘与箱形柱连接时,在柱壁板内的相应位置应放置水平加劲隔板。与框架节点连接处,支撑杆端宜做成圆弧。抗震等级为一级、二级采用焊接工字形截面或 H 型钢截面的支撑,其翼缘与腹板的连接宜采用全熔透连续焊缝。如图 5-72 所示为典型的中心支撑与梁柱连接节点。

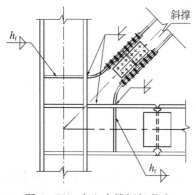

图 5-72　中心支撑框架节点

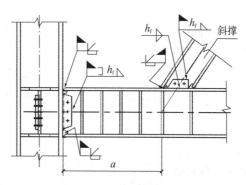

图 5-73　偏心支撑框架节点

2. 偏心支撑与梁的连接

偏心支撑的轴线与耗能梁段轴线的交点宜位于耗能梁段的端点;根据偏心支撑框架的设计要求,支撑端将承受相当大的弯矩,因此支撑与梁的连接应为刚性节点,支撑直接焊于梁段的节点连接最有效。如图 5-73 所示为典型的偏心支撑与梁柱连接节点。

3. 耗能梁段与框架柱的连接

耗能梁段与框架柱的连接为刚性节点,但与通常意义的框架梁柱节点接稍有区别。梁翼缘与柱翼缘采用坡口全熔透对接焊缝连接,梁腹板与柱之间不能用螺栓连接,这是因为螺栓滑移将严重影响梁段的耗能能力。梁腹板与柱之间通过柱上的连接板焊接连接。施工时,先焊腹板后焊翼缘,以减小焊接残余应力。此外,耗能梁段一般不与柱腹板直接连接,因为这种连接形式不十分可靠,且达不到强柱弱梁的要求。典型的耗能梁段与柱的连接节点如图 5-73 所示。

5.6.8　节点的抗震设计

结构按抗震设计时,应考虑其在大震下可能进入弹塑性阶段,因此要求结构具有足够的变形能力,尤其是节点应具有良好的延性的同时,节点设计也应兼顾"强柱弱梁","强节点弱构件"等概念设计的要求。这样,才能保证构件或节点在产生充分塑性变形时结构不致破坏,满足大震不倒的设防准则。为此,多层结构中梁、柱及支撑的连接节点应满足如下抗震设计要求:

(1) 节点的抗震承载力要求;

(2) 节点连接的极限承载力要求;

(3) 构件塑性区的局部稳定;

(4) 受弯构件塑性区侧向支承点的距离限制。

1. 框架节点的抗震承载力

为了满足强柱弱梁的设计要求,使塑性铰出现在梁端而不是柱端,抗震设防的框架节点处,柱截面的塑性抵抗矩和梁截面的塑性抵抗矩需满足下式要求:

$$\sum W_{pc}(f_{yc} - N/A_c) \geqslant \eta \sum W_{pb}f_{yb} \tag{5-98}$$

式中 W_{pc}, W_{pb}——分别为交汇于节点的柱和梁的塑性截面模量;

f_{yc}, f_{yb}——分别为柱和梁的钢材屈服强度;

N——有地震作用组合的柱轴力;

A_c——框架柱的截面面积;

η——强柱系数,框架抗震等级为一级时取 1.15,二级取 1.10,三级取 1.05;

在刚性连接的梁-柱节点处,由上下水平加劲肋和柱翼缘所包围的节点板域,当受到很大的剪力作用时(图 5-49),存在着板域首先屈服的可能性,这将对结构的整体性会产生较大的影响,因此,为防止这一破坏的出现,节点域的抗剪屈服承载力应符合下列要求:

$$\psi(M_{pb1} + M_{pb2})/V_p \leqslant \frac{4}{3} f_{yv} \tag{5-99}$$

梁柱节点处,柱应设置与梁上下翼缘位置相对应的加劲肋。在强地震作用下,为了防止梁柱节点板域的失稳,以利于吸收地震能量,按 7 度及以上抗震设防时,工字形截面柱和箱形截面柱腹板在节点域范围的稳定性,应符合下列要求:

$$t_w \geqslant (h_b + h_c)/90 \tag{5-100}$$

$$(M_{b1} + M_{b2})/V_p \leqslant \frac{4}{3} \frac{f_v}{\gamma_{RE}} \tag{5-101}$$

式(5-99)—式(5-101)中:

M_{pb1}, M_{pb2}——分别为节点域两侧梁的全塑性受弯承载力;

f_v——钢材的抗剪强度设计值;

f_{yv}——钢材的屈服抗剪强度,取钢材屈服强度的 0.58 倍;

ψ——折减系数;框架抗震等级为三、四级时取 0.6,一、二级时取 0.7;

t_w——柱在节点域的腹板厚度;

M_{b1}, M_{b2}——分别为节点域两侧梁的弯矩设计值;

γ_{RE}——节点域承载力抗震调整系数,取 0.75;

V_p——节点域的体积,取值如下:

工字形截面柱 $V_p = h_{b1}h_{c1}t_w \tag{5-102}$

箱形截面柱 $$V_p = 1.8 h_{b1} h_{c1} t_w \qquad (5-103)$$

圆管截面柱 $$V_p = (\pi/2) h_{b1} h_{c1} t_w \qquad (5-104)$$

式中 h_{b1}，h_{c1}——分别为梁翼缘厚度中点间的距离和柱翼缘（或钢管直径线上管壁）厚度中点间的距离。

2. 节点连接的极限承载力

（1）梁-柱刚性连接节点 框架出现塑性一般是从梁-柱节点处（该处梁、柱弯矩、剪力一般最大）开始并逐步扩展的，为使梁柱构件的塑性能充分发展，构件的连接应有足够的承载力。在梁柱节点处，梁端部（梁贯通型为柱端部）的连接极限承载力应高于梁构件的屈服承载力，即：

$$M_u^j \geqslant \eta_j M_p \qquad (5-105)$$
$$V_u^j \geqslant 1.2(2M_p/l_n) + V_{Gb} \qquad (5-106)$$

式中 M_u^j，V_u^j——节点连接的极限受弯、受剪承载力；

　　　η_j——连接系数，按表 5-6 采用；

　　　M_p——被连接构件（梁或柱）的塑性受弯承载力；

　　　l_n——梁的净跨（梁贯通时取该楼层柱的净高）；

　　　V_{Gb}——梁在重力荷载代表值（9 度时高层建筑尚应包括竖向地震作用标准值）作用下，按简支梁分析的梁端截面剪力设计值。

表 5-6 　　　　　　　　　　　　**钢结构抗震设计的连接系数**

母材牌号	梁柱连接		支撑连接，构件拼接		柱　脚	
	焊接	螺栓连接	焊接	螺栓连接		
Q235	1.40	1.45	1.25	1.30	埋入式	1.2
Q345	1.30	1.35	1.20	1.25	外包式	1.2
Q345GJ	1.25	1.30	1.15	1.20	外露式	1.1

注：1. 屈服强度高于 Q345 的钢材，按 Q345 的规定采用；
　　2. 屈服强度高于 Q345GJ 的 GJ 材，按 Q345GJ 的规定采用；
　　3. 翼缘焊接腹板栓接时，连接系数分别按表中连接形式取用。

（2）支撑连接和拼接 支撑是重要的抗侧力构件，按抗震设计时，支撑与框架连接的极限承载力应满足下式：

$$N_{ubr}^j \geqslant \eta_j A_{br} f_v \qquad (5-107)$$

（3）梁的拼接极限承载力应满足下式：

$$N_{ub}^j \geqslant \eta_j M_p \qquad (5-108)$$

（4）柱的拼接极限承载力应满足下式：

$$N_{uc}^j \geqslant \eta_j M_{pc} \qquad (5-109)$$

（5）柱脚与基础连接的极限承载力应满足：

$$M_{u, base}^j \geqslant \eta_j M_{pc} \qquad (5-110)$$

3. 板件塑性区的局部稳定

在框架节点中,为防止梁柱端部可能出现塑性铰区段(自构件端部算起,约 1/10 跨长或 2 倍的截面高度范围)板件丧失局部稳定,保证塑性铰出现后结构内力的重新分布以及耗能作用的发挥,应严格控制塑性铰区段板件的宽厚比。因此,《建筑抗震设计规范》(GB 50011—2010)规定梁柱板件宽厚比不应超过表 5-7 的数值,这一要求主要是针对地震作用下构件端部可能出现塑性铰的范围,对非塑性铰范围的构件板件宽厚比可有所放宽。

表 5-7　　　　　　　　　框架梁、柱板件宽厚比限值

	板 件 名 称	一级	二级	三级	四级
柱	工字形截面翼缘外伸部分	10	11	12	13
	工字形截面腹板	43	45	48	52
	箱形截面壁板	33	36	38	40
梁	工字形截面和箱形截面翼缘外伸部分	9	9	10	11
	箱形截面翼缘在两腹板之间部分	30	30	32	36
	工字形截面和箱形截面腹板	$72-120Nb/(Af)\leqslant60$	$72-100Nb/(Af)\leqslant65$	$80-110Nb/(Af)\leqslant70$	$85-120Nb/(Af)\leqslant75$

注：1. 表列数值适用于 Q235 钢,采用其他牌号钢材时,应乘以 $\sqrt{235/f_{ay}}$。
2. $Nb/(Af)$ 为梁轴压比。

4. 梁的侧向支承

由于在罕遇地震作用下,梁可能进入塑性阶段,为了保证塑性铰的形成,防止框架梁的侧

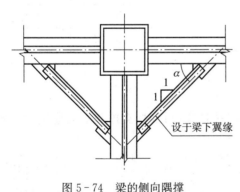

图 5-74　梁的侧向隔撑

向弯扭失稳,在梁可能出现塑性铰的部位,需设置侧向支承——隔撑,如图 5-74 所示。该支承点与相邻支承点间梁的长细比 λ_y 亦不能过大,具体可参阅《钢结构设计规范》有关塑性设计的相关规定。若楼板为钢筋混凝土板,且与梁的上翼缘有可靠的抗剪连接时,则可认为楼板对主梁的上翼缘有可靠的支承作用,此时,只需要在互相垂直的梁的下翼缘平面内设置侧向隔撑。同时,梁的隔撑作为轴心受压构件,必须要有足够的强度和刚度,其长细比不能大于 $130\sqrt{235/f_y}$,隔撑内的轴向压力应按下式计算:

$$N=\frac{A_f f}{85\sin\alpha}\sqrt{f_y/235} \qquad (5-111)$$

式中　A_f——梁受压翼缘的截面面积;

　　　f——梁翼缘的抗压强度设计值;

　　　α——隔撑与梁轴线的夹角,当梁互相垂直时可取 45°。

思考题

5-1　简述多层钢结构房屋的主要结构形式及其特点。

5-2　当多层钢结构房屋设计时,主要考虑哪些荷载和作用? 如何进行荷载效应的组合?

5-3　多层钢框架的柱网布置需要考虑哪些因素影响?

5-4　压型钢板—混凝土组合楼板设计应分成哪两个阶段,分别需要验算哪些内容?

5-5　实腹式钢框架梁柱节点的主要形式有哪些? 应如何设计?

5-6　钢-混凝土组合梁强度验算时为何要区分正负弯矩作用的不同情况?

5-7　柱的计算长度主要和哪些因素有关? 计算长度如何确定?

5-8　中心支撑与偏心支撑的性能有何不同? 设计中需要注意哪些问题?

5-9　实腹钢框架柱的刚性柱脚有哪些形式? 各有什么构造特点? 应如何设计?

5-10　初选钢框架梁柱截面需要考虑哪些因素?

5-11　多层钢结构体系中有哪些主要连接节点?

习　题

5-1　按以下三种连接方式设计工字形框架柱(腹板 $350×10$,翼缘 $200×14$)与框架梁(腹板 $650×10$,翼缘 $200×18$)的刚性连接,见题 5-1 图,钢材为 Q235-B,梁端设计剪力 $V=250\ kN$,弯矩 $M=280\ kN·m$。

(1) 全螺栓连接;(2) 全焊接;(3) 栓焊混合连接。

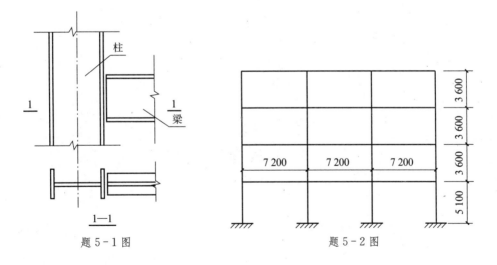

题 5-1 图　　　　　　　　　　　　　题 5-2 图

5-2　某四层钢结构纯框架体系如图 5-2 所示,框架间距 8 m,底层柱与基础为刚性连接, 各构件的截面几何及力学特性见下表,梁、柱钢材强度等级为 Q345B 级,建筑场地类 别为 Ⅱ 类,抗震设防烈度为 8 度,楼面恒载标准值为 4 kN/m²(包括楼板自重),楼面 活载标准值为 3.5 kN/m²,外墙自重 1.5 kN/m²,内墙自重 1.0 kN/m²,基本雪压 0.3 kN/m²。

构件截面的几何及力学特性

构件名称	截面	A/cm^2	I_x/cm^4	W_x/cm^3	自重$/(\mathrm{kg \cdot m^{-1}})$
1 层柱	$1\,600 \times 400 \times 14 \times 22$	253.84	167 121	5 571	199
2 层、3 层、4 层柱	$1\,500 \times 400 \times 12 \times 22$	230.72	110 086	4 403	181
梁	$1\,600 \times 200 \times 11 \times 17$	135.2	78 200	2 610	106

（1）试对结构进行竖向荷载标准值作用下的内力分析；

（2）试用底部剪力法计算各层的水平地震作用（假设结构基本自震周期为 1.0s）。

第6章 高层建筑钢结构

6.1 概 述

高层钢结构建筑是指层数多于十二层或高度超过 40 m 的建筑,多见于办公楼、住宅、宾馆、商场等。

近几十年来,各国的大城市人口高度密集、生产和生活用房紧张、交通拥挤、地价昂贵,因此,城市建筑逐渐向高空发展,高层和超高层建筑迅速出现。目前,全球范围内百层以上的超高层建筑已不罕见,而高度在 50 层左右的超高层建筑更是大规模出现。

高层建筑钢结构与多层建筑钢结构相比,在结构体系选择、结构平、立面布置、荷载作用及其组合、结构计算模型选取、构件及连接节点设计等方面有许多相同或相近之处,本章将主要针对高层建筑钢结构与多层建筑钢结构在结构设计方面的不同之处作些补充阐述。

6.1.1 国内外高层建筑钢结构典型实例

高层建筑钢结构的应用与发展既是一个国家经济实力不断壮大的标志,也是其科技水平不断提高、材料工艺与建筑技术日趋成熟的体现。世界上第一幢高层钢结构建筑为 1885 年建成于美国芝加哥市的家庭保险公司大楼(图 6-1),该建筑共 10 层,高 42 m,下部 6 层采用生铁柱和熟铁梁框架,上部 4 层为钢框架。1890 年,这座大楼又加建 2 层,增高至 55 m。自 20世纪开始,钢结构高层、超高层建筑在美国大量建成,最具代表性的有:总层数 102 层、高381 m 的纽约帝国大厦(图 6-2);总层数 110 层、高约 415 m 的原纽约世界贸易中心双塔(图6-3)以及总层数 110 层、高 443 m 的芝加哥西尔斯大厦(图 6-4)等,这些建筑均为当时世界上最高的建筑,体现了当时建筑技术领域在钢材性能、设计研究、施工安装及相关配套设备等方面的最先进水平。

图 6-1 家庭保险公司大楼

图 6-2 帝国大厦

图 6-3　原纽约世贸中心双塔　　　　　　图 6-4　希尔斯大厦

　　国内现代高层建筑钢结构自 20 世纪 80 年代中期起步,并在 90 年代的初期与末期分别形成两个高层建筑钢结构建设的高峰期,至今已建成或在建的高层钢结构或钢-混凝土混合体系结构超过 70 栋,总面积约 600 万 m²。国内第一幢高层钢结构建筑为总层数 43 层、高 165 m 的深圳发展中心大厦(图 6-5),较具代表性的还有:总层数 60 层、高 208 m 的北京京广中心(图 6-6);总层数 81 层、高 325 m 的深圳地王大厦(图 6-7)以及总层数 91 层、高 365 m 的上海金茂大厦(图 6-8)等。

图 6-5　深圳发展中心大厦　　　　　　图 6-6　北京京广中心

6.1.2　高层建筑钢结构的主要特点

1. 材料轻质高强、承载力高而自重小,塑性、韧性好

　　与钢筋混凝土材料相比,钢材具有明显的轻质高强的特点,其强度重量比是钢筋混凝土的 5 倍以上。目前随着钢材生产技术的发展,实际工程中已经可以采用屈服强度为 440 N/mm²

图6-7 深圳地王大厦   图6-8 上海金茂大厦

的高性能优质钢,这将有效减轻高层钢结构的自重。统计表明,高层建筑钢结构的自重(包括钢结构骨架与混凝土楼板重量)为 $6\sim8$ kN/m^2,仅为高层钢筋混凝土结构自重($12\sim14$ kN/m^2)的 $50\%\sim60\%$,这意味着 $70\sim75$ 层的高层钢结构建筑上部结构的重力荷载可等同于 50 层的钢筋混凝土结构。这也说明,为什么在一定高度以上的超高层结构采用钢筋混凝土结构体系已经不可行,而钢结构体系却成为主导。同时,高层钢结构的较小自重可显著降低作用于基础的竖向荷载以及结构所受到的地震作用,从而降低基础及结构本身的造价。此外,建筑结构用钢不仅高强,而且塑性、韧性好,因此高层建筑钢结构在强震作用下具有良好的变形能力,通过耗能还具有减弱地震作用的能力。

2. 施工速度快,建设周期短

钢结构构件均在工厂加工制作,现场安装,干作业比重大,施工基本不受气候的影响,配套的组合楼盖或型钢混凝土构件等均可同步多工序作业,由大量实际工程经验可知,$30\sim50$ 层的高层钢结构可较同样层数的混凝土结构节省工期 $20\%\sim30\%$($6\sim12$ 个月)。

3. 构件截面尺寸小,可增加建筑使用面积

由于钢材轻质高强,其柱截面尺寸相比混凝土结构明显较小,这相当于增加了建筑的使用面积,有统计表明,$30\sim50$ 层的高层钢结构可较同样层数的混凝土结构增加使用面积 4% 以上。

4. 水平荷载在结构设计中起控制作用

高层建筑由竖向荷载作用引起的轴力与建筑的高度成正比,水平荷载引起的弯矩和结构侧移在水平荷载大小沿建筑高度不变的情况下分别与建筑高度的二次方和四次方成正比,由此可以看出,随着房屋高度的增加,水平荷载将成为控制结构安全与建筑使用舒适性的主要因素。实际中,风荷载及水平地震力还会随着作用位置高度的增加而增大,因此,这些荷载及作用引起的结构整体弯矩和侧向位移将是结构设计中主要考虑的问题。

5. 结构体系(尤其是抗侧力结构体系)的选择在结构设计中至关重要

高层建筑一般高度较大,水平荷载(作用)对建筑的影响随建筑高度的增加呈非线性的增大,这就需要采用能够更有效抵抗水平荷载的结构体系,其中,抗侧力结构体系的选择是否合理将直接影响高层建筑的使用性和工程造价,因此结构体系的选择在结构设计中至关重要。

6. 需要更加重视建筑体型和结构布置的规则性

由于水平荷载(作用)对高层建筑的影响远大于多层建筑,在建筑体型或结构布置不规则时,这些因素对于高层建筑钢结构将产生更为严重的不利影响。由于建筑体型或结构选型上的不合理而造成的不良后果很难在后面的结构设计中予以消除,这种带有先天缺陷的建筑在遭遇大风或强震作用时有可能发生极为严重的破坏,因此,现行国家标准《高层民用建筑钢结构技术规程》对于高层民用建筑钢结构涉及建筑体型、结构水平、竖向布置规则性等方面的内容都有较为详细的规定。钢结构高层建筑(包括有混凝土剪力墙的钢结构高层建筑)的高宽比不宜大于表 6-1 中的规定。抗震设防的高层建筑钢结构,其平面尺寸关系应符合表 6-2 和图 6-9 的要求。当钢框筒采用矩形平面时,其长宽比不宜大于 1.5：1,不能满足要求时,宜采用束筒结构。此外,高层建筑还应尽量选用风压较小的平面形状。

表 6-1 高层建筑钢结构的高宽比限值

结 构 种 类	结 构 体 系	非抗震设防	抗震设防烈度		
			6,7	8	9
钢结构	框架	5	5	4	3
	框架-支撑(剪力墙板)	6	6	5	4
	各类筒体	6.5	6	5	5
有混凝土剪力墙的钢结构	钢框架-混凝土剪力墙	5	5	4	4
	钢框架-混凝土核心筒	5	5	4	4
	钢框筒-混凝土核心筒	6	5	5	4

表 6-2 高层建筑钢结构的平面尺寸限值

L/B	$L/B_{\max}$	l/b	$l'/B_{\max}$	$B'/B_{\max}$
$\leqslant 5$	$\leqslant 4$	$\leqslant 1.5$	$\geqslant 1$	$\leqslant 0.5$

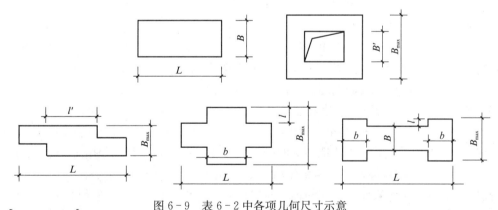

图 6-9 表 6-2 中各项几何尺寸示意

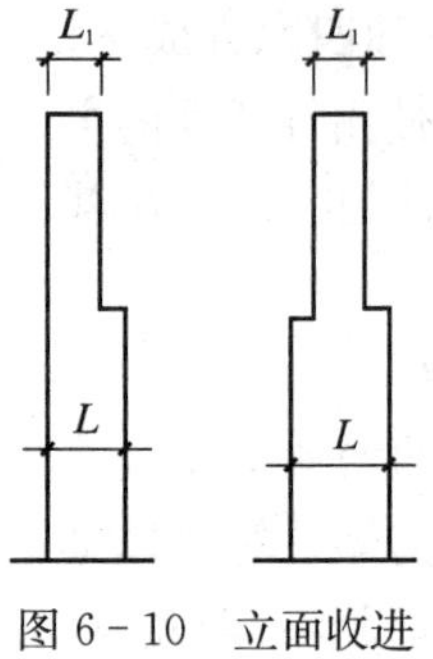

除平面尺寸和高宽比的要求外,抗震设防的高层建筑钢结构应尽量采用竖向规则的结构并尽量避免下列情况的出现:(1)任一楼层刚度小于其相邻上层刚度的 70%,且连续三层的总刚度降低超过 50%;(2)相邻楼层质量之比超过 1.5;(3)立面收进尺寸的比例 L_1/L 大于 0.75(图 6-10);(4)竖向抗侧力构件不连续;(5)任一楼层抗侧力构件的总受剪承载力小于其相邻上层的 80%。结构竖向布置突破以上任意一条,则为竖向不规则结构,需满足更加严格的设计规定。

图 6-10 立面收进

6.2　高层建筑钢结构的结构体系

高层建筑钢结构体系的类型主要有：框架体系、框架-支撑体系、框架-剪力墙体系、框架-核心筒体系及筒体结构体系。框架体系及框架-支撑体系的特点可参见第 5 章内容,本节主要介绍其他几种体系的受力变形特点。

6.2.1　框架-剪力墙体系

在钢框架结构中布置一定数量的剪力墙可以组成框架-剪力墙结构体系,这种结构以剪力墙作为主要抗侧力构件,既具有框架结构平面布置灵活、使用方便的特点,又有较大的侧向刚度。剪力墙按其材料和构造形式可分为钢板剪力墙、内藏钢板支撑的混凝土预制剪力墙、带竖缝的钢筋混凝土剪力墙和普通钢筋混凝土剪力墙等。

钢板剪力墙(图 6-11)采用钢板或带加劲肋的钢板制成。设防烈度为 7 度及 7 度以上的抗震建筑需在钢板的两侧焊接纵向或横向加劲肋,以增加钢板的稳定性和刚度。水平加劲肋和竖向加劲肋分别焊于墙板的正面和反面沿其高度或宽度的三分点处。对于非抗震设防或设防烈度为 6 度的建筑,可以不设加劲肋。钢板剪力墙的边缘一般宜采用高强螺栓与梁、柱连接。钢板剪力墙只承担沿框架梁、柱周边的剪力,不承担框架梁上的竖向荷载。

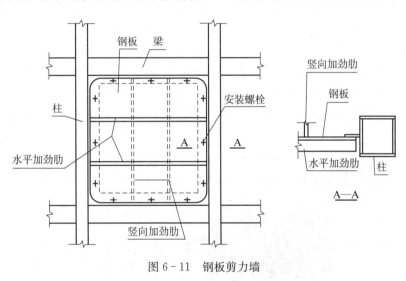

图 6-11　钢板剪力墙

钢板剪力墙与框架共同工作时有很大的侧向刚度,而且重量轻、安装方便,但用钢量较大。一般用于 40 层左右且抗震设防烈度≤8 度的高层建筑,对于非抗震设防的钢板剪力墙,当有充分依据时,可考虑其材料的屈曲后强度,但应使钢板的张力能传递给梁和柱,且设计梁、柱截面时应计入张力场效应。

内藏钢板支撑剪力墙是以钢板支撑为基本支撑、外包钢筋混凝土的预制构件(图 6-12),支撑的形式与普通支撑一样,可以是人字形、交叉形或单斜杆形。内藏支撑可做成中心支撑,也可做成偏心支撑,在高烈度地区宜采用偏心支撑。预制墙板仅在钢板支撑的上下端节点处与钢框架梁相连,其他部位与钢框架梁或柱均不相连,且与框架梁柱间留有间隙,使墙体在钢框架产生一定侧移时才起作用,以吸收更多的地震能量。此类支撑实际上是一种受力较明确的钢支撑。一般可用在 50 层左右的高层建筑钢结构中,由于钢支撑有外包混凝土,可不考虑其在平面内及平面外的屈曲。

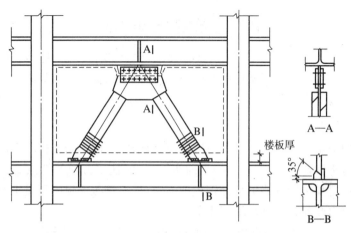

图 6-12　内藏钢板支撑剪力墙

　　剪力墙板仅承担水平剪力,不承担竖向荷载,配有双层钢筋网的外包混凝土提高了结构的初始刚度,减小了水平位移。罕遇地震时混凝土开裂,侧向刚度减小,也可起到抗震耗能作用,而此时钢板支撑仍能提供必要的承载力和侧向刚度。

　　带竖缝的混凝土剪力墙由预制板构成并嵌固于框架梁、柱之间,墙板仅承担水平荷载产生的水平剪力(图 6-13),不承担竖向荷载产生的压力。这种墙板具有较大的初始刚度,刚度退化系数小,延性好,在反复荷载作用下墙肢的裂缝还有一定的可恢复性,抗震性能好。墙板中的竖缝宽约为 10 mm,墙的竖缝长度约为墙板净高的一半,缝的间距约为缝长的一半。缝的填充材料宜采用延性好、易滑动的耐火材料(如石棉板)。缝两侧配置有直径较大的抗弯钢筋。墙板与钢框架柱之间也有缝隙,无任何连接件。墙板的上边缘通过连接件与钢框架梁用高强

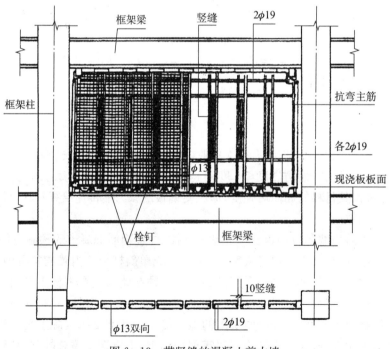

图 6-13　带竖缝的混凝土剪力墙

螺栓进行连接,墙板下边缘留有齿槽,可相应地嵌入钢梁栓钉之间,当采用现浇钢筋混凝土楼板时,墙板下边缘全长埋入楼板内。

多遇地震时,墙板处于弹性阶段,侧向刚度大,墙板如同由竖向肋组成的框架板承担水平剪力。罕遇地震时,墙板处于弹塑性阶段并产生裂缝,竖肋弯曲屈服后刚度降低,变形增大,起到抗震耗能作用。用于高烈度设防区的超高层建筑,具有更好的抗震性能。

6.2.2　框架-核心筒体系

若将框架-剪力墙结构体系中的剪力墙设置于建筑平面中心区位置的电梯井道、楼梯间等隔墙部位并形成封闭的核心筒体,而外围采用钢框架,就形成了框架-核心筒体系,如图 6-14所示。这种结构形式近年来被大量采用,中心筒体既可以采用钢结构亦可采用钢筋混凝土结构,若核心筒采用钢筋混凝土结构,则该体系又属于钢-混凝土组合结构体系。框架-核心筒体系中核心筒承担全部或大部分水平力,是主要抗侧力构件,而外围钢框架只能承受竖向荷载。楼面多采用钢梁、压型钢板及现浇混凝土组成的组合楼盖,这种楼盖能够保证钢框架与内筒有较好的连接,水平荷载将通过刚性楼面传递至核心筒。钢或钢筋混凝土筒体结构的抗侧刚度取决于核心筒的高宽比,核心筒的高宽比过大可能使结构很难满足《高层民用建筑钢结构技术规程》中对结构水平位移的限值。框架-核心筒结构体系由于内筒平面尺寸较小,侧向刚度有限,因而抗震能力有限,不宜用于强震地区。

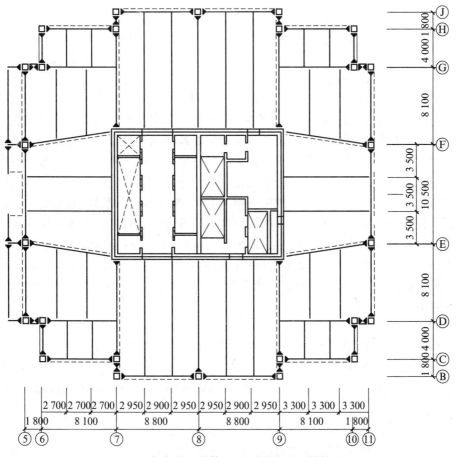

图 6-14　框架核心筒体系(大连世贸大厦结构平面)

6.2.3 筒体结构体系

高层建筑钢结构中,筒体结构体系主要包括框筒体系、筒中筒体系以及束筒体系等。

1. 框筒体系

所谓框筒体系是指由密柱深梁构成外筒结构并承担全部水平荷载,而内部则是梁柱铰接相连的结构,内部结构仅按负荷面积比例承担竖向荷载。整个结构无须设置支撑等抗侧力构件,柱网不必正交,可随意布置,建筑平面内部柱距可以加大,从而提供较大的内部使用空间以满足建筑使用要求。外筒的柱距宜为 3~4 m,外筒框架梁的截面高度也可按窗台高度做成截面高度很大的窗裙梁(图 6-15)。典型的框筒结构平面布置如图 6-16 所示。

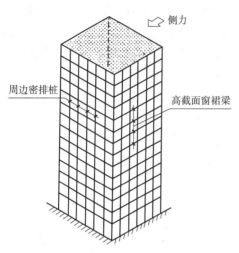

图 6-15 框筒体系构成示意图

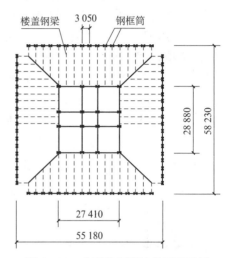

图 6-16 典型的框筒结构平面示例

实际工程中的外筒梁柱截面尺寸是有限的,立面开洞率也比较大,在水平荷载作用下,由于裙梁弯曲变形及剪切变形的影响,使翼缘框架中的各柱轴向力及轴向变形沿该框架方向不再均匀一致,而是按曲线变化;同时,腹板框架中各柱沿该框架方向的轴向变形不再符合平截面假定,相应的柱轴力也不再按直线分布而是呈曲线分布,因而造成柱轴力两边大、中间小的不均匀现象,这种现象称为剪力滞后效应(图 6-17)。剪力滞后效应使角柱承受更大的轴力,同时,将削弱框筒作为空间抗侧力体系的抗侧性能。剪力滞后效应的大小主要取决于框筒梁柱的线刚度比和框筒平面的长宽比,梁柱线刚度比越大,剪力滞后效应越小。所以改善框筒体系空间工作性能的最有效措施是加大各层窗裙梁的截面惯性矩及线刚度,并使框筒平面尽可能接近方形。此外,为减小角柱的轴力,建筑平面角部常常做成凹角或做切角处理,这有助于美化建筑造型。

2. 筒中筒体系

筒中筒结构体系由外筒和内筒通过有效的连接组成一个共同工作的空间结构体系(图 6-18)。外筒部分的梁柱布置及截面形状可同框筒体系的外筒,内筒可采用梁柱刚接的支撑框架或梁柱铰接的支撑排架,也可采用钢筋混凝土结构筒体。由于外筒的侧向刚度较内筒大很多,因此外筒是主要抗侧力结构,但因内筒框架设置竖向支撑,所以内筒也将承担较大的水平剪力。

筒中筒结构的平面形状可为方形、圆形、八边形等较为规则的平面,而且内筒可采用与外筒不同的平面布局。内、外筒通过楼盖连接在一起共同抵抗侧向力,从而提高了结构总的侧向刚度,楼面梁与内、外筒一般为铰接连接。

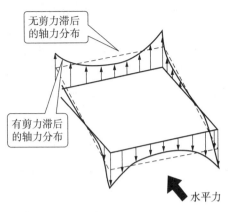

图 6 - 17　框筒体系的剪力滞后效应图

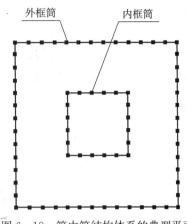

图 6 - 18　筒中筒结构体系的典型平面

筒中筒体系较框筒体系有以下优点：

（1）由于内筒轮廓尺寸较小，剪力滞后效应弱，在水平荷载作用下内筒的侧向变形曲线更接近于悬臂柱的弯曲变形。由于内、外筒弯曲构件与剪弯型构件侧向变形相互协调，能使结构顶点的位移和结构下部的层间位移减小。

（2）在房屋顶层或中部可通过沿内框筒的四个边在间隔 15 层左右的设备层或避难层处设置帽桁架和腰桁架来加强内、外筒的连接，从而加强结构的整体性和抗弯能力，以弥补剪力滞后效应带来的不利影响，进一步提高结构的抗侧能力。

筒中筒结构体系的外筒也可不采用截面高度很高的裙梁，而采用一般梁并另设腰桁架，由其协调翼缘框架及腹板框架中的柱轴向变形及相应的轴向力，以减少剪力滞后效应，并保持外筒仍有较高的抗弯能力。

3. 束筒体系

束筒体系是由一个外筒与多个内筒并列组合在一起形成的结构体系，外筒与内筒不再是各自独立的筒体，而是沿纵横向均有多榀腹板框架的筒体结构，腹板框架可以是密柱深梁组成的框架，它具有更好的整体性和更大的整体侧向刚度。图 6 - 19 是采用束筒结构体系的芝加哥希尔斯大厦的结构平面简图。

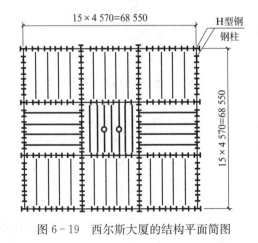

图 6 - 19　西尔斯大厦的结构平面简图

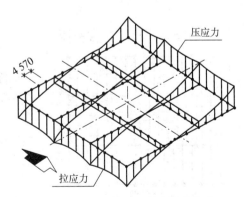

图 6 - 20　束筒体系的剪力滞后效应

由于束筒体系在纵横方向由多榀腹板框架，剪力滞后效应会得到显著改善（图 6 - 20），因此外筒和内筒的柱距可适当增大,窗裙梁的截面高度也可小一些,相应的洞口开洞率也可加大。

束筒体系的每个框筒单元的建筑平面可为方形、三角形、正六边形等较规则的平面,也可用于平面尺寸长宽比大于1.5的矩形平面,但需沿长向增设一些横向腹板框架。束筒结构体系的使用功能比框筒灵活,每个筒单元可以根据楼层使用功能而变化、这种变化对整个结构体系的整体性影响不大。

4. 钢-混凝土组合结构体系

(1) 钢框架-钢筋混凝土核心筒体系

如图6-21所示,这种体系由混凝土核心筒体承受全部侧向荷载,而外围钢框架只能承受竖向荷载。因为钢框架不承受侧向荷载,所以既能很好地发挥钢材的高强性能,又能简化钢框架梁柱节点的构造,一般只需做简单的连接即可。此外,钢梁的跨度大,使建筑有较多的空间和使用面积。它的缺点是,核心筒布置不够灵活,侧向刚度不够大,而且混凝土核心筒墙体也占据了一定的空间。这种结构体系适合于20~40层的高层建筑,这一类体系较具有代表性的工程实例有法国的阿拉空达塔楼、美国纽约的49号塔楼以及北京财富中心一期工程办公楼等。

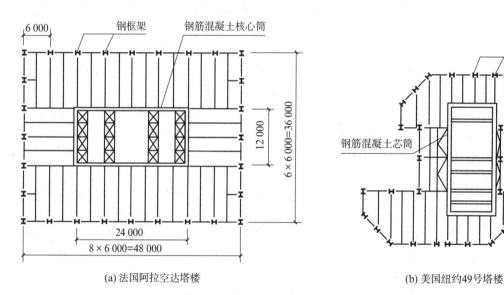

(a) 法国阿拉空达塔楼   (b) 美国纽约49号塔楼

图6-21 钢框架-钢筋混凝土核心筒体系

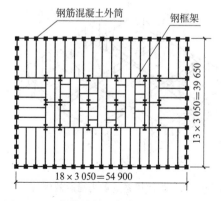

图6-22 钢筋混凝土外筒—钢内框架体系
(美国新奥尔良贝壳广场大厦)

(2) 钢筋混凝土外框筒-钢内框架体系

如图6-22所示,这种结构体系由钢筋混凝土外框筒承受全部侧向荷载,而内部钢框架仅承受竖向荷载,除了能较好地发挥钢材高强的性能、简化梁与柱的连接外,由于建筑外围混凝土的隔热性能好,可降低建筑的冷热负荷而节约能源。此外,内部框架对于电梯井道、楼梯间等交通联系部分的布置可以较为灵活,不至于像钢框架-混凝土核心筒结构那样,不同功能房间的建筑平面布置因受到整体结构布置的限制而较难处理。

此外,这种结构体系的平面形状可以有较大的变化,这是因为外框筒有较大的抗扭刚度,因此建筑平面不要求完全对称,如图 6-23 所示。同时,内部框架体系因不承受侧力,故其平面布置也可以有较大的随意性。这种结构体系适用于 50～80 层的高层建筑。

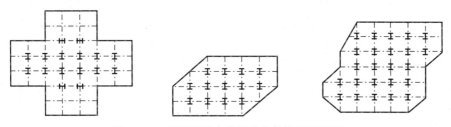

图 6-23 钢筋混凝土外筒组合结构不同平面

6.3 高层建筑钢结构荷载

6.3.1 高层建筑钢结构荷载的种类

1. 竖向荷载

高层建筑钢结构的楼面和屋顶活载以及雪荷载的标准值及其准永久值系数,应按现行国家标准《建筑结构荷载规范》(GB 50009—2012)的规定采用。荷载规范未规定的荷载,宜按实际情况采用,且不得小于表 6-3 所列的数值。特殊的使用荷载如直升机平台活荷载应根据《高层民用建筑钢结构技术规程》(JGJ 99—98)以及其他相关规定采用。

表 6-3   民用建筑楼面均布活荷载标准值及其准永久值系数

类　别	活荷载标准值/(kN·m^{-2})	准永久值系数 ψ_q
酒吧间、展销厅	3.5	0.5
屋顶花园	4.0	0.8
档案库、储藏室	5.0	0.8
饭店厨房、洗衣房	4.0	0.5
健身房、娱乐室	4.0	0.5
办公室灵活隔断	0.5	0.8

高层建筑钢结构设计楼面梁、墙、柱及基础时,楼面活荷载标准值应按《荷载规范》的相关规定进行折减。

高层建筑钢结构中,由于活荷载值与永久荷载值相差不大,因此计算时,对于楼层和屋面活荷载一般可不作最不利布置工况的选择,而采取满布活荷载的计算图形,以简化计算。但活荷载较大时,需将简化计算所得的框架梁的跨中弯矩扩大 10%～20%、梁端弯矩扩大 10%～20%进行设计。

施工中采用附墙塔、爬塔等对结构受力有影响的起重机械或其他施工设备时,在结构设计中应根据具体情况验算施工荷载的影响。

2. 风荷载

作用在高层建筑任意高度处的风荷载标准值 ω_k(kN/m²)仍可按公式(6-1)计算

$$\omega_k = \beta_z \mu_s \mu_z \omega_0 \tag{6-1}$$

用于高层建筑的基本风压值,应取荷载规范规定的基本风压 ω_0 值乘以系数 1.1。对于特别重要和有特殊要求的高层建筑需乘以系数 1.2。

高层建筑风载体型系数和风振系数可按下列规定采用:

(1) 单个高层建筑的风载体型系数可按《高层民用建筑钢结构技术规程》的规定采用。

(2) 在城市建成区新建高层建筑(其高度为 H)、当邻近已有一些高层建筑(其高度为 H_0)时,应考虑相邻高层对新建建筑体型系数 μ_s 的增大影响,一般可将单独建筑物的体型系数乘以相互干扰增大系数,该系数可参考类似条件的试验资料确定,对于特别重要或不规则的高层建筑,宜可通过风洞试验得出。一般情况下,当 $H_0 \geqslant H/2$ 时,也可根据新旧高层建筑之间距离 d 的大小确定该系数,即当 $d \leqslant H_0$ 时增大系数取 1.3;当 $d \geqslant H_0$ 时,增大系数取 1.0;当 d 为中间值时,增大系数按线性内插法确定。

(3) 周围环境复杂、外形极不规则的高层建筑体型系数,亦应按风洞试验确定。验算屋面、墙面构件、玻璃幕墙及其连接的强度时,对于负压区应采用局部体型系数,此时不再采用上述第(2)项的增大系数。

当高层建筑顶部有小体型的突出部分(如出屋面电梯间,屋顶瞭望塔等)时,设计应考虑鞭梢效应。一般可根据上部小体型建筑作为独立体时的自振周期 T_u 与下部主体建筑的自振周期 T_1 的比值,将建筑的风振系数按下列规定处理:

(1) 当 $T_u \leqslant \dfrac{1}{3} T_1$ 时,可简化假定建筑平面无变化、高度延伸至小体型建筑的顶部,风振系数仍按《荷载规范》的规定采用。

(2) 当 $T_u > \dfrac{1}{3} T_1$ 时,风振系数应按风振理论参考《结构风压和风振计算》或《工程结构风荷载理论及抗风计算手册》等计算。鞭梢效应一般与上、下部质量比,自振周期比以及承风面积有关。研究表明在 T_u 约大于 $1.5T_1$ 的范围内,盲目增大上部结构刚度反而起着相反效果。这一特点应引起注意。另外,在 $T_u < T_1$ 范围内,盲目减小上部承风面积作用也不明显。

6.3.2　高层建筑钢结构的地震作用

与多层建筑钢结构一样,高层建筑钢结构进行抗震设计时,第一阶段按多遇烈度地震计算地震作用,第二阶段按罕遇烈度地震计算地震作用。多遇地震下高层建筑钢结构的内力与位移一般采用弹性方法计算,并考虑各种抗侧力结构的协同工作。当按罕遇地震烈度计算结构的内力与位移时应采用弹塑性方法。

第一阶段设计时的地震作用应考虑下列原则:

(1) 一般情况下,应沿结构的两个主轴方向分别考虑水平地震作用并进行抗震验算,各方向的水平地震作用全部由该方向的抗侧力构件承担。

(2) 有斜交抗侧力构件的结构,当斜交构件角度大于 15°时,应分别考虑各抗侧力构件方向的水平地震作用。

(3) 质量和刚度明显不均匀、不对称的结构,应计入双向水平地震作用下的扭转影响;其他情况,应允许采用调整地震作用效应的方法计入扭转影响。

(4) 对于按 9 度抗震设防的高层建筑钢结构,应考虑竖向地震作用。

高层建筑钢结构的抗震设计,采用如图 6-24 所示地震影响系数 α 曲线。α 值应根据设计地震分组、场地类别、结构自振周期 T 以及结构的阻尼比计算,其下限不应小于 $0.2\alpha_{max}$。地震影响系数的最大值 α_{max} 及场地特征周期 T_g 分别可按《建筑抗震设计规范》(GB 50011—2010)的规定取用。

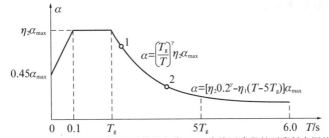

α—地震影响系数；α_{max}—地震影响系数最大值；η_1—直线下降段的下降斜率调整系数；γ—衰减指数；T_k—特征周期；η_2—阻尼调整系数；T—结构自振周期

图 6-24　地震影响系数曲线

由于高层建筑功能复杂,体型趋于多样化,对体型复杂或不能按平面结构假定进行计算的结构,宜采用空间协同计算模型(二维)或空间结构计算模型(三维),此时,应考虑空间振型及其耦联作用并采用振型分解反应谱法计算各楼层质点的等效水平地震作用力,然后进行地震作用效应组合。

特别不规则的建筑、甲类建筑和超高、超限的高层建筑钢结构应采用时程分析法进行多遇地震下的补充计算。当取三组加速度时程曲线输入时,计算结果宜取多条时程曲线计算结果的包络值与振型分解反应谱法的较大值。当取七组及七组以上的时程曲线时,计算结果可取时程分析法的平均值与振型分解反应谱法的较大值。

高层建筑钢结构地震作用计算中重力荷载代表值为永久荷与可变荷载之和,按下列规定取值。

(1) 恒荷载:结构和构配件及装修材料等的自重,取标准值。

(2) 雪荷载:取荷载规范标准值的 50%。

(3) 楼面活荷载:按《建筑结构荷载规范》规定的标准值再乘以组合值系数取值。一般民用建筑取活载标准值的 0.5 倍,而书库、档案库或类似具有特殊用途的建筑,可取楼面活载标准值的 0.8 倍。计算时不再按《建筑结构荷载规范》的规定进行折算,且不应再考虑屋面活荷载。

由于非结构构件的影响及计算简图与实际情况存在差别的原因,高层建筑钢结构的设计周期应按主体结构弹性计算所得的周期乘以修正系数 ζ_T 后采用,该修正系数宜取 0.90,用弹性方法计算高层钢结构的周期及振型时,应符合内力和位移弹性计算的规定。

对于质量及刚度沿高度分布比较均匀的高层建筑钢结构,基本周期可用下式近似计算:

$$T_1 = 1.7\xi_T \sqrt{u_n} \tag{6-2}$$

式中　u_n——结构顶点假想侧移(单位为 m),即假想将结构各层的重力荷载作为楼层集中水平力,按弹性静力方法计算所得到的结构顶层侧移值;

　　　　ξ_T——计算周期修正系数,取 $\xi_T=0.90$。

式(6-1)适用于具有弯曲型、剪切型或弯剪变形的一般结构。

在初步设计时,高层建筑钢结构的基本周期可按下列经验公式估算:

$$T_1 = 0.1n \tag{6-3}$$

式中，n 为建筑物层数（不包括地下部分及屋顶小塔楼）。

1. 不考虑扭转耦联的振型分解反应谱法

对于不计扭转影响的结构，振型分解反应谱法计算单向水平地震作用时仅考虑结构的平移。

（1）j 振型 i 层质点的水平地震作用标准值可按下式计算：

$$F_{ji} = \alpha_j \gamma_j X_{ji} G_i \quad (i=1,2,\cdots,n; j=1,2,\cdots,m) \tag{6-4}$$

$$\gamma_j = \sum_{i=1}^{n} X_{ji} G_i \Big/ \sum_{i=1}^{n} X_{ji}^2 G_i \tag{6-5}$$

式中　α_j——相应于 j 振型自振周期 T_j 的地震影响系数，可按图 6-24 取值。

γ_j——j 振型的参与系数；

X_{ji}——j 振型 i 层质点的水平相对位移。

（2）水平地震作用效应（弯矩、剪力、轴向力和变形）应按下列公式计算：

$$S = \sqrt{\sum_{j=1}^{m} S_j^2} \tag{6-6}$$

式中　S——水平地震作用效应；

S_j——j 振型及水平地震作用产生的效应；可只取前 2～3 个振型。当结构基本自振周期大于 1.5 s 或房屋高宽比大于 5 时，振型个数可适当增加。

2. 考虑扭转耦联的振型分解反应谱法

地震作用下结构的扭转效应不能忽略时，用振型分解反应谱法计算单向水平地震作用时尚需要考虑结构扭转的影响。

（1）j 振型 i 层质点的水平地震作用标准值应按下式计算：

$$F_{xji} = \alpha_j \gamma_{tj} X_{ji} G_i \tag{6-7}$$

$$F_{yji} = \alpha_j \gamma_{tj} Y_{ji} G_i \quad (i=1,2,\cdots,n; j=1,2,\cdots,m) \tag{6-8}$$

$$F_{tji} = \alpha_j \gamma_{tj} r_i^2 \varphi_{ji} G_i \tag{6-9}$$

式中　$F_{xji}, F_{yji}, F_{tji}$——分别为 j 振型 i 层的 x 方向、y 方向和转角方向的地震作用标准值；

X_{ji}, Y_{ji}——j 振型 i 层质点在 x 方向、y 方向的水平相对位移；

γ_{tj}——考虑扭转影响的 j 振型参与系数；

φ_{ji}——j 振型 i 层的相对扭转角。

（2）考虑扭转影响的 j 振型参与系数 γ_{tj} 可按下列公式确定：

当仅考虑 x 方向地震时，

$$\gamma_{tj} = \sum_{i=1}^{n} X_{ji} G_i \Big/ \sum_{i=1}^{n} (X_{ji}^2 + Y_{ji}^2 + \varphi_{ji}^2 r_i^2) G_i \tag{6-10}$$

当仅考虑 y 方向地震时，

$$\gamma_{tj} = \sum_{i=1}^{n} Y_{ji} G_i \Big/ \sum_{i=1}^{n} (X_{ji}^2 + Y_{ji}^2 + \varphi_{ji}^2 r_i^2) G_i \tag{6-11}$$

当地震作用方向与 x 方向有 θ 夹角时，可用 $\gamma_{\theta j}$ 代替 γ_{tj}，

$$\gamma_{\theta j} = \gamma_{xj}\cos\theta + \gamma_{yj}\sin\theta \tag{6-12}$$

式中，r_i 为 i 层的转动半径，可取 i 层绕质心的转动惯量除以该层的质量再开方。

（3）单向地震作用下扭转耦联效应可采用完全二次平方根法按下列公式计算：

$$S = \sqrt{\sum_{j=1}^{m}\sum_{k=1}^{m}\rho_{jk}S_jS_k} \tag{6-13}$$

$$\rho_{jk} = \frac{8\sqrt{\xi_j\xi_k}^{2}(\xi_j + \lambda_T\xi_k)\lambda_T^{3/2}}{(1-\lambda_T^2)^2 + 4\xi_j\xi_k(1+\lambda_T)^2\lambda_T + 4(\xi_j^2+\xi_k^2)\lambda_T^2} \tag{6-14}$$

式中　S——水平地震作用效应；

S_j，S_k——j 振型及 k 振型产生的地震作用效应，可取 $9\sim15$ 个振型，当基本自振周期 $T_1 > 2\,\mathrm{s}$ 时，振型数应取较大者；在刚度和质量沿高度分布很不均匀的情况下，应取更多的振型（18 个或者更多）；

ρ_{jk}——j 振型与 k 振型耦联系数；

ξ_j，ξ_k——分别为 j 振型、k 振型结构的阻尼比，对于高度不大于 50 m 的建筑，可取 0.04；高度大于 50 m 且小于 200 m 时，可取 0.03；高度不小于 200 m 时，宜取 0.02；

λ_T——j 振型与 k 振型的自振周期比；

m——振型组合数。

3. 双向水平地震作用下的扭转耦联效应

根据强震观测记录的统计分析，水平两向地震加速度的最大值不相等，两者之比约为 1：0.85；而且两个方向的最大值不一定发生在同一时刻，因此，对于质量和刚度分布明显不对称的结构，计入双向水平地震作用下的扭转影响时，根据单向水平地震作用下的扭转效应，按下列公式中的较大值确定双向水平地震作用的效应。

$$S_{\mathrm{Ek}} = \sqrt{S_x^2 + (0.85S_y)^2} \tag{6-15}$$

或

$$S_{\mathrm{Ek}} = \sqrt{S_y^2 + (0.85S_x)^2} \tag{6-16}$$

式中，S_x，S_y 为 x 向、y 向单向水平地震作用下按式（6-14）计算的扭转效应。

采用振型分解反应谱法时，突出屋面的塔楼应按每个楼层一个质点的方法进行地震作用计算和振型效应组合。当采用三个振型时，所得的地震作用效应应乘以增大系数 1.5；当采用六个振型时，所得地震作用效应可不再增大。

4. 高层建筑钢结构的竖向地震作用计算

当高层建筑钢结构计算竖向地震作用时，按下述方法确定竖向地震作用标准值。

$$F_{\mathrm{Evk}} = \alpha_{\mathrm{vmax}}G_{\mathrm{eq}} \tag{6-17}$$

楼层 i 的竖向地震作用标准值为：

$$F_{\mathrm{vi}} = \frac{G_iH_i}{\displaystyle\sum_{j=1}^{n}G_jH_j}F_{\mathrm{Evk}} \quad (i = 1,2,\cdots,n) \tag{6-18}$$

式中　F_{Evk}——结构总的竖向地震作用标准值；

$\alpha_{v\max}$——竖向地震作用影响系数最大值,可取水平地震影响系数最大值的 65%;

G_{eq}——结构的等效结构总重力荷载,可取该结构总重力荷载代表值的 75%。

各层的竖向地震作用效应按各构件承受的重力荷载代表值的比例分配,并应考虑向上或向下作用产生的不利组合。

长悬臂和大跨度结构的竖向地震作用标准值,对于按 8 度和 9 度抗震设防的建筑,可分别取该结构、构件重力荷载代表值的 10% 和 20%。大跨度空间结构的竖向地震作用,还可按竖向振型分解反应谱法计算,其竖向地震影响系数可采用水平地震影响系数的 65%,但特征周期均按设计地震分组为第一组考虑。

5. 时程分析法

时程分析法是多数国家抗震设计规范或规程规定的高层建筑抗震分析方法之一。该方法是对结构的运动微分方程直接进行逐步积分求解的一种动力分析方法。由时程分析可得到各个质点随时间变化的位移、速度和加速度动力反应,进而可以计算构件内力和变形的时程变化。

时程分析法在抗震设计中也称为"动态设计"。由结构基本运动方程输入地面加速度记录进行积分求解,以求得整个时间历程的结构地震反应。此法输入与结构所在场地相应的地震波作为地震作用,由初始状态开始,一步一步地逐步积分,直至地震作用结束。

当采用时程分析法计算结构的地震反应时,应输入典型的地震波进行计算,典型地震波应按下列原则选用:

(1)至少应采用四条能反映当地场地特性的地震加速度波,其中宜包括一条本地区历史上发生地震时的实测记录波。如当地没有地震记录,可根据当地场地条件选用合适的其他地区的地震记录。如没有合适的地震记录,可采用根据当地地震危险性分析结果获得的人工模拟地震波。但四条波不得全部用人工模拟地震波。

(2)地震波的持续时间不宜过短,可取 10~20 s 或更长。输入地震波的峰值加速度值按表 6-4 采用。

表 6-4   时程分析法所用地震加速度的最大值

地震影响	6 度	7 度	8 度	9 度
多遇地震	18	35(55)	70(110)	140
罕遇地震	125	220(310)	400(510)	620

注:括号内数值分别用于设计基本地震加速度为 0.15 g 和 0.30 g 的地区。

在有条件时,所输入地震波宜按《高层民用建筑钢结构技术规程》要求进行加速度标准化处理,也可进行速度标准化处理。

当加速度标准化处理时
$$a'_t = \frac{A_{\max}}{a_{\max}} \cdot a_1 \tag{6-19}$$

当速度标准化处理时
$$a'_t = \frac{V_{\max}}{v_{\max}} \cdot a_t \tag{6-20}$$

式中　a'_t——调整后输入地震波各时刻的加速度值;

$a_t, a_{\max}, v_{\max}$——地震波原始记录中各时刻的加速度值、加速度峰值以及速度峰值;

$A_{\max}$——按表 6-4 规定的输入地震波加速度峰值;

$V_{\max}$——按烈度要求输入的地震波速度峰值。

6.4　高层建筑钢结构的设计

6.4.1　高层建筑钢结构设计的一般原则及基本假定

高层建筑钢结构的内力与位移一般采用弹性计算方法。对有抗震设防要求的结构,除应进行地震作用下的弹性计算外,还需考虑在罕遇地震作用下结构可能进入弹塑性状态,需采用弹塑性方法进行补充分析。

高层建筑钢结构通常采用现浇组合楼盖,其在自身平面内的刚度较大,所以,一般可假定楼面在其自身平面内为绝对刚性。在设计时应采取保证楼面整体刚度的构造措施,如加设梁板间抗剪件、非刚性楼面加整浇层等。对于楼面有大开孔、较长外伸段或相邻层刚度有突变的情况,当不能保证楼面的整体刚度时,宜采用楼板平面内的实际刚度,或对按刚性楼面假定计算所得结果进行调整。

由于楼板与钢梁连接在一起,当进行高层建筑钢结构的弹性分析时,宜考虑现浇钢筋混凝土楼板与钢梁的共同工作,此时应保证楼板与钢梁间有可靠的连接。当进行弹塑性分析时,楼板可能严重开裂,此时,不宜考虑楼板钢梁的共同工作。

高层建筑钢结构的计算模型应视具体结构形式和计算内容确定。一般情况下可采用平面抗侧力结构的空间协同计算模型。当结构布置规则、质量及刚度沿高度分布均匀、不计扭转效应时,可采用平面结构计算模型;当结构平面或立面不规则、体型复杂、无法划分成平面抗侧力单元或为筒体结构时,应采用空间结构计算模型。

高层建筑钢结构梁柱构件的跨高比较小,在计算结构的内力与位移时,除应考虑梁柱的弯曲变形和柱的轴向变形外,尚应考虑梁柱的剪切变形。由于梁的轴力很小,一般不考虑梁的轴向变形,但当梁同时作为腰桁架或帽桁架的弦杆时,应计入轴向变形的影响。

钢框架-剪力墙体系中,现浇竖向钢筋混凝土剪力墙的计算应考虑墙的弯曲变形、剪切变形和轴向变形。

当钢筋混凝土剪力墙具有比较规则的开孔时,可按带刚域的框架计算;当具有复杂开孔时,宜采用平面有限元法计算。

柱间支撑两端应为刚性连接,但可按两端铰接计算,其端部连接的刚度通过支撑构件的计算长度加以考虑。若采用偏心支撑,由于耗能梁段在大震时将首先屈服,计算时应取为单独单元。

6.4.2　高层建筑钢结构的内力与位移计算

高层建筑钢结构功能复杂、体型多样、受力复杂且杆件数量众多。因此,在进行结构的静、动力分析时,一般都应借助计算机来完成。

若是在初步设计阶段进行截面的预估,也可参考有关资料和手册采用一些近似计算方法,如分层法、D 值法、空间协同工作分析、等效角柱法、等效截面法以及展开平面框架法等。

当进行高层建筑钢结构的内力与位移分析时,尚应注意以下问题:

(1) 高层建筑钢结构的梁、柱截面一般采用 H 形或箱形,梁柱连接节点域的剪切变形对内力的影响较小,计算时可不考虑。但是,此剪切变形对结构的水平位移影响较大,一般可达 $10\% \sim 20\%$。因此,分析时应计入梁柱节点域剪切变形对高层建筑钢结构侧移的影响。由于用精确方法计算比较困难,在工程设计中,可采用近似方法考虑其影响,即可将梁柱节点域当作一个单独的单元进行结构分析,也可按下列规定进行近似计算:

① 对于箱形截面柱框架,可将梁柱节点域当作刚域,刚域的尺寸取节点域尺寸的一半;

② 对于工字形截面柱框架,可先按结构轴线尺寸进行分析,然后进行修正。

(2) 高层建筑钢结构的 P-Δ 效应较突出,一般应验算结构的整体稳定性。但根据理论分析和实例计算,若将结构的层间位移限制在一定的范围内,就能控制二阶效应对结构极限承载能力的影响。故《钢结构设计规范》规定,当结构按一阶弹性计算所得的各楼层层间相对侧移值满足下式要求时,可采用一阶弹性分析,即:

$$\frac{\sum N \cdot \Delta u}{\sum H \cdot h} \leqslant 0.1 \qquad (6-21)$$

式中　$\sum N$——所计算楼层各柱轴心压力设计值之和;

　　　$\sum H$——产生层间侧移 Δu 的所计算楼层及以上各层的水平力之和;

　　　Δu——按一阶弹性分析求得的所计算楼层的层间侧移,为了简便计算,式(6-21)中 Δu 可近似采用层间侧移的允许值$[\Delta u]$代替;$[\Delta u]$的取值可参见现行国家标准《钢结构设计规范》;

　　　h——所计算楼层的层高。

对不满足式(6-21)的框架结构宜采用二阶弹性分析,为了考虑结构和构件的各种缺陷对内力的影响,此时应在每层柱顶附加考虑由下式计算的假想水平力 H_{ni}

$$H_{ni} = \frac{\alpha_y Q_i}{250} \sqrt{0.2 + \frac{1}{n_s}} \qquad (6-22)$$

式中　Q_i——第 i 楼层的总重力荷载设计值;

　　　n_s——框架总层数,当$\sqrt{0.2+1/n_s}>1$时,取此根号值为1;

　　　α_y——钢材强度影响系数,其值为:对 Q235 钢,取 1.0;对 Q345 钢,取 1.1;对 Q390 钢,取 1.2;对 Q420 钢,取 1.25。

对无支撑的纯框架结构,当采用二阶弹性分析时,各杆件杆端的弯矩可用下列近似公式进行计算:

$$M_2 = M_{1b} + \alpha_{2i} M_{1s} \qquad (6-23)$$

$$\alpha_{2i} = \frac{1}{1 - \dfrac{\sum N \cdot \Delta u}{\sum H \cdot h}}$$

式中　M_{1b}——假定框架无侧移时按一阶弹性分析求得的各杆杆端弯矩;

　　　M_{1s}——框架各节点侧移时按一阶弹性分析求得的杆端弯矩;

　　　α_{2i}——考虑二阶效应第 i 层杆件的侧移弯矩增大系数(计算时 Δu 不允许用$[\Delta u]$代替);当计算的 α_{2i} 大于 1.33 时,由式(6-23)算得的结果误差较大,因此宜增大框架结构的刚度,使 α_{2i} 值小于 1.33。

考虑二阶效应、弹性分析计算内力且在每层柱顶附加考虑假想水平力 H_{ni} 时,取框架柱的计算长度系数 $\mu = 1.0$。

6.4.3　高层建筑钢结构的位移限制

(1) 高层建筑钢结构在风荷载作用下,顶层质心位置的侧移不宜超过建筑高度的 1/500,

质心层间侧移不宜超过楼层高度的 1/400,结构平面端部构件最大侧移不得超过质心侧移的 1.2 倍。

（2）高层建筑钢结构的第一阶段抗震设计,其层间侧移标准值不得超过结构层高的 1/250。对于以钢结构混凝土结构为主要抗侧力的结构,其侧移值应符合现行国家标准《高层建筑混凝土结构技术规程》的规定,但在保证主体结构不开裂和装修材料不出现较大破坏的情况下,可适当放宽。

（3）高层建筑钢结构的第二阶段抗震设计,其结构层间侧移不得超过层高的 1/50,结构层间侧移延性比不得大于表 6-5 的规定。

表 6-5　　　　　　　　　　高层建筑钢结构的层间侧移延性比

结　构　类　别		层间侧移延性比
全钢结构	框架体系	3.5
	框架偏心支撑	3.0
	框架中心支撑	2.5
钢骨结构	型钢-混凝土框架	2.5
	钢-混凝土混合	2.0

6.4.4　高层建筑钢结构的构件设计

高层建筑钢结构构件的承载力应满足下式的要求：

非抗震设计时　　　　　　　　　　$\gamma_0 S \leqslant R$　　　　　　　　　　　　　　　　（6-24）

抗震设计时　　　　　　　　　　$S \leqslant R/\gamma_{RE}$　　　　　　　　　　　　　　　（6-25）

式中　γ_0——结构的重要性系数,按结构构件的安全等级确定;

　　　S——荷载或作用效应组合设计值;

　　　R——结构构件的承载力设计值;

　　　γ_{RE}——结构构件的承载力抗震调整系数,按表 6-6 的规定选用。当仅考虑竖向效应组合时,各类钢构件以及连接的承载力抗震调整系数均取 1.0。

表 6-6　　　　　　　　　钢构件以及连接的承载力抗震调整系数

结　构　构　件	受力状态	γ_{RE}
柱,梁,支撑,节点板件,螺栓,焊缝柱,支撑	强度	0.75
	稳定	0.80

1. 梁的设计

（1）梁的抗弯强度。梁的抗弯强度应按下列公式验算：

$$\frac{M_x}{\gamma_x W_{nx}} \leqslant f \qquad\qquad (6-26)$$

式中　M_x——梁绕形心轴的弯矩设计值;

　　　W_{nx}——梁对 x 轴的净截面抵抗矩;

　　　γ_x——梁截面的塑性发展系数,非抗震设计按《钢结构设计规范》的规定采用,抗震设计取 $\gamma=1.0$;

f——钢材的强度设计值,抗震设防时尚应除以表 6 - 6 规定的承载力抗震调整系数 γ_{RE}。

(2) 梁的稳定。梁的整体稳定,除设置刚性铺板的情况外,应满足下列公式要求:

$$\frac{M_x}{\varphi_b W_x} \leqslant f \tag{6 - 27}$$

式中　W_x——梁的毛截面抵抗矩(单轴对称者以受压翼缘为准);

　　　φ_b——梁的整体稳定系数,按《钢结构设计规范》的规定确定,当梁在端部仅以腹板与柱(或主梁)相连时,φ_b(或当 $\varphi_b > 0.6$ 时的 φ_b')应乘以降低系数 0.85;

　　　f——钢材的强度设计值,抗震设防时尚应除以表 6 - 6 规定的承载力抗震调整系数 γ_{RE}。

当梁上设有符合《钢结构设计规范》规定的刚性铺板时,可不验算其整体稳定性。梁设有侧向支撑体系且受压翼缘自由长度与其宽度之比符合《钢结构设计规范》规定的限值时,一般可不验算其整体稳定。按 7 度及以上抗震设防的高层建筑钢结构,梁的受压翼缘在侧向支撑点间自由长度与其宽度之比 l_1/b_1,应满足《钢结构设计规范》关于塑性设计时的长细比要求。由于在罕遇地震作用下可能出现塑性铰区,梁的上下翼缘均应设有侧向支撑点。

梁的板件宽厚比在一般情况下应符合《钢结构设计规范》的有关规定,但处于抗震设防区的框架梁可能出现塑性铰的区段,板件宽厚比不应超过表 5 - 7 以及《高层民用建筑钢结构技术规程》规定的限值。

(3) 梁的抗剪强度

在主平面内受弯的实腹构件,其抗剪强度应按下列公式计算:

$$\tau = \frac{VS}{I t_w} \leqslant f_v \tag{6 - 28}$$

框架梁端部截面的抗剪强度,应按下列公式计算:

$$\tau = V/A_{wn} \leqslant f_v \tag{6 - 29}$$

式中　V——计算截面沿腹板平面作用的剪力;

　　　S——计算剪应力处以上毛截面对中和轴的面积矩;

　　　I——毛截面惯性矩;

　　　t_w——腹板厚度;

　　　A_{wn}——扣除扇形切角和螺栓孔后的腹板受剪面积;

　　　f_v——钢材的抗剪强度设计值,抗震设防时尚应除以表 6 - 6 规定的承载力抗震调整系数 γ_{RE}。

2. 框架柱的设计

(1) 框架柱的强度和稳定

框架柱在两个相互垂直的方向均与梁刚接时,宜采用箱形截面,当仅在一个方向与梁刚接时,宜采用工字形截面,并将腹板置于框架平面内。

框架柱在压力和弯矩作用下,双轴对称的实腹式工字形截面和箱形截面框架柱,其强度和稳定性分别按下列公式验算:

强度验算

$$\frac{N}{A_{\mathrm{n}}} + \frac{M_x}{\gamma_x W_{\mathrm{n}x}} + \frac{M_y}{\gamma_y W_{\mathrm{n}y}} \leqslant f \qquad (6-30)$$

强轴平面内稳定

$$\frac{N}{\varphi_x A} + \frac{\beta_{\mathrm{m}x} M_x}{\gamma_x W_{1x}(1-0.8N/N'_{\mathrm{E}x})} + \eta\frac{\beta_{\mathrm{t}y} M_y}{\varphi_{\mathrm{b}y} W_{1y}} \leqslant f \qquad (6-31)$$

弱轴平面内稳定

$$\frac{N}{\varphi_y A} + \frac{\beta_{\mathrm{m}y} M_y}{\gamma_y W_{1y}(1-0.8N/N'_{\mathrm{E}y})} + \eta\frac{\beta_{\mathrm{t}x} M_x}{\varphi_{\mathrm{b}x} W_{1x}} \leqslant f \qquad (6-32)$$

抗震设计时,以上公式右边钢材强度设计值还需除以承载力抗震调整系数 γ_{RE}。

与梁刚性连接并参与承受水平力作用的框架柱,当为纯框架体系时,柱的计算长度按附录 D 中附表 D-2 有侧移框架柱的计算长度系数确定;对于有支撑和(或)剪力墙的体系,当符合 $\Delta u/h \leqslant 1/1\,000$ 条件时(Δu 为按一阶弹性计算所得的结构质心处层间位移,h 为楼层层高),框架柱的计算长度按附录 E 中 E-2 无侧移框架柱的计算长度系数确定。

上述框架柱的计算长度系数 μ 也可用下列近似公式计算

有侧移时

$$\mu = \sqrt{\frac{1.6+4(k_1+k_2)+7.5k_1k_2}{k_1k_2+7.5k_1k_2}} \qquad (6-33)$$

无侧移时

$$\mu = \frac{3+1.4(k_1+k_2)+0.64k_1k_2}{3+2(k_1+k_2)+1.28k_1k_2} \qquad (6-34)$$

式中,k_1,k_2 分别为交于柱上端、下端横梁线刚度之和与柱线刚度之和的比值。

当验算在重力和风力或多遇地震作用组合下的稳定性时,有支撑和(或)剪力墙的结构在层间位移不超过层高 1/250 的条件下,柱的计算长度系数可取 $\mu = 1$。若纯框架体系层间位移小于 $0.001h$(h 为楼层层高),也可考虑按式(6-34)确定 μ 值。

(2) 框架柱的抗震设计

与多层框架结构一样,为了满足强柱弱梁的设计要求,抗震设防的框架节点处,柱截面的塑性抵抗矩和梁截面的塑性抵抗矩仍需满足公式(6-35)的要求:

$$\sum W_{\mathrm{pc}}(f_{\mathrm{yc}} - N/A_{\mathrm{c}}) \geqslant \eta \sum W_{\mathrm{pb}} f_{\mathrm{yb}} \qquad (6-35)$$

在罕遇地震作用下不可能出现塑性铰的部分,框架柱可按下式计算:

$$N \leqslant 0.6A_{\mathrm{c}}f \qquad (6-36)$$

式中,f 为钢材的抗压强度设计值,应除以表 6-6 规定的承载力抗震调整系数 γ_{RE}。

处于抗震设防地区高层钢结构框架柱的板件宽厚比,仍不应超过表 5-7 所列的限值。非地震区框架柱板件的宽厚比限值按《钢结构设计规范》的规定采用。

处于抗震设防地区高层钢结构建筑的 H 形截面柱和箱形截面柱的腹板在和梁相连的节点板域范围内,其厚度仍应满足式(6-37)的要求

$$t_{\mathrm{w}} \geqslant (h_{\mathrm{b}} + h_{\mathrm{c}})/90 \qquad (6-37)$$

框架柱的长细比限值除应满足 5.5.4 节的要求外,设防烈度为 7 度及以上的地震区,柱长细比不宜大于 $60\sqrt{235/f_{\mathrm{y}}}$,非地震区和设防烈度为 6 度的地区,柱长细比不应大于 $120\sqrt{235/f_{\mathrm{y}}}$。

在进行多遇地震作用下的构件承载力计算时,承托钢筋混凝土剪力墙的框架柱由地震作

用产生的内力,应乘以不小于 1.5 的增大系数。

3. 中心支撑的设计

高层建筑钢结构的中心支撑构件可采用单斜杆、十字交叉斜杆、人字形斜杆或 V 形斜杆体系。当采用只能受拉的单斜杆体系时,应同时设置不同倾斜方向的两组。且每层中不同方向斜杆的截面面积在水平方向的投影面积相差不应超过 10%。

非抗震设计的中心支撑,当采用交叉斜杆或两组不同方向的单斜杆体系时,可以只按拉杆设计,也可按既能抗拉又能抗压设计,这两种情况的支撑杆长细比分别不应大于 $300\sqrt{235/f_y}$ 和 $150\sqrt{235/f_y}$。抗震设防结构中心支撑杆件的长细比,当按 6 度或 7 度抗震设防时,不得大于 $120\sqrt{235/f_y}$;当按 8 度抗震设防时,不得大于 $80\sqrt{235/f_y}$;当按 9 度抗震设防时,不得大于 $40\sqrt{235/f_y}$。

高层建筑钢结构中心支撑板件宽厚比不应超过表 5-3 规定的的限值,此外,设防烈度为 7 度及以上的地区,支撑斜杆的板件宽厚比,当板件为一边简支一边自由时,宽厚比不得大于 $8\sqrt{235/f_y}$;当板件为两边简支时,宽厚比不得大于 $25\sqrt{235/f_y}$。支撑斜杆宜采用双轴对称截面,当采用单轴对称截面时,应采取构造措施防止支撑出现绕截面对称轴的屈曲。

支撑斜杆所受的内力,应按有关要求通过计算确定。计算中应计及施工过程逐层加载、各受力构件的变形对支撑内力的影响。

在计算多遇地震效应组合作用下中心支撑斜杆内力时应乘以增大系数,单斜杆支撑和交叉支撑应乘以增大系数 1.3;人字形支撑和 V 形支撑应乘以增大系数 1.5。

高层建筑钢结构中心支撑在多遇烈度地震作用效应组合下,支撑斜杆的抗压承载力验算仍按式(6-38)进行:

$$\frac{N}{\varphi A_{br}} \leqslant \psi f / \gamma_{RE} \qquad (6-38)$$

与支撑一起组成支撑系统的横梁和柱及其连接应具有承受支撑斜杆传来的内力的能力;与人字形和 V 形支撑相交的横梁,在柱间的支撑连接处应保持连续。在确定人字形支撑体系中的横梁截面时,不考虑重力荷载作用下支撑的支点作用。

设防烈度为 7 度及以上的地区,当支撑为填板式双肢组合构件时,肢件的长细比,不得大于构件最大长细比的一半,且不应大于 40。按 8 度及以上抗震设防的结构,可以采用带有消能装置的中心支撑体系。此时,支撑斜杆的承载力应是消能装置滑动或屈服时承载力的 1.5 倍。

4. 偏心支撑的设计

高层建筑钢结构偏心支撑耗能梁段的塑性抗剪承载力 V,和塑性抗弯承载力 M_x,仍可分别按式(6-39)、式(6-40)计算:

$$V_p = 0.58 f_y h_0 t_w \qquad (6-39)$$

$$M_p = W_p f_y \qquad (6-40)$$

梁段中作用轴力时,塑性抗弯承载力有所下降,考虑轴力后耗能梁段的塑性抗弯承载力仍可按式(6-41)计算:

$$M_{pc} = W_p (f_y - \sigma_N) \qquad (6-41)$$

高层建筑钢结构耗能梁段的强度验算、偏心支撑斜杆的承载力验算以及偏心支撑框架柱的承载力验算与多层建筑钢结构相同,具体可参见 5.5.5 节内容。

耗能梁段宜设计成剪切屈服型,当其与柱连接时,不应设计成弯曲屈服型。剪切屈服型耗能梁段与柱翼缘连接的节点可参照图 5-73 设计。梁翼缘与柱翼缘之间采用坡口全焊透对接焊缝;梁腹板与柱之间采用角焊缝或螺栓连接,焊缝强度应满足腹板的抗剪强度要求;支撑轴线与梁轴线的交点应在耗能梁段内;耗能梁段与支撑连接的一端,应在支撑两侧设置加劲肋,加劲肋的具体构造要求可参考《高层民用建筑钢结构技术规程》相关规定;耗能梁段不宜与柱腹板连接。

耗能梁段两端上下翼缘应设置水平侧向支撑,侧向支撑轴力设计值至少应为 $0.015fb_f t_f$ (b_f,t_f 分别为耗能梁段的翼缘宽度与厚度);在耗能梁段同一跨内,框架梁的上下翼缘也应设置水平侧向支撑,其间距不应大于 $13b_f\sqrt{235/f_y}$,轴力设计值应至少为 $0.012fb_f t_f$;侧向支撑的长细比应符合《钢结构设计规范》的有关规定。

高层建筑钢结构使用偏心支撑框架时,顶层可以不设耗能梁段。在设置偏心支撑的框架跨中,首层的弹性承载力为其余各层承载力的 1.5 倍以上时,首层可采用中心支撑。

6.4.5 节点设计

1. 设计原则

高层建筑钢结构的节点设计应满足传力可靠、构造简单、具有良好的抗震性能以及施工方便的要求。当按非抗震设防设计时,节点设计主要由风荷载控制,节点连接处于弹性受力状态,故按弹性受力阶段设计。有抗震设防要求的结构,当风荷载起控制作用时,仍应满足抗震设防的要求。进行抗震设计时,应考虑大震下结构可能进入弹塑性受力状态,根据结构抗震设计遵循的原则,节点连接按有地震作用组合的内力进行弹性设计,并对连接的极限承载力进行验算。构件的拼接一般采用与构件等强度或比等强度更高的设计原则。

抗震设防的高层建筑钢框架,从梁端或柱端算起的 1/10 跨长或两倍截面高度范围内,节点设计应验算下列各项:

(1) 节点连接的极限承载力。

(2) 构件塑性区的板件宽厚比。

(3) 受弯构件塑性区侧向支承点间的距离。

2. 节点连接的极限承载力

(1) 梁与柱的连接节点

当框架梁与柱翼缘刚性连接时,梁翼缘与柱应采用全熔透焊缝连接,梁腹板与柱宜采用高强螺栓摩擦型连接;当框架梁端垂直于工字形柱腹板与柱刚接时,应在梁翼缘的对应位置设置柱的横向加劲肋、在梁高范围内设置柱的竖向连接板。在梁与柱的现场连接中,梁翼缘与柱横向加劲肋用全熔透焊缝连接,并应避免连接处板件宽度的突变,梁腹板与柱的连接板采用高强度螺栓摩擦型连接。

梁与柱连接的极限受弯和受剪承载力除应满足 5.6.8 节的要求外,尚应符合下列公式的要求:

$$M_u \geqslant 1.2M_p \tag{6-42}$$

$$V_u \geqslant 1.3(2M_p/l_n),且 V_u \geqslant 0.58h_w t_w f_y \tag{6-43}$$

式中 M_u——仅由翼缘连接(焊缝或螺栓)承担的极限受弯承载力;

M_p——梁构件(梁贯通时为柱)的全塑性受弯承载力;

V_u——仅由腹板连接(焊缝或螺栓)承担的极限受剪承载力;

l_n——梁的净跨;

h_w, t_w——梁腹板的高度和厚度;

f_y——钢材的屈服强度。

梁柱节点处由柱翼缘与水平加劲肋包围的节点域,在周边弯矩和剪力的作用下,其抗剪强度除应满足 5.6.2 节、5.6.8 节的要求外,按 7 度以上抗震设防的结构尚应满足下列公式的要求:

$$\alpha(M_{pb1} + M_{pb2})/V_p \leqslant \frac{4}{3} f_v \tag{6-44}$$

式中　M_{pb1}, M_{pb2}——分别为节点域两侧梁的全塑性受弯承载力;

　　　α——系数,按 7 度设防的结构可取 0.6,按 8 度、9 度设防的结构应取 0.7;

　　　f_v——节点域的抗剪强度设计值,尚应除以表 6-6 规定的承载力抗震调整系数 γ_{RE};

　　　V_p——节点域体积。

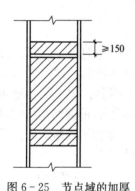

图 6-25　节点域的加厚

当节点域厚度不满足式(5-72)、式(5-99)或式(6-37)的要求时,对工字形截面组合柱宜将腹板在节点域局部加厚(图(6-25))。对 H 型钢柱,可在节点域加焊贴板,贴板上下边缘应伸出加劲肋以外不小于 150 mm,并用不小于 5 mm 的角焊缝连接,贴板与柱翼缘可用角焊缝或对接焊缝连接。当在节点域的垂直方向有连接板时,贴板应采用塞焊与节点域连接。

（2）支撑连接节点

支撑与框架的连接及支撑拼接的极限承载力,除应满足 5.6.8 节的要求外,尚应符合下式要求:

$$N_{ubr} \geqslant 1.2 A_n f_y \tag{6-45}$$

式中　N_{ubr}——螺栓连接和节点板连接在支撑轴线方向的极限承载力;

　　　A_n——支撑的截面净面积;

　　　f_y——支撑钢材的屈服强度。

3. 构件塑性区板件的宽厚比

抗震设防的高层建筑钢结构,从梁端或柱端算起的 1/10 跨长或两倍截面高度范围内,梁、柱板件宽厚比不应超过表 5-7 的数值,这一要求主要是针对地震作用下构件端部可能出现塑性铰的范围,对非塑性铰范围的构件板件宽厚比可有所放宽。

4. 受弯构件塑性区侧向支承点间的距离

抗震设防的高层建筑钢结构,框架横梁下翼缘在距柱轴线 1/8 至 1/10 梁跨处,应设置侧向支承构件,并应满足《钢结构设计规范》的要求。侧向支撑的长细比不得大于 $130\sqrt{235/f_y}$,支撑轴向压力仍按式(5-111)计算。

思考题

6-1　简述高层钢结构建筑的主要结构形式及其特点。

6-2　与多层钢结构建筑相比,高层钢结构建筑在荷载作用与荷载组合方面有哪些特点?

6-3　高层钢结构建筑的水平地震作用计算主要有哪些方法? 分别适用于什么情况?

6-4　什么是高层建筑的剪力滞后效应? 剪力滞后效应对建筑结构有何不利影响?

附　录

附录A　斜卷边Z形冷弯型钢的截面特性

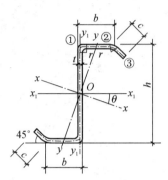

斜卷边Z形冷弯型钢的截面特性

附表A-1　　　　　　　斜卷边Z形冷弯型钢的截面特性

序号	截面代号	截面尺寸/mm				截面面积 A/cm²	质量 g/(kg/m)	θ/(°)	x_1-x_1		
		H	B	c	t				I_{x1}/cm⁴	i_{x1}/cm	W_{x1}/cm³
1	Z140×2.0	140	50	20	2.0	5.392	4.233	21.986	162.065	5.482	23.152
2	Z140×2.2	140	50	20	2.2	5.909	4.638	21.998	176.813	5.470	25.259
3	Z140×2.5	140	50	20	2.5	6.676	5.240	22.018	198.446	5.452	28.349
4	Z160×2.0	160	60	20	2.0	6.192	4.861	22.104	246.830	6.313	30.854
5	Z160×2.2	160	60	20	2.2	6.789	5.329	22.113	269.592	6.302	33.699
6	Z160×2.5	160	60	20	2.5	7.676	6.025	22.128	303.090	6.284	37.886
7	Z180×2.0	180	70	20	2.0	6.992	5.489	22.185	356.620	7.141	39.624
8	Z180×2.2	180	70	20	2.2	7.669	6.020	22.193	389.835	7.130	43.315
9	Z180×2.5	180	70	20	2.5	8.676	6.810	22.205	438.835	7.112	48.759
10	Z200×2.0	200	70	20	2.0	7.392	5.803	19.305	455.430	7.849	45.543
11	Z200×2.2	200	70	20	2.2	8.109	6.365	19.309	498.023	7.837	49.802
12	Z200×2.5	200	70	20	2.5	9.176	7.203	19.314	560.921	7.819	56.092
13	Z220×2.0	220	75	20	2.0	7.992	6.274	18.300	592.787	8.612	53.890
14	Z220×2.2	220	75	20	2.2	8.769	6.884	18.302	648.520	8.600	58.956
15	Z220×2.5	220	75	20	2.5	9.926	7.792	18.305	730.926	8.581	66.448
16	Z250×2.0	250	75	20	2.0	8.592	6.745	15.389	799.640	9.647	63.791
17	Z250×2.2	250	75	20	2.2	9.429	7.402	15.387	875.145	9.634	70.012
18	Z250×2.5	250	75	20	2.5	10.676	8.380	15.385	986.898	9.615	78.952

续 表

序号	截面代号	x-x				y_1-y_1			y-y				$I_{x1y1}/$ cm⁴	$I_t/$ cm⁴	$I_w/$ cm⁶	$k/$ cm⁻¹	$W_{w1}/$ cm⁴	$W_{w2}/$ cm⁴
		$I_x/$ cm⁴	$i_x/$ cm	$W_{x1}/$ cm³	$W_{x2}/$ cm³	$I_{y1}/$ cm⁴	$i_{y1}/$ cm	$W_{y1}/$ cm³	$I_y/$ cm⁴	$i_y/$ cm	$W_{y1}/$ cm³	$W_{y2}/$ cm³						
1	Z140×2.0	185.962	5.872	30.377	22.470	39.363	2.702	6.234	15.466	1.694	6.107	8.067	59.189	0.0719	1298.621	0.0048	118.281	59.185
2	Z140×2.2	202.926	5.860	33.352	24.544	42.928	2.693	6.809	16.814	1.687	6.659	8.823	64.638	0.0953	1407.575	0.0051	130.014	64.382
3	Z140×2.5	227.828	5.842	37.792	27.598	48.154	2.686	7.657	18.771	1.667	7.468	9.941	72.659	0.1391	1563.520	0.0058	147.558	71.926
4	Z160×2.0	283.680	6.768	40.271	29.603	60.271	3.120	8.240	23.422	1.945	8.018	9.564	90.733	0.0826	2559.036	0.0035	175.940	82.223
5	Z160×2.2	309.841	6.756	44.225	32.367	65.802	3.113	9.009	25.503	1.938	8.753	10.460	99.179	0.1095	2729.796	0.0039	193.430	89.569
6	Z160×2.5	348.487	6.738	50.132	36.445	73.935	3.104	10.143	28.537	1.928	9.834	11.775	111.642	0.1599	3098.400	0.0044	219.605	100.260
7	Z180×2.0	410.315	7.660	51.502	37.679	87.417	3.536	10.514	33.722	2.196	10.191	11.289	131.674	0.0932	4643.994	0.0028	248.609	110.100
8	Z180×2.2	478.592	7.648	56.570	41.226	95.518	3.529	11.502	36.761	2.189	11.135	12.351	144.034	0.1237	5052.769	0.0031	274.455	121.130
9	Z180×2.5	505.087	7.630	64.143	46.471	107.460	3.519	12.964	41.208	2.179	12.528	13.923	162.307	0.1807	5646.157	0.0035	311.661	135.810
10	Z200×2.0	506.903	8.281	56.094	43.435	87.418	3.439	10.514	35.944	2.205	11.109	11.339	146.944	0.0986	5882.294	0.0025	302.430	123.440
11	Z200×2.2	564.346	8.263	61.618	47.533	95.520	3.432	11.503	39.197	2.200	12.138	12.419	160.756	0.1308	6403.010	0.0028	332.826	134.660
12	Z200×2.5	624.421	8.249	69.876	53.596	107.462	3.422	12.964	43.962	2.189	13.654	14.021	181.132	0.1912	7160.113	0.0032	378.452	151.083
13	Z220×2.0	652.866	9.038	65.085	51.326	103.580	3.600	11.751	43.500	2.333	12.829	12.343	181.661	0.1066	8483.845	0.0022	383.110	148.380
14	Z220×2.2	714.175	9.025	71.501	56.190	113.220	3.593	12.860	47.465	2.327	14.023	13.524	198.803	0.1415	9242.136	0.0024	421.750	161.950
15	Z220×2.5	805.086	9.006	81.096	63.392	127.443	3.583	14.500	53.283	2.317	15.783	15.278	224.175	0.2068	10347.654	0.0028	479.804	181.874
16	Z250×2.0	856.690	9.985	71.976	61.841	103.580	3.472	11.752	46.532	2.327	14.553	12.090	207.280	0.1146	11298.920	0.0020	485.919	169.980
17	Z250×2.2	937.579	9.972	88.870	67.773	113.223	3.465	12.860	50.789	2.321	15.946	14.211	226.864	0.1521	12314.840	0.0022	535.491	184.530
18	Z250×2.5	1057.300	9.952	89.108	76.584	127.447	3.455	14.500	57.044	2.312	18.014	16.169	255.870	0.2224	13797.018	0.0025	610.188	207.379

附录 B 卷边槽形冷弯型钢的截面特性

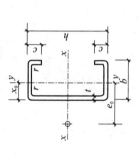

附表 B

卷边槽形冷弯型钢的截面特性

序号	截面代号	截面尺寸/mm				截面面积 A/cm²	质量 g/(kg/m)	X_0/cm	$x-x$			I_y/cm⁴	i_y/cm	$y-y$		y_1-y_1 I_{y1}/cm⁴	e_0/cm	I_t/cm⁴	I_w/cm⁶	k/cm⁻¹	W_{w1}/cm⁴	W_{w2}/cm⁴
		H	B	c	t				I_x/cm⁴	i_x/cm	W_x/cm³			W_{ymax}/cm³	W_{ymin}/cm³							
1	C140×2.0	140	50	20	2.0	5.27	4.14	1.590	154.03	5.41	22.00	18.56	1.88	11.68	5.44	31.86	3.87	0.070 3	794.79	0.005 8	51.34	52.22
2	C140×2.2	140	50	20	2.2	5.76	4.52	1.590	167.40	5.39	23.91	20.03	1.87	12.62	5.87	34.53	3.84	0.092 9	852.46	0.006 5	55.98	56.84
3	C140×2.5	140	50	20	2.5	6.48	5.09	1.580	186.78	5.39	26.68	22.11	1.85	13.96	6.47	38.38	3.80	0.135 1	931.89	0.007 5	62.56	63.56
4	C160×2.0	160	60	20	2.0	6.07	4.76	1.850	236.59	6.24	29.57	29.99	2.22	13.02	7.23	50.83	4.52	0.080 9	1 596.28	0.004 4	76.92	71.30
5	C160×2.2	160	60	20	2.2	6.64	5.21	1.850	257.57	6.23	32.20	32.45	2.21	17.53	7.82	55.19	4.50	0.107 1	1 717.82	0.004 9	83.82	77.55
6	C160×2.5	160	60	20	2.5	7.48	5.87	1.850	288.13	6.21	36.02	35.96	2.19	19.47	8.66	61.49	4.45	0.155 9	1 887.71	0.005 6	93.87	86.63
7	C180×2.0	180	70	20	2.0	6.87	5.39	2.110	343.93	7.08	38.21	45.18	2.57	21.37	9.25	75.87	5.12	0.091 6	2 934.34	0.003 5	109.50	95.22
8	C180×2.2	180	70	20	2.2	7.52	5.90	2.110	374.90	7.06	41.66	48.97	2.55	23.19	10.02	81.49	5.14	0.121 3	3 165.62	0.003 8	119.44	103.58
9	C180×2.5	180	70	20	2.5	8.48	6.66	2.110	420.20	7.04	46.69	54.42	2.53	25.82	11.12	92.06	5.10	0.176 7	3 492.15	0.004 4	133.99	115.73
10	C200×2.0	200	70	20	2.0	7.27	5.71	2.000	440.04	7.78	44.00	46.71	2.54	23.32	9.35	75.88	4.96	0.096 9	3 672.33	0.003 2	126.74	106.15
11	C200×2.2	200	70	20	2.2	7.96	6.25	2.000	479.87	7.77	47.99	50.64	2.52	25.31	10.13	82.49	4.93	0.128 4	3 963.82	0.003 5	138.26	115.74
12	C200×2.5	200	70	20	2.5	8.98	7.05	2.000	538.21	7.74	53.82	56.27	2.50	28.18	11.25	92.09	4.89	0.187 1	4 376.18	0.004 1	155.14	129.75
13	C220×2.0	220	75	20	2.0	7.87	6.18	2.080	574.45	8.54	52.22	56.88	2.69	27.35	10.50	90.93	5.18	0.104 9	5 313.52	0.002 8	158.43	127.32
14	C220×2.2	220	75	20	2.2	8.62	6.77	2.080	626.85	8.53	56.99	61.71	2.68	29.70	11.38	98.91	5.15	0.139 1	5 742.07	0.003 1	172.92	138.93
15	C220×2.5	220	75	20	2.5	9.73	7.64	2.074	703.76	8.50	63.98	68.66	2.66	33.11	12.65	110.51	5.11	0.202 8	6 351.05	0.003 5	194.18	155.94
16	C250×2.0	250	75	20	2.0	8.43	6.62	1.932	771.01	9.56	61.68	58.46	2.63	30.25	10.50	89.95	4.90	0.112 5	6 944.92	0.002 5	190.93	146.73
17	C250×2.2	250	75	20	2.2	9.26	7.27	1.933	844.08	9.55	67.53	63.68	2.62	32.94	11.44	98.27	4.87	0.149 3	7 545.39	0.002 8	208.66	160.20
18	C250×2.5	250	75	20	2.5	10.48	8.23	1.933	952.33	9.53	76.19	71.31	2.69	36.86	12.81	110.53	4.84	0.218 4	8 415.77	0.003 2	234.81	180.01

附录 C 楔形梁在刚架平面内的换算长度系数

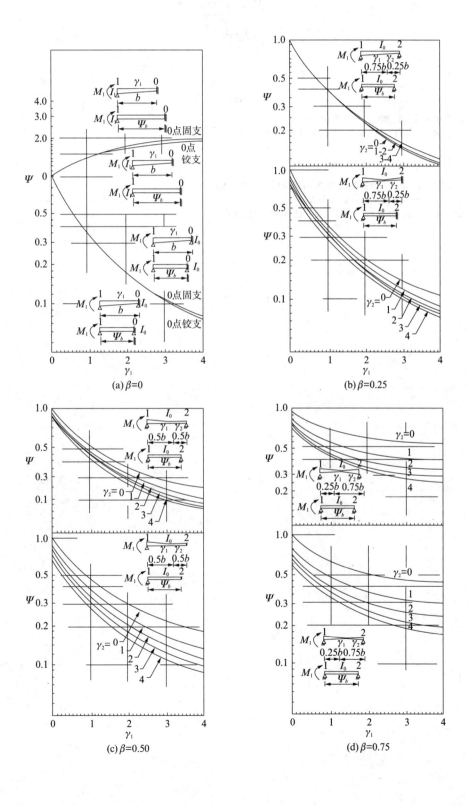

(a) $\beta=0$

(b) $\beta=0.25$

(c) $\beta=0.50$

(d) $\beta=0.75$

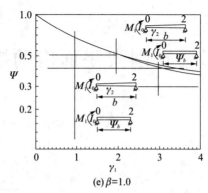

(e) $\beta=1.0$

注：1. 图中 β 为相连楔形段的长度比。

2. γ_1 和 γ_1 分别为第一、二楔形段的楔率,可按下列公式确定:

$$\gamma_1 = \frac{d_1}{d_0} - 1; \quad \gamma_2 = \frac{d_2}{d_0} - 1。$$

式中　d_1, d_2——两段式斜梁左右段截面大头的高度;

d_0——斜梁中部截面小头的高度。

3. 当考虑有侧移失稳时,刚架脊点可视为斜梁铰接支点。

附录 D 柱的计算长度系数

附表 D - 1　　　　　　　　　　无侧移框架柱的计算长度系数 μ

K_1 / K_2	0	0.05	0.1	0.2	0.3	0.4	0.5	1	2	3	4	5	≥10
0	1.000	0.990	0.981	0.964	0.949	0.935	0.922	0.875	0.820	0.791	0.773	0.760	0.732
0.05	0.990	0.981	0.971	0.955	0.940	0.926	0.914	0.867	0.814	0.784	0.766	0.754	0.726
0.1	0.981	0.971	0.962	0.946	0.931	0.918	0.906	0.860	0.807	0.778	0.760	0.748	0.721
0.2	0.964	0.955	0.946	0.930	0.916	0.903	0.891	0.846	0.795	0.767	0.749	0.737	0.711
0.3	0.949	0.940	0.931	0.916	0.902	0.889	0.878	0.834	0.784	0.756	0.739	0.728	0.701
0.4	0.935	0.926	0.918	0.903	0.889	0.877	0.866	0.823	0.774	0.747	0.730	0.719	0.693
0.5	0.922	0.914	0.906	0.891	0.878	0.866	0.855	0.813	0.765	0.738	0.721	0.710	0.685
1	0.875	0.867	0.860	0.846	0.834	0.823	0.813	0.774	0.729	0.704	0.688	0.677	0.654
2	0.820	0.814	0.807	0.795	0.784	0.774	0.765	0.729	0.686	0.663	0.648	0.638	0.615
3	0.791	0.784	0.778	0.767	0.756	0.747	0.738	0.704	0.663	0.640	0.625	0.616	0.593
4	0.773	0.766	0.760	0.749	0.739	0.730	0.721	0.688	0.648	0.625	0.611	0.601	0.580
5	0.760	0.754	0.748	0.737	0.728	0.719	0.710	0.677	0.638	0.616	0.601	0.592	0.570
≥10	0.732	0.726	0.721	0.711	0.701	0.693	0.685	0.654	0.615	0.593	0.580	0.570	0.549

注：1. 附表中的计算长度系数 μ 值按下式计算所得：

$$\left[\left(\frac{\pi}{\mu}\right)^2 + 2(K_1+K_2) - 4K_1K_2\right]\frac{\pi}{\mu} \cdot \sin\frac{\pi}{\mu} - 2\left[(K_1+K_2)\left(\frac{\pi}{\mu}\right)^2 + 4K_1K_2\right]\cos\frac{\pi}{\mu} + 8K_1K_2 = 0$$

　　　式中，K_1，K_2 分别为相交于柱上端、柱下端的横梁线刚度之和与柱线刚度之和的比值。当横梁远端为铰接时，应将横梁线刚度乘以 1.5；当横梁远端为嵌固时，则将横梁线刚度乘以 2。

　　2. 当横梁与柱铰接时，取横梁线刚度为零。

　　3. 对底层框架柱：当柱与基础铰接时，取 $K_2=0$（对平板支座可取 $K_2=0.1$）；当柱与基础刚接时，取 $K_2=10$。

　　4. 当与柱刚性连接的横梁所受轴心压力 N_b 较大时，横梁线刚度应乘以折减系数 α_N；

　　　横梁远端与柱刚接和横梁远端铰支时：$\alpha_N = 1 - N_b/N_{Eb}$

　　　横梁远端嵌固时：$\alpha_N = 1 - N_b/(2N_{Eb})$

　　　式中，$N_{Eb} = \pi^2 EI_b/l^2$，I_b 为横梁截面惯性矩，l 为横梁长度。

附表 D‑2　　　　　　　　　有侧移框架柱的计算长度系数 μ

K_1 $\backslash$ K_2	0	0.05	0.1	0.2	0.3	0.4	0.5	1	2	3	4	5	≥10
0	∞	6.02	4.46	3.42	3.01	2.78	2.64	2.33	2.17	2.11	2.08	2.07	2.03
0.05	6.02	4.16	3.47	2.86	2.58	2.42	2.31	2.07	1.94	1.90	1.87	1.86	1.83
0.1	4.46	3.47	3.01	2.56	2.33	2.20	2.11	1.90	1.79	1.75	1.73	1.72	1.70
0.2	3.42	2.86	2.56	2.23	2.05	1.94	1.87	1.70	1.60	1.57	1.55	1.54	1.52
0.3	3.01	2.58	2.33	2.05	1.90	1.80	1.74	1.58	1.49	1.46	1.45	1.44	1.42
0.4	2.78	2.42	2.20	1.94	1.80	1.71	1.65	1.50	1.42	1.39	1.37	1.37	1.35
0.5	2.64	2.31	2.11	1.87	1.74	1.65	1.59	1.45	1.37	1.34	1.32	1.32	1.30
1	2.33	2.07	1.90	1.70	1.58	1.50	1.45	1.32	1.24	1.21	1.20	1.19	1.17
2	2.17	1.94	1.79	1.60	1.49	1.42	1.37	1.24	1.16	1.14	1.12	1.12	1.10
3	2.11	1.90	1.75	1.57	1.46	1.39	1.34	1.21	1.14	1.11	1.10	1.09	1.07
4	2.08	1.87	1.73	1.55	1.45	1.37	1.32	1.20	1.12	1.10	1.08	1.07	1.05
5	2.07	1.86	1.72	1.54	1.44	1.37	1.32	1.19	1.12	1.09	1.08	1.07	1.05
≥10	2.03	1.83	1.70	1.52	1.42	1.35	1.30	1.17	1.10	1.07	1.06	1.05	1.03

注：1. 附表中的计算长度系数 μ 值按下式所得；

$$\left[36K_1K_2-\left(\frac{\pi}{\mu}\right)^2\right]\sin\frac{\pi}{\mu}+6(K_1+K_2)\frac{\pi}{\mu}\cdot\cos\frac{\pi}{\mu}=0$$

式中，K_1、K_2 分别为相交于柱上端、柱下端的横梁线刚度之和与柱线刚度之和的比值。当横梁远端为铰接时，应将横梁线刚度乘以 0.5；当横梁远端为嵌固时，则将横梁线刚度乘以 2/3。

2. 当横梁与柱铰接时，取横梁线刚度为零。

3. 对底层框架柱：当柱与基础铰接时，取 $K_2=0$（对平板支座可取 $K_2=0.1$）；当柱与基础刚接时，取 $K_2=10$。

4. 当与柱刚性连接的横梁所受轴心压力 N_b 较大时，横梁线刚度应乘以折减系数 α_N。

当横梁远端与柱刚接时：$\alpha_N=1-N_b/(4N_{Eb})$

当横梁远端铰支时：$\alpha_N=1-N_b/N_{Eb}$

当横梁远端嵌固时：$\alpha_N=1-N_b/(2N_{Eb})$

式中，$N_{Eb}=\pi^2EI_b/l^2$；I_b 为横梁截面惯性矩；l 为横梁长度。

附表 D-3

柱上端为自由的单阶柱下段的计算长度系数 μ_2

简　图	K_1 \ η_1	0.06	0.08	0.10	0.12	0.14	0.16	0.18	0.20	0.22	0.24	0.26	0.28	0.3	0.4	0.5	0.6	0.7	0.8
	0.2	2.00	2.01	2.01	2.01	2.01	2.01	2.01	2.02	2.02	2.02	2.02	2.02	2.02	2.03	2.04	2.05	2.06	2.07
	0.3	2.01	2.02	2.02	2.02	2.03	2.03	2.03	2.04	2.04	2.05	2.05	2.05	2.06	2.08	2.10	2.12	2.13	2.15
	0.4	2.02	2.03	2.04	2.04	2.05	2.06	2.07	2.07	2.08	2.09	2.09	2.10	2.11	2.14	2.18	2.21	2.25	2.28
	0.5	2.04	2.05	2.06	2.07	2.09	2.10	2.11	2.12	2.13	2.15	2.16	2.17	2.18	2.24	2.29	2.35	2.40	2.45
	0.6	2.06	2.08	2.10	2.12	2.14	2.16	2.18	2.19	2.21	2.23	2.25	2.26	2.28	2.36	2.44	2.52	2.59	2.66
	0.7	2.10	2.13	2.16	2.18	2.21	2.24	2.26	2.29	2.31	2.34	2.36	2.38	2.41	2.52	2.62	2.72	2.81	2.90
	0.8	2.15	2.20	2.24	2.27	2.31	2.34	2.38	2.41	2.44	2.47	2.50	2.53	2.56	2.70	2.82	2.94	3.06	3.16
	0.9	2.24	2.29	2.35	2.39	2.44	2.48	2.52	2.56	2.60	2.63	2.67	2.71	2.74	2.90	3.05	3.19	3.32	3.44
	1.0	2.36	2.43	2.48	2.54	2.59	2.64	2.69	2.73	2.77	2.82	2.86	2.90	2.94	3.12	3.29	3.45	3.59	3.74
	1.2	2.69	2.76	2.83	2.89	2.95	3.01	3.07	3.12	3.17	3.22	3.27	3.32	3.37	3.59	3.80	3.99	4.17	4.34
	1.4	3.07	3.14	3.22	3.29	3.36	3.42	3.48	3.55	3.61	3.66	3.72	3.78	3.83	4.09	4.33	4.56	4.77	4.97
	1.6	3.47	3.55	3.63	3.71	3.78	3.85	3.92	3.99	4.07	4.12	4.18	4.25	4.31	4.61	4.88	5.14	5.38	5.62
	1.8	3.88	3.97	4.05	4.13	4.21	4.29	4.37	4.44	4.52	4.59	4.66	4.73	4.80	5.13	5.44	5.73	6.00	6.26
	2.0	4.29	4.39	4.48	4.57	4.65	4.74	4.82	4.90	4.99	5.07	5.14	5.22	5.30	5.66	6.00	6.32	6.63	6.92
	2.2	4.71	4.81	4.91	5.00	5.10	5.19	5.28	5.37	5.46	5.54	5.63	5.71	5.80	6.19	6.57	6.92	7.26	7.58
	2.4	5.13	5.24	5.34	5.44	5.54	5.64	5.74	5.84	5.93	6.03	6.12	6.21	6.30	6.73	7.14	7.52	7.89	8.24
	2.6	5.55	5.66	5.77	5.88	5.99	6.10	6.20	6.31	6.41	6.51	6.61	6.71	6.80	7.27	7.71	8.13	8.52	8.90
	2.8	5.97	6.09	6.21	6.33	6.44	6.55	6.67	6.78	6.89	6.99	7.10	7.21	7.31	7.81	8.28	8.73	9.16	9.57
	3.0	6.39	6.52	6.64	6.77	6.89	7.01	7.13	7.25	7.37	7.48	7.59	7.71	7.82	8.35	8.86	9.34	9.80	10.24

$$K_1 = \frac{I_1}{I_2} \cdot \frac{H_2}{H_1}$$

$$\eta_1 = \frac{H_1}{H_2} \sqrt{\frac{N_1}{N_2} \cdot \frac{I_2}{I_1}}$$

N_1——上段柱的轴心力;

N_2——下段柱的轴心力

注：附表中的计算长度系数 μ_2 值系按下式计算得出：

$$\eta_1 K_1 \cdot \tan\frac{\pi}{\mu_2} \cdot \tan\frac{\pi\eta_1}{\mu_2} - 1 = 0$$

附表 D-4

柱上端可移动但不能转动的单阶柱下段的计算长度系数 μ_2

$K_1 = \dfrac{I_1}{I_2} \cdot \dfrac{H_2}{H_1}$

$\eta_1 = \dfrac{H_1}{H_2}\sqrt{\dfrac{N_1}{N_2} \cdot \dfrac{I_2}{I_1}}$

N_1——上段柱的轴心力;

N_2——下段柱的轴心力

η_1＼K_1	0.06	0.08	0.10	0.12	0.14	0.16	0.18	0.20	0.22	0.24	0.26	0.28	0.3	0.4	0.5	0.6	0.7	0.8
0.2	1.96	1.94	1.93	1.91	1.90	1.89	1.88	1.86	1.85	1.84	1.83	1.82	1.81	1.76	1.72	1.68	1.65	1.62
0.3	1.96	1.94	1.93	1.92	1.91	1.89	1.88	1.87	1.86	1.85	1.84	1.83	1.82	1.77	1.73	1.70	1.66	1.63
0.4	1.96	1.95	1.94	1.92	1.91	1.90	1.89	1.88	1.87	1.86	1.85	1.84	1.83	1.79	1.75	1.72	1.68	1.66
0.5	1.96	1.95	1.94	1.93	1.92	1.91	1.90	1.89	1.88	1.87	1.86	1.85	1.85	1.81	1.77	1.74	1.71	1.69
0.6	1.97	1.96	1.95	1.94	1.93	1.92	1.91	1.90	1.90	1.89	1.88	1.87	1.87	1.83	1.80	1.78	1.75	1.73
0.7	1.97	1.97	1.96	1.95	1.94	1.94	1.93	1.92	1.92	1.91	1.90	1.90	1.89	1.86	1.84	1.82	1.80	1.78
0.8	1.98	1.98	1.97	1.96	1.96	1.95	1.95	1.94	1.94	1.93	1.93	1.93	1.92	1.90	1.88	1.87	1.86	1.84
0.9	1.99	1.99	1.98	1.98	1.98	1.97	1.97	1.97	1.97	1.96	1.96	1.96	1.96	1.95	1.94	1.93	1.92	1.92
1.0	2.00	2.00	2.00	2.00	2.00	2.00	2.00	2.00	2.00	2.00	2.00	2.00	2.00	2.00	2.00	2.00	2.00	2.00
1.2	2.03	2.04	2.04	2.05	2.06	2.07	2.07	2.08	2.08	2.09	2.10	2.10	2.11	2.13	2.15	2.17	2.18	2.20
1.4	2.07	2.09	2.11	2.12	2.14	2.16	2.17	2.18	2.20	2.21	2.22	2.23	2.24	2.29	2.33	2.37	2.40	2.42
1.6	2.13	2.16	2.19	2.22	2.25	2.27	2.30	2.32	2.34	2.36	2.37	2.39	2.41	2.48	2.54	2.59	2.63	2.67
1.8	2.22	2.27	2.31	2.35	2.39	2.42	2.45	2.48	2.50	2.53	2.55	2.57	2.59	2.69	2.76	2.83	2.88	2.93
2.0	2.35	2.41	2.46	2.50	2.55	2.59	2.62	2.66	2.69	2.72	2.75	2.77	2.80	2.91	3.00	3.08	3.14	3.20
2.2	2.51	2.57	2.63	2.68	2.73	2.77	2.81	2.85	2.89	2.92	2.95	2.98	3.01	3.14	3.25	3.33	3.41	3.47
2.4	2.68	2.75	2.81	2.87	2.92	2.97	3.01	3.05	3.09	3.13	3.17	3.20	3.24	3.38	3.50	3.59	3.68	3.75
2.6	2.87	2.94	3.00	3.06	3.12	3.17	3.22	3.27	3.31	3.35	3.39	3.43	3.46	3.62	3.75	3.86	3.95	4.03
2.8	3.06	3.14	3.20	3.27	3.33	3.38	3.43	3.48	3.53	3.58	3.62	3.66	3.70	3.87	4.01	4.13	4.23	4.32
3.0	3.26	3.34	3.41	3.47	3.54	3.60	3.65	3.70	3.75	3.80	3.85	3.89	3.93	4.12	4.27	4.40	4.51	4.61

注:附表中的计算长度系数 μ_2 值系按下式计算得出:

$$\tan\frac{\pi\eta_1}{\mu_2} + \eta_1 K_1 \cdot \tan\frac{\pi}{\mu_2} = 0$$

附表 D-5   柱上端为自由的双阶柱下段的计算长度系数 μ_3

简 图	η_1	K_1 / K_2 / η_2	0.05										
			0.2	0.3	0.4	0.5	0.6	0.7	0.8	0.9	1.0	1.1	1.2
	0.2	0.2	2.02	2.03	2.04	2.05	2.05	2.06	2.07	2.08	2.09	2.10	2.10
		0.4	2.08	2.11	2.15	2.19	2.22	2.25	2.29	2.32	2.35	2.39	2.42
		0.6	2.20	2.29	2.37	2.45	2.52	2.60	2.67	2.73	2.80	2.87	2.93
		0.8	2.42	2.57	2.71	2.83	2.95	3.06	3.17	3.27	3.37	3.47	3.56
		1.0	2.75	2.95	3.13	3.30	3.45	3.60	3.74	3.87	4.00	4.13	4.25
		1.2	3.13	3.38	3.60	3.80	4.00	4.18	4.35	4.51	4.67	4.82	4.97
	0.4	0.2	2.04	2.05	2.05	2.06	2.07	2.08	2.09	2.09	2.10	2.11	2.12
		0.4	2.10	2.14	2.17	2.20	2.24	2.27	2.31	2.34	2.37	2.40	2.43
		0.6	2.24	2.32	2.40	2.47	2.54	2.62	2.68	2.75	2.82	2.88	2.94
		0.8	2.47	2.60	2.73	2.85	2.97	3.08	3.19	3.29	3.38	3.48	3.57
		1.0	2.79	2.98	3.15	3.32	3.47	3.62	3.75	3.89	4.02	4.14	4.26
		1.2	3.18	3.41	3.62	3.82	4.01	4.19	4.36	4.52	4.68	4.83	4.98
	0.6	0.2	2.09	2.09	2.10	2.10	2.11	2.12	2.12	2.13	2.14	2.15	2.15
		0.4	2.17	2.19	2.22	2.25	2.28	2.31	2.34	2.38	2.41	2.44	2.47
		0.6	2.32	2.38	2.45	2.52	2.59	2.66	2.72	2.79	2.85	2.91	2.97
		0.8	2.56	2.67	2.79	2.90	3.01	3.11	3.22	3.32	3.41	3.50	3.60
		1.0	2.88	3.04	3.20	3.36	3.50	3.65	3.78	3.91	4.04	4.16	4.26
		1.2	3.26	3.46	3.66	3.86	4.04	4.22	4.38	4.55	4.70	4.85	5.00
	0.8	0.2	2.29	2.24	2.22	2.21	2.21	2.22	2.22	2.22	2.23	2.23	2.24
		0.4	2.37	2.34	2.34	2.36	2.38	2.40	2.43	2.45	2.48	2.51	2.54
		0.6	2.52	2.52	2.56	2.61	2.67	2.73	2.79	2.85	2.91	2.96	3.02
		0.8	2.74	2.79	2.88	2.98	3.08	3.17	3.27	3.36	3.46	3.55	3.63
		1.0	3.04	3.15	3.28	3.42	3.56	3.69	3.82	3.95	4.07	4.19	4.31
		1.2	3.39	3.55	3.73	3.91	4.08	4.25	4.42	4.58	4.73	4.88	5.02
	1.0	0.2	2.69	2.57	2.51	2.48	2.46	2.45	2.45	2.44	2.44	2.44	2.44
		0.4	2.75	2.64	2.60	2.59	2.59	2.59	2.60	2.62	2.63	2.65	2.67
		0.6	2.86	2.78	2.77	2.79	2.83	2.87	2.91	2.96	3.01	3.06	3.10
		0.8	3.04	3.01	3.05	3.11	3.19	3.27	3.35	3.44	3.52	3.61	3.69
		1.0	3.29	3.32	3.41	3.52	3.64	3.76	3.89	4.01	4.13	4.24	4.35
		1.2	3.60	3.69	3.83	3.99	4.15	4.31	4.47	4.62	4.77	4.92	5.06
	1.2	0.2	3.16	3.00	2.92	2.87	2.84	2.81	2.80	2.79	2.78	2.77	2.77
		0.4	3.21	3.05	2.98	2.94	2.92	2.90	2.90	2.90	2.90	2.91	2.92
		0.6	3.30	3.15	3.10	3.08	3.08	3.10	3.12	3.15	3.18	3.22	3.26
		0.8	3.43	3.32	3.30	3.33	3.37	3.43	3.49	3.56	3.63	3.71	3.78
		1.0	3.62	3.57	3.60	3.68	3.77	3.87	3.98	4.09	4.20	4.31	4.42
		1.2	3.88	3.88	3.98	4.11	4.25	4.39	4.54	4.68	4.83	4.97	5.10
	1.4	0.2	3.66	3.46	3.36	3.29	3.25	3.23	3.20	3.19	3.18	3.17	3.16
		0.4	3.70	3.50	3.40	3.35	3.31	3.29	3.27	3.26	3.26	3.26	3.26
		0.6	3.77	3.58	3.49	3.45	3.43	3.42	3.42	3.43	3.45	3.47	3.49
		0.8	3.87	3.70	3.64	3.63	3.64	3.67	3.70	3.75	3.81	3.86	3.92
		1.0	4.02	3.89	3.87	3.90	3.96	4.04	4.12	4.22	4.31	4.41	4.51
		1.2	4.23	4.15	4.19	4.27	4.39	4.51	4.64	4.77	4.91	5.04	5.17

简图中：I_1、H_1；I_2、H_2；I_3、H_3

$$K_1 = \frac{I_1}{I_3} \cdot \frac{H_3}{H_1}$$

$$K_2 = \frac{I_2}{I_3} \cdot \frac{H_3}{H_2}$$

$$\eta_1 = \frac{H_1}{H_3} \sqrt{\frac{N_1}{N_3} \cdot \frac{I_3}{I_1}}$$

$$\eta_2 = \frac{H_2}{H_3} \sqrt{\frac{N_2}{N_3} \cdot \frac{I_3}{I_2}}$$

N_1——上段柱轴心力；
N_2——中段柱轴心力；
N_3——下段柱轴心力

续　表

$$K_1 = \frac{I_1}{I_3} \cdot \frac{H_3}{H_1}$$

$$K_2 = \frac{I_2}{I_3} \cdot \frac{H_3}{H_2}$$

$$\eta_1 = \frac{H_1}{H_3} \sqrt{\frac{N_1}{N_3} \cdot \frac{I_3}{I_1}}$$

$$\eta_2 = \frac{H_2}{H_3} \sqrt{\frac{N_2}{N_3} \cdot \frac{I_3}{I_2}}$$

N_1——上段柱轴心力;
N_2——中段柱轴心力;
N_3——下段柱轴心力

简图 / η_1	K_2 / η_2	K_1 = 0.10										
		0.2	0.3	0.4	0.5	0.6	0.7	0.8	0.9	1.0	1.1	1.2
0.2	0.2	2.03	2.03	2.04	2.05	2.06	2.07	2.08	2.08	2.09	2.10	2.11
	0.4	2.09	2.12	2.16	2.19	2.23	2.26	2.29	2.33	2.36	2.39	2.42
	0.6	2.21	2.30	2.38	2.46	2.53	2.60	2.67	2.74	2.81	2.87	2.93
	0.8	2.44	2.58	2.71	2.84	2.96	3.07	3.17	3.28	3.37	3.47	3.56
	1.0	2.76	2.96	3.14	3.30	3.46	3.60	3.74	3.88	4.01	4.13	4.25
	1.2	3.15	3.39	3.61	3.81	4.00	4.18	4.35	4.52	4.68	4.83	4.98
0.4	0.2	2.07	2.07	2.08	2.08	2.09	2.10	2.11	2.12	2.12	2.13	2.14
	0.4	2.14	2.17	2.20	2.23	2.26	2.30	2.33	2.36	2.39	2.42	2.46
	0.6	2.28	2.36	2.43	2.50	2.57	2.64	2.71	2.77	2.84	2.90	2.96
	0.8	2.53	2.65	2.77	2.88	3.00	3.10	3.21	3.31	3.40	3.50	3.59
	1.0	2.85	3.02	3.19	3.34	3.49	3.64	3.77	3.91	4.03	4.16	4.28
	1.2	3.24	3.45	3.65	3.85	4.03	4.21	4.38	4.54	4.70	4.85	4.99
0.6	0.2	2.22	2.19	2.18	2.17	2.18	2.18	2.19	2.19	2.20	2.20	2.21
	0.4	2.31	2.30	2.31	2.33	2.35	2.38	2.41	2.44	2.47	2.49	2.52
	0.6	2.48	2.49	2.54	2.60	2.66	2.72	2.78	2.84	2.90	2.96	3.02
	0.8	2.72	2.78	2.87	2.97	3.07	3.17	3.27	3.36	3.46	3.55	3.64
	1.0	3.04	3.15	3.28	3.42	3.56	3.70	3.83	3.95	4.08	4.20	4.31
	1.2	3.40	3.56	3.74	3.91	4.09	4.26	4.42	4.58	4.73	4.88	5.03
0.8	0.2	2.63	2.49	2.43	2.40	2.38	2.37	2.37	2.36	2.36	2.37	2.37
	0.4	2.71	2.59	2.55	2.54	2.54	2.55	2.57	2.59	2.61	2.63	2.65
	0.6	2.86	2.76	2.76	2.78	2.82	2.86	2.91	2.96	3.01	3.07	3.12
	0.8	3.06	3.02	3.06	3.13	3.20	3.29	3.37	3.46	3.54	3.63	3.71
	1.0	3.33	3.35	3.44	3.55	3.67	3.79	3.90	4.03	4.15	4.26	4.37
	1.2	3.65	3.73	3.86	4.02	4.18	4.34	4.49	4.64	4.79	4.94	5.08
1.0	0.2	3.18	2.95	2.84	2.77	2.73	2.70	2.68	2.67	2.66	2.65	2.65
	0.4	3.24	3.03	2.93	2.88	2.85	2.84	2.84	2.84	2.85	2.86	2.87
	0.6	3.36	3.16	3.09	3.07	3.08	3.09	3.12	3.15	3.19	3.23	3.27
	0.8	3.52	3.37	3.34	3.36	3.41	3.46	3.53	3.60	3.67	3.75	3.82
	1.0	3.74	3.64	3.67	3.74	3.83	3.93	4.03	4.14	4.25	4.35	4.46
	1.2	4.00	3.97	4.05	4.17	4.31	4.45	4.59	4.73	4.87	5.01	5.14
1.2	0.2	3.77	3.47	3.32	3.23	3.17	3.12	3.09	3.07	3.05	3.04	3.03
	0.4	3.82	3.53	3.39	3.31	3.26	3.22	3.20	3.19	3.19	3.19	3.19
	0.6	3.91	3.64	3.51	3.45	3.42	3.42	3.42	3.43	3.45	3.48	3.50
	0.8	4.04	3.80	3.71	3.68	3.69	3.72	3.76	3.81	3.86	3.92	3.98
	1.0	4.21	4.02	3.97	3.99	4.05	4.12	4.20	4.29	4.39	4.48	4.58
	1.2	4.43	4.30	4.31	4.38	4.48	4.60	4.72	4.85	4.98	5.11	5.24
1.4	0.2	4.37	4.01	3.82	3.71	3.63	3.58	3.54	3.51	3.49	3.47	3.45
	0.4	4.41	4.06	3.88	3.77	3.70	3.66	3.63	3.60	3.59	3.58	3.57
	0.6	4.48	4.15	3.98	3.89	3.83	3.80	3.79	3.78	3.79	3.80	3.81
	0.8	4.59	4.28	4.13	4.07	4.04	4.04	4.06	4.08	4.12	4.16	4.21
	1.0	4.74	4.45	4.35	4.32	4.43	4.38	4.43	4.50	4.58	4.66	4.74
	1.2	4.92	4.69	4.63	4.65	4.72	4.80	4.90	5.10	5.13	5.24	5.36

续　表

简　图	K_1		0.20										
	η_1	$\dfrac{K_2}{\eta_2}$	0.2	0.3	0.4	0.5	0.6	0.7	0.8	0.9	1.0	1.1	1.2
	0.2	0.2	2.04	2.04	2.05	2.06	2.07	2.08	2.08	2.09	2.10	2.11	2.12
		0.4	2.10	2.13	2.17	2.20	2.24	2.27	2.30	2.34	2.37	2.40	2.43
		0.6	2.23	2.31	2.39	2.47	2.54	2.61	2.68	2.75	2.82	2.88	2.94
		0.8	2.46	2.60	2.73	2.85	2.97	3.08	3.18	3.29	3.38	3.48	3.57
		1.0	2.79	2.98	3.15	3.32	3.47	3.61	3.75	3.89	4.02	4.14	4.26
		1.2	3.18	3.41	3.62	3.82	4.01	4.19	4.36	4.52	4.68	4.83	4.98
	0.4	0.2	2.15	2.13	2.13	2.14	2.14	2.15	2.15	2.16	2.17	2.17	2.18
		0.4	2.24	2.24	2.26	2.29	2.32	2.35	2.38	2.41	2.44	2.47	2.50
		0.6	2.40	2.44	2.50	2.56	2.63	2.69	2.76	2.82	2.88	2.94	3.00
		0.8	2.66	2.74	2.84	2.95	3.05	3.15	3.25	3.35	3.44	3.53	3.62
		1.0	2.98	3.12	3.25	3.40	3.54	3.68	3.81	3.94	4.07	4.19	4.30
		1.2	3.35	3.53	3.71	3.90	4.08	4.25	4.41	4.57	4.73	4.87	5.02
	0.6	0.2	2.57	2.42	2.37	2.34	2.33	2.32	2.32	2.32	2.32	2.32	2.33
		0.4	2.67	2.54	2.50	2.50	2.51	2.52	2.54	2.56	2.58	2.61	2.63
		0.6	2.83	2.74	2.73	2.76	2.80	2.85	2.90	2.96	3.01	3.06	3.12
		0.8	3.06	3.01	3.05	3.12	3.20	3.29	3.38	3.46	3.55	3.63	3.72
		1.0	3.34	3.35	3.44	3.56	3.68	3.80	3.92	4.04	4.15	4.27	4.38
		1.2	3.67	3.74	3.88	4.03	4.19	4.35	4.50	4.65	4.80	4.94	5.08
	0.8	0.2	3.25	2.96	2.82	2.74	2.69	2.66	2.64	2.62	2.61	2.61	2.60
		0.4	3.33	3.05	2.93	2.87	2.84	2.83	2.83	2.83	2.84	2.85	2.87
		0.6	3.45	3.21	3.12	3.10	3.10	3.12	3.14	3.18	3.22	3.26	3.30
		0.8	3.63	3.44	3.39	3.41	3.45	3.51	3.57	3.64	3.71	3.79	3.86
		1.0	3.86	3.73	3.73	3.80	3.88	3.98	4.08	4.18	4.29	4.39	4.50
		1.2	4.13	4.07	4.13	4.24	4.36	4.50	4.64	4.78	4.91	5.05	5.18
	1.0	0.2	4.00	3.60	3.39	3.26	3.18	3.13	3.08	3.05	3.03	3.01	3.00
		0.4	4.06	3.67	3.48	3.37	3.30	3.26	3.23	3.21	3.21	3.20	3.20
		0.6	4.15	3.79	3.63	3.54	3.50	3.48	3.49	3.50	3.51	3.54	3.57
		0.8	4.29	3.97	3.84	3.80	3.79	3.81	3.85	3.90	3.95	4.01	4.07
		1.0	4.48	4.21	4.13	4.13	4.17	4.23	4.31	4.39	4.48	4.57	4.66
		1.2	4.70	4.49	4.47	4.52	4.60	4.71	4.82	4.94	5.07	5.19	5.31
	1.2	0.2	4.76	4.26	4.00	3.83	3.72	3.65	3.59	3.54	3.51	3.48	3.46
		0.4	4.81	4.32	4.07	3.91	3.82	3.75	3.70	3.67	3.65	3.63	3.62
		0.6	4.89	4.43	4.19	4.05	3.98	3.93	3.91	3.89	3.89	3.90	3.91
		0.8	5.00	4.57	4.36	4.26	4.21	4.20	4.21	4.23	4.26	4.30	4.34
		1.0	5.15	4.76	4.59	4.53	4.53	4.55	4.60	4.66	4.73	4.80	4.88
		1.2	5.34	5.00	4.88	4.87	4.91	4.98	5.07	5.17	5.27	5.38	5.49
	1.4	0.2	5.53	4.94	4.62	4.42	4.29	4.19	4.12	4.06	4.02	3.98	3.95
		0.4	5.57	4.99	4.68	4.49	4.36	4.27	4.21	4.16	4.13	4.10	4.08
		0.6	5.64	5.07	4.78	4.60	4.49	4.42	4.38	4.35	4.33	4.32	4.32
		0.8	5.74	5.19	4.92	4.77	4.69	4.64	4.62	4.62	4.63	4.65	4.67
		1.0	5.86	5.35	5.12	5.00	4.95	4.94	4.96	4.99	5.03	5.09	5.15
		1.2	6.02	5.55	5.36	5.29	5.28	5.31	5.37	5.44	5.52	5.61	5.71

$$K_1 = \frac{I_1}{I_3} \cdot \frac{H_3}{H_1}$$

$$K_2 = \frac{I_2}{I_3} \cdot \frac{H_3}{H_2}$$

$$\eta_1 = \frac{H_1}{H_3} \sqrt{\frac{N_1}{N_3} \cdot \frac{I_3}{I_1}}$$

$$\eta_2 = \frac{H_2}{H_3} \sqrt{\frac{N_2}{N_3} \cdot \frac{I_3}{I_2}}$$

N_1——上段柱轴心力；
N_2——中段柱轴心力；
N_3——下段柱轴心力

续 表

K₁ = 0.30

左侧图示定义：

$$K_1 = \frac{I_1}{I_3} \cdot \frac{H_3}{H_1}$$

$$K_2 = \frac{I_2}{I_3} \cdot \frac{H_3}{H_2}$$

$$\eta_1 = \frac{H_1}{H_3}\sqrt{\frac{N_1}{N_3} \cdot \frac{I_3}{I_1}}$$

$$\eta_2 = \frac{H_2}{H_3}\sqrt{\frac{N_2}{N_3} \cdot \frac{I_3}{I_2}}$$

N_1——上段柱轴心力；
N_2——中段柱轴心力；
N_3——下段柱轴心力

η_1	η_2	0.2	0.3	0.4	0.5	0.6	0.7	0.8	0.9	1.0	1.1	1.2
0.2	0.2	2.05	2.05	2.06	2.07	2.08	2.09	2.09	2.10	2.11	2.12	2.13
	0.4	2.12	2.15	2.18	2.21	2.25	2.28	2.31	2.35	2.38	2.41	2.44
	0.6	2.25	2.33	2.41	2.48	2.56	2.63	2.69	2.76	2.83	2.89	2.95
	0.8	2.49	2.62	2.75	2.87	2.98	3.09	3.20	3.30	3.39	3.49	3.58
	1.0	2.82	3.00	3.17	3.33	3.48	3.63	3.76	3.90	4.02	4.15	4.27
	1.2	3.20	3.43	3.64	3.83	4.02	4.20	4.37	4.53	4.69	4.84	4.99
0.4	0.2	2.26	2.21	2.20	2.19	2.19	2.20	2.20	2.21	2.21	2.22	2.23
	0.4	2.36	2.33	2.33	2.35	2.38	2.40	2.43	2.46	2.49	2.51	2.54
	0.6	2.54	2.54	2.58	2.63	2.69	2.75	2.81	2.87	2.93	2.99	3.04
	0.8	2.79	2.83	2.91	3.01	3.10	3.20	3.30	3.39	3.48	3.57	3.66
	1.0	3.11	3.20	3.32	3.46	3.59	3.72	3.85	3.98	4.10	4.22	4.33
	1.2	3.47	3.60	3.77	3.95	4.12	4.28	4.45	4.60	4.75	4.90	5.04
0.6	0.2	2.93	2.68	2.57	2.52	2.49	2.47	2.46	2.45	2.45	2.45	2.45
	0.4	3.02	2.79	2.71	2.67	2.66	2.66	2.67	2.69	2.70	2.72	2.74
	0.6	3.17	2.98	2.93	2.93	2.95	2.98	3.02	3.07	3.11	3.16	3.21
	0.8	4.37	3.24	3.23	3.27	3.33	3.41	3.48	3.56	3.64	3.72	3.80
	1.0	3.63	3.56	3.60	3.69	3.79	3.90	4.01	4.12	4.23	4.34	4.45
	1.2	3.94	3.92	4.02	4.15	4.29	4.43	4.58	4.72	4.87	5.01	5.14
0.8	0.2	3.78	3.38	3.18	3.06	2.98	2.93	2.89	2.86	2.84	2.83	2.82
	0.4	3.85	3.47	3.28	3.18	3.12	3.09	3.07	3.06	3.06	3.06	3.06
	0.6	3.96	3.61	3.46	3.39	3.36	3.35	3.36	3.38	3.41	3.44	3.47
	0.8	4.12	3.82	3.70	3.67	3.68	3.72	3.76	3.82	3.88	3.94	4.01
	1.0	4.32	4.07	4.01	4.03	4.08	4.16	4.24	4.33	4.43	4.52	4.62
	1.2	4.57	4.38	4.38	4.44	4.54	4.66	4.78	4.90	5.03	5.16	5.29
1.0	0.2	4.68	4.15	3.86	3.69	3.57	3.49	3.43	3.38	3.35	3.32	3.30
	0.4	4.73	4.21	3.94	3.78	3.68	3.61	3.57	3.54	3.51	3.50	3.49
	0.6	4.82	4.33	4.08	3.95	3.87	3.83	3.80	3.80	3.80	3.81	3.83
	0.8	4.94	4.49	4.28	4.18	4.14	4.13	4.14	4.17	4.20	4.25	4.29
	1.0	5.10	4.70	4.53	4.48	4.48	4.51	4.56	4.62	4.70	4.77	4.85
	1.2	5.30	4.95	4.84	4.83	4.88	4.96	5.05	5.15	5.26	5.37	5.48
1.2	0.2	5.58	4.93	4.57	4.35	4.20	4.10	4.01	3.95	3.90	3.86	3.83
	0.4	5.62	4.98	4.64	4.43	4.29	4.19	4.12	4.07	4.03	4.01	3.98
	0.6	5.70	5.08	4.75	4.56	4.44	4.37	4.32	4.29	4.27	4.26	4.26
	0.8	5.80	5.21	4.91	4.75	4.66	4.61	4.59	4.59	4.60	4.62	4.65
	1.0	5.93	5.38	5.12	5.00	4.95	4.94	4.95	4.99	5.03	5.09	5.15
	1.2	6.10	5.59	5.38	5.31	5.30	5.33	5.39	5.46	5.54	5.63	5.73
1.4	0.2	6.49	5.72	5.30	5.03	4.85	4.72	4.62	4.54	4.48	4.43	4.38
	0.4	6.53	5.77	5.35	5.10	4.93	4.80	4.71	4.64	4.59	4.55	4.51
	0.6	6.59	5.85	5.45	5.21	5.05	4.95	4.87	4.82	4.78	4.76	4.74
	0.8	6.68	5.96	5.59	5.37	5.24	5.15	5.10	5.08	5.06	5.06	5.07
	1.0	6.79	6.10	5.76	5.58	5.48	5.43	5.41	5.41	5.44	5.47	5.51
	1.2	6.93	6.28	5.98	5.84	5.78	5.76	5.79	5.83	5.89	5.95	6.03

注：附表中的计算长度系数 μ_3 的值按下式算得：

$$\frac{\eta_1 K_1}{\eta_2 K_2} \cdot \tan\frac{\pi\eta_1}{\mu_3} \cdot \tan\frac{\pi\eta_2}{\mu_3} + \eta_1 K_1 \cdot \tan\frac{\pi\eta_1}{\mu_3} \cdot \tan\frac{\pi}{\mu_3} + \eta_2 K_2 \cdot \tan\frac{\pi\eta_2}{\mu_3} \cdot \tan\frac{\pi}{\mu_3} - 1 = 0$$

附表 D-6　　柱上端可移动但不能转动的双阶柱下段的计算长度系数 μ_3

简　图		K_1	0.05										
	η_1	K_2 / η_2	0.2	0.3	0.4	0.5	0.6	0.7	0.8	0.9	1.0	1.1	1.2
		0.2	1.99	1.99	2.00	2.00	2.01	2.02	2.02	2.03	2.04	2.05	2.06
		0.4	2.03	2.06	2.09	2.12	2.16	2.19	2.22	2.25	2.29	2.32	2.35
	0.2	0.6	2.12	2.20	2.28	2.36	2.43	2.50	2.57	2.64	2.71	2.77	2.83
		0.8	2.28	2.43	2.57	2.70	2.82	2.94	3.04	3.15	3.25	3.34	3.43
		1.0	2.53	2.76	2.96	3.13	3.29	3.44	3.59	3.72	3.85	3.98	4.10
		1.2	2.86	3.15	3.39	3.61	3.80	3.99	4.16	4.33	4.49	4.64	4.79
		0.2	1.99	1.99	2.00	2.01	2.01	2.02	2.03	2.04	2.04	2.05	2.06
		0.4	2.03	2.06	2.09	2.13	2.16	2.19	2.23	2.26	2.29	2.32	2.35
	0.4	0.6	2.12	2.20	2.28	2.36	2.44	2.51	2.58	2.64	2.71	2.77	2.84
		0.8	2.29	2.44	2.58	2.71	2.83	2.94	3.05	3.15	3.25	3.35	3.44
		1.0	2.54	2.77	2.96	3.14	3.30	3.45	3.59	3.73	3.85	3.98	4.10
		1.2	2.87	3.15	3.40	3.61	3.81	3.99	4.17	4.33	4.49	4.65	4.79
		0.2	1.99	1.98	2.00	2.01	2.02	2.03	2.04	2.04	2.05	2.06	2.07
		0.4	2.04	2.07	2.10	2.14	2.17	2.20	2.23	2.27	2.30	2.33	2.36
	0.6	0.6	2.13	2.21	2.29	2.37	2.45	2.52	2.59	2.65	2.72	2.78	2.84
		0.8	2.30	2.45	2.59	2.72	2.84	2.95	3.06	3.16	3.26	3.35	3.44
		1.0	2.56	2.78	2.97	3.15	3.31	3.46	3.60	3.73	3.86	3.99	4.11
		1.2	2.89	3.17	3.41	3.62	3.82	4.00	4.17	4.34	4.50	4.65	4.80
		0.2	2.00	2.01	2.02	2.02	2.03	2.04	2.05	2.05	2.06	2.07	2.08
		0.4	2.05	2.08	2.12	2.15	2.18	2.21	2.25	2.28	2.31	2.34	2.37
	0.8	0.6	2.15	2.23	2.31	2.39	2.46	2.53	2.60	2.67	2.73	2.79	2.85
		0.8	2.32	2.47	2.61	2.73	2.85	2.96	3.07	3.17	3.27	3.36	3.45
		1.0	2.59	2.80	2.99	3.16	3.32	3.47	3.61	3.74	3.87	3.99	4.11
		1.2	2.92	3.19	3.42	3.63	3.83	4.01	4.18	4.35	4.51	4.66	4.81
		0.2	2.02	2.02	2.03	2.04	2.05	2.05	2.06	2.07	2.08	2.09	2.09
		0.4	2.07	2.10	2.14	2.17	2.20	2.23	2.26	2.30	2.33	2.36	2.39
	1.0	0.6	2.17	2.26	2.33	2.41	2.48	2.55	2.62	2.68	2.75	2.81	2.87
		0.8	2.36	2.50	2.63	2.76	2.87	2.98	3.08	3.19	3.28	3.38	3.47
		1.0	2.62	2.83	3.01	3.18	3.34	3.48	3.62	3.75	3.88	4.01	4.12
		1.2	2.95	3.21	3.44	3.65	3.82	4.02	4.20	4.36	4.52	4.67	4.81
		0.2	2.04	2.05	2.06	2.06	2.07	2.08	2.09	2.09	2.10	2.11	2.12
		0.4	2.10	2.13	2.17	2.20	2.23	2.26	2.29	2.32	2.35	2.38	2.41
	1.2	0.6	2.22	2.29	2.37	2.44	2.51	2.58	2.64	2.71	2.77	2.83	2.89
		0.8	2.41	2.54	2.67	2.78	2.90	3.00	3.11	3.20	3.30	3.39	3.48
		1.0	2.68	2.87	3.04	3.21	3.36	3.50	3.64	3.77	3.90	4.02	4.14
		1.2	3.00	3.25	3.47	3.67	3.86	4.04	4.21	4.37	4.53	4.68	4.83
		0.2	2.10	2.10	2.10	2.11	2.11	2.12	2.13	2.13	2.14	2.15	2.15
		0.4	2.17	2.19	2.21	2.24	2.27	2.30	2.33	2.36	2.39	2.41	2.44
	1.4	0.6	2.29	2.35	2.41	2.48	2.55	2.61	2.67	2.74	2.80	2.86	2.91
		0.8	2.48	2.60	2.71	2.82	2.93	3.03	3.13	3.23	3.32	3.41	3.50
		1.0	2.74	2.92	3.08	3.24	3.39	3.53	3.66	3.79	3.92	4.04	4.15
		1.2	3.06	3.29	3.50	3.70	3.89	4.06	4.23	4.39	4.55	4.70	4.84

$$K_1 = \frac{I_1}{I_3} \cdot \frac{H_3}{H_1}$$

$$K_2 = \frac{I_2}{I_3} \cdot \frac{H_3}{H_2}$$

$$\eta_1 = \frac{H_1}{H_3} \sqrt{\frac{N_1}{N_3} \cdot \frac{I_3}{I_1}}$$

$$\eta_2 = \frac{H_2}{H_3} \sqrt{\frac{N_2}{N_3} \cdot \frac{I_3}{I_2}}$$

N_1——上段柱轴心力；
N_2——中段柱轴心力；
N_3——下段柱轴心力

续　表

$$K_1 = \frac{I_1}{I_3} \cdot \frac{H_3}{H_1}$$

$$K_2 = \frac{I_2}{I_3} \cdot \frac{H_3}{H_2}$$

$$\eta_1 = \frac{H_1}{H_3}\sqrt{\frac{N_1}{N_3} \cdot \frac{I_3}{I_1}}$$

$$\eta_2 = \frac{H_2}{H_3}\sqrt{\frac{N_2}{N_3} \cdot \frac{I_3}{I_2}}$$

N_1——上段柱轴心力；
N_2——中段柱轴心力；
N_3——下段柱轴心力

K_1		0.10										
η_1 \ K_2 η_2		0.2	0.3	0.4	0.5	0.6	0.7	0.8	0.9	1.0	1.1	1.2
0.2	0.2	1.96	1.96	1.97	1.97	1.98	1.98	1.99	2.00	2.00	2.01	2.02
	0.4	2.00	2.02	2.05	2.08	2.11	2.14	2.17	2.20	2.23	2.26	2.29
	0.6	2.07	2.14	2.22	2.29	2.36	2.43	2.50	2.56	2.63	2.69	2.75
	0.8	2.20	2.35	2.48	2.61	2.73	2.84	2.94	3.05	3.14	3.24	3.33
	1.0	2.41	2.64	2.83	3.01	3.17	3.32	3.46	3.59	3.72	3.85	3.97
	1.2	2.70	2.99	3.23	3.45	3.65	3.84	4.01	4.18	4.34	4.49	4.64
0.4	0.2	1.96	1.97	1.97	1.98	1.98	1.99	2.00	2.00	2.01	2.02	2.03
	0.4	2.00	2.03	2.06	2.09	2.12	2.15	2.18	2.21	2.24	2.27	2.30
	0.6	2.08	2.15	2.23	2.30	2.37	2.44	2.51	2.57	2.64	2.70	2.76
	0.8	2.21	2.36	2.49	2.62	2.73	2.85	2.95	3.05	3.15	3.24	3.34
	1.0	2.43	2.65	2.84	3.02	3.18	3.33	3.47	3.60	3.73	3.85	3.97
	1.2	2.71	3.00	3.24	3.46	3.66	3.85	4.02	4.19	4.34	4.49	4.64
0.6	0.2	1.97	1.98	1.98	1.99	2.00	2.00	2.01	2.02	2.02	2.03	2.04
	0.4	2.01	2.04	2.07	2.10	2.13	2.16	2.19	2.22	2.26	2.29	2.32
	0.6	2.09	2.17	2.24	2.32	2.39	2.46	2.52	2.59	2.65	2.71	2.77
	0.8	2.23	2.38	2.51	2.64	2.75	2.86	2.97	3.07	3.16	3.26	3.35
	1.0	2.45	2.68	2.86	3.03	3.19	3.34	3.48	3.61	3.74	3.86	3.98
	1.2	2.74	3.02	3.26	3.48	3.67	3.86	4.03	4.20	4.35	4.50	4.65
0.8	0.2	1.99	1.99	2.00	2.01	2.01	2.02	2.03	2.04	2.04	2.05	2.06
	0.4	2.03	2.06	2.09	2.12	2.15	2.19	2.22	2.25	2.28	2.31	2.34
	0.6	2.12	2.19	2.27	2.34	2.41	2.48	2.55	2.61	2.67	2.73	2.79
	0.8	2.27	2.41	2.54	2.66	2.78	2.89	2.99	3.09	3.18	3.28	3.37
	1.0	2.49	2.70	2.89	3.06	3.21	3.36	3.50	3.63	3.76	3.88	4.00
	1.2	2.78	3.05	3.29	3.50	3.69	3.88	4.05	4.21	4.37	4.52	4.66
1.0	0.2	2.01	2.02	2.03	2.04	2.04	2.05	2.06	2.07	2.07	2.08	2.09
	0.4	2.06	2.10	2.13	2.16	2.19	2.22	2.25	2.28	2.31	2.34	2.37
	0.6	2.16	2.24	2.31	2.38	2.45	2.51	2.58	2.64	2.70	2.76	2.82
	0.8	2.32	2.46	2.58	2.70	2.81	2.92	3.02	3.12	3.21	3.30	3.39
	1.0	2.55	2.75	2.93	3.09	3.25	3.39	3.53	3.66	3.78	3.90	4.02
	1.2	2.84	3.10	3.32	3.53	3.72	3.90	4.07	4.23	4.39	4.54	4.68
1.2	0.2	2.07	2.08	2.08	2.09	2.09	2.10	2.11	2.11	2.12	2.13	2.13
	0.4	2.13	2.16	2.18	2.21	2.24	2.27	2.30	2.33	2.35	2.38	2.41
	0.6	2.24	2.30	2.37	2.43	2.50	2.56	2.63	2.68	2.74	2.80	2.86
	0.8	2.41	2.53	2.64	2.75	2.75	2.86	2.96	3.06	3.15	3.24	3.33
	1.0	2.64	2.82	2.98	3.14	3.29	3.43	3.56	3.69	3.81	3.93	4.04
	1.2	2.92	3.16	3.37	3.57	3.76	3.93	4.10	4.26	4.41	4.56	4.70
1.4	0.2	2.20	2.18	2.17	2.17	2.17	2.18	2.18	2.19	2.19	2.20	2.20
	0.4	2.26	2.26	2.27	2.29	2.32	2.34	2.37	2.39	2.42	2.44	2.47
	0.6	2.37	2.41	2.46	2.51	2.57	2.63	2.68	2.74	2.80	2.85	2.91
	0.8	2.53	2.62	2.72	2.82	2.92	3.01	3.11	3.20	3.29	3.37	3.46
	1.0	2.75	2.90	3.05	3.20	3.34	3.47	3.60	3.72	3.84	3.96	4.07
	1.2	3.02	3.23	3.43	3.62	3.80	3.97	4.13	4.29	4.44	4.59	4.73

续　表

简图：

$K_1 = \dfrac{I_1}{I_3} \cdot \dfrac{H_3}{H_1}$

$K_2 = \dfrac{I_2}{I_3} \cdot \dfrac{H_3}{H_2}$

$\eta_1 = \dfrac{H_1}{H_3}\sqrt{\dfrac{N_1}{N_3} \cdot \dfrac{I_3}{I_1}}$

$\eta_2 = \dfrac{H_2}{H_3}\sqrt{\dfrac{N_2}{N_3} \cdot \dfrac{I_3}{I_2}}$

N_1——上段柱轴心力;
N_2——中段柱轴心力;
N_3——下段柱轴心力

η_1	η_2 \ K_2	0.2	0.3	0.4	0.5	0.6	0.7	0.8	0.9	1.0	1.1	1.2
0.2	0.2	1.94	1.93	1.93	1.93	1.93	1.93	1.94	1.94	1.95	1.95	1.69
	0.4	1.96	1.98	1.99	2.02	2.04	2.07	2.09	2.12	2.15	2.17	2.20
	0.6	2.02	2.07	2.13	2.19	2.26	2.32	2.38	2.44	2.50	2.56	2.62
	0.8	2.12	2.23	2.35	2.47	2.58	2.68	2.78	2.88	2.98	3.07	3.15
	1.0	2.28	2.47	2.65	2.82	2.97	3.12	3.26	3.39	3.51	3.63	3.75
	1.2	2.50	2.77	3.01	3.22	3.42	3.60	3.77	3.93	4.09	4.23	4.38
0.4	0.2	1.93	1.93	1.93	1.93	1.94	1.94	1.95	1.95	1.96	1.96	1.97
	0.4	1.97	1.98	2.00	2.03	2.05	2.08	2.11	2.13	2.16	2.19	2.22
	0.6	2.03	2.08	2.14	2.21	2.27	2.33	2.40	2.46	2.52	2.58	2.63
	0.8	2.13	2.25	2.37	2.48	2.59	2.70	2.80	2.90	2.99	3.08	3.17
	1.0	2.29	2.49	2.67	2.83	2.99	3.13	3.27	3.40	2.53	3.64	3.76
	1.2	2.52	2.79	3.02	3.23	3.43	3.61	3.78	3.94	4.10	4.24	4.39
0.6	0.2	1.95	1.95	1.95	1.95	1.96	1.96	1.97	1.97	1.98	1.98	1.99
	0.4	1.98	2.00	2.02	2.05	2.08	2.10	2.13	2.16	2.19	2.21	2.24
	0.6	2.04	2.10	2.17	2.23	2.30	2.36	2.42	2.48	2.54	2.60	2.66
	0.8	2.15	2.27	2.39	2.51	2.62	2.72	2.82	2.92	3.01	3.10	3.19
	1.0	2.32	2.52	2.70	2.86	3.01	3.16	3.29	3.42	3.55	3.66	3.78
	1.2	2.55	2.82	3.05	3.26	3.45	3.63	3.80	3.96	4.11	4.26	4.40
0.8	0.2	1.97	1.97	1.98	1.98	1.99	1.99	2.00	2.01	2.01	2.02	2.03
	0.4	2.00	2.03	2.06	2.08	2.11	2.14	2.17	2.20	2.22	2.25	2.28
	0.6	2.08	2.14	2.21	2.27	2.34	2.40	2.46	2.52	2.58	3.69	3.81
	0.8	2.19	2.32	2.44	2.55	2.66	2.76	2.86	2.96	3.05	3.13	3.22
	1.0	2.37	2.57	2.74	2.90	3.05	3.19	3.33	3.45	3.58	3.69	3.81
	1.2	2.61	2.87	3.09	3.30	3.49	3.66	3.83	3.99	4.14	4.29	4.42
1.0	0.2	2.01	2.02	2.03	2.03	2.04	2.05	2.05	2.06	2.07	2.07	2.08
	0.4	2.06	2.09	2.11	2.14	2.17	2.20	2.23	2.25	2.28	2.31	2.33
	0.6	2.14	2.21	2.27	2.34	2.40	2.46	2.52	2.58	2.63	2.69	2.74
	0.8	2.27	2.39	2.51	2.62	2.72	2.82	2.91	3.00	3.09	3.18	3.26
	1.0	2.46	2.64	2.81	2.96	3.10	3.24	3.37	3.50	3.61	3.73	3.84
	1.2	2.69	2.94	3.15	3.35	3.53	3.71	3.87	4.02	4.17	4.32	4.46
1.2	0.2	2.13	2.12	2.12	2.13	2.13	2.14	2.14	2.15	2.15	2.16	2.16
	0.4	2.18	2.19	2.21	2.24	2.26	2.29	2.31	2.34	2.36	2.38	2.41
	0.6	2.27	2.32	2.37	2.43	2.49	2.54	2.60	2.65	2.70	2.76	2.81
	0.8	2.41	2.50	2.60	2.70	2.80	2.89	2.98	3.07	3.15	3.23	3.32
	1.0	2.59	2.74	2.89	3.04	3.17	3.30	3.43	3.55	3.66	3.78	3.89
	1.2	2.81	3.03	3.23	3.42	3.59	3.76	3.92	4.07	4.22	4.36	4.49
1.4	0.2	2.35	2.31	2.29	2.28	2.27	2.27	2.27	2.27	2.27	2.28	2.28
	0.4	2.40	2.37	2.37	2.38	2.39	2.41	2.43	2.45	2.47	2.49	2.51
	0.6	2.48	2.49	2.52	2.56	2.61	2.65	2.70	2.75	2.80	2.58	2.89
	0.8	2.60	2.66	2.73	2.82	2.90	2.98	3.07	3.15	3.23	3.31	3.38
	1.0	2.77	2.88	3.01	3.14	3.26	3.38	3.50	3.62	3.73	3.84	3.94
	1.2	2.97	3.15	3.33	3.50	3.67	3.83	3.98	4.13	4.27	4.41	4.54

注: $K_1 = 0.20$

续　表

$K_1 = \dfrac{I_1}{I_3} \cdot \dfrac{H_3}{H_1}$

$K_2 = \dfrac{I_2}{I_3} \cdot \dfrac{H_3}{H_2}$

$\eta_1 = \dfrac{H_1}{H_3}\sqrt{\dfrac{N_1}{N_3} \cdot \dfrac{I_3}{I_1}}$

$\eta_2 = \dfrac{H_2}{H_3}\sqrt{\dfrac{N_2}{N_3} \cdot \dfrac{I_3}{I_2}}$

N_1——上段柱轴心力；
N_2——中段柱轴心力；
N_3——下段柱轴心力

简图 η_1	η_2	K_1 = 0.30										
	K_2	0.2	0.3	0.4	0.5	0.6	0.7	0.8	0.9	1.0	1.1	1.2
0.2	0.2	1.92	1.91	1.90	1.89	1.89	1.89	1.90	1.90	1.90	1.90	1.91
	0.4	1.95	1.95	1.96	1.97	1.99	2.01	2.04	2.06	2.08	2.11	2.13
	0.6	1.99	2.03	2.08	2.13	2.18	2.24	2.29	2.35	2.41	2.46	2.52
	0.8	2.07	2.16	2.27	2.37	2.47	2.57	2.66	2.75	2.84	2.93	3.01
	1.0	2.20	2.37	2.53	2.69	2.83	2.97	2.66	2.75	2.84	2.93	3.01
	1.2	2.39	2.63	2.85	3.05	3.24	3.42	3.58	3.74	3.89	4.03	4.17
0.4	0.2	1.92	1.91	1.91	1.90	1.90	1.91	1.91	1.91	1.92	1.92	1.92
	0.4	1.95	1.96	1.97	1.99	2.01	2.03	2.05	2.08	2.10	2.12	2.15
	0.6	2.00	2.04	2.09	2.14	2.20	2.26	2.31	2.37	2.42	2.48	2.53
	0.8	2.08	2.18	2.28	2.39	2.49	2.59	2.68	2.77	2.86	2.95	3.03
	1.0	2.22	2.39	2.55	2.71	2.58	2.99	3.12	3.24	3.36	3.48	3.59
	1.2	2.41	2.65	2.87	3.07	3.26	3.34	3.60	3.75	3.90	4.04	4.18
0.6	0.2	1.93	1.93	1.92	1.92	1.93	1.93	1.93	1.94	1.94	1.95	1.95
	0.4	1.96	1.97	1.99	2.01	2.03	2.06	2.08	2.11	2.13	2.16	2.18
	0.6	2.02	2.06	2.12	2.17	2.23	2.29	2.35	2.40	2.46	2.51	2.57
	0.8	2.11	2.21	2.32	2.42	2.52	2.62	2.71	2.80	2.89	2.98	3.06
	1.0	2.25	2.42	2.59	2.74	2.88	3.02	3.15	3.27	3.39	3.50	3.61
	1.2	2.44	2.69	2.91	3.11	3.29	3.46	3.62	3.78	3.93	4.07	4.20
0.8	0.2	1.96	1.95	1.96	1.96	1.97	1.97	1.98	1.98	1.99	1.99	2.00
	0.4	1.99	2.01	2.03	2.05	2.08	2.10	2.13	2.15	2.18	2.21	2.23
	0.6	2.05	2.10	2.16	2.22	2.28	2.34	2.40	2.45	2.51	2.56	2.81
	0.8	2.15	2.26	2.37	2.47	2.57	2.67	2.76	2.85	2.94	3.02	3.10
	1.0	2.30	2.48	2.64	2.79	2.93	3.07	3.19	3.31	3.43	3.54	3.65
	1.2	2.50	2.74	2.96	3.15	3.33	3.50	3.66	3.81	3.96	4.10	4.23
1.0	0.2	2.01	2.02	2.02	2.03	2.04	2.04	2.05	2.06	2.06	2.07	2.07
	0.4	2.05	2.08	2.10	2.13	2.16	2.18	2.21	2.23	2.26	2.28	2.31
	0.6	2.13	2.19	2.25	2.30	2.36	2.42	2.47	2.53	2.58	2.63	2.68
	0.8	2.24	2.35	2.45	2.55	2.65	2.74	2.83	2.92	3.00	3.08	3.16
	1.0	2.40	2.57	2.72	2.86	3.00	3.13	3.25	3.37	3.48	3.59	3.70
	1.2	2.60	2.83	3.03	3.22	3.39	3.56	3.71	3.86	4.01	4.14	4.28
1.2	0.2	2.17	2.16	2.16	2.16	2.16	2.16	2.17	2.17	2.18	2.18	2.19
	0.4	2.22	2.22	2.24	2.26	2.28	2.30	2.32	2.34	2.36	2.39	2.41
	0.6	2.29	2.33	2.38	2.43	2.48	2.53	2.58	2.62	2.67	2.72	2.77
	0.8	2.41	2.49	2.58	2.67	2.75	2.84	2.92	3.00	3.08	3.16	3.23
	1.0	2.56	2.69	2.83	2.96	3.09	3.21	3.33	3.44	3.55	3.66	3.76
	1.2	2.74	2.94	3.13	3.30	3.47	3.63	3.78	3.92	4.06	4.20	4.33
1.4	0.2	2.45	2.40	2.37	2.35	2.35	2.34	2.34	2.34	2.34	2.34	2.34
	0.4	2.48	2.45	2.44	2.44	2.45	2.46	2.48	2.49	2.51	2.53	2.55
	0.6	2.55	2.54	2.56	2.60	2.63	2.67	2.71	2.75	2.80	2.84	2.88
	0.8	2.64	2.68	2.74	2.81	2.89	2.96	3.04	3.11	3.18	3.25	3.33
	1.0	2.77	2.87	2.98	3.09	3.20	3.32	3.43	3.53	3.64	3.74	3.84
	1.2	2.94	3.09	3.26	3.41	3.57	3.72	3.86	4.00	4.13	4.26	4.39

注：附表中的计算长度系数 μ_4 的值系按下式算得：

$$\frac{\eta_1 K_1}{\eta_2 K_2} \cdot \cot\frac{\pi\eta_1}{\mu_3} \cdot \cot\frac{\pi\eta_2}{\mu_3} + \frac{\eta_1 K_1}{(\eta_2 K_2)^2} \cdot \cot\frac{\pi\eta_1}{\mu_3} \cdot \cot\frac{\pi}{\mu_3} + \frac{1}{\eta_2 K_2} \cdot \cot\frac{\pi\eta_2}{\mu_3} \cdot \cot\frac{\pi}{\mu_3} - 1 = 0$$

附录 E 国产楼面用压型钢板的主要板型及其截面力学特性

YXB51-250-750 *t*=0.8,1.0,1.2,1.4,1.6

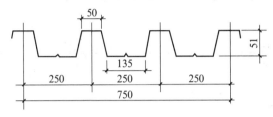

YXB51-226-678 *t*=0.8,1.0,1.2,1.4,1.6

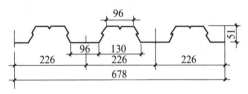

YXB60-200-600 *t*=0.8,1.0,1.2,1.4,1.6

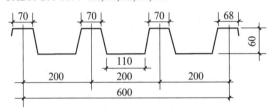

YXB76-344-688 *t*=0.8,1.0,1.2,1.4,1.6

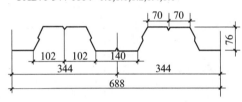

YXB75-200-600 *t*=0.8,1.0,1.2,1.4,1.6

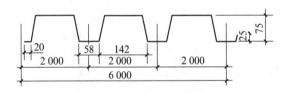

BD-40 *t*=0.75,0.91,1.06,1.20

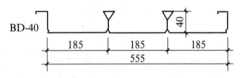

YXB51-165-660 *t*=0.8,1.0,1.2,1.4,1.6

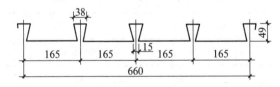

BD-65 *t*=0.75,0.91,1.06,1.20,1.37,1.52

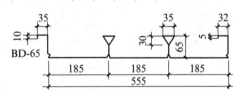

附图 E-1 国产楼面用压型钢板的主要板型

附表 E - 1　　　　　**国产楼面用压型钢板主要板型的截面特性**

板　型	板厚	每平方米	单跨简支板	
	t/mm	压型板重/(kg/m²)	惯性矩/(cm⁴/m)	截面系数 W/(cm³/m)
YXB51 - 250 - 750	0.8	9.08	39.45	11.96
	1.0	11.18	52.39	16.20
	1.2	13.37	65.56	20.56
YXB60 - 200 - 600	0.8	11.18	67.52	18.34
	1.0	13.79	91.45	25.74
	1.2	16.41	116.75	33.85
YXB75 - 200 - 600	0.8	11.18	89.90	21.95
	1.0	13.79	119.30	29.99
	1.2	16.41	151.84	39.39
YXB51 - 165 - 660	0.8	10.22	53.50	14.63
	1.0	12.59	66.20	19.28
	1.2	14.97	82.30	23.96
YXB51 - 226 - 678	0.8	9.69	52.80	16.45
	1.0	12.02	64.55	20.69
	1.2	14.33	76.38	26.89
YXB76 - 344 - 686	0.8	9.56	91.62	23.46
	1.0	11.85	119.38	30.61
	1.2	14.12	142.01	36.98
BD - 40	0.75	10.30	28.94	9.51
	0.91	12.30	34.81	11.66
	1.06	14.10	40.68	13.60
	1.20	16.00	46.55	15.59
BD - 65	0.75	12.40	95.29	18.87
	0.91	14.70	114.68	24.13
	1.06	17.00	133.12	28.81
	1.20	19.10	152.91	33.32
	1.37	21.80	173.73	38.06
	1.52	24.10	191.82	42.25

参 考 文 献

［1］ 中华人民共和国国家标准.GB 50017—2003 钢结构设计规范［S］.北京：中国建筑工业出版社,2003.

［2］ 中华人民共和国国家标准.JGJ 99—98 高层民用建筑钢结构技术规程［S］.北京：中国建筑工业出版社,2003.

［3］ 中华人民共和国国家标准.GB 50011—2010 建筑抗震设计规范［S］.北京：中国建筑工业出版社,2003.

［4］ 中华人民共和国国家标准.GB 50009—2012 建筑结构荷载规范［S］.北京：中国建筑工业出版社,2012.

［5］ 《钢结构设计手册》编辑委员会.钢结构设计手册(上、下册)［M］.3 版.北京：中国建筑工业出版社,2004.

［6］ 李星荣,魏才昂,丁峙崐,等.钢结构连接节点设计手册［M］.2 版.北京：中国建筑工业出版社,2005.

［7］ 包头钢铁设计研究总院,中国钢结构协会房屋建筑钢结构分会.钢结构设计与计算［M］.2 版.北京：机械工业出版社,2006.

［8］ 王新堂,王秀丽.钢结构设计［M］.上海：同济大学出版社,2005.

［9］ 陈绍藩,顾强.钢结构基础［M］.2 版.北京：中国建筑工业出版社,2007.

［10］ 陈绍藩.西安建筑科技大学.房屋建筑钢结构设计［M］.2 版.北京：中国建筑工业出版社,2007.

［11］ 沈祖炎,陈以一,陈扬骥.房屋钢结构设计［M］.北京：中国建筑工业出版社,2008.

［12］ 黄呈伟,郝进锋,李海旺.钢结构设计［M］.北京：科学出版社,2005.

［13］ 白国良,李红星,张淑云.混合结构体系在超高层建筑中的应用及问题［J］.建筑结构,2006(8)：64-68.